天体力学与天体测量基础

主　编　陈次星　董爱军
副主编　高志福　支启军

图书在版编目(CIP)数据

天体力学与天体测量基础/陈次星,董爱军主编;高志福,支启军副主编.
—武汉:武汉大学出版社,2022.12
ISBN 978-7-307-23497-0

Ⅰ.天…　Ⅱ.①陈…　②董…　③高…　④支…　Ⅲ.①天体力学
②天体测量　Ⅳ.①P13　②P12

中国版本图书馆 CIP 数据核字(2022)第 241839 号

责任编辑:杨晓露　　责任校对:李孟潇　　版式设计:马　佳

出版发行:**武汉大学出版社**　(430072　武昌　珞珈山)
(电子邮箱:cbs22@ whu.edu.cn 网址:www.wdp.com.cn)
印刷:武汉中科兴业印务有限公司
开本:787×1092　1/16　印张:20.75　字数:476 千字　插页:1
版次:2022 年 12 月第 1 版　　2022 年 12 月第 1 次印刷
ISBN 978-7-307-23497-0　　定价:49.00 元

前　言

2010年春，中国科学技术大学物理学院天文系出于天文英才班培养的需要，决定增设“天体力学与天体测量基础”课程，并让我授课。开始我有点顾虑，但最后还是欣然接受了。于是，同年5月，我到南京大学天文系拜访了天文方面的专家周济林老师，他很热情地接待了我，并无私地赠给我他的新作《天体力学基础》，然后让我到南京大学图书馆复印一本天文方面的好书——*Relativistic Celestial Mechanics of the Solar System*。我仔细地阅读了周老师的《天体力学基础》，并对其中的公式进行了详细的推导，以该教材为基础进行备课和主讲，学生反应良好。为了把这门课教好，中国科学技术大学天文系陆山主任又邀请了紫金山天文台李广宇研究员来天文系讲课。在甘为群副台长和金璐博士的推荐下，2012年李广宇老师承担了中国科学技术大学王绶琯天文英才班“天体测量和天体力学基础”课程的教学工作。李老师讲了三个学期的课，我边听课边学习，并出于教学的需要编写了备课讲义。后来，贵州师范大学的支启军教授和董爱军教授以及中国科学院新疆天文台的高志福研究员(系中国科学院大学岗位教师)将讲义用于本科生天文专业和研究生的教学实践，提出出版一本《天体力学与天体测量基础》教材的想法，并参与教材的编写。

本书的创新之处在于对相关章节数学公式的难点进行了详细的推导和对其中的内容进行了梳理。如第6章的内容，参考了周老师的讲义；其他部分章节则参考了李广宇老师的讲稿。总之，本书参考了两位老师的相关教材，同时融合本人的科研体会——玻色星的研究。本书由线索物理模型—数学模型—求解—推论—观测对比构成，是一本颇有天体物理“味道”的天体力学教材。全书共分为17章。支启军教授负责编写书稿的第1章和第2章；董爱军教授负责编写书稿的第3章和第6章；陈次星老师负责编写书稿的第4章、第5章、第7章至第15章，高志福研究员负责编写书稿的第16章和第17章。书稿完成后，我们请北京师范大学的曹周键教授对书稿进行了审定，曹周键教授对书稿提出了许多宝贵的意见和建议。

李广宇老师的书将天体力学知识与计算机编程相结合，周济林老师的书则包括纯天体力学知识，而本书的特色则是把天体物理与天体力学进行了完美的统一。

为了充实内容，本书在第1~4章安排了课后习题。在第3章和第4章正文部分将每个天体看成一个质点，而有形状大小的多个天体的研究系统的知识则以习题集的形式出现在章节后。第5章及以后的章节由于内容比较丰富，没有安排习题。由于作者水平有限，书中难免存在诸多不足与不妥之处，欢迎广大读者批评指正。

最后，我要感谢李广宇和周济林两位老师；感谢我的恩师张家铝院士，他已于2016年12月19日不幸去世，在此表示沉痛的哀悼；感谢袁业飞、孔旭、王春成和杨建明四位老师；感谢曹周键教授建设性的建议；感谢我的昔日同窗好友邹勇老师。特别需要感谢的是武汉大学出版社的编辑们，他们为本书的出版付出了辛勤的劳动。最后，还要感谢我的妻子万文文，她主动承担家务，支持我的工作。本书的出版还得到了贵州师范大学、中国科学技术大学教务处和天文系的资助，在此一并表示感谢。另外，本书大部分插图取自李广宇和周济林两位老师相关教材和讲义，在此表示感谢！

目　录

第1章　绪　　论

本章介绍物理学的研究方法、一般宏观物体的物理模型、玻色星和天体力学方面知识的大致情况.

1.1　物理学的研究方法

自然界的客观世界非常复杂，我们首先将其抽象成物理模型，然后转化成数学模型，再求解此类数学问题，最后通过观测对比，约束物理模型中的自由量或改进物理模型. 每改进一步标志着人们对客观世界的认识就前进一步. 人们对客观世界的认识过程也是从简单模型到复杂模型的过程，要建立新模型就必须知道前人已建立的物理模型. 建立模型必须坚持的原则是尽量复杂，即接近真实情况，但必须能用目前的知识来求解(具备可行性).

1. 物理模型

物理模型是人类为了理解客观世界的现象和规律而建立的一种抽象和简化的表达方式，它反映客观世界的主要特征和本质，其主要内容为客观世界的结构和演化，其特点可由一组基本物理量(physical quantity)描述，如果知道这组基本物理量随时间和空间坐标的函数关系，则可求出所有相关物理量与时空的关系. 我们仅仅对基本物理量感兴趣. 例如，质点这样一个简单的物理模型，其机械运动可由它相对坐标原点的位置矢量(简称位矢，基本物理量) $\boldsymbol{r}=\boldsymbol{r}(t)$ 描述. 有了它，则可求出所有相关的物理量，如速度和加速度.

2. 数学模型

一般数学模型由基本方程和定解条件组成. 其中，基本方程描述了物质与物质间作用与运动的规律；而定解条件一般是由初始条件、边界条件和衔接条件组成. 基本方程和定解条件均是关于基本物理量的方程和条件.

1.2　一般宏观物体的物理模型

同一个客观对象可有不同的物理模型和基本方程，这些不同模型(方程)是相关的. 下面介绍最一般的情形.

一般宏观物体的物理模型由四个部分组成，分别为电磁场、实物质(原子、分子、离子等)、光子场和引力场. 注意，描述此系统的物理理论有广义相对论(general relativity)、挠率理论(torsion)、牛顿引力理论(Newtonian gravity)和超引力(supergravity)等.

对于广义相对论框架下的宏观物体的物理模型、基本物理量和基本方程，电磁场由电场强度和磁感应强度描述；实物质由分布函数或位矢或量子场描述；光子场由光强或Stocks参量描述；引力场由度规张量描述. 这四个部分相互作用，相互影响，相互耦合. 基本方程为这四个部分的作用和运动的关系：

(1)弯曲时空中的Maxwell方程组：实物质、引力场和光子场联合对电磁场的作用与运动的关系；

(2)弯曲时空中的Boltzmann方程：电磁场、光子场和引力场联合对实物质的作用与运动的关系(如果实物质为量子场，则运动方程由拉氏量决定)；

(3)弯曲时空中的辐射转移方程：电磁场、实物质和引力场联合对光子场的作用与运动的关系；

(4)Einstein场方程：电磁场、实物质和光子场联合对引力场的作用与运动的关系. 它可根据对称性求解得到度规张量，如平直空间度规、牛顿近似度规和后牛顿度规为它的特例.

特例1 一般度规为 $\mathrm{d}s^2 = g_{00}c^2\mathrm{d}t^2 + 2g_{0i}c\mathrm{d}t\mathrm{d}x^i + g_{ij}\mathrm{d}x^i\mathrm{d}x^j$. (1.1)

不考虑引力场，坐标变换和度规(称闵可夫斯基度规(Minkowski metric))分别为

$$
\begin{aligned}
t' &= \frac{t-(v/c)x}{\sqrt{1-(v/c)^2}},\\
x' &= \frac{x-(v/c)t}{\sqrt{1-(v/c)^2}},\\
\mathrm{d}\tau^2 &= (c\mathrm{d}t)^2 - \mathrm{d}x^2.
\end{aligned}
\tag{1.2}
$$

说明：事实上，整体平直空间不存在，但是局域的平直空间存在. 度规的大小由四个基本方程(特别是Einstein方程)结合系统对称性导出.

特例2 设系统为流体(实物质)、电中性(无电磁场)、无光子场，但有引力场(gravitational field)，基本方程为广义相对论，一阶后牛顿近似(post-Newtonian approximation)：

$$
\begin{cases}
g_{00} = -1 + \dfrac{2w}{c^2} - \dfrac{2w^2}{c^4},\\
g_{0i} = -\dfrac{4}{c^3}w^i,\\
g_{ij} = \delta_{ij}\left(1 + \dfrac{2w}{c^2}\right).
\end{cases}
\tag{1.3}
$$

式中，w 和 w^i 分别为标量势(scalar potential)和矢量势(vector potential)，即

$$
\begin{cases}
w(t,\ x) = G\displaystyle\int \mathrm{d}^3x' \frac{\sigma(t,\ x')}{|x-x'|} + \frac{G}{2c^2}\frac{\partial^2}{\partial t^2}\int \mathrm{d}^3x'\sigma(t,\ x')\,|x-x'|,\\
w^i(t,\ x) = G\displaystyle\int \mathrm{d}^3x' \frac{\sigma^i(t,\ x')}{|x-x'|}.
\end{cases}
\tag{1.4}
$$

其中，$\sigma(t, x)$ 和 $\sigma^i(t, x)$ 分别为引力质量密度和质量流密度.

1.3 玻 色 星

为了让读者更好地理解物理学的研究方法，本节我们以玻色星为例来进一步地进行阐述. 玻色星的物理模型和基本方程原则上可由 1.2 节中的四个部分和四个基本方程结合玻色星本身的特性导出，可得宇宙中最常见的物理模型（天体中）有：刚体（如地球）、流体（黏滞流体、理想流体、磁流体，湍流，如星际介质，吸积盘）、弹性体、处于非热平衡态质点组（多体、少体、光子）、标量场（scalar field）和旋量场（spinor field）.

1.3.1 物理系统的特点

物理系统的特点如下：

（1）组分：各组分的运动状态可由一组最基本的物理量来描述，若知道这些物理量随时间、空间的变化关系，则可求出所有相关的物理量.

（2）基本方程：也称为动力学方程（描述物质和物质作用与运动的关系），它来源于一些物理上的考虑，特别是对称性.

（3）定解条件：包括初始条件、边界条件和衔接条件.

（4）物理状态：基于物理上的考虑可写出度规张量的具体形式，它可以由爱因斯坦方程、对称性和系统的具体特性来定.

（5）结果：人们解数学模型求出一些感兴趣的物理量.

（6）与观测量对比：人们将上面的物理量与相应的观测值对比，从而限制物理模型. 注意：基本方程与定解条件是关于基本物理量的方程和条件，它们一起构成数学模型.

致密星（compact star）（玻色星（Boson star）、中子星、黑洞和宇宙学）的组分（由观测所做的推断）如下：

（1）玻色场（自旋为整数的场，标量）、费米场（自旋为半整数的场，旋量）、玻色流体、费米流体（中子、质子）、经典粒子、规范场（电磁场、杨-密尔斯场）和引力场（引力势、度规张量、挠率）.

（2）暗能量、暗物质、重子物质.

上面这些组分存在吗？费米场和费米流体存在于中子星和奇异星中. 当不考虑天体形状的时候，天体可以看成经典粒子. 引力场存在于所有天体中，强引力用度规张量来表示，弱引力则用引力势表示. 弦存在于早期宇宙中. 光子作为微波背景，其辐射存在于宇宙中. 电磁场穿过大多数天体系统，它的存在有大量宇宙学和天体物理意义. 玻色场（标量）作为暗能量存在于目前宇宙中，它也可作为暴胀子存在于早期宇宙中，同时还可以作为玻色星的主要成分. 对于玻色场（标量），下面我们简要说明它是怎样存在的：①Higgs 粒子已经发现；②带电介子（复标量场）；③中性粒子（一个复 KG 场，复 KG 场指满足 Klein-Gordon 方程的复标量场）；④它在有希望统一四种相互作用的弦理论中存在；⑤作为暗物质的源；⑥在原初相变中扮演较为重要的角色；⑦轴子；⑧暴胀子.

1.3.2 玻色星的研究进展

将不同的物理系统对应不同的玻色星，即可得各种各样的玻色星.

1. 广义相对论玻色星

非旋转：微小玻色星(自由有质量标量场)、自相互作用有质量场玻色星、杨-密尔斯场(Yang-Mills field)玻色星、非拓扑孤子星、振荡玻色星、玻色子-玻色子玻色星、玻色子-费米子玻色星、Q星、荷电q-星、伸缩子星、轴子星、热玻色星、宇宙(大玻色星)；

旋转：旋转玻色星、旋转荷电玻色星、带伸缩子引力理论玻色星；

径向非动力学演化和非径向扰动：带自相互作用引力场玻色星.

2. 其他引力理论玻色星

非旋转：牛顿引力理论玻色星、标量-张量引力理论玻色星、有质量伸缩引力理论玻色星、BD(Brans-Dieke)玻色星；

动力学演化(径向)：BD理论玻色星.

3. 有挠引力理论玻色星(待研究)

自然界也存在玻色双星.

天体中与引力相关的方程：引力理论为广义相对论，非广义相对论(如BD理论、Gauss-Bonnet引力理论、标量-张量理论、牛顿和后牛顿理论等)，进一步地有超弦(superstring)超引力理论，其中完整的拉氏量由对称性和实验得来，如由对称性得来的拉氏量含有一些待定参数，由此求出反应截面，并与实验对比，约束这些参数.

1.4 天体力学概述

1.4.1 天体力学的研究对象

天体力学(celestial mechanics)一般研究由不带电实物质(质点组或特殊的质点组——刚体)和引力场组成的系统. 具体来说，从最初的太阳系自然天体为主，逐渐扩充到人造天体、星系、星系团、恒星、行星系统，乃至宇宙学动力学问题. 注意：实物质的运动状态由位矢描述，而引力场则由度规张量或引力势描述.

此系统的基本方程：①在广义相对论框架下，有Einstein场方程(实物质激发引力场)和质点的测地线方程(引力场反过来对实物质有力的作用)；②在牛顿力学下，有泊松方程(实物质激发引力场，万有引力定律)和牛顿运动定律(引力场反过来对实物质的作用与运动的关系).

具体研究办法：先将每一个有大小的物体看成一个质点，研究其运动，在其上选择一个旋转系K(非惯性系)，其转动角速度由天体力学知识确定. 再在惯性系中求解系统的基本物理量，如位矢和速度矢量与时间的函数关系．然后由以上两坐标系的变换关系求出旋转系的基本物理量．当然，有时可直接写出旋转系 K 中的基本方程，求解此非惯性中的基本物理量．我们也可以分别用这两种方法来求我们感兴趣的物理量．

1.4.2 天体测量学的内容

天体测量学(astrometry)与天体力学息息相关，下面简单介绍一下天体测量学的研究范围．由前面物理模型的定义可知，首先我们应建立合适的坐标系，然后测定物理量随时空的变化关系，将理论值与这里的测量值对比，限制物理模型，这里的测量即为天体测量学的内容．

针对上面提到的坐标系(时空)，我们简单介绍一下时间的概念．时间(时空)是一种连续的顺序，是自然界中的周期现象，如白天和黑夜交替、月圆和月缺转换等已成为计时的依据．周期性越好，计时性能就越好．

1. 几种时间的定义

在质心天球参考系和地心天球参考系中，时间变量为质心坐标时 TCB(Barycentric Coordinate Time)和地心坐标时 TCG(Geocentric Coordinate Time)．在质心天球参考系中，用于历表和动力学方程的时间标准是质心力学时 TDB(Barycentric Dynamical Time)，同样地，地心天球参考系中用作地心历表时间自变量的是地球时 TT(Terrestrial Time)．

2. 时间的变换关系

(1)TDB 与 TCB 的变换关系：

$$\mathrm{TDB} = \mathrm{TCB} - L_B \times (\mathrm{JD_{TCB}} - T_0) \times 86400\mathrm{s} + \mathrm{TDB_0}, \tag{1.5}$$

式中，$\mathrm{JD_{TCB}}$ 为 TCB 对应的儒略日，$\mathrm{TDB_0} \approx -6.55 \times 10^{-5}\mathrm{s}$.

(2)TT 与 TAI(Temps Atomique International，国际原子时)的变换关系：

$$\mathrm{TT(TAI)} = \mathrm{TAI} + 32.184\mathrm{s}. \tag{1.6}$$

(3)TT 与 TCG 的变换关系：

$$\mathrm{TCG} - \mathrm{TT} = \left(\frac{L_G}{1 - L_G}\right) \times (\mathrm{JD_{TT}} - T_0) \times 86400\mathrm{s}, \tag{1.7}$$

式中，$L_G = 6.969290134 \times 10^{-10}\mathrm{s}$，$\mathrm{JD_{TT}}$ 为 TT 对应的儒略日，$T_0 = 2443144.5003725\mathrm{s}$.

(4)TCB 与 TCG 的变换关系(4 维变换)：

$$\mathrm{TCB} - \mathrm{TCG} = \frac{L_C(\mathrm{TT} - T_0) + P(\mathrm{TT}) - P(T_0)}{1 - L_B} + c^{-2}\boldsymbol{v}_e \cdot (\boldsymbol{x} - \boldsymbol{x}_e), \tag{1.8}$$

式中，$L_C = 1.48082686741 \times 10^{-8}\mathrm{s}$；$P(\mathrm{TT})$ 为最大振幅约 1.6ms 的非线性项，$P(\mathrm{TT}) - P(T_0)$ 由 IERS 以数值文件 TE405 的形式提供，时间区间为1600—2200 年，精度为0.1ns；$L_B = 1.550519768 \times 10^{-8}\mathrm{s}$.

1.4.3 天体力学的发展简史

天体力学发展简史为不断观测和不断改进物理模型的历史．在开普勒之前，天体力学

的知识是很零星的. 开普勒走出了最为艰难的一步，将第谷的观测数据总结为行星运动三定律，即

(1)行星围绕太阳沿椭圆轨道运动，太阳位于椭圆的一个焦点上.

(2)行星围绕太阳运动时，其向径在相等的时间内扫过相等的面积.

(3)轨道周期的平方与椭圆半长轴的立方成正比.

后来，牛顿提出了牛顿三定律(Newton law)，即

(1)物体保持静止或匀速直线运动状态，除非它受到外力推动而改变此种状态.

(2)物体运动状态的改变正比于所受外力的大小，并且与外力同方向.

(3)作用力和反作用力大小相等，方向相反.

牛顿还提出了万有引力(universal gravitation)定律，即作用于质量为 M 和 m 的两个物体间的引力与其质量的乘积成正比，与其距离的平方成反比. 比例系数 G 为引力常数，是引力场强度的量度. 万有引力定律为建立行星运动的数学模型奠定了坚实的基础. 根据微积分的知识，牛顿成功解释了开普勒三大定律.

拉格朗日(Lagrange)和拉普拉斯(Laplace)也有很大的贡献. 他们主要研究数学模型的解法.

拉格朗日的贡献：

(1)限制性三体问题，预言脱罗央小行星的存在.

(2)常数变易法和行星运动方程.

拉普拉斯的贡献：

(1)多体问题的摄动理论和方法.

(2)太阳系稳定性.

还有，海王星和冥王星的发现：

(1)亚当斯和勒威耶分别独立根据摄动理论计算(求解数学模型)并预报海王星.

(2)恩克和伽勒观测发现海王星(观测事实).

(3)冥王星的发现：洛韦尔和皮克林的理论研究、汤博的观测发现了冥王星.

庞加莱进一步研究数学模型，提出了不可积和“混沌”概念. 他指出，三体问题是由一组完全确定的方程描述的，但在一定条件下，三体的行为是“混沌的”，或者说不可预报的.

在当代天体力学发展中，数值方法被应用于稳定性问题及相关的混沌运动，并不断推出了知识前沿的新问题.

1.4.4　天体力学的主要研究领域

(1)根据求解数学模型的方法，天体力学的研究包括摄动理论(perturbation theory)、定性理论和数值方法.

(2)从研究内容和对象来看，天体力学的研究领域有：非线性天体力学——研究天体系统非线性动力学(基本方程为非线性方程)演化，是目前最活跃的前沿领域之一；后牛顿天体力学——建立高精度天文参考系；历书天文学——建立更准确的行星历表；太阳系

小天体动力学——包括太阳系小行星、彗星、卫星、行星环等动力学；行星的形状和自转动力学——主要目的是进一步改进地球及其他大行星形状、内部结构与自转方面的理论；恒星系统动力学——应用天体力学 N 体问题的研究成果来研究双星、聚星、星团、星系及其之间的动力学问题. 包括星系和星系之间的碰撞、并合等.

1.5 本书各章节内容安排

本书主要从玻色星的角度深入浅出地研究了两个天体或多个天体的问题，具体内容安排如下：

第 1 章为绪论，主要介绍了物理学的研究方法、天体力学和玻色星方面的一般知识. 第 2 章研究一个天体的运动，具体来说，研究一个质点在给定外界引力势中的运动(以圆周运动、近圆周运动和黑洞外质点测地运动为例)；研究一个刚性天体(有大小)与引力场系统. 同时，给出两种系统的基本物理量、基本方程、求解方法和推论. 第 3 章研究两质点体系(二体问题)与引力场组成的系统，并给出物理模型、基本物理量、基本方程、求解方法和推论. 本章还给出一个更重要的推论——开普勒方程. 第 4 章求解二体基本物理量(状态参量)，其中参数为轨道根数，它可由初始条件决定，这样状态向量为轨道根数的函数. 因此，已知状态向量可求轨道根数，反过来已知轨道根数可求出状态向量. 根据基本物理量可求星历表. 第 5 章先研究火箭的物理模型、数学模型和推论(包括多级火箭)，再研究航天器和行星的轨道转移，方法是先求出行星各个轨道的基本物理量——位矢(相对于天球参考系[惯性系])，从而得到速度矢量(设基本方程相同，不同的轨道对应不同的初始条件). 对于改变轨道最重要的量为速度增量，本章研究速度增量. 第 6 章研究限制性三体问题的基本物理量、基本方程和推论. 为此，我们先研究 N 体问题，再将结果应用到限制性三体问题中去. 第 7 章进一步研究二体问题. 通过基本物理量 $\boldsymbol{r}(t)$，可得 $\dot{\boldsymbol{r}}(t)$，基本方程由前面给出，且由基本方程可给出三个推论：①拉格朗日系数展开式；②偏近点角展开为平近点角的正弦级数；③真近点角展开为平近点角的正弦级数，并导出中心差的近似公式. 此外，现在在天体力学的研究中往往遇到二体问题加上小摄动，求解此问题的基本物理量的方法称为摄动理论，因此本章也研究此方法. 第 8 章介绍一类与天体力学有关的数学模型的数值解法——欧拉法和龙格-库塔法. 同时运用切比雪夫多项式(Chebyshev polynomial)逼近天体状态. 本章还讨论了初轨计算. 第 9 章给出地球、月亮、太阳和引力场组成的系统的物理模型、数学模型(运动方程)和求解(形状极运动)方法. 第 10 章研究人造卫星摄动理论，并按照文中所述的方法给出地球、卫星和引力场的物理模型、基本物理量、基本方程和推论. 第 11 章讨论天体与周围介质的系统——行星环的形成和双星的磁流体. 第 12 章研究 Newton 近似下的椭球星体. 第 13 章研究弱引力玻色双星. 第 14 章为展望，研究宇宙学(巨大恒星)的物理模型. 第 15~17 章为天体测量学方面的内容. 第 15 章讨论太阳和月亮历表、矩阵、矢量、坐标变换. 第 16 章研究天球参考系、岁差、章动和经典变换. 第 17 章研究中介参考系和 CEO 变换. 在附录 A、B 中，我们研

究 N 个天体(可有大小)系统.

习　题　1

1. 什么是物理模型和数学模型?

2. 一般宏观物体的物理模型由哪四个部分组成? 各部分的运动状态怎样描述? 在广义相对论框架下的基本方程是什么?

3. 玻色星(Boson star)一般含有哪些组分? 请列出各种各样的玻色星.

4. 天体中与引力有关的方程有哪些?

第2章　一体运动

本章研究一个天体的运动，具体来说，研究一个质点在给定外界引力势中的运动(以圆周运动、近圆周运动和黑洞外质点测地运动为例)；研究一个刚性天体(有大小)与引力场系统. 同时，给出两种系统的基本物理量、基本方程、求解方法和推论.

2.1　圆周运动的研究

1. 基本物理量

设两质点天体，一个质点的质量 M 远大于另一个质点的质量 m，其中 M 不动，m 在 M 的引力场(gravitational field)(外场)中运动，基本物理量为质量 m 和位矢 $\boldsymbol{r}(t)$，外引力势(gravitational potential) $\boldsymbol{\Phi}(\boldsymbol{r})$ 不包括 m 产生的引力势，线元(line element)为

$$ds^2 = -(1 + 2\Phi)dt^2 + (1 - 2\Phi)\delta_{ij}dx^i dx^j.$$

2. 基本方程

万有引力定律和牛顿定律，即上文线元下的爱因斯坦方程和测地线方程.

3. 求解方法

结合以下初始条件(initial condition)，确定 $\boldsymbol{r}(t)$，从而给出外引力势 $\Phi(\boldsymbol{r})$. 为此需要建立以下数学模型

$$\begin{cases} \ddot{\boldsymbol{r}} = -\dfrac{\mu \boldsymbol{r}}{r^3}, \ (r(t) = R), \\ \boldsymbol{r}\big|_{t=0} = R\hat{\boldsymbol{r}}, \\ \dot{\boldsymbol{r}}\big|_{t=0} = v\hat{\boldsymbol{\theta}}. \end{cases} \tag{2.1}$$

其中，$\mu = GM$. 注意：以 M 为原点系的参考系为惯性系(天球参考系).

由理论力学公式

$$\ddot{\boldsymbol{r}} = (\ddot{r} - r\dot{\theta}^2)\hat{\boldsymbol{r}} + (r\ddot{\theta} + 2\dot{r}\dot{\theta})\hat{\boldsymbol{\theta}}, \tag{2.2}$$

有

$$\begin{aligned} &r^2\dot{\theta} = h, \ (\text{常数}), \\ &\ddot{r} - r\dot{\theta}^2 = -\frac{\mu}{r^2} \Rightarrow \ddot{r} - \frac{h^2}{r^3} = -\frac{\mu}{r^2}, \end{aligned} \tag{2.3}$$

而
$$\boldsymbol{r}=r\hat{\boldsymbol{r}},\ \dot{\boldsymbol{r}}=\dot{r}\hat{\boldsymbol{r}}+r\dot{\theta}\boldsymbol{\theta},$$
当初始条件为 $t=0$ 时，有
$$r=R,\ \dot{\boldsymbol{r}}=\dot{r}\hat{\boldsymbol{r}}+r\dot{\theta}\boldsymbol{\theta}=v\hat{\boldsymbol{\theta}},\tag{2.4}$$
即
$$\dot{r}=0,\ r\dot{\theta}=v,$$
有
$$h=r^2\dot{\theta}=Rv(\text{常数}).\tag{2.5}$$
又由圆轨道(circular path)的定义
$$r(t)=R(\text{常数}),\tag{2.6}$$
得 $\ddot{r}=0$，因此有
$$\ddot{r}-\frac{h^2}{r^2}=-\frac{\mu}{r^3}\Rightarrow h^2=\mu R=R^2v^2,\ R^3\omega^2=GM.\tag{2.7}$$
这就是圆周运动的开普勒第三定律(Kepler's third law).

为了帮助初学者更好地理解，下面采用另一种方式证明.

采用国际天球参考系(惯性系(inertial system))，为此，选原点为 M，坐标系为直角坐标系(O-xyz)，z 轴沿着总轨道角动量(orbital angular momentum)(不变)，基本平面为轨道平面，则
$$\hat{\boldsymbol{r}}=\begin{pmatrix}\cos\theta\\ \sin\theta\end{pmatrix},\ \hat{\boldsymbol{\theta}}=\begin{pmatrix}-\sin\theta\\ \cos\theta\end{pmatrix},\tag{2.8}$$
故
$$\boldsymbol{r}(t)=\begin{pmatrix}R\cos\theta\\ R\sin\theta\end{pmatrix}=R\hat{\boldsymbol{r}},\tag{2.9}$$

$\boldsymbol{r}(t)$ 为基本物理量，可以用它来求出其他相关物理量，比如速度和加速度分别为
$$\begin{aligned}\dot{\boldsymbol{r}}&=R\dot{\hat{\boldsymbol{r}}}=R\frac{\mathrm{d}\hat{\boldsymbol{r}}}{\mathrm{d}\theta}\frac{\mathrm{d}\theta}{\mathrm{d}t}=R\begin{pmatrix}-\sin\theta\\ \cos\theta\end{pmatrix}\omega=R\omega\hat{\boldsymbol{\theta}},\\ \ddot{\boldsymbol{r}}&=\frac{\mathrm{d}}{\mathrm{d}t}(R\omega\hat{\boldsymbol{\theta}})=R\omega\frac{\mathrm{d}\hat{\boldsymbol{\theta}}}{\mathrm{d}\theta}\frac{\mathrm{d}\theta}{\mathrm{d}t}=R\omega\begin{pmatrix}-\cos\theta\\ -\sin\theta\end{pmatrix}\omega=-\omega^2R\hat{\boldsymbol{r}}.\end{aligned}\tag{2.10}$$

4. 应用

设卫星绕地球中心做圆周运动，角速度为 ω，相距为
$$R\equiv r,\ \text{地球质量}\ m_E\equiv M,\ \text{卫星质量}\ m_s\equiv m,$$
设 $m_E\gg m_s$，由式(2.7)有
$$r^3\omega^2=Gm_E.\tag{2.11}$$

5. 引力做功和引力(gravitation)

系统的运动状态由 $\boldsymbol{r}(t)$ 和引力外势 $\Phi(\boldsymbol{r})$ 来描述. 当卫星(质点) m_s 由 $\boldsymbol{r}_A$ 运动到 $\boldsymbol{r}_B$ 时，引力做功为

$$W=\int_{r_A}^{r_B}\boldsymbol{F}\cdot \mathrm{d}\boldsymbol{r}=-\int_{r_A}^{r_B}\frac{Gm_Em_s}{r^2}\mathrm{d}r=Gm_Em_s\left(\frac{1}{r_B}-\frac{1}{r_A}\right),\tag{2.12}$$

上式表明做功仅与两点位置 A，B 有关，所涉及的引力称为保守力(conservative force)，可定义 A，B 两点的势能差为

$$W=V_g(r_A)-V_g(r_B),\tag{2.13}$$

若定义势能零点为 ∞ 处，则 $\boldsymbol{r}$ 处势能为 $V_g(r)=-\frac{Gm_Em_s}{r}$，势为 $-\frac{Gm_E}{r}$. 不难证明，$\boldsymbol{r}$ 处的卫星受到的引力为

$$F_g(\boldsymbol{r})=-\nabla V_g=-\frac{Gm_Em_s}{r^3}\boldsymbol{r}.\tag{2.14}$$

6. 卫星系统总能量

$$E_r=\frac{1}{2}m_sv^2-\frac{Gm_Em_s}{r},\tag{2.15}$$

对于圆形轨道

$$v^2=\frac{Gm_E}{r},\tag{2.16}$$

将式(2.16)代入式(2.15)有

$$E_r=-\frac{1}{2}\frac{Gm_Em_s}{r}.\tag{2.17}$$

2.2 偏离圆周运动的研究

1. 物理模型

外部给定一个不动的中心质点，另一个小质点在其中运动，考虑旋转系($O\text{-}xyz$)(角速度为 Ω，可由天体力学知识求出)，小质点的运动状态由基本物理量 $x=x(t)$，$y=y(t)$，$z=z(t)$ 描述.

2. 基本方程

根据万有引力定律和牛顿定律，在旋转系(非惯性系(noninertial system))中有

$$\begin{cases}\ddot{x}-2\Omega\dot{y}-\Omega^2x=-\dfrac{GM}{R^3}x,\\ \ddot{y}+2\Omega\dot{x}-\Omega^2y=-\dfrac{GM}{R^3}y,\\ \ddot{z}=-\dfrac{GM}{R^3}z.\end{cases}\tag{2.18}$$

推论1　通解，考虑二维运动 $z\equiv 0$，有

$$\begin{cases}\ddot{x}-2\Omega\dot{y}-\Omega^2 x=-\dfrac{GM}{(x^2+y^2)^{\frac{3}{2}}}x,\\ \ddot{y}+2\Omega\dot{x}-\Omega^2 y=-\dfrac{GM}{(x^2+y^2)^{\frac{3}{2}}}y.\end{cases}\tag{2.19}$$

考虑稍微偏离圆形轨道，令 $\Omega=\sqrt{GM/x_*^3}$，$x=x_*+x'$，$x'\ll x_*$，$y\ll x_*$，有

$$\begin{cases}\ddot{x}-2\Omega\dot{y}=x\left(\Omega^2-\dfrac{GM}{x^3}\right),\\ \ddot{y}+2\Omega\dot{x}=y\left(\Omega^2-\dfrac{GM}{x^3}\right).\end{cases}\tag{2.20}$$

将 $x=x_*+x'$ 代入上式，可得

$$\begin{cases}\ddot{x}'-2\Omega\dot{y}=3\Omega^2 x',\\ \ddot{y}+2\Omega\dot{x}'=0.\end{cases}\tag{2.21}$$

不难解出

$$\begin{cases}x'=\dfrac{C_1}{\Omega}\sin\Omega t-\dfrac{C_2}{\Omega}\cos\Omega t+C_3,\\ y=\dfrac{2C_1}{\Omega}\cos\Omega t+C_4 t+C_5,\end{cases}\tag{2.22}$$

其中，C_1，C_2，C_3，C_4，C_5 为任意常数，由初始条件来确定.

推论2　特解和轨道方程，设当 $t=0$ 或 $t=\pi/\Omega$ 时，$x'=0$，有 $C_2=C_3=0$，又设

$$x=(1+e)x_*\Rightarrow x'=ex_*\Rightarrow C_1=\Omega ex_*$$

还设当 $t=\dfrac{\pi}{2\Omega}+\dfrac{n\pi}{\Omega}$ 或 $t=T/4+nT/2(n=0,1,2,\cdots)$ 时 $y=0$，可得

$$C_4=C_5=0,$$

于是，有

$$x'=ex_*\sin\Omega t,\quad y=2ex_*\cos\Omega t.\tag{2.23}$$

轨道方程为

$$x'^2+\frac{1}{4}y^2=e^2x_*^2.\tag{2.24}$$

这是一个偏心率 e 很小的椭圆方程(elliptical equation)①.

2.3　黑洞附近试验点粒子(可为光子)运动的研究

为了获得更广泛的知识，本节以不太复杂但又可以说明问题的克尔黑洞(black hole)

① Fridman A M, Gorkavyi N N. Physics of Planetary Rings[M]. Springer, 1999: 65-67.

为例来研究一体运动，这是因为当角动量等于零时，它退化为史瓦西黑洞；当电荷不为零时，可推广到克尔-纽曼黑洞；再将此复杂黑洞中的角动量取为零，可得 Reissner-Nordstrom 黑洞.

1. 物理模型

在广义相对论框架下，考虑足够小且静止的旋转天体，质量为 M，角动量为 J，$a=\frac{J}{M}$，它激发的外引力场用度规张量 $g_{\mu\nu}$ 描述. 设有一小质点(试验粒子)在此外场中做测地运动，其运动状态由坐标 $x^{\mu}(\tau)$ 描述，τ 和 s 的关系由线元 $\mathrm{d}s^2=g_{\mu\nu}\mathrm{d}x^{\mu}\mathrm{d}x^{\nu}$ 给出.

注意：坐标原点取在旋转天体的中心.

2. 基本方程

物质激发引力场(爱因斯坦方程及其克尔黑洞解，不包括试验粒子引力场)，引力场反过来对粒子的测地运动有影响(粒子的测地线运动方程).

解法 1　先给出爱因斯坦方程的克尔黑洞解，相应的线元为

$$\mathrm{d}s^2=\rho^2\frac{\Delta}{\Sigma^2}\mathrm{d}t^2-\frac{\Sigma^2}{\rho^2}\left(\mathrm{d}\varphi^2-\frac{2aMr}{\Sigma^2}\mathrm{d}t\right)^2\sin^2\theta-\frac{\rho^2}{\Delta}\mathrm{d}r^2-\rho^2\mathrm{d}\theta^2, \tag{2.25}$$

其中，

$$\Delta=r^2-2Mr+a^2,\ \rho^2=r^2+a^2\cos^2\theta,\ \Sigma^2=(r^2+a^2)^2-a^2\Delta\sin^2\theta. \tag{2.26}$$

再将此度规代入测地线方程(geodesic equation)，求解

$$\frac{\mathrm{d}x^{\mu}}{\mathrm{d}\lambda}=p^{\mu},\ \frac{\mathrm{d}p^{\mu}}{\mathrm{d}\lambda}=-\Gamma^{\mu}_{\rho\sigma}p^{\rho}p^{\sigma}, \tag{2.27}$$

其中，p^{μ} 为粒子四动量，$\Gamma^{\mu}_{\rho\sigma}$ 为联络系数. 或者由分析力学中的拉格朗日量

$$L=\frac{1}{2}g_{\mu\nu}\frac{\mathrm{d}x^{\mu}}{\mathrm{d}s}\frac{\mathrm{d}x^{\nu}}{\mathrm{d}s} \tag{2.28}$$

通过欧拉-拉格朗日方程(Euler-Lagrange equation)

$$\frac{\mathrm{d}}{\mathrm{d}s}\left(\frac{\partial L}{\partial\dot{x}^{\alpha}}\right)-\frac{\partial L}{\partial x^{\alpha}}=0 \tag{2.29}$$

给出.

或者采用哈密顿-雅可比方程(Hamilton-Jacobi equation)求解.

解法 2　用哈密顿-雅可比方程求解.

由于此法形式比较简明，故在此介绍. 下面从拉格朗日量式(2.28)出发，动量

$$p_{\alpha}=\frac{\partial L}{\partial\dot{x}^{\alpha}}=g_{\alpha\nu}\frac{\mathrm{d}x^{\nu}}{\mathrm{d}s}, \tag{2.30}$$

$$H(x,\ p)=\dot{x}^{\alpha}p_{\alpha}-L=\frac{1}{2}g^{\alpha\beta}p_{\alpha}p_{\beta}. \tag{2.31}$$

设 $S=S(\tau,\ x^{\alpha})$ 为哈密顿主函数，有

$$p_\alpha = \frac{\partial S(\tau, x^\alpha)}{\partial x^\alpha}, \tag{2.32}$$

满足

$$\frac{\partial S}{\partial \tau} - H\left(x^\alpha, \frac{\partial S}{\partial x^\alpha}\right) = 0. \tag{2.33}$$

联立式(2.31)、式(2.32)和式(2.33)，有

$$\frac{\partial S}{\partial \tau} = \frac{1}{2} g^{\alpha\beta} \frac{\partial S}{\partial x^\alpha} \frac{\partial S}{\partial x^\beta}. \tag{2.34}$$

又克尔度规 $g_{\alpha\beta}$ 的逆矩阵(inverse matrix)为

$$(g^{\alpha\beta}) = \begin{pmatrix} \Sigma^2/(\rho^2\Delta) & 0 & 0 & 2aMr/(\rho^2\Delta) \\ 0 & -\Delta/\rho^2 & 0 & 0 \\ 0 & 0 & -1/\rho^2 & 0 \\ 2aMr/(\rho^2\Delta) & 0 & 0 & -(\Delta - a^2\sin^2\theta)/(\rho^2\Delta\sin^2\theta) \end{pmatrix}.$$

将上式代入式(2.34)中，然后改写为

$$2\frac{\partial S}{\partial \tau} = \frac{1}{\rho^2\Delta}\left[(r^2+a^2)\frac{\partial S}{\partial t} + a\frac{\partial S}{\partial \varphi}\right]^2 - \frac{1}{\rho^2\sin^2\theta}\left[(a\sin^2\theta)\frac{\partial S}{\partial t} + \frac{\partial S}{\partial \varphi}\right]^2 - \frac{\Delta}{\rho^2}\left(\frac{\partial S}{\partial r}\right)^2 - \frac{1}{\rho^2}\left(\frac{\partial S}{\partial \theta}\right)^2. \tag{2.35}$$

由此导出形式解为

$$S = \frac{1}{2}\delta_1\tau - Et + L_z\varphi + S_r(r) + S_\theta(\theta), \tag{2.36}$$

其中，δ_1，E 和 L_z 的意义见后.

将式(2.36)代入式(2.35)，有

$$\delta_1\rho^2 = \frac{1}{\Delta}[(r^2+a^2)E - aL_z]^2 - \frac{1}{\sin^2\theta}(aE\sin^2\theta - L_z)^2 - \Delta\left(\frac{dS_r}{dr}\right)^2 - \left(\frac{dS_\theta}{d\theta}\right)^2. \tag{2.37}$$

运用恒等式

$$(aE\sin^2\theta - L_z)^2\csc^2\theta = (L_z^2\csc^2\theta - a^2E^2)\cos^2\theta + (L_z - aE)^2,$$

可将式(2.37)化为

$$\begin{aligned} &\left\{\Delta\left(\frac{dS_r}{dr}\right)^2 - \frac{1}{\Delta}[(r^2+a^2)E - aL_z]^2 + (L_z - aE)^2 + \delta_1 r^2\right\} \\ &+ \left\{\left(\frac{dS_\theta}{d\theta}\right)^2 + (L_z^2\csc^2\theta - a^2E^2)\cos^2\theta + \delta_1 a^2\cos^2\theta\right\} = 0, \end{aligned} \tag{2.38}$$

式(2.38)中的第一、第二个大括号项分别为 r，θ 的函数，两项必须等于一个常数，故有

$$\Delta\left(\frac{dS_r}{dr}\right) = \frac{1}{\Delta}[(r^2+a^2)E - aL_z]^2 - [C + (L_z - aE)^2 + \delta_1 r^2], \tag{2.39}$$

和

$$\left(\frac{\mathrm{d}S_\theta}{\mathrm{d}\theta}\right)^2 = C - (L_z^2 \csc^2\theta - a^2E^2 + \delta_1 a^2)\cos^2\theta, \tag{2.40}$$

其中, C 为分离常数. 定义

$$R \equiv [(r^2 + a^2)E - aL_z]^2 - \Delta[C + (L_z - aE)^2 + \delta_1 r^2], \tag{2.41}$$

和

$$\Theta \equiv C - (L_z^2 \csc^2\theta - a^2E^2 + \delta_1 a^2)\cos^2\theta, \tag{2.42}$$

得到

$$S = \frac{1}{2}\delta_1\tau - Et + L_z\varphi + \int_r \frac{\sqrt{R(r)}}{\Delta}\mathrm{d}r + \int_\theta \sqrt{\Theta(\theta)}\,\mathrm{d}\theta. \tag{2.43}$$

由于 C, δ_1, E, L_z 是四个不同的运动常数, 我们有

$$\frac{\partial S}{\partial C} = \frac{1}{2}\int \frac{1}{\Delta\sqrt{R}}\frac{\partial R}{\partial C}\mathrm{d}r + \frac{1}{2}\int \frac{1}{\sqrt{\Theta}}\frac{\partial \Theta}{\partial C}\mathrm{d}\theta = 0, \tag{2.44}$$

于是

$$\int_r \frac{\mathrm{d}r}{\sqrt{R}} = \int_\theta \frac{\mathrm{d}\theta}{\sqrt{\Theta}}. \tag{2.45}$$

类似

$$\frac{\partial S}{\partial \delta_1} = \frac{\partial S}{\partial E} = \frac{\partial S}{\partial L_z} = 0, \tag{2.46}$$

可得

$$\tau = \int_r \frac{r^2}{\sqrt{R}}\mathrm{d}r + a^2\int_\theta \frac{\cos^2\theta}{\sqrt{\Theta}}\mathrm{d}\theta, \tag{2.47}$$

$$\begin{aligned} t &= \frac{1}{2}\int_r \frac{1}{\Delta\sqrt{R}}\frac{\partial R}{\partial E}\mathrm{d}r + \frac{1}{2}\int_\theta \frac{1}{\sqrt{\Theta}}\frac{\partial \Theta}{\partial E}\mathrm{d}\theta \\ &= \tau E + 2M\int_r r[r^2E - a(L_z - aE)]\frac{\mathrm{d}r}{\Delta\sqrt{R}}, \end{aligned} \tag{2.48}$$

和

$$\begin{aligned} \varphi &= -\frac{1}{2}\int_r \frac{1}{\Delta\sqrt{R}}\frac{\partial R}{\partial L_z}\mathrm{d}r - \frac{1}{2}\int_\theta \frac{1}{\sqrt{\Theta}}\frac{\partial \Theta}{\partial L_z}\mathrm{d}\theta \\ &= a\int_r [(r^2 + a^2)E - aL_z]\frac{\mathrm{d}r}{\Delta\sqrt{R}} + \int_\theta (L_z \csc^2\theta - aE)\frac{\mathrm{d}\theta}{\sqrt{\Theta}}. \end{aligned} \tag{2.49}$$

τ 与 s 的关系由 $\mathrm{d}s^2 = g_{\mu\nu}\mathrm{d}x^\mu \mathrm{d}x^\nu$ 来确定, 当粒子为光子时, $\mathrm{d}s^2 = 0$.

我们可将式(2.45)、式(2.47)、式(2.48)、式(2.49)写成微分形式, 即

$$\rho^4 \dot{r}^2 = R,\ \rho^4\dot{\theta}^2 = \Theta, \tag{2.50}$$

$$\begin{cases} \rho^2\dot{\varphi} = \dfrac{1}{\Delta}[2aMrE + (\rho^2 - 2Mr)L_z \csc^2\theta], \\ \rho^2\dot{t} = \dfrac{1}{\Delta}(\Sigma^2 E - 2aMrL_z), \end{cases} \tag{2.51}$$

其中，R，Θ 的定义如前，即

$$R = E^2r^4 + (a^2E^2 - L_z^2 - C)r^2 + 2Mr[C + (L_z - aE)^2] - a^2C - \delta_1 r^2\Delta \quad (2.52)$$

和

$$\Theta = C + (a^2E^2 - L_z^2 \csc^2\theta)\cos^2\theta - \delta_1 a^2 \cos^2\theta. \quad (2.53)$$

注意：对于类时测地线，$\delta_1 = 1$，而对于光子情形，$\delta_1 = 0$，后面将给出证明.

到现在为止，有了四个基本方程，原则上可确定四个未知量 $x^\mu = x^\mu(\tau)(\mu = 1, 2, 3, 4)$，而 $\tau = \tau(s)$ 由

$$ds^2 = g_{\mu\nu} dx^\mu dx^\nu$$

来确定.（对于光子，τ 由 $ds^2 = 0$ 来确定.）

正如前所述，有了粒子的坐标(基本物理量)，原则上可求出所有相关的物理量. 因此可作进一步的研究.①

解法 3　特例

考虑试验粒子(test particle)在黑洞赤道平面内运动，即 $\theta = \frac{\pi}{2}$，$\dot{\theta} = 0$. 原则上可将其代入式(2.50)~式(2.53)中得出本问题的结果. 但是，为了使读者学会直接用拉格朗日法处理问题，并且由于该方法在某些简单系统情形下有一定的优越性，故此处作一简单介绍. 此处度规张量

$$(g_{\mu\nu}) = \begin{pmatrix} 1 - \frac{2M}{r} & 0 & 0 & \frac{2aM}{r} \\ 0 & -\frac{r^2}{\Delta} & 0 & 0 \\ 0 & 0 & -r^2 & 0 \\ \frac{2aM}{r} & 0 & 0 & -\left[(r^2 + a^2) + \frac{2a^2M}{r}\right] \end{pmatrix}, \quad (2.54)$$

因此

$$\begin{aligned} 2L &= g_{\mu\nu} \frac{dx^\mu}{ds} \frac{dx^\nu}{ds} \\ &= \left(1 - \frac{2M}{r}\right)\dot{t}^2 + \frac{4aM}{r}\dot{t}\dot{\varphi} - \frac{r^2}{\Delta}\dot{r}^2 - \left[(r^2 + a^2) + \frac{2a^2M}{r}\right]\dot{\varphi}^2. \end{aligned} \quad (2.55)$$

由式(2.30)，可得

$$p_t = \left(1 - \frac{2M}{r}\right)\dot{t} + \frac{2aM}{r}\dot{\varphi} = E,\ （常数） \quad (2.56)$$

$$-p_\varphi = -\frac{2aM}{r}\dot{t} + \left[(r^2 + a^2) + \frac{2a^2M}{r}\right]\dot{\varphi} = L_0,\ （常数） \quad (2.57)$$

(由于 L 中不显含 t，φ，即 $\frac{\partial L}{\partial t} = \frac{\partial L}{\partial \varphi} = 0$，由欧拉-拉格朗日方程式(2.29)得 E，L_0 守恒)和

① Camenzind M. Compact objects in Astrophysics[M]. Berlin Heidelberg: Springer, 2007: 412-442.

$$-p_r=\frac{r^2}{\Delta}. \tag{2.58}$$

哈密顿量为

$$\begin{aligned}H&=p_t\dot{t}+p_\varphi\dot{\varphi}+p_r\dot{r}-L\\&=\frac{1}{2}\left(1-\frac{2M}{r}\right)\dot{t}^2+\frac{2aM}{r}\dot{t}\dot{\varphi}-\frac{r^2}{2\Delta}\dot{r}^2-\frac{1}{2}\left(r^2+a^2+\frac{2a^2M}{r}\right)\dot{\varphi}^2,\end{aligned} \tag{2.59}$$

将式(2.59)改写为

$$\begin{aligned}2H&=\left[\left(1-\frac{2M}{r}\right)\dot{t}+\frac{2aM}{r}\dot{\varphi}\right]\dot{t}-\left[\left(r^2+a^2+\frac{2a^2M}{r}\right)\dot{\varphi}-\frac{2aM}{r}\dot{t}\right]\dot{\varphi}-\frac{r^2}{\Delta}\dot{r}^2\\&=E\dot{t}-L_0\dot{\varphi}-\frac{r^2}{\Delta}\dot{r}^2=\delta_1,\end{aligned} \tag{2.60}$$

注意：δ_1 的定义见前，即对于类时测地线，$\delta_1=1$，而对于光子情形，$\delta_1=0$，这是因为

$$\begin{aligned}&ds^2=g_{\mu\nu}dx^\mu dx^\nu,\\&H=p_t\dot{t}+p_r\dot{r}+p_\theta\dot{\theta}+p_\varphi\dot{\varphi}-L=p_\alpha p^\alpha-\frac{1}{2}g_{\alpha\beta}p^\alpha p^\beta\\&\quad=\frac{1}{2}g_{\alpha\beta}p^\alpha p^\beta=\begin{cases}\frac{1}{2}. & (\delta_1=1)\\0. & (\delta_1=0)\end{cases}\end{aligned} \tag{2.61}$$

则测地线方程为式(2.56)、式(2.57)、式(2.58)、式(2.60).

下面根据这四个方程讨论问题.

推论1　赤道平面、光子情形可求基本物理量

$$t=t(\lambda),\ r=r(\lambda),\ \theta=\frac{\pi}{2},\ \varphi=\varphi(\lambda)$$

其中，$0=ds^2=g_{\mu\nu}dx^\mu dx^\nu$.

由式(2.56)、式(2.57)可求出

$$\dot{\varphi}=\frac{1}{\Delta}\left[\left(1-\frac{2M}{r}\right)L_0+\frac{2aM}{r}E\right], \tag{2.62}$$

$$\dot{t}=\frac{1}{\Delta}\left[\left(r^2+a^2+\frac{2a^2M}{r}\right)E-\frac{2aM}{r}L_0\right]. \tag{2.63}$$

将式(2.62)、式(2.63)代入式(2.60)中，有

$$r^2\dot{r}^2=r^2E^2+\frac{2M}{r}(aE-L)^2+(a^2E^2-L_0^2)-\delta_1\Delta. \tag{2.64}$$

由于为光子情形，$\delta_1=0$，因此有

$$\dot{r}^2=E^2+\frac{2M}{r^3}(L_0-aE)^2-\frac{1}{r^2}(L_0^2-a^2E^2), \tag{2.65}$$

进一步，设 $L_0=aE$，由式(2.62)、式(2.63)、式(2.64)得

$$\dot{r}=\pm E,\ \dot{t}=(r^2+a^2)E/\Delta,\ \dot{\varphi}=aE/\Delta, \tag{2.66}$$

即有

$$\frac{\mathrm{d}t}{\mathrm{d}r}=\pm\frac{r^2+a^2}{\Delta},\ \frac{\mathrm{d}\varphi}{\mathrm{d}r}=\pm\frac{a}{\Delta}. \tag{2.67}$$

于是可求出基本物理量与时间的函数关系，坐标 $x^\mu=x^\mu(t)$，这样原则上可得到所有相关物理量与时间的函数.

再回到一般情形，令 $D=L_0/E$，假定光子做不稳定的圆形轨道运动，$r=r_c$（常数），$\dot{r}=\ddot{r}=0$，下面分两步进行讨论：

(1)将其代入式(2.65)中，得

$$E^2+\frac{2M}{r_c^3}(L_0-aE)^2-\frac{1}{r_c^2}(L_0^2-a^2E^2)=0. \tag{2.68}$$

(2)将式(2.65)两边对 τ 求导数，再把前面的条件代入其中，有

$$-\frac{6M}{r_c^4}(L_0-aE)^2+\frac{2}{r_c^3}(L_0^2-a^2E^2)=0. \tag{2.69}$$

由上式，有

$$r_c=3M\frac{L_0-aE}{L_0+aE}=3M\frac{D_c-a}{D_c+a}. \tag{2.70}$$

再联立式(2.68)和式(2.70)，得

$$(D_c+a)^3=27M^2(D_c-a). \tag{2.71}$$

经过一系列复杂的运算，有

$$r_c=2M\left\{1+\cos\left[\frac{2}{3}\arccos\left(\pm\frac{a}{M}\right)\right]\right\}. \tag{2.72}$$

推论2 赤道平面，类时情形，描述粒子运动的基本物理量为

$$x^\mu=x^\mu(s).$$

由式(2.64)，令 $\delta_1=1$，有

$$r^2\dot{r}^2=-\Delta+r^2E^2+\frac{2M}{r}(L_0-aE)^2-(L_0^2-a^2E^2), \tag{2.73}$$

在此情形下，基本方程为式(2.62)、式(2.63)和式(2.73)，由它们可求出基本物理量 $x^\mu=x^\mu(s)$.

下面从易到难，先讨论一种简单情形 $L_0=aE$，代入式(2.62)、式(2.63)和式(2.73)分别得

$$\dot{\varphi}=aE/\Delta, \tag{2.74}$$

$$\dot{t}=E(r^2+a^2)/\Delta, \tag{2.75}$$

$$r^2\dot{r}^2=(E^2-1)r^2+2Mr-a^2. \tag{2.76}$$

当然，有

$$\theta = \frac{\pi}{2}. \tag{2.77}$$

由上面四个方程原则上可确定基本物理量 $x^\mu = x^\mu(s)$.

下面回到一般情形，令 $u = \frac{1}{r}$，式(2.73)化为

$$u^{-4}\dot{u}^2 = -(a^2u^2 - 2Mu + 1) + E^2 + 2M(L_0 - aE)^2u^3 - (L_0^2 - a^2E^2)u^2. \tag{2.78}$$

我们研究最简单的圆周运动，设

$$u = \frac{1}{r},\ \dot{u} = \ddot{u} = 0,$$

有

$$-(a^2u^2 - 2Mu + 1) + E^2 + 2Mx^2u^3 - (x^2 + 2aEx)u^2 = 0, \tag{2.79}$$

$$-(a^2u - M) + 3Mx^2u^2 - (x^2 + 2aEx)u = 0, \tag{2.80}$$

其中，$x = L_0 - aE$.

联立式(2.79)和式(2.80)，得

$$E^2 = (1 - Mu) + Mx^2u^3, \tag{2.81}$$

$$2axEu = x^2(3Mu - 1)u - (a^2u - M). \tag{2.82}$$

经过一系列较复杂的运算，有

$$E = \frac{1}{\sqrt{Q_\mp}}\left[1 - 2Mu \mp a\sqrt{Mu^3}\right], \tag{2.83}$$

和

$$L_0 = aE + x = \mp \frac{\sqrt{M}}{\sqrt{(uQ_\mp)}}\left[a^2u^2 + 1 \pm 2a\sqrt{Mu^3}\right], \tag{2.84}$$

其中，

$$Q_\pm = 1 - 3Mu \pm 2a\sqrt{Mu^3}. \tag{2.85}$$

由式(2.62)和式(2.63)得，圆周运动的角速度为

$$\Omega = \frac{d\varphi}{dt} = \frac{L_0 - 2Mux}{(r^2 + a^2)E - 2aMxu} = \frac{(L_0 - 2Mux)u^2}{(1 + a^2u^2)E - 2aMux^3}. \tag{2.86}$$

到目前为止，我们得到粒子绕黑洞中心(赤道平面)圆周运动的半径 $r = \frac{1}{u}$ 和角速度 Ω.

当然还可以作进一步的研究①.

① Chandrasekhar S. The Mathematical Theory of Black Holes [M]. Oxford: Oxford University Press, 1983: 61-64.

2.4　一个刚性天体(刚体)(有大小)与引力场组成的系统[①]

1. 研究动机

由于地球(可看成刚体)一般不具有球对称，它激发的引力场比较复杂，要研究卫星在这个引力场中的运动，就必须知道引力场的具体形式.

2. 基本物理量

基本物理量有质量 m_i 和位矢 $\boldsymbol{r}_i(t)\,(i=1,\ 2,\ \cdots,\ N)$（分立情形)或者质量分布 $\rho(\boldsymbol{r})$(连续情形). 此外，还有引力势 $\Phi(\boldsymbol{r})$. 系统的运动状态由它们来描述.

3. 基本方程

基本方程有：

(1)物质激发引力场(如地球产生引力场)，泊松方程或拉普拉斯方程；

(2)引力场反过来对物质有作用，牛顿定律(应用到卫星上)(在广义相对论框架下，基本方程为爱因斯坦方程和测地线方程，线元取为 $\mathrm{d}s^2=-(1+2\Phi)\mathrm{d}t^2+(1-2\Phi)\delta_{ij}\mathrm{d}x^i\mathrm{d}x^j$.

下面导出泊松方程和拉普拉斯方程.

证明　如图2.1所示，由牛顿万有引力定律，在 $\boldsymbol{r}$ 处(可在天体内部)的引力加速度矢量(acceleration vector)(物质微元产生)为

$$\mathrm{d}A=G\frac{\boldsymbol{r}'-\boldsymbol{r}}{|\boldsymbol{r}-\boldsymbol{r}'|^3}\rho(\boldsymbol{r}')\,\mathrm{d}^3\boldsymbol{r}',$$

总加速度为

$$\boldsymbol{A}(r)=G\int\frac{\boldsymbol{r}-\boldsymbol{r}'}{|\boldsymbol{r}-\boldsymbol{r}'|^3}\rho(\boldsymbol{r}')\,\mathrm{d}^3\boldsymbol{r}',\tag{2.87}$$

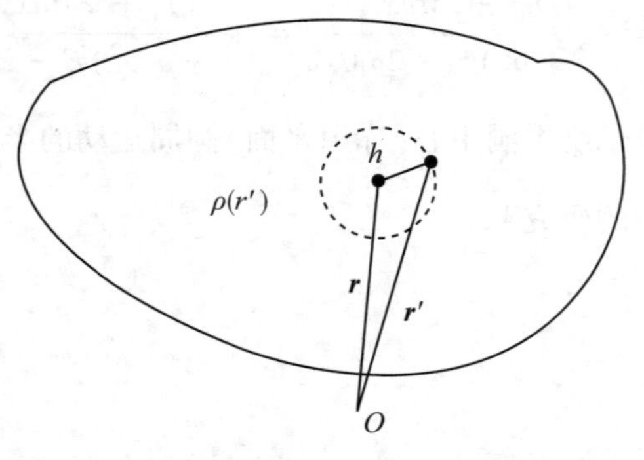

图2.1　任意质量分布天体内一点的引力势

① 此节内容参考了紫金山天文台李广宇和南京大学周济林两位老师的相关教材(讲义).

此引力加速度为保守力场，可引入$\boldsymbol{A}=-\nabla_r\Phi(\boldsymbol{r})$，推得

$$\Phi=-G\int\frac{\rho(\boldsymbol{r}')}{|\boldsymbol{r}-\boldsymbol{r}'|}\mathrm{d}^3\boldsymbol{r}', \tag{2.88}$$

故

$$\nabla_r\cdot\boldsymbol{A}(r)=G\int\nabla_r\cdot\frac{\boldsymbol{r}-\boldsymbol{r}}{|\boldsymbol{r}'-\boldsymbol{r}|^3}\rho(\boldsymbol{r}')\mathrm{d}^3\boldsymbol{r}'.$$

又

$$\nabla_r\cdot\frac{\boldsymbol{r}'-\boldsymbol{r}}{|\boldsymbol{r}'-\boldsymbol{r}|^3}=-\frac{3}{|\boldsymbol{r}'-\boldsymbol{r}|^3}+\frac{3(\boldsymbol{r}'-\boldsymbol{r})\cdot(\boldsymbol{r}'-\boldsymbol{r})}{|\boldsymbol{r}'-\boldsymbol{r}|^5},$$

由上，当$\boldsymbol{r}\neq\boldsymbol{r}'$时，有

$$\nabla_r\cdot\frac{\boldsymbol{r}'-\boldsymbol{r}}{|\boldsymbol{r}'-\boldsymbol{r}|^3}=0,$$

而

$$\begin{aligned}\nabla_r\cdot\boldsymbol{A}(r)&=G\rho\int_{\substack{|r'-r|\leqslant h\\(h\to 0)}}\nabla_r\cdot\frac{\boldsymbol{r}'-\boldsymbol{r}}{|\boldsymbol{r}'-\boldsymbol{r}|^3}\mathrm{d}^3\boldsymbol{r}'=-G\rho\int_{\substack{|r'-r|\leqslant h\\(h\to 0)}}\nabla_{r'}\cdot\frac{\boldsymbol{r}'-\boldsymbol{r}}{|\boldsymbol{r}'-\boldsymbol{r}|^3}\mathrm{d}^3r'\\&=-G\rho\int_{\substack{|r'-r|\leqslant h\\(h\to 0)}}\frac{\boldsymbol{r}'-\boldsymbol{r}}{|\boldsymbol{r}'-\boldsymbol{r}|^3}\cdot\mathrm{d}\boldsymbol{s}'=-G\rho(r)\frac{h4\pi h^2}{h^3}=-4\pi G\rho(r),\end{aligned} \tag{2.89}$$

即

$$\nabla^2\Phi=4\pi G\rho \tag{2.90}$$

或当$\rho=0$时，$\nabla^2\Phi=0$.

以上两方程分别称为泊松方程(Poisson equation)和拉普拉斯方程(Laplace equation).

特例　对于一个质点，位于$\boldsymbol{r}'$处，$\rho(r)=m\delta(\boldsymbol{r}-\boldsymbol{r}')$，又由前$\Phi(r)=-G\frac{m}{|\boldsymbol{r}-\boldsymbol{r}'|}$，将上两式代入式(2.90)，有

$$\nabla^2\frac{1}{|\boldsymbol{r}-\boldsymbol{r}'|}=-4\pi\delta(\boldsymbol{r}-\boldsymbol{r}'),$$

这是式(2.90)的另一种形式——高斯定理.

证明

$$4\pi G\int\rho\mathrm{d}^3\boldsymbol{r}'=4\pi GM=\int\nabla^2\Phi\mathrm{d}^3\boldsymbol{r}'=\int\nabla\cdot\nabla\Phi\mathrm{d}^3\boldsymbol{r}'=\oint\nabla\Phi\cdot\mathrm{d}\boldsymbol{s}'=-\oint\boldsymbol{A}\cdot\mathrm{d}\boldsymbol{s}'$$

即

$$\oint\boldsymbol{A}\cdot\mathrm{d}\boldsymbol{s}'=-4\pi GM.$$

4. 求解数学模型基本物理量的方法

联立求解泊松方程和牛顿方程，但很复杂，为了计算简单，仅仅先给定物质密度分布后再求引力势.

5. 一种情形——无限薄球壳引力势 Φ

如图 2.2 所示，已知薄球壳的面密度为 $\sigma(\theta,\ \varphi)$，半径为 a，求基本物理量引力势 Φ. 为此，建立数学模型，基本方程为

$$\nabla^2\Phi = 0 \quad (r \neq a). \tag{2.91}$$

边界条件为当 $r=0$ 时，Φ 有限和当 $r\to\infty$ 时，Φ 有限.

衔接条件为

$$\left(\frac{\partial \Phi_{\text{ext}}}{\partial r}\right)_{r=a} - \left(\frac{\partial \Phi_{\text{int}}}{\partial r}\right)_{r=a} = 4\pi G\sigma(\theta,\ \varphi), \tag{2.92}$$

(此式可由高斯定理 $\oiint \boldsymbol{A}\cdot \mathrm{d}\boldsymbol{s} = 4\pi GM$ 和 $\boldsymbol{A} = -\nabla\Phi$ 推出.)

$$\Phi_{\text{ext}}(a,\ \theta,\ \varphi) = \Phi_{\text{int}}(a,\ \theta,\ \varphi) \tag{2.93}$$

(此式由穿过无穷薄层引力做功为零推出.)

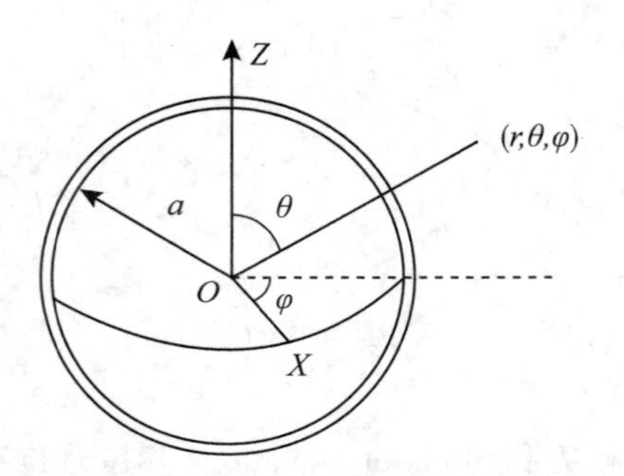

图 2.2　任意质量分布球壳内外的引力势

下面的问题涉及数学物理方法方面的知识，有的读者可能没有学过，在此作一介绍.

本数学问题可采用球坐标系(r，θ，φ)来求解. 先解拉普拉斯方程：

$$\nabla^2\Phi \equiv \frac{1}{r^2}\frac{\partial}{\partial r}\left(r^2\frac{\partial\Phi}{\partial r}\right) + \frac{1}{r^2\sin\theta}\frac{\partial}{\partial\theta}\left(\sin\theta\frac{\partial\Phi}{\partial\theta}\right) + \frac{1}{r^2\sin^2\theta}\frac{\partial^2\Phi}{\partial\varphi^2} = 0,$$

用分离变量法，令解为

$$\Phi(r,\ \theta,\ \varphi) = R(r)P(\theta)Q(\varphi),$$

代入上式，整理可得

$$\frac{\sin^2\theta}{R}\frac{\mathrm{d}}{\mathrm{d}r}(r^2R') + \frac{\sin\theta}{P}\frac{\mathrm{d}}{\mathrm{d}\theta}(\sin\theta P') = -\frac{Q''}{Q},$$

其中，上标撇号表示对自变量求导. 由于方程左边仅含变量 r，θ，而右边仅含 θ，两边相等意味着等于一个常数(m^2)，即有

$$Q'' + m^2Q = 0, \tag{2.94}$$

$$\frac{\sin^2\theta}{R}\frac{\mathrm{d}}{\mathrm{d}r}(r^2R') + \frac{\sin\theta}{P}\frac{\mathrm{d}}{\mathrm{d}\theta}(\sin\theta P') = m^2, \tag{2.95}$$

解式(2.94)有

$$Q(\varphi)=Q_m^+\mathrm{e}^{\mathrm{i}m\varphi}+Q_m^-\mathrm{e}^{-\mathrm{i}m\varphi},$$

其中，$Q(\varphi)$ 应为 2π 的周期函数，统一可写成 $Q(\varphi)=Q_m\mathrm{e}^{\mathrm{i}m\varphi}(m=\cdots,\ -1,\ 0,\ 1,\ \cdots)$.

由式(2.95)可推出

$$\frac{1}{R}\frac{\mathrm{d}}{\mathrm{d}r}(r^2R')=\frac{m^2}{\sin^2\theta}-\frac{1}{P\sin\theta}\frac{\mathrm{d}}{\mathrm{d}\theta}(\sin\theta P')=n(n+1),$$

其中，n 为常数. 由此可得方程式(2.96)和(2.97)，即

$$\frac{\mathrm{d}}{\mathrm{d}r}(r^2R')-n(n+1)R=0,\tag{2.96}$$

$$\frac{\mathrm{d}}{\mathrm{d}x}\left[(1-x^2)\frac{\mathrm{d}P}{\mathrm{d}x}\right]-\frac{m^2}{1-x^2}P+n(n+1)P=0.\tag{2.97}$$

其中，$x=\cos\theta$. 注意：式(2.96)为欧拉方程，有两个线性无关的解. 而

$$R_1(r)=Ar^n,\ R_2(r)=Br^{-(n+1)}.\tag{2.98}$$

式(2.97)的解 $P_n^m(x)$ 为连带勒让德函数，要使这个解有物理意义，即在任意 θ 处 $P(x)$ 有限，那就要求 n 是非负整数以及 $|m|\leqslant n$. 当 $m=0$ 时，解仅仅是 x 的多项式，称为勒让德多项式(Legendre polynomial).

定义 $P_n^m(x)\mathrm{e}^{\mathrm{i}m\varphi}$ 乘以某一常数为球谐函数，即

$$Y_n^m(\theta,\ \varphi)=\sqrt{\frac{2n+1}{4\pi}\frac{(n-m)!}{(n+m)!}}P_n^m(\cos\theta)\mathrm{e}^{\mathrm{i}m\varphi},\tag{2.99}$$

其中，球谐函数 $Y_n^m(\theta,\ \varphi)$ 满足正交规一条件，即

$$\int_0^\pi\sin\theta\int_0^{2\pi}Y_n^{m*}(\theta,\ \varphi)Y_{n'}^{m'}(\theta,\ \varphi)\mathrm{d}\theta\mathrm{d}\varphi=\delta_{nn'}\delta_{mm'},\tag{2.100}$$

故式(2.91)的通解为

$$\Phi_{nm}(r,\ \theta,\ \varphi)=[A_{nm}r^n+B_{nm}r^{-(n+1)}]Y_n^m(\theta,\ \varphi),$$

其中，A_{nm}，B_{nm} 为任意常数，n 为非负整数，m 也为整数，且 $-n\leqslant m\leqslant n$. 线性方程(2.91)最一般的解为以上通解的线性组合，即

$$\Phi(r,\ \theta,\ \varphi)=\sum_{n=0}^{\infty}\sum_{m=-n}^{n}[A_{nm}r^n+B_{nm}r^{-(n+1)}]Y_n^m(\theta,\ \varphi).$$

注意：球壳的内外解 Φ_{int} 和 Φ_{ext} 具有以上形式.

由前面的自然边界条件可知，当 $r=0$ 时，Φ_{int} 有限；当 $r\to\infty$ 时，Φ_{ext} 有限，分别有

$$\Phi_{\text{int}}(r,\ \theta,\ \varphi)=\sum_{n=0}^{\infty}\sum_{m=-n}^{n}A_{nm}r^nY_n^m(\theta,\ \varphi),\ (r<a),\tag{2.101}$$

$$\Phi_{\text{ext}}(r,\ \theta,\ \varphi)=\sum_{n=0}^{\infty}\sum_{m=-n}^{n}D_{nm}r^{-(n+1)}Y_n^m(\theta,\ \varphi),\ (r>a),\tag{2.102}$$

其中，A_{nm} 和 D_{nm} 由剩下的两个衔接条件来确定. 为此，将球壳面密度按球谐函数展开，即

$$\sigma(\theta,\ \varphi)=\sum_{n=0}^{\infty}\sum_{m=-n}^{n}\sigma_{nm}Y_n^m(\theta,\ \varphi).\tag{2.103}$$

将式(2.101)、式(2.102)、式(2.103)代入衔接条件(2.92)、式(2.93)，分别有

$$-\sum_{n=0}^{\infty}\sum_{m=-n}^{n}\left[(n+1)D_{nm}a^{-(n+2)}+nA_{nm}a^{(n-1)}\right]Y_n^m(\theta,\ \varphi)=4\pi G\sum_{n=0}^{\infty}\sum_{m=-n}^{n}\sigma_{nm}Y_n^m(\theta,\ \varphi);\tag{2.104}$$

$$\sum_{n=0}^{\infty}\sum_{m=-n}^{n}A_{nm}a^nY_n^m(\theta,\ \varphi)=\sum_{n=0}^{\infty}\sum_{m=-n}^{n}D_{nm}a^{-(n+1)}Y_n^m(\theta,\ \varphi).\tag{2.105}$$

由于各球谐函数线性无关，上述两方程左右两边 $Y_n^m(\theta,\ \varphi)$ 系数相等，可推得

$$A_{nm}=-4\pi Ga^{-(n+1)}\frac{\sigma_{nm}}{2n+1},\ D_{nm}=-4\pi Ga^{(n+2)}\frac{\sigma_{nm}}{2n+1}.\tag{2.106}$$

将式(2.106)代入式(2.101)、式(2.102)，分别得到数学模型的解

$$\Phi_{\text{int}}(r,\ \theta,\ \varphi)=-4\pi Ga\sum_{n=0}^{\infty}\left(\frac{r}{a}\right)^n\sum_{m=-n}^{n}\frac{\sigma_{nm}}{2n+1}Y_n^m(\theta,\ \varphi),\ (r\leqslant a)\tag{2.107}$$

$$\Phi_{\text{ext}}(r,\ \theta,\ \varphi)=-4\pi Ga\sum_{n=0}^{\infty}\left(\frac{a}{r}\right)^{n+1}\sum_{m=-n}^{n}\frac{\sigma_{nm}}{2n+1}Y_n^m(\theta,\ \varphi),\ (r\geqslant a)\tag{2.108}$$

6. 另一种情形——任意形状刚体的引力势 $\Phi(r,\ \theta,\ \varphi)$

将此刚体分划成一系列同心球壳，设 $\delta\sigma_{nm}(a)$ 为球壳 $a\sim a+\delta a$ 的面密度系数，$\delta\Phi(r,\ \theta,\ \varphi;\ a)$ 为此球壳在 $(r,\ \theta,\ \varphi)$ 处的引力势，由式(2.103)有

$$\rho(r,\ \theta,\ \varphi)\delta a=\sum_{n=0}^{\infty}\sum_{m=-n}^{n}\delta\sigma_{nm}Y_n^m(\theta,\ \varphi),$$

即

$$\delta\sigma_{nm}=\int_0^{\pi}\sin\theta\int_0^{2\pi}Y_n^{m*}\rho(a,\ \theta,\ \varphi)\,\mathrm{d}\theta\mathrm{d}\varphi\delta a\equiv\rho_{nm}\delta a,$$

其中，$\rho(a,\ \theta,\ \varphi)$ 为刚体在 $(a,\ \theta,\ \varphi)$ 处的密度. 在天体内部($r\leqslant r_{\max}$)，引力势(线性叠加原理)为

$$\begin{aligned}\Phi(r,\ \theta,\ \varphi)&=\sum_{a=0}^{r}\delta\Phi_{\text{ext}}+\sum_{a=r}^{r_{\max}}\delta\Phi_{\text{int}}\\&=\sum_{a=0}^{r}\left[-4\pi Ga\sum_{n=0}^{\infty}\left(\frac{a}{r}\right)^{n+1}\sum_{m=-n}^{n}\frac{\rho_{nm}\delta a}{2n+1}Y_n^m(\theta,\ \varphi)\right]\\&\quad+\sum_{a=r}^{r_{\max}}\left[-4\pi Ga\sum_{n=0}^{\infty}\left(\frac{r}{a}\right)^{n}\sum_{m=-n}^{n}\frac{\rho_{nm}\delta a}{2n+1}Y_n^m(\theta,\ \varphi)\right]\\&=-4\pi G\sum_{n=0}^{\infty}\sum_{m=-n}^{n}\frac{Y_n^m(\theta,\ \varphi)}{2n+1}\left[\frac{1}{r^{n+1}}\int_0^r\rho_{nm}(a)a^{(n+2)}\mathrm{d}a+r^n\int_r^{r_{\max}}\rho_{nm}(a)a^{-(n-1)}\mathrm{d}a\right].\end{aligned}\tag{2.109}$$

在天体外部($r\geqslant r_{\max}$)，引力势为

$$\Phi(r,\ \theta,\ \varphi)=\sum_{a=0}^{r_{\max}}\delta\Phi_{\text{ext}}=-4\pi G\sum_{n=0}^{\infty}\sum_{m=-n}^{n}\frac{Y_n^m(\theta,\ \varphi)}{2n+1}\left[\frac{1}{r^{n+1}}\int_0^{r_{\max}}\rho_{nm}(a)a^{(n+2)}\mathrm{d}a\right].\tag{2.110}$$

式(2.109)和式(2.110)称为该天体的多极展开(multipole expansion). 其中, $n=m=0$ 的项称为单极项(monopole term), $n=1$ 的项称为偶极项(dipole term), $n=2$ 的项称为四极项(quadrupole term), 依此类推.

特例 ①天体密度分布(density distribution)仅与径向坐标(radial coordinate)有关, 即

$$\rho(a,\ \theta,\ \varphi)=\rho(a).$$

由前

$$\rho_{nm}=\rho(a)\sqrt{\frac{2n+1}{4\pi}\frac{(n-m)!}{(n+m)!}}\int_{-1}^{1}P_n^m(x)\,\mathrm{d}x\int_0^{2\pi}\mathrm{e}^{-\mathrm{i}m\varphi}\mathrm{d}\varphi, \tag{2.111}$$

可得

$$\rho_{nm}=0\ (m\neq 0),$$

$$\rho_{n0}=\rho(a)\sqrt{\frac{2n+1}{4\pi}}\int_{-1}^{1}P_n(x)\,\mathrm{d}x2\pi.$$

又

$$P_0(x)=1,\qquad \int_{-1}^{1}p_n(x)p_0(x)\,\mathrm{d}x=\frac{2}{2n+1}\delta_{n,\ 0},$$

因此

$$\rho_{n0}=\sqrt{4\pi}\rho(a)\delta_{n,\ 0}. \tag{2.112}$$

代入式(2.109)、式(2.110), 有

当 $r\leqslant r_{\max}$ 时,

$$\Phi(r)=-4\pi G\left[\frac{1}{r}\int_0^r\rho(a)a^2\mathrm{d}a+\int_r^{r_{\max}}\rho(a)a\mathrm{d}a\right], \tag{2.113}$$

当 $r\geqslant r_{\max}$ 时,

$$\Phi(r)=-4\pi G\frac{1}{r}\int_0^{r_{\max}}\rho(a)a^2\mathrm{d}a\equiv -G\frac{M}{r}. \tag{2.114}$$

②$\rho(a)$ 与 a 无关, 即

$$\rho(a)\equiv\rho_0,\ r_{\max}\equiv R_p,$$

则有

当 $r\leqslant r_{\max}=R_p$ 时,

$$\begin{aligned}\Phi(r)&=-4\pi G\left[\frac{1}{r}\int_0^r\rho_0a^2\mathrm{d}a+\int_r^{R_p}\rho_0a\mathrm{d}a\right]\\&=-G\left[\frac{M}{r}\left(\frac{r}{R_p}\right)^3+2\pi\rho_0(R_p^2-r^2)\right];\end{aligned} \tag{2.115}$$

当 $r\geqslant r_{\max}$ 时,

$$\Phi=-G\frac{M}{r}, \tag{2.116}$$

其中, M 为刚体总质量.

③$\rho(a)$ 与 a 有关 ($r_{\min}\leqslant r\leqslant r_{\max}$), 但当 $r<r_{\min}$ 或 $r>r_{\max}$ 时, $\rho(a)=0$(球壳情形):

不难得到，当 $r \geqslant r_{\max}$ 时，$\Phi(r) = -G\dfrac{M}{r}$，表示在壳外一点的引力势等效其质量集中在球心的引力势；当 $r_{\min} \leqslant r \leqslant r_{\max}$ 时，

$$\Phi(r) = -4\pi G\left[\frac{1}{r}\int_0^r \rho(a)a^2\mathrm{d}a + \int_r^{r_{\max}} \rho(a)a\mathrm{d}a\right];$$

当 $r \leqslant r_{\min}$ 时，

$$\Phi(r) = -4\pi G\left[\int_{r_{\min}}^{r_{\max}} \rho(a)a\mathrm{d}a\right]\ (\text{常数}).$$

④天体密度分布与径向、纬度(latitude)有关，即

$$\rho(a,\ \theta,\ \varphi) \equiv \rho(a,\ \theta).$$

由前知

$$\rho_{nm} = \sqrt{\frac{2n+1}{4\pi}\frac{(n-m)!}{(n+m)!}}\int_{-1}^{1} P_n^m(x)\rho(a,\ x)\mathrm{d}x\int_0^{2\pi}\mathrm{e}^{-\mathrm{i}m\varphi}\mathrm{d}\varphi,$$

可得

$$\rho_{nm} = 0(m \neq 0),\ \rho_{n0} = \sqrt{\frac{2n+1}{4\pi}}\int_{-1}^{1} P_n(x)\rho(a,\ x)\mathrm{d}x 2\pi,$$

代入式(2.109)、式(2.110)可得系统引力势分布. 比较常用的是在天体外($r > r_{\max}$)的引力势表达式，有

$$\begin{aligned}
\Phi(r,\ \theta) &= -4\pi G\sum_{n=0}^{\infty}\left[\frac{Y_n^0(\theta,\ \varphi)}{2n+1}\frac{1}{r^{n+1}}\int_r^{r_{\max}} \rho_{n0}a^{n+2}\mathrm{d}a\right] \\
&= -4\pi G\sum_{n=0}^{\infty}\left[\frac{Y_n^0(\theta,\ \varphi)}{2n+1}\frac{1}{r^{n+1}}\int_r^{r_{\max}}\int_{-1}^{1}\sqrt{\frac{2n+1}{4\pi}}P_n(x)\rho(a,\ x)\mathrm{d}a\mathrm{d}x 2\pi\right] \\
&= -2\pi G\sum_{n=0}^{\infty}\frac{1}{r^{n+1}}P_n(x)\int_0^{r_{\max}}\int_{-1}^{1} a^{(n+2)}\rho(a,\ x)P_n(x)\mathrm{d}x\mathrm{d}a \\
&\equiv -\frac{GM}{r}\left[1 + \sum_{n=2}^{\infty}J_n\left(\frac{R_p}{r}\right)^n P_n(x)\right],\ (r > R_p)
\end{aligned} \tag{2.117}$$

其中，无量纲系数为

$$J_n = \frac{2\pi}{MR_p^n}\int_0^{r_{\max}}\int_{-1}^{1} a^{(n+2)}\rho(a,\ x)P_n(x)\mathrm{d}x\mathrm{d}a. \tag{2.118}$$

注意：在以上展开式中，首项就是 $n=0$ 项，而 $n=1$ 时，由于我们将质心选在原点上，所以也为零，其中含 J_n 的项称为带谐项，J_n 称为带谐系数(zonal harmonics)，R_p 通常为天体的平均半径.

⑤天体密度分布与径向、经度(longitude)和纬度都有关.

将前面最一般情形下的 ρ_{nm} 代入式(2.110)有

$$\Phi(r,\theta,\varphi) = -4\pi G\sum_{n=0}^{\infty}\sum_{m=-n}^{n}\frac{Y_n^m(\theta,\varphi)}{2n+1}\frac{1}{r^{n+1}}\int_0^{r_{\max}}\int_0^{\pi}\int_0^{2\pi}\sin\theta Y_n^{m*}\rho(a,\theta,\varphi)a^{n+2}\mathrm{d}\theta\mathrm{d}\varphi\mathrm{d}a$$

$$= -G\sum_{n=0}^{\infty}\sum_{m=-n}^{n}\frac{(n-m)!}{(n+m)!}P_n^m(\theta,\varphi)\mathrm{e}^{\mathrm{i}m\varphi}\frac{1}{r^{n+1}}\int_0^{r_{\max}}\int_{-1}^{1}\int_0^{2\pi}a^{n+2}w\rho(a,x,\theta)P_n^m(x,\varphi)\mathrm{e}^{-\mathrm{i}m\varphi}\mathrm{d}\varphi\mathrm{d}x\mathrm{d}a$$

$$\equiv -\frac{GM}{r}\left[1+\sum_{n=2}^{\infty}J_n\left(\frac{R_p}{r}\right)^n P_n(x)+\sum_{n=2}^{\infty}\sum_{m=-n,m\neq 0}^{n}\frac{(n-m)!}{(n+m)!}J_{nm}\left(\frac{R_p}{r}\right)^n P_n(x)\mathrm{e}^{\mathrm{i}m\varphi}\right],(r>R_p) \tag{2.119}$$

其中,J_n 定义如前,即称为带谐系数,J_{nm} 称为田谐系数(tesseral harmonics),含 J_{nm} 的项称为田谐项.

以上我们已采用数学物理方法中的分离变数法(separation of variables)来解数学模型.

7. 一个特例:先给出物质分布,再求引力势(引力)

球对称天体外部的引力场,就如同其全部质量集中在几何中心一样,即在 r 处的引力势为

$$V_{\text{sphere}} = -\frac{GM}{r}. \tag{2.120}$$

证明 考虑球壳,如图 2.3 所示,取角宽为 $\mathrm{d}\theta$ 的圆环,环面密度为 σ,质量为 $\sigma(2\pi R^2\sin\theta\mathrm{d}\theta)$,在 r 处此环激发的引力势为

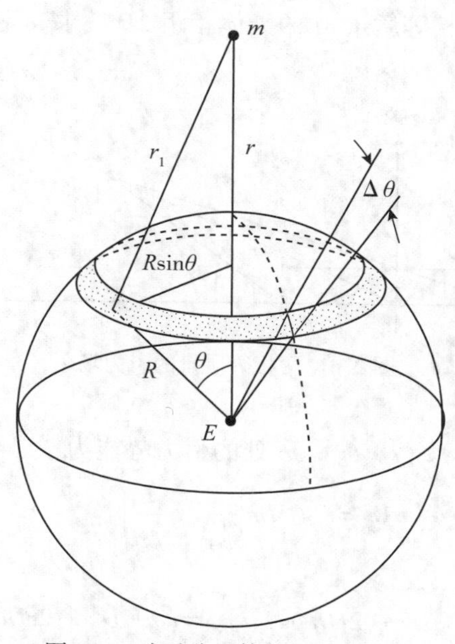

图 2.3 球对称天体外部的引力场

$$V_{\text{ring}} = -\frac{G\sigma 2\pi R\sin\theta R\mathrm{d}\theta}{r_1}. \tag{2.121}$$

注意:$0\leqslant\theta\leqslant\pi$,$r-R\leqslant r_1\leqslant r+R$.

由余弦定理

$$r_1^2 = r^2 + R^2 - 2rR\cos\theta, \tag{2.122}$$

两边求微分，有

$$r_1 \mathrm{d}r_1 = rR\sin\theta \mathrm{d}\theta,$$

故

$$\begin{aligned} V_{\text{ring}} &= -\frac{G\sigma 2\pi R\sin\theta R\mathrm{d}\theta}{r_1} = -\frac{G\sigma 2\pi R}{r_1}\frac{r_1 \mathrm{d}r_1}{r} \\ &= -\frac{G\sigma 2\pi R\mathrm{d}r_1}{r}. \end{aligned} \tag{2.123}$$

于是

$$V_{\text{shell}} = \int_{r-R}^{r+R} V_{\text{ring}} \mathrm{d}r = \int_{r-R}^{r+R} -\frac{G\sigma 2\pi R\mathrm{d}r_1}{r} = -\frac{G\sigma 4\pi R^2}{r}. \tag{2.124}$$

将球看成由许多球壳组成，得

$$V_{\text{sphere}} = \sum -\frac{GM_{\text{shell}}}{r} = -\frac{G}{r}\sum M_{\text{shell}} = -\frac{GM_{\text{sphere}}}{r}. \tag{2.125}$$

此结论由引力的高斯定理(Gauss theorem)容易推得.

8. 另一个特例：先给出物质分布，再求引力势(引力)

如图 2.4 所示，设两个相等质量 M 的天体相距 $2D$，求 m 处的引力势能和引力.

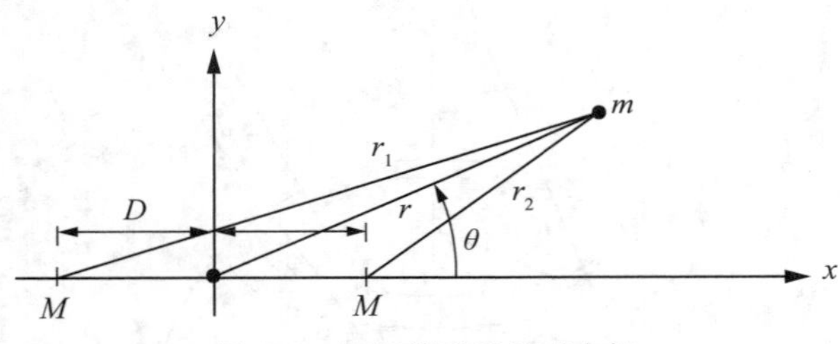

图 2.4　两相等质量的引力场

设 $D \ll r$，采用极坐标系 (r, θ)，m 处的引力势能为

$$V_g = -GMm\left(\frac{1}{r_1} + \frac{1}{r_2}\right), \tag{2.126}$$

其中，

$$r_1^2 = r^2 + D^2 - 2rD\cos\theta,\ r_2^2 = r^2 + D^2 + 2rD\cos\theta. \tag{2.127}$$

因此

$$V_g = -\frac{GMm}{r}\left\{\left[1 + \left(\frac{D}{r}\right)^2 - 2\left(\frac{D}{r}\right)\cos\theta\right]^{-1/2} + \left[1 + \left(\frac{D}{r}\right)^2 + 2\left(\frac{D}{r}\right)\cos\theta\right]^{-1/2}\right\}, \tag{2.128}$$

由于 $D/r \ll 1$，将上式按泰勒展开(Taylor expansion)，并准确到 $\left(\frac{D}{r}\right)^2$，得

$$V_g \approx -\frac{GMm}{r}\left[2+\left(\frac{D}{r}\right)^2(3\cos^2\theta-1)\right]. \tag{2.129}$$

m 所受到的引力为

$$\begin{aligned}\boldsymbol{F} &= -\nabla V_g = -\hat{\boldsymbol{r}}\frac{\partial V_g}{\partial r} - \hat{\boldsymbol{\theta}}\frac{1}{r}\frac{\partial V_g}{\partial \theta} \\ &= -2GMm\left\{\hat{\boldsymbol{r}}\left[\frac{1}{r^2}+\frac{D^2}{r^4}\left(\frac{9}{2}\cos^2\theta-\frac{3}{2}\right)\right]+\hat{\boldsymbol{\theta}}\left(\frac{3D^2\sin\theta\cos\theta}{r^4}\right)\right\}.\end{aligned} \tag{2.130}$$

由上可看出求系统的引力场有两种方法：一种为求解泊松方程(或拉普拉斯方程)(高斯定理)，另一种为直接用万有引力定律(求和或积分). 采用哪一种方法视问题方便来定.

习　题　2

1. 证明 $\nabla^2 |\boldsymbol{x}-\boldsymbol{x}'|^{-1} = -4\pi\delta(\boldsymbol{x}-\boldsymbol{x}')$.

2. 用 $|\boldsymbol{x}-\boldsymbol{x}'|^{-1}$ 的球谐函数展开证明，对于球对称物质分布，有

$$U(t,\ r) = \frac{Gm(t,\ r)}{r} + 4\pi G\int_r^R \rho(t,\ r')r'\mathrm{d}r'.$$

3. 在某些相对引力理论中，如同广义相对论一样“引力子”不是无质量的，而是具有质量 m_g. 在 Newton 极限下，引力子质量产生一个修改了的 Poisson 方程，它为

$$(\nabla^2+\lambda^{-2})U = -4\pi G\rho,$$

其中，$\lambda = h/(m_g c)$ 为引力子的 Compton 波长. 证明：质点 m 的球对称引力势为

$$U = (Gm/r)\mathrm{e}^{-r/\lambda}.$$

4. 在狭义相对论中，单粒子的 Lagrange 量为

$$L = -mc\sqrt{-\eta_{\alpha\beta}(\mathrm{d}r^\alpha/\mathrm{d}t)(\mathrm{d}r^\beta/\mathrm{d}t)},$$

证明：粒子的运动方程为

$$a^\alpha = \frac{\mathrm{d}u^\alpha}{\mathrm{d}\tau} = \frac{\mathrm{d}^2 r^\alpha}{\mathrm{d}\tau^2} = 0.$$

5. 证明：在狭义相对论中，由作用量

$$S = -mc\int_1^2 \mathrm{d}\tau + q\int_1^2 A_\alpha \mathrm{d}x^\alpha$$

的 Euler-Lagrange 方程可导出 Lorentz 力定律的相对论形式.

6. 设单粒子运动的直角坐标为 $(x,\ y)$，相应柱坐标为 $(r,\ \varphi)$，由线元

$$\mathrm{d}s^2 = \mathrm{d}x^2 + \mathrm{d}y^2$$

导出

$$\mathrm{d}s^2 = \mathrm{d}r^2 + r^2\mathrm{d}\varphi^2,$$

在此情形下，非零联络系数为

$$\Gamma^r_{\varphi\varphi} = -r,\ \Gamma^\varphi_{r\varphi} = \Gamma^\varphi_{\varphi r} = r^{-1}.$$

7. 试证明单粒子运动测地线偏离方程为

$$\frac{D^2\xi^{\alpha}}{d\tau^2}=-R^{\alpha}_{\beta\gamma\delta}u^{\beta}\xi^{\gamma}u^{\delta},$$

在 Newton 近似下，由此可得

$$\frac{d^2\xi^j}{dt^2}\approx -c^2R^j_{0k0}\xi^k\approx(\partial_{jk}U)\xi^k.$$

8. 设质量为 m 的点粒子能动张量为

$$T^{\alpha\beta}=mc\int u^{\alpha}u^{\beta}\frac{\delta(x^{\mu}-r^{\mu}(\tau))}{\sqrt{-g}}d\tau,$$

证明：$\nabla_{\beta}T^{\alpha\beta}=0$ 与 $\dfrac{Du^{\alpha}}{d\tau}\equiv\dfrac{du^{\alpha}}{d\tau}+\Gamma^{\alpha}_{\beta\gamma}u^{\beta}u^{\gamma}=0$ 等效.

9. 考虑光子在 Schwarzschild 时空赤道面中运动，证明径向坐标 r 满足

$$\dot{r}^2+\mu(r)=c^2,$$

其中 $\mu(r)=\dfrac{h^2}{r^2}(1-R/r)$，$h$ 为比角动量.

10. 在第 6 题中，写出测地线方程

$$d^2x^j/ds^2+\Gamma^j_{nk}(dx^k/ds)(dx^n/ds)=0,$$

求解测地线方程得 $r(s)$ 和 $\varphi(s)$，证明：

$$x=As+B,\ y=Cs+D,$$

其中 A，B，C 和 D 均为常数.

11. 研究球对称，我们总可以写出球对称度规

$$ds^2=-e^{-2\Phi/c^2}d(ct)^2-2hd(ct)dr+e^{2\Lambda/c^2}dr^2+r^2(d\theta^2+\sin^2\theta d\varphi^2),$$

其中 Φ，Λ 和 h 为 t 和 r 的函数，证明：总可以找到一变换 $t=F(T,r)$ 使得坐标 (T,r,θ,φ) 度规没有非对角 $d(ct)dr$ 项.

12. 考虑光子在后 Newton 时空中的测地运动，位矢和速度分别为 $\boldsymbol{r}(t)$ 和 $\boldsymbol{v}(t)=d\boldsymbol{r}/dt$，证明：

$$\boldsymbol{v}=c(1-2c^{-2}U)\boldsymbol{n}+o(c^{-3}),$$

其中运动方向单位矢 $\boldsymbol{n}$ 满足

$$\frac{dn^j}{dt}=\frac{2}{c}(\delta^{jk}-n^jn^k)\partial_kU+o(c^{-3}),$$

这里 U 为 $\boldsymbol{x}=\boldsymbol{r}(t)$ 处 Newton 引力势.

13. 考虑光子在下面参数化了的后 Newton 度规（Parameterized post-Newtonian framework）

$$ds^2=-(1-2U/c^2)d(ct)^2+(1+2\gamma U/c^2)(dx^2+dy^2+dz^2)$$

中运动，证明

$$\boldsymbol{v}=c[1-(1+\gamma)Uc^{-2}]\boldsymbol{n}+o(c^{-3}),$$

其中运动方向单位矢 $\boldsymbol{n}$ 满足

$$\frac{\mathrm{d}n^j}{\mathrm{d}t}=\frac{1+\gamma}{c}(\delta^{jk}-n^jn^k)\partial_k U+o(c^{-2}).$$

14. 证明：参考第5题，用三维矢量表示，在电磁场中运动的带电粒子的加速度为

$$\frac{\mathrm{d}\boldsymbol{v}}{\mathrm{d}t}=\frac{q}{m}\sqrt{1-\frac{v^2}{c^2}}[\boldsymbol{E}+\boldsymbol{v}\times\boldsymbol{B}-c^{-2}(\boldsymbol{v}\cdot\boldsymbol{E})\boldsymbol{v}].$$

15. 设单粒子在 Coulomb 场中运动的 Hamilton-Jacobi 方程为

$$-(\partial A/\partial t+\alpha/r)^2+(\partial A/\partial r)^2+r^{-2}(\partial A/\partial\theta)^2+m^2=0,$$

证明：

$$A=-\varepsilon t+J\theta+\int\sqrt{c^{-2}(\varepsilon-\alpha/r)^2-J^2/r^2-m^2c^2}\,\mathrm{d}r.$$

注意我们重新引入了 c 因子.

16. 在一些情况下，度规能近似写成一个近 Newton 形式，即

$$g_{ab}=\eta_{ab}+h_{ab},\quad |h_{ab}|\ll 1,\ \partial_0 g_{ab}=0,$$

本题研究这样一种情况即 $h_{0\alpha}\neq 0$.

①研究粒子在此度规下的测地线方程(精确到 (v/c) 最低级)，它可写成

$$\frac{\mathrm{d}^2x^\alpha}{\mathrm{d}t^2}\approx\frac{1}{2}c^2\delta^{\alpha\beta}\partial_\beta h_{00}+c\delta^{\alpha\gamma}(\partial_\beta h_{0\gamma}-\partial_\gamma h_{0\beta})v^\beta.$$

②此方程写为以下形式

$$\ddot{\boldsymbol{x}}=-\nabla\varphi+[\boldsymbol{v}\times(\nabla\times\boldsymbol{A})],$$

这里 $g_{00}\equiv-(1+2\varphi/c^2)$ 和 $g_{0\alpha}\equiv-A_\alpha/c\cdot\nabla\times\boldsymbol{A}$ 称为“引力磁场”.

提示：将粒子测地运动的 Lagrange 量

$$L=-m\frac{\mathrm{d}\tau}{\mathrm{d}t}=-m\sqrt{-g_{ab}\frac{\mathrm{d}x^a}{\mathrm{d}t}\frac{\mathrm{d}x^b}{\mathrm{d}t}}$$

写成

$$L=\frac{1}{2}v^2-\varphi+\frac{\boldsymbol{A}\cdot\boldsymbol{v}}{c}$$

③证明：考虑此时空中一旋转陀螺，它的自旋以

$$\boldsymbol{\Omega}_{LT}=-(1/2)\nabla\times\boldsymbol{A}$$

做进动(称为 Lens-Thirring 进动).（答案：在电动力学中的自旋进动公式为 $\dot{\boldsymbol{S}}=\boldsymbol{\mu}\times\boldsymbol{B}$，其中 $\boldsymbol{\mu}=(e/2m)\boldsymbol{S}$. 对于引力情形将 $e\to m$ 即可.）

④设一慢旋转源位于原点，角动量为 $\boldsymbol{J}$，产生的度规 $g_{ab}=\eta_{ab}+h_{ab}$，其中

$$g_{0\alpha}=(2/r^3)\varepsilon_{\alpha\beta\gamma}x^\beta J^\gamma.$$

计算在此情形下 Lens-Thirring 的进动.

（答案：用③的结果，$\boldsymbol{\Omega}_{LT}=(G/r^3)[-\boldsymbol{J}+3((\boldsymbol{J}\cdot\boldsymbol{x})\boldsymbol{x}/r^2)]$.）

17. 考虑单粒子测地运动的 Lagrange 量

$$L=[-g_{ab}(\mathrm{d}x^a/\mathrm{d}\lambda)(\mathrm{d}x^b/\mathrm{d}\lambda)]^{1/2},$$

其中 λ 为任意参数. 证明：运动方程为

$$\frac{d^2x^i}{d\lambda^2}+\Gamma^i_{jk}\frac{dx^j}{d\lambda}\frac{dx^k}{d\lambda}=\frac{d^2\tau/d\lambda^2}{d\tau/d\lambda}\frac{dx^i}{d\lambda}\equiv f(\lambda)\frac{dx^i}{d\lambda}.$$

18. 设度规

$$ds^2=-N^2(dx^0)^2+dl^2,$$

其中

$$dl^2=(g_{\alpha\beta}-N^2g_\alpha g_\beta)dx^\alpha dx^\beta.$$

又设度规张量与时间无关，证明：做测地运动粒子的能量守恒，即

$$E=mN^2\frac{dx^0}{d\tau}$$

守恒，引入速度

$$v=\frac{dl}{d\tau}=\frac{dl}{Ndx^0},$$

有

$$E=\frac{mN}{\sqrt{1-v^2}}.$$

19. 设单粒子在Schwarzschild时空赤道平面内做测地运动，证明：

$$(1-2GM/r)^{-1}\frac{dr}{dt}=\frac{1}{\varepsilon}[\varepsilon^2-V^2_{\text{eff}}(r)]^{1/2},$$

其中

$$V^2_{\text{eff}}(r)=m^2(1-2GM/r)(1+L^2m^{-2}r^{-2}).$$ ①

① 注意：第2~13题取自Poisson E, Will C M, 2014，第14~19题取自Padmanabhan T, 2010.

第3章　二体运动

本章研究两质点(每个天体看成一个质点)体系(二体问题，two-body problem)与引力场组成的系统，给出物理模型、基本物理量、基本方程、求解方法和推论. 本章还给出一个更重要的推论——开普勒方程(椭圆、抛物线和双曲线)及其基本解法.

3.1　两质点体系与引力场组成的系统——二体问题

1. 描述此系统运动状态的基本物理量

如图 3.1 所示，两质点由质量 m_i 和位矢 $\boldsymbol{r}_i(t)\,(i=1,\ 2)$ 来描述；引力场由引力势 $\boldsymbol{\Phi}(\boldsymbol{r})$ 描述.

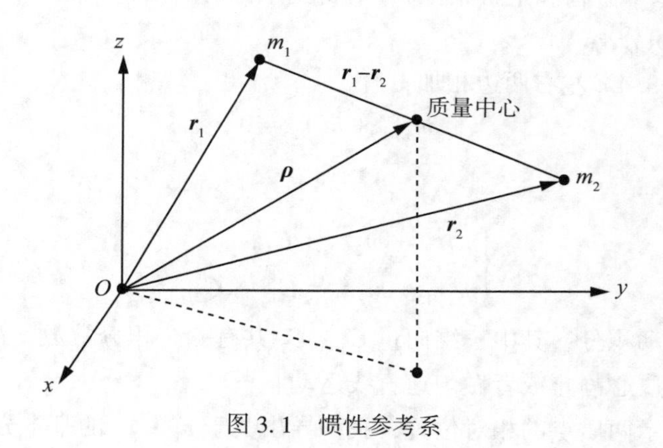

图 3.1　惯性参考系

2. 基本方程(在牛顿框架下)

(1)两质点对引力场作用与运动的关系(质点激发引力场)

$$\boldsymbol{\Phi}(\boldsymbol{r},\ t)=-G\frac{m_1}{|\boldsymbol{r}-\boldsymbol{r}_1|}-G\frac{m_2}{|\boldsymbol{r}-\boldsymbol{r}_2|}. \tag{3.1}$$

(2)引力场反过来对质点的作用与运动的关系(牛顿定律)

$$\begin{cases}-m_1\,\nabla_{r_1}\boldsymbol{\Phi}(\boldsymbol{r}_1,\ t)=m_1\ddot{\boldsymbol{r}}_1,\\-m_2\,\nabla_{r_2}\boldsymbol{\Phi}(\boldsymbol{r}_2,\ t)=m_2\ddot{\boldsymbol{r}}_2.\end{cases} \tag{3.2}$$

其中，$\boldsymbol{\Phi}(\boldsymbol{r}_1, t)$ 和 $\boldsymbol{\Phi}(\boldsymbol{r}_2, t)$ 分别为不包括自己质点产生的引力场.

以上方程是关于基本物理量(m_1，$\boldsymbol{r}_1(t)$；m_2，$\boldsymbol{r}_2(t)$；$\boldsymbol{\Phi}(\boldsymbol{r}, t)$)的方程.

将式(3.1)代入式(3.2)中，令 $\boldsymbol{r}=\boldsymbol{r}_2-\boldsymbol{r}_1$，有

$$m_1\ddot{\boldsymbol{r}}_1=\frac{Gm_1m_2}{r^3}(\boldsymbol{r}_2-\boldsymbol{r}_1), \tag{3.3}$$

$$m_2\boldsymbol{r}_2=-\frac{Gm_1m_2}{r^3}(\boldsymbol{r}_2-\boldsymbol{r}_1). \tag{3.4}$$

解法：由以上两式求出 $\boldsymbol{r}_1(t)$，$\boldsymbol{r}_2(t)$ 后，再由式(3.1)求解另一个基本物理量(引力势) $\boldsymbol{\Phi}(\boldsymbol{r}, t)$，从而求出所有相关的物理量.

3. 初始条件

要构成完整的数学模型，还需要定解条件，此处为初始条件：

当 $t=0$ 时，

$$\boldsymbol{r}_1=\boldsymbol{r}_{10},\quad \boldsymbol{r}_2=\boldsymbol{r}_{20},\quad \dot{\boldsymbol{r}}_1=\boldsymbol{v}_{10},\quad \dot{\boldsymbol{r}}_2=\boldsymbol{v}_{20}.$$

4. 相关推论

由数学模型(基本方程和定解条件)，可得到推论(第一部分).

(1)质心运动积分.

式(3.3)与式(3.4) 左右两边相加，有

$$m_1\ddot{\boldsymbol{r}}_1+m_2\ddot{\boldsymbol{r}}_2=0$$

对时间积分得

$$\begin{cases} m_1\dot{\boldsymbol{r}}_1+m_2\dot{\boldsymbol{r}}_2=\boldsymbol{C}_1, \\ m_1\boldsymbol{r}_1+m_2\boldsymbol{r}_2=\boldsymbol{C}_1t+\boldsymbol{C}_2. \end{cases} \tag{3.5}$$

此两式称为质量运动积分，其中三维向量 $\boldsymbol{C}_1$，$\boldsymbol{C}_2$ 共有6个积分常数，都由初始条件来定. 该积分表示此系统质心静止或者做匀速直线运动.

(2) $\boldsymbol{r}_1-\boldsymbol{r}_2$ 表示两质点的相对位置，我们导出关于 $\boldsymbol{r}_1-\boldsymbol{r}_2$ 的基本方程.

用式(3.3)减去式(3.4)，得

$$\frac{\mathrm{d}^2}{\mathrm{d}t^2}(\boldsymbol{r}_1-\boldsymbol{r}_2)=-\frac{G(m_1+m_2)}{|\boldsymbol{r}_1-\boldsymbol{r}_2|^3}(\boldsymbol{r}_1-\boldsymbol{r}_2), \tag{3.6}$$

坐标原点为此天体之一，因此不是惯性系.

(3)基本方程(3.3)和(3.4)的另一种形式.

如图3.2所示，设两质点体系为孤立体系(isolated system)，惯性系的原点取在质心上(天球参考系)，则

$$|\boldsymbol{r}_1-\boldsymbol{r}_2|=r_1+r_2,$$

又由质心的定义

$$r_1 + r_2 = r_1\left(1 + \frac{r_2}{r_1}\right) = r_1\left(1 + \frac{m_2}{m_1}\right),$$

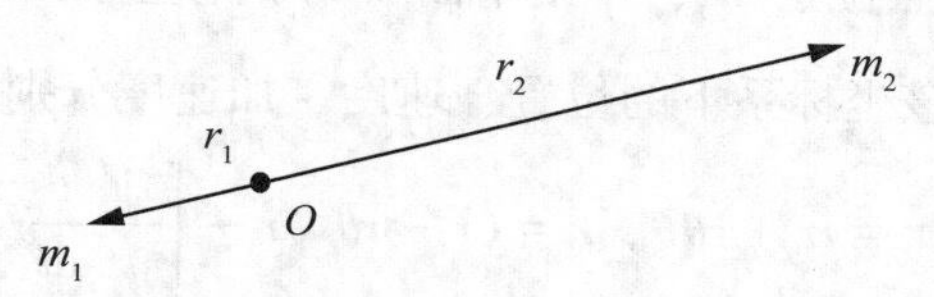

图 3.2 质心惯性系

这样式(3.3)变为

$$m_1 \frac{\mathrm{d}^2 \boldsymbol{r}_1}{\mathrm{d}t^2} = -\frac{Gm_1m_2}{(r_1 + r_2)^2}\hat{\boldsymbol{r}}_1 = -\frac{Gm_1}{r_1^2}\frac{m_2^3}{(m_1 + m_2)^2}\hat{\boldsymbol{r}}_1. \tag{3.7}$$

令

$$M_{R2} = \frac{m_2^3}{(m_1 + m_2)^2} = \frac{m_2}{\left(1 + \dfrac{m_1}{m_2}\right)^2},$$

称为 m_2 的约化质量或折合质量(reduced mass).
可得

$$\frac{\mathrm{d}^2 \boldsymbol{r}_1}{\mathrm{d}t^2} = -\frac{GM_{R2}}{r_1^2}\hat{\boldsymbol{r}}_1. \tag{3.8}$$

对 m_2，类似地有

$$\frac{\mathrm{d}^2 \boldsymbol{r}_2}{\mathrm{d}t^2} = -\frac{GM_{R1}}{r_2^2}\hat{\boldsymbol{r}}_2. \tag{3.9}$$

其中,

$$M_{R1} = \frac{m_1^3}{(m_2 + m_1)^2} = \frac{m_1}{\left(1 + \dfrac{m_2}{m_1}\right)^2}.$$

式(3.6)、式(3.8)、式(3.9)可统一写成形式

$$\frac{\mathrm{d}^2 \boldsymbol{r}}{\mathrm{d}t^2} = -\frac{\mu}{r^2}\hat{\boldsymbol{r}}. \tag{3.10}$$

(4)角动量积分(动量矩积分).

我们讨论式(3.10)的一种形式，即 $\boldsymbol{r} = \boldsymbol{r}_1 - \boldsymbol{r}_2$，其中，$\mu = G(m_1 + m_2)$，另两种形式类推. 式(3.10)两边叉乘 $\boldsymbol{r}$，注意 $\boldsymbol{r} \times \boldsymbol{r} = 0$，得 $\boldsymbol{r} \times \ddot{\boldsymbol{r}} = 0$，并推出

$$\frac{\mathrm{d}}{\mathrm{d}t}(\boldsymbol{r} \times \dot{\boldsymbol{r}}) = 0, \tag{3.11}$$

积分有 $\boldsymbol{r} \times \dot{\boldsymbol{r}} = \boldsymbol{h}$，其为单位质量的角动量，称为比角动量(specific angular momentum)，其中 $\boldsymbol{h}$ 为常向量，由初始条件来定. 上式表示二体始终在一个与 $\boldsymbol{h}$ 垂直的平面上(不变平

面)，式(3.11)被称为角动量积分.

(5)比角动量 h 与基本物理量 $r(t)$，$\theta(t)$ 的关系.

在不变平面上采用原点位于 $\boldsymbol{m}_1$，不变平面 $\boldsymbol{z}=0$ 的极坐标系，该坐标下的三个方向的单位向量为 $\hat{r}$，$\hat{\theta}$，$\hat{z}$，在该坐标系下的位置、速度、加速度分别为

$$\boldsymbol{r} = r\hat{r},\ \dot{\boldsymbol{r}} = \dot{r}\hat{r} + r\dot{\theta}\hat{\theta},\ \ddot{\boldsymbol{r}} = (\ddot{r} - r\dot{\theta}^2)\hat{r} + \left[\frac{1}{r}\frac{\mathrm{d}}{\mathrm{d}t}(r^2\dot{\theta})\right]\hat{\theta}$$

式(3.11)为

$$\boldsymbol{h} = r^2\dot{\theta}\hat{\boldsymbol{z}} \equiv h\hat{\boldsymbol{z}},$$

即

$$h = r^2\dot{\theta},$$

此式为开普勒第二定律，适用于有心力场.

(6)面积速度 n_A 与基本物理量的关系.

$$\begin{aligned} n_A\mathrm{d}t &= \left|\frac{1}{2}\boldsymbol{r} \times \dot{\boldsymbol{r}}\mathrm{d}t\right| = \frac{1}{2}\left|r^2\dot{\theta}\right|\mathrm{d}t = \frac{1}{2}h\mathrm{d}t \\ n_A &= \frac{1}{2}h = \frac{1}{2}r^2\dot{\theta}. \end{aligned} \tag{3.12}$$

(7)拉普拉斯矢量(Laplace vector) $\boldsymbol{e}$ 的引入.

令 $\boldsymbol{h} = h\hat{\boldsymbol{z}} = r^2\dot{\theta}\hat{\boldsymbol{z}} = \boldsymbol{r} \times \dot{\boldsymbol{r}}$ (常矢量，角动量积分)，又 $\ddot{\boldsymbol{r}} = -\dfrac{\mu}{r^2}\hat{\boldsymbol{r}}$，将 $\boldsymbol{h}$ 叉乘上式两边，即

$$\ddot{\boldsymbol{r}} \times \boldsymbol{h} = -\frac{\mu}{r^2}\hat{\boldsymbol{r}} \times \boldsymbol{h},$$

又

$$\ddot{\boldsymbol{r}} \times \boldsymbol{h} = \ddot{\boldsymbol{r}} \times (\boldsymbol{r} \times \dot{\boldsymbol{r}}) = -r^2\frac{\mathrm{d}\hat{\boldsymbol{r}}}{\mathrm{d}t},$$

而

$$\ddot{\boldsymbol{r}} \times \boldsymbol{h} = \frac{\mathrm{d}}{\mathrm{d}t}(\dot{\boldsymbol{r}} \times \boldsymbol{h}),\ (\boldsymbol{h}\text{ 为常矢量})$$

$$\frac{\mathrm{d}}{\mathrm{d}t}(\dot{\boldsymbol{r}} \times \boldsymbol{h}) = \mu\frac{\mathrm{d}\hat{\boldsymbol{r}}}{\mathrm{d}t},$$

积分有

$$\dot{\boldsymbol{r}} \times \boldsymbol{h} = \mu(\hat{\boldsymbol{r}} + \boldsymbol{e}),\ (\boldsymbol{e}\text{ 为常矢量})$$

解出得

$$\boldsymbol{e} = \frac{1}{\mu}\dot{\boldsymbol{r}} \times \boldsymbol{h} - \hat{\boldsymbol{r}}.$$

将 $\boldsymbol{h} = \boldsymbol{r} \times \dot{\boldsymbol{r}}$ 代入上式，有

$$\boldsymbol{e}=\left(\frac{v^2}{\mu}-\frac{1}{r}\right)\boldsymbol{r}-\frac{r\dot{r}}{\mu}\dot{\boldsymbol{r}},$$

称为拉普拉斯向量.

(8)能量积分.

由

$$\frac{1}{2}\frac{\mathrm{d}}{\mathrm{d}t}(\dot{\boldsymbol{r}}\cdot\dot{\boldsymbol{r}})=\dot{\boldsymbol{r}}\cdot\ddot{\boldsymbol{r}},$$

再由式(3.10)，有

$$\frac{1}{2}\frac{\mathrm{d}}{\mathrm{d}t}(\dot{\boldsymbol{r}}\cdot\dot{\boldsymbol{r}})=\dot{\boldsymbol{r}}\cdot\left(-\frac{\mu}{r^3}\boldsymbol{r}\right)=-\frac{\mu}{r^3}r\dot{r}=\frac{\mathrm{d}}{\mathrm{d}t}\left(\frac{\mu}{r}\right),$$

两边积分后，有

$$\frac{1}{2}\dot{\boldsymbol{r}}\cdot\dot{\boldsymbol{r}}-\frac{\mu}{r}=K,$$

即

$$\frac{1}{2}v^2-\frac{\mu}{r}=K. \tag{3.13}$$

5. 基本方程的推论(第二部分)——轨道方程

(1)用$\boldsymbol{e}$矢量可推出轨道方程.

用$\boldsymbol{r}$点乘$\dot{\boldsymbol{r}}\times\boldsymbol{h}=\mu(\hat{\boldsymbol{r}}+\boldsymbol{e})$两边，有

$$\boldsymbol{r}\cdot(\dot{\boldsymbol{r}}\times\boldsymbol{h})=\mu(r+\boldsymbol{r}\cdot\boldsymbol{e}),$$

又

$$\boldsymbol{r}\cdot\boldsymbol{e}=re\cos f\equiv re\cos(\theta-\omega),$$

而

$$\boldsymbol{r}\cdot(\dot{\boldsymbol{r}}\times\boldsymbol{h})=\boldsymbol{h}\cdot(\boldsymbol{r}\times\dot{\boldsymbol{r}})=h^2,$$

故

$$r=\frac{\frac{h^2}{\mu}}{1+e\cos f}\equiv\frac{p}{1+e\cos(\theta-\omega)},$$

其中，参数的意义如前.

(2)以分量的形式导出轨道方程.

由前面的$\ddot{\boldsymbol{r}}=-\frac{\mu}{r^3}\boldsymbol{r}$，在二体运动不变平面的极坐标系下，上式可化为

$$\ddot{r}-\frac{h^2}{r^3}=-\frac{\mu}{r^2}, \tag{3.14}$$

和

$$r^2\dot{\theta} = h(\text{常数}), \tag{3.15}$$

令 $u = \dfrac{1}{r}$，有

$$\dot{r} = \frac{\mathrm{d}}{\mathrm{d}t}\left(\frac{1}{u}\right) = \dot{\theta}\frac{\mathrm{d}}{\mathrm{d}\theta}\left(\frac{1}{u}\right) = -h\frac{\mathrm{d}u}{\mathrm{d}\theta},\ \ddot{r} = -h^2u^2\frac{\mathrm{d}^2u}{\mathrm{d}\theta^2}.$$

代入 $\ddot{r} - \dfrac{h^2}{r^3} = -\dfrac{\mu}{r^2}$ 中，有

$$\frac{\mathrm{d}^2u}{\mathrm{d}\theta^2} + u = \frac{\mu}{h^2}.$$

解得

$$u = \frac{\mu}{h^2}[1 + e\cos(\theta - \omega)],$$

从而

$$r = \frac{p}{1 + e\cos(\theta - \omega)}, \tag{3.16}$$

式(3.16)称为轨道积分，其轨道为圆锥曲线(conic)，$p = \dfrac{h^2}{\mu}$ 为半通径，ω 为近点角距，e 为偏心率(eccentricity)(圆锥曲线上任意一点到焦点距离与到焦线距离之比)，它们由初始条件决定. 由圆锥曲线的定义，有 $e = 0$，$p = a$（圆）；$0 < e < 1$，$p = a(1 - e^2)$（椭圆(ellipse)）；$e = 1$，$p = 2q$（抛物线(parabola)）；$e > 1$，$p = a(e^2 - 1)$（双曲线(hyperbola)），其中，a 为轨道半长径. 比如说，对于椭圆

$$r = \frac{p}{1 + e\cos(\theta - \omega)}$$

有

$$FA = \frac{p}{1 + e},\ FP = \frac{p}{1 - e},$$

由 $\boldsymbol{p}$ 的定义 $2a = FA + FP$，得 $p = a(1 - e^2)$.

(3)直角坐标系内的轨道方程.

直角坐标（x，y，z）与极坐标（r，f，z）的关系为 $x = r\cos f$，$y = \sin f$，$z = z$，将之代入上述轨道方程，有 $\sqrt{x^2 + y^2} = p - ex$，两边平方得

$$x^2 + y^2 = p^2 - 2pex + e^2x^2.$$

有如下讨论：

①(圆) $e = 0$，$p = a$，轨道方程为

$$x^2 + y^2 = a^2, \tag{3.17}$$

它表示圆心在原点，半径为 a 的圆.

②(抛物线) $e = 1$，轨道方程为

$$y^2 = p^2 - 2px, \tag{3.18}$$

它表示关于 x 轴对称的抛物线.

③(椭圆) $e < 1$，即 $1 - e^2 > 0$，轨道方程为

$$\left(x + \frac{pe}{1 - e^2}\right)^2 + \frac{y^2}{1 - e^2} = \frac{p^2}{(1 - e^2)^2}, \tag{3.19}$$

令 $a = \frac{p}{1 - e^2}$，$b = \frac{p}{\sqrt{1 - e^2}}$，$c = \frac{pe}{1 - e^2}$，有 $\frac{(x + c)^2}{a^2} + \frac{y^2}{b^2} = e$，它表示此轨道是半长轴为 a，半短轴为 b，半焦距为 c 的椭圆.

④(双曲线) $e > 1$，即 $e^2 - 1 > 0$，轨道方程为

$$\left(x - \frac{pe}{e^2 - 1}\right)^2 - \frac{y^2}{e^2 - 1} = \frac{p^2}{(e^2 - 1)^2}, \tag{3.20}$$

令 $a = \frac{p}{e^2 - 1}$，$b = \frac{p}{\sqrt{e^2 - 1}}$，$c = \frac{pe}{e^2 - 1}$，得

$$\frac{(x - c)^2}{a^2} - \frac{y^2}{b^2} = 1.$$

上式表示此轨道是半长轴为 a、半短轴为 b、半焦距为 c 的双曲线的左支.

(4)不同轨道运动下的参量和活力公式.

①椭圆轨道(elliptical orbit)($e < 1$)：椭圆轨道及相应的参量如图 3.3 所示.

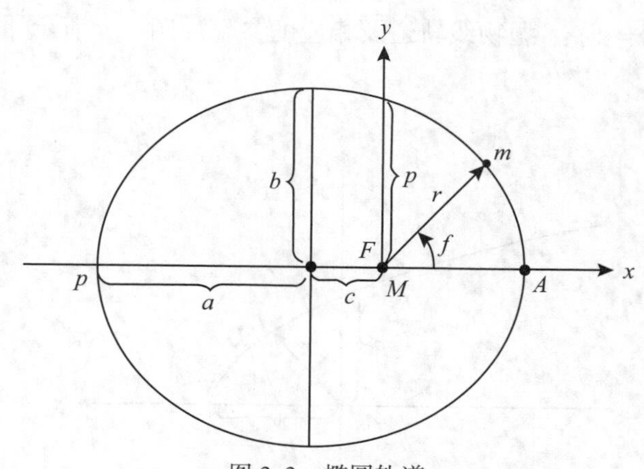

图 3.3 椭圆轨道

此参数为 p，e，ω，a，h，$T(n)$，f，M，E，$\tau(M_0)$，它们之间的关系为

$$h = \sqrt{\mu p} = \sqrt{\mu a(1 - e^2)},\ \frac{4\pi^2 a^3}{T} = n^2 a^3 = \mu = G(m_1 + m_2),$$

$$E - e\sin E = nt + M_0 = n(t - \tau) = M,\ f = \theta(t) - \omega,$$

$$r(t) = a(1 - e\cos E(t)),\ r(t) = \frac{a(1 - e^2)}{1 + e\cos(\theta(t) - \omega)}.$$

其中，$r(t)$，$\theta(t)$ 中含有初始条件参数

$$r\big|_{t=0}=r_0,\ \theta\big|_{t=0}=\theta_0,\ \dot{r}\big|_{t=0}=v_0,\ \dot{\theta}\big|_{t=0}=\omega_0.$$

注意：f，E 中含有 a，e，t；M 中含有 a，τ，t.

下面我们导出活力公式 $K=\frac{1}{2}v^2-\frac{\mu}{r}=-\frac{\mu}{2a}$.

证明　由 $\dot{\boldsymbol{r}}=\dot{r}\hat{\boldsymbol{r}}+r\dot{f}\hat{\boldsymbol{\theta}}$，又 $r=\frac{p}{1+e\cos f}$，$\dot{r}=\frac{pe\sin f}{(1+e\cos f)^2}\dot{f}$，将 $h=r^2\dot{f}$ 代入，有

$$\dot{r}=\frac{pe\sin f}{(1+e\cos f)^2}\frac{h}{p^2}(1+e\cos f)^2=\frac{h}{p}e\sin f=\sqrt{\frac{\mu}{p}}e\sin f,$$

而

$$r\dot{f}=\frac{h}{r}=\sqrt{\frac{\mu}{p}}(1+e\cos f),$$

故

$$v^2=\dot{r}^2+(r\dot{f})^2=\frac{\mu}{p}(1+2e\cos f+e^2).$$

总能量为

$$K=\frac{1}{2}v^2-\frac{\mu}{r}=\frac{1}{2}\frac{\mu}{p}(1+2e\cos f+e^2)-\frac{\mu}{p}(1+e\cos f)=\frac{\mu}{2p}(e^2-1)=-\frac{\mu}{2a}. \tag{3.21}$$

②抛物线轨道（$e=1$）：抛物线轨道及相应的参量如图 3.4 所示.

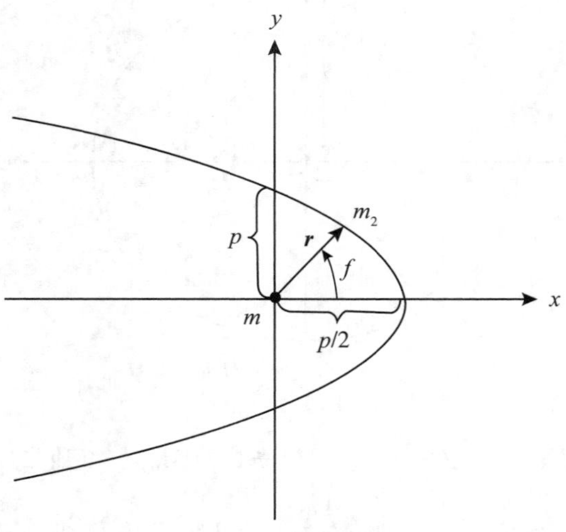

图 3.4　抛物线轨道

· 基本积分常数：$e=1$，f，$\bar{n}$，p，h，τ.

· 几何意义：当近点角 $f=0$ 时，近心距 $q=\frac{1}{2}p$. 而当 $f=\pi$ 时，中心距 r 趋于无穷大；

当$f=\dfrac{\pi}{2}$时，$r=p$，即为半通径.

·基本方程的推论：轨道方程

$$r=\frac{p}{1+\cos f}=\frac{p}{2}\sec^2\frac{f}{2}\quad (\text{几何意义：} r\cos f+r=p)$$

其中，f为真近点角.

又

$$h=\sqrt{\mu p}=r^2\dot{\theta}=r^2\dot{f},$$

故有

$$\frac{1}{4}p^2\sec^4\frac{f}{2}\mathrm{d}f=\sqrt{\mu p}\,\mathrm{d}t.$$

引入角速率$\bar{n}$：$\bar{n}^2p^3=\mu G(m_1+m_2)$（开普勒定律），则

$$\frac{1}{2}\tan\frac{f}{2}+\frac{1}{6}\tan^3\frac{f}{2}=\bar{n}(t-\tau).\tag{3.22}$$

此方程为抛物线运动的开普勒方程(Kepler equation)(详见3.2节).

下面我们来证明做抛物线运动的二体机械能为0.

由

$$r^2\dot{f}=h=\sqrt{\mu p}$$

和

$$r=\frac{p}{1+\cos f},$$

得

$$\dot{r}=\frac{p\sin f}{(1+\cos f)^2}\dot{f}=\frac{r^2}{p}\sin f\dot{f}.$$

又

$$v^2=\dot{r}^2+r^2\dot{f}^2=\left(\frac{r^4}{p^2}\sin^2 f+r^2\right)\frac{\mu p}{r^4}=\frac{2\mu}{r},$$

故

$$K=\frac{1}{2}v^2-\frac{\mu}{r}=0.\tag{3.23}$$

证毕.

我们还可以导出两天体相处无穷远时r与t的关系：当$f\to\pi$，$\tan^2\dfrac{f}{2}\gg 1$时，有

$$r=\frac{p}{2}\left(1+\tan^2\frac{f}{2}\right)\sim\tan^2\frac{f}{2}.$$

又由式(3.22)，注意

$$\tan\frac{f}{2}\ll\tan^3\frac{f}{2},$$

有

$$\frac{1}{6}\tan^3\frac{f}{2}=\bar{n}(t-\tau),$$

最后得到 $r\sim t^{\frac{2}{3}}$.

③双曲线轨道的研究：双曲线轨道及相应的参量见图3.5.

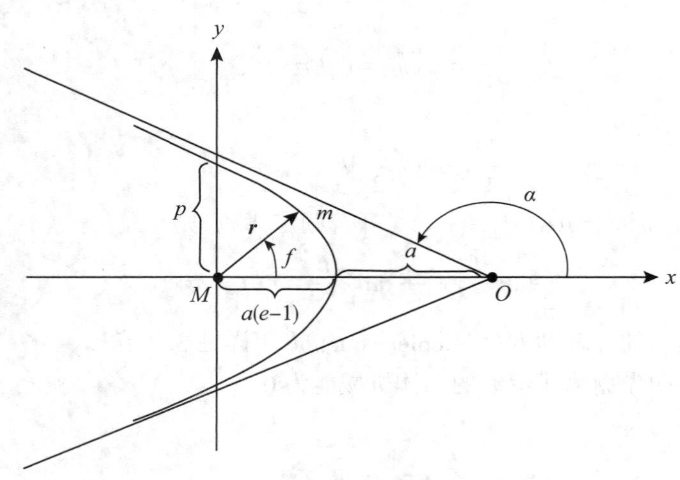

图3.5　双曲线轨道

·积分常数：e, h, a, τ, f, ν, F（见下）.

·几何意义：焦点 M 与中心 O 间的距离为 $c=ae$，从中心出发的辐角为 α 和 $2\pi-\alpha$ 的两条射线限定了轨迹区域. 当 $r\to\infty$ 时，轨迹与这两条射线的距离趋于0，这两条射线叫作双曲线的渐近线.

·基本方程的推论：轨道方程

$$r=\frac{p}{1+e\cos(\theta-\omega)}=\frac{a(e^2-1)}{1+e\cos f}.$$

下面导出双曲线运动的活力公式：

$$\dot{r}=\frac{pe\sin f}{(1+e\cos f)^2}=\frac{r^2}{p}e\sin f\dot{f},$$

又

$$\dot{f}=\frac{h}{r^2}=\frac{\sqrt{\mu p}}{r^2},$$

故

$$\begin{aligned}v^2=\dot{r}^2+r^2\dot{f}^2&=\frac{\mu}{p}e^2\sin^2 f+\frac{\mu p}{r^2}=\frac{\mu}{p}e^2\sin^2 f+\frac{\mu}{p}(1+e\cos f)^2\\&=\frac{\mu}{p}(1+e^2+2e\cos f)=\frac{2\mu}{r}+\frac{\mu}{a}.\end{aligned}$$

有

$$K = \frac{1}{2}v^2 - \frac{\mu}{r} = \frac{\mu}{2a}(\text{活力公式}). \tag{3.24}$$

注意：上面导出了三种情形下的活力公式，方法相似.

下面我们将导出双曲线运动的开普勒方程.

3.2 二体问题中一个很重要的推论——开普勒方程

偏近点角(eccentric anomaly)的引入(椭圆情形)和开普勒方程：

由 $v^2 = \dot{r}^2 + r^2\dot{\theta}^2 = \dot{r}^2 + \frac{h^2}{r^2}$，代入式(3.21)中有

$$\dot{r}^2 + \frac{h^2}{r^2} = \mu\left(\frac{2}{r} - \frac{1}{a}\right), \tag{3.25}$$

注意

$$h = \sqrt{\mu p} = \sqrt{\mu a(1 - e^2)},$$

定义平均角速度 $n = \frac{2\pi}{T}$ 和开普勒定律

$$n^2a^3 = \mu = G(m_1 + m_2),$$

有

$$\dot{r}^2 = \frac{\mu}{ar^2}[a^2e^2 - (r - a)^2],$$

可推出

$$n\mathrm{d}t = \frac{r\mathrm{d}r}{a\sqrt{a^2e^2 - (r - a)^2}}. \tag{3.26}$$

因椭圆运动中 $|r - a| \leqslant ae$，故可定义辅助量 E 为

$$r = a(1 - e\cos E), \tag{3.27}$$

将上式代入式(3.26)中，积分得

$$E - e\sin E = nt + M_0 = n(t - \tau) = M, \tag{3.28}$$

称式(3.28)为开普勒方程. 式(3.27)和式(3.28)结合就是椭圆运动的最后一个积分，M_0 或 τ 为新的积分常数，其中 τ 为过近点的时间. M 为平近点角，E 为偏近点角，$f = \theta - \omega$ 为真近点角(true anomaly). 为了方便起见，下面导出 E 与 f 的关系.

由

$$r = \frac{p}{1 + e\cos(\theta - \omega)} = \frac{a(1 - e^2)}{1 + e\cos f},$$

得

$$re\cos f = a(1 - e^2) - r = -ae^2 + ae\cos E,$$

即

$$r\cos f = a(\cos E - e), \tag{3.29}$$

$$\begin{aligned} r\sin f &= \sqrt{(r - r\cos f)(r + r\cos f)} \\ &= \sqrt{[a(1 - e\cos E) - a(\cos E - e)][a(1 - e\cos E) + a(\cos E - e)]} \\ &= a\sqrt{1 - e^2}\sin E = b\sin E, \end{aligned} \tag{3.30}$$

由式(3.30)得到 E 与 f 的几何关系，如图 3.6 所示.

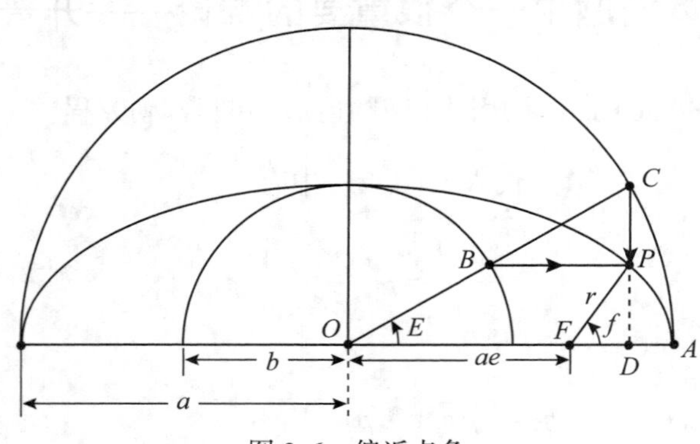

图 3.6　偏近点角

由图 3.6 可得到以下关系：

$$\begin{aligned} r\cos f &= FD = OD - OF = OC\cos E - OF \\ &= a\cos E - ae = a(\cos E - e), \end{aligned} \tag{3.31}$$

$$r\sin f = PD = b\sin E. \tag{3.32}$$

下面的练习用以巩固这些基本概念，并解决几个基本问题.

练习 1　证明以偏近点角表达中心距(central distance)和真近点角的关系式(椭圆情形)：

$$r = a(1 - e\cos E), \tag{3.33}$$

$$\begin{pmatrix} \cos f \\ \sin f \end{pmatrix} = \frac{1}{1 - e\cos E}\begin{pmatrix} \cos E - e \\ \sqrt{1 - e^2}\sin E \end{pmatrix}, \tag{3.34}$$

$$\tan\frac{f}{2} = \sqrt{\frac{1 + e}{1 - e}}\tan\frac{E}{2}. \tag{3.35}$$

证明　由 E 的定义式，得

$$r = a(1 - e\cos E),$$

又由

$$\begin{aligned} & r\cos f = a(\cos E - e) \\ & \Rightarrow \cos f = \frac{a(\cos E - e)}{r} = \frac{a(\cos E - e)}{a(1 - e\cos E)} = \frac{\cos E - e}{1 - e\cos E}. \end{aligned} \tag{3.36}$$

$$\sin f = \frac{b\sin E}{r} = \frac{b\sin E}{a(1 - e\cos E)} = \frac{\sqrt{1 - e^2}\sin E}{1 - e\cos E}, \tag{3.37}$$

故 $\begin{pmatrix}\cos f\\ \sin f\end{pmatrix} = \frac{1}{1 - e\cos E}\begin{pmatrix}\cos E - e\\ \sqrt{1-e^2}\sin E\end{pmatrix}$.

再由万能置换公式，得

$$\tan\frac{f}{2} = \frac{\sin f}{1+\cos f} = \sqrt{\frac{1+e}{1-e}}\tan\frac{E}{2}. \tag{3.38}$$

练习 2 证明以真近点角 f 表达偏近点角 E 的关系式

$$\begin{pmatrix}\cos E\\ \sin E\end{pmatrix} = \frac{1}{1 + e\cos f}\begin{pmatrix}\cos f + e\\ \sqrt{1-e^2}\sin f\end{pmatrix}. \tag{3.39}$$

证明 由式(3.36)有

$$\cos f(1 - e\cos E) = \cos E - e \Rightarrow \cos E = \frac{\cos f + e}{1 + e\cos f}, \tag{3.40}$$

又由式(3.37)得

$$\sin f = \frac{\sqrt{1-e^2}\sin E}{1 - e\cos E} = \sqrt{1-e^2}\sin E \times \frac{1}{1 - e\dfrac{\cos f + e}{1 + e\cos f}} = \frac{\sin E(1 + e\cos f)}{\sqrt{1-e^2}}, \tag{3.41}$$

$$\Rightarrow \sin E = \frac{\sqrt{1-e^2}\sin f}{1 + e\cos f}. \tag{3.42}$$

故式(3.39)成立.

练习 3 证明速度矢量

$$\dot{\boldsymbol{r}} = a\dot{E}\begin{pmatrix}-\sin E\\ \sqrt{1-e^2}\cos E\end{pmatrix}. \tag{3.43}$$

证明 取国际天球参考系(惯性系)

$$\boldsymbol{r} = \begin{pmatrix}r\cos f\\ r\sin f\end{pmatrix} = \frac{r}{1 - e\cos E}\begin{pmatrix}\cos E - e\\ \sqrt{1-e^2}\sin E\end{pmatrix} = \begin{pmatrix}a\cos E - ae\\ a\sqrt{1-e^2}\sin E\end{pmatrix}, \tag{3.44}$$

对上式两边关于时间求导数，即得式(3.43).

练习 4 证明动量矩(moment of momentum)(角动量)

$$h = a^2\sqrt{1-e^2}(1 - e\cos E)\dot{E} = br\dot{E}.$$

证明 我们知道

$$h = r^2\dot{f}, \tag{3.45}$$

又 $r = a(1 - e\cos E)$，再由式(3.37)得

$$\cos f\dot{f} = \sqrt{1-e^2}\frac{\mathrm{d}}{\mathrm{d}t}\left(\frac{\sin E}{1 - e\cos E}\right) = \sqrt{1-e^2}\frac{(1 - e\cos E)\cos E\dot{E} - \sin E(e\sin E\dot{E})}{(1 - e\cos E)^2}$$

$$= \sqrt{1-e^2}\frac{\cos E\dot{E} - e\dot{E}}{(1 - e\cos E)^2} = \sqrt{1-e^2}\frac{\cos E\dot{E} - e\dot{E}}{(1 - e\cos E)^2}, \tag{3.46}$$

而由式(3.44)和式(3.46)得

$$\dot{f} = \frac{\sqrt{1-e^2}\dot{E}}{1-e\cos E}, \tag{3.47}$$

故

$$\begin{aligned} h = r^2\dot{f} &= a^2(1-e\cos E)^2\frac{\sqrt{1-e^2}\dot{E}}{1-e\cos E} = a^2\sqrt{1-e^2}(1-e\cos E)\dot{E} \\ &= br\dot{E}. \end{aligned} \tag{3.48}$$

练习5 证明偏近点角变化率 $\dot{E}$ 满足 $(1-e\cos E)\dot{E} = n$.

证明 对开普勒方程

$$E - e\sin E = nt + M_0 \tag{3.49}$$

两边关于时间求导即可.

关于天球参考系(惯性系)的基本物理量位矢 $\boldsymbol{r}(t)$ (从而速度为 $\dot{\boldsymbol{r}}(t)$)的推论:

先求出轨道坐标系下的基本物理量位矢 $\boldsymbol{r}(t)$ (从而速度为 $\dot{\boldsymbol{r}}(t)$),然后由两坐标系的变换关系求出天球坐标系(celestial coordinate system)的物理量,再由天体坐标变换求出任一坐标系中的量.

下面来求轨道坐标系下的基本物理量位矢 $\boldsymbol{r}(t)$ (从而速度为 $\dot{\boldsymbol{r}}(t)$),它们由初始条件决定,具体来说,它们由 a, e, M_0 决定.

分以下几步进行求解:

(1) $a^3n^2 = \mu \Rightarrow n = \sqrt{\dfrac{\mu}{a^3}}$;

(2) $M = M_0 + n(t-t_0) \Rightarrow M$;

(3)解开普勒方程 $E - e\sin E = n(t-t_0) \Rightarrow E$;

(4)由 $\boldsymbol{r} = a\begin{pmatrix} \cos E - e \\ \sqrt{1-e^2}\sin E \end{pmatrix} \Rightarrow \boldsymbol{r}$;

(5)计算 $r = |\boldsymbol{r}|$;

(6) $\dot{\boldsymbol{r}} = a\dot{E}\begin{pmatrix} -\sin E \\ \sqrt{1-e^2}\cos E \end{pmatrix} \Rightarrow \dot{\boldsymbol{r}}$.

练习6 证明 $\dfrac{\mathrm{d}f}{\mathrm{d}M} = \sqrt{1-e^2}\left(\dfrac{a}{r}\right)^2$.

证明 由开普勒方程

$$E - e\sin E = M \Rightarrow \frac{\mathrm{d}M}{\mathrm{d}E} = 1 - e\cos E,\ \frac{\mathrm{d}E}{\mathrm{d}M} = \frac{1}{1-e\cos E}, \tag{3.50}$$

由式(3.36)、式(3.37)不难得到

$$\frac{\cos E - e}{1 - e\cos E}\frac{\mathrm{d}f}{\mathrm{d}E} = \cos f\frac{\mathrm{d}f}{\mathrm{d}E} = \frac{\sqrt{1-e^2}\left[(1-e\cos E)\cos E - e\sin E\sin E\right]}{(1-e\cos E)^2}$$
$$= \frac{\sqrt{1-e^2}(\cos E - e)}{(1-e\cos E)^2}, \tag{3.51}$$

$$\Rightarrow \frac{\mathrm{d}f}{\mathrm{d}E} = \frac{\sqrt{1-e^2}}{1-e\cos E}, \tag{3.52}$$

注意：

$$r = a(1 - e\cos E)$$
$$\Rightarrow \frac{\mathrm{d}f}{\mathrm{d}M} = \frac{\mathrm{d}f}{\mathrm{d}E}\frac{\mathrm{d}E}{\mathrm{d}M} = \frac{\sqrt{1-e^2}}{(1-e\cos E)^2} = \sqrt{1-e^2}\left(\frac{a}{r}\right)^2. \tag{3.53}$$

求解开普勒方程(数值解)如下：

(1)简单迭代法：先给定 E 的初值 $E_0 = M$，则第 n 次迭代的值可由 $n-1$ 次值按以下公式给出：$E_n = M + e\sin E_{n-1}$，迭代进行到 E_n 和 E_{n-1} 的差满足给定的精度为止. 该方法简单，但 e 接近 1 时收敛较慢.

(2)牛顿求根法：设 $f(E) = E - e\sin E - M$，求解开普勒方程意味着求 $f(E) = 0$ 的根，一般取初值 $E_0 = M$，第 n 次与第 $n-1$ 次迭代值之间的关系为 $E_n = E_{n-1} + \Delta E$，其中，ΔE 由下式决定：

$$f(E_n) = f(E_{n-1} + \Delta E) = f(E_{n-1}) + f'(E_{n-1})\Delta E + o(\Delta E^2) = 0,$$

即

$$\Delta E = -\frac{f(E_{n-1})}{f'(E_{n-1})} = -\frac{E_{n-1} - e\sin E_{n-1} - M}{1 - e\cos E_{n-1}}.$$

此法收敛快，但初值要求较靠近真值.

以下我们可导出双曲线运动的开普勒方程.

由

$$\dot{r} = \frac{r^2}{p}e\sin f\dot{f} = \sqrt{\frac{\mu}{p}}e\sin f,$$

$$\dot{r}^2 = \frac{\mu}{p}e^2\sin^2 f = \frac{\mu}{p}\left[e^2 - \left(\frac{p}{r} - 1\right)^2\right] = \frac{\mu}{ar^2}\left[(r+a)^2 - a^2e^2\right],$$

引入平运动轨道频率 ν，定义 $\nu^2a^3 = \mu = G(m_1 + m_2)$（来自基本方程），则有

$$\nu\mathrm{d}t = \frac{r\mathrm{d}r}{a\sqrt{(a+r)^2 - a^2e^2}}. \tag{3.54}$$

虽然由上式不能得到 $r = r(t)$ 的解析形式，但可以得到其参数方程，见下.

引入

$$r(t) = a(e\cosh F - 1), \tag{3.55}$$

其中，$\cosh F = \dfrac{e^F + e^{-F}}{2}$ 为双曲余弦函数(hyperbolic cosine)，对式(3.54)积分有

$$e\sinh F - F = \nu(t-\tau)\text{（双曲线运动的开普勒方程）}, \tag{3.56}$$

其中，$\sinh F = \dfrac{e^F - e^{-F}}{2}$ 为双曲正弦函数（hyperbolic sine）.

（3）抛物线的开普勒方程．轨道方程为

$$r = \frac{p}{1+\cos f} = \frac{p}{2}\sec^2\frac{f}{2}, \tag{3.57}$$

令

$$E_p = \tan\frac{f}{2}, \tag{3.58}$$

有

$$r = q(1+E_p^2),$$

其中，$q = \dfrac{p}{2}$ 为近心距，f 为真近点角（见图3.4）.

对式（3.58）两边关于时间求导，得

$$\dot{f} = \frac{2\dot{E}_p}{1+E_p^2}, \tag{3.59}$$

又

$$h = \sqrt{\mu p} = r^2\dot{\theta} = r^2\dot{f} = r^2\frac{2\dot{E}_p}{1+E_p^2} = \sqrt{2q\mu} = q^2(1+E_p^2)2\dot{E}_p, \tag{3.60}$$

$$\Rightarrow \sqrt{\frac{\mu}{2q^3}}\,\mathrm{d}t = (1+E_p^2)\,\mathrm{d}E_p, \tag{3.61}$$

$$\sqrt{\frac{\mu}{2q^3}}(t-T_0) = E_p + \frac{1}{3}E_p^3, \tag{3.62}$$

记 $n_p = \sqrt{\dfrac{\mu}{p^3}} = \dfrac{1}{2}\sqrt{\dfrac{\mu}{2q^3}}$，$M_p = n_p(t-T_0)$，故式（3.62）化为

$$M_p = \frac{1}{2}E_p + \frac{1}{6}E_p^3. \tag{3.63}$$

上式为开普勒方程对抛物线运动的推广.

练习7　证明 $\dot{E}_p = \dfrac{1}{r}\sqrt{\dfrac{\mu}{p}}$，$r\dot{r} = \sqrt{\mu p}\,E_p$.

证明　由式（3.61）

$$\sqrt{\frac{\mu}{2q^3}} = (1+E_p^2)\dot{E}_p,$$

得

$$\dot{E}_p = \frac{\sqrt{\dfrac{\mu}{2q^3}}}{1+E_p^2} = \frac{q}{r}\sqrt{\frac{\mu}{2q^3}} = \frac{1}{r}\sqrt{\frac{\mu}{p}}, \tag{3.64}$$

又

$$\dot{r} = q2E_p\dot{E}_p = q2E_p\frac{1}{r}\sqrt{\frac{\mu}{p}}, \tag{3.65}$$

故

$$r\dot{r} = \sqrt{\mu p}E_p.$$

练习 8 若 $\boldsymbol{r}_1$，$\boldsymbol{r}_3$ 为抛物线轨道上的两个矢径，$\boldsymbol{s}=\boldsymbol{r}_3-\boldsymbol{r}_1$，$r_1$，$r_2$，$s$ 分别为 $\boldsymbol{r}_1$，$\boldsymbol{r}_3$，$\boldsymbol{s}$ 的长度，也即 $\boldsymbol{r}_1$，$\boldsymbol{r}_3$，$\boldsymbol{s}$ 所围成的三角形的三条边，约定 $0\leqslant f_3-f_1\leqslant\pi$，试证明：

$$\frac{q}{\sqrt{r_1r_3}}(1+E_{P1}E_{p3}) = \cos\frac{f_3-f_1}{2}, \tag{3.66}$$

$$2q(1+E_{p1}E_{p3}) = \sqrt{(r_1+r_3+s)(r_1+r_3-s)}, \tag{3.67}$$

$$E_{p3}-E_{p1} = \frac{1}{\sqrt{2q}}(\sqrt{r_1+r_3+s}-\sqrt{r_1+r_3-s}), \tag{3.68}$$

$$6\sqrt{\mu}(t_3-t_1) = (r_1+r_3+s)^{3/2}-(r_1+r_3-s)^{3/2}. \tag{3.69}$$

证明 (1)式(3.66)：

由

$$r = q(1+E_p^2) \tag{3.70}$$

和式(3.58)，得

$$1+E_{p1}E_{p3} = 1+\tan\frac{f_1}{2}\tan\frac{f_3}{2} = \frac{\tan\frac{f_1}{2}-\tan\frac{f_3}{2}}{\tan\left(\frac{f_1}{2}-\frac{f_3}{2}\right)}, \tag{3.71}$$

又由式(3.70)，得

$$\sqrt{r_1r_3} = q\sqrt{(1+E_{p1}^2)(1+E_{p3}^2)}, \tag{3.72}$$

故有

$$\begin{aligned}\frac{q}{\sqrt{r_1r_3}}(1+E_{P1}E_{p3}) &= \frac{\dfrac{\tan\frac{f_1}{2}-\tan\frac{f_3}{2}}{\tan\left(\frac{f_1}{2}-\frac{f_3}{2}\right)}}{\sqrt{(1+E_{p1}^2)(1+E_{p3}^2)}} = \frac{\dfrac{\tan\frac{f_1}{2}-\tan\frac{f_3}{2}}{\tan\left(\frac{f_1}{2}-\frac{f_3}{2}\right)}}{\sqrt{\dfrac{1}{\cos^2\frac{f_1}{2}}\dfrac{1}{\cos^2\frac{f_3}{2}}}} \\ &= \left(\tan\frac{f_1-f_3}{2}\right)^{-1}\left(\tan\frac{f_1}{2}-\tan\frac{f_3}{2}\right)\cos\frac{f_1}{2}\cos\frac{f_3}{2} \\ &= \left(\tan\frac{f_1-f_3}{2}\right)^{-1}\left(\sin\frac{f_1}{2}\cos\frac{f_3}{2}-\sin\frac{f_3}{2}\cos\frac{f_1}{2}\right) \\ &= \cos\frac{f_1-f_3}{2}.\end{aligned} \tag{3.73}$$

证毕.

(2)式(3.67)：

因 $\boldsymbol{s}=\boldsymbol{r}_3-\boldsymbol{r}_1$，有

$$s=\sqrt{\boldsymbol{s}\cdot\boldsymbol{s}}=\sqrt{(\boldsymbol{r}_3-\boldsymbol{r}_1)\cdot(\boldsymbol{r}_3-\boldsymbol{r}_1)}=\sqrt{r_3^2+r_1^2-2\boldsymbol{r}_3\cdot\boldsymbol{r}_1}=\sqrt{r_3^2+r_1^2-2r_3r_1\cos(f_3-f_1)}. \tag{3.74}$$

又

$$\begin{aligned}\sqrt{(r_1+r_3+s)(r_1+r_3-s)}&=\sqrt{(r_1+r_3)^2-s^2}=\sqrt{2r_1r_3+2r_1r_3\cos(f_3-f_1)}\\&=2\sqrt{r_1r_3}\cos\frac{f_3-f}{2}=2\sqrt{r_1r_3}\,\frac{q}{\sqrt{r_1r_3}}(1+E_{p1}E_{p3})\\&=2q(1+E_{p1}E_{p3}).\end{aligned} \tag{3.75}$$

证毕.

(3)式(3.68)：

要证式(3.68)，我们证明下式即可：

$$(E_{p3}-E_{p1})^2=\frac{1}{2q}\left(\sqrt{r_1+r_3+s}-\sqrt{r_1+r_3-s}\right)^2. \tag{3.76}$$

又

$$\begin{aligned}&\frac{1}{q}\left(r_1+r_2-\sqrt{r_1+r_3+s}\sqrt{r_1+r_3-s}\right)\\&=\frac{1}{q}[r_1+r_3-2q(1+E_{p1}E_{p3})]=\frac{1}{q}[q(1+E_{p1}^2)+q(1+E_{p1}^2)-2q(1+E_{p1}E_{p3})]\\&=(E_{p3}-E_{p1})^2.\end{aligned}$$

证毕.

(4)式(3.69)：

式(3.69)的右边

$$\begin{aligned}&\left(\sqrt{r_1+r_3+s}-\sqrt{r_1+r_3-s}\right)\left(r_1+r_3+s+r_1+r_3-s+\sqrt{r_1+r_3+s}\sqrt{r_1+r_3-s}\right)\\&=\sqrt{2q}(E_{p3}-E_{p1})[2r_1+2r_3+2q(1+E_{p3}E_{p1})]\\&=q\sqrt{2q}(E_{p3}-E_{p1})2[(1+E_{p1}^2)+(1+E_{p3}^2)+(1+E_{p3}E_{p1})]\\&=2q\sqrt{2q}(E_{p3}-E_{p1})(3+E_{p1}^2+E_{p2}^2+E_{p3}E_{p1})\\&=2q\sqrt{2q}[3(E_{p3}-E_{p1})+(E_{p3}^3-E_{p1}^3)]\\&=6q\sqrt{2q}\left[\sqrt{\frac{\mu}{2q^3}}(t_3-t_1)\right]\\&=6\sqrt{\mu}(t_3-t_1).\end{aligned} \tag{3.77}$$

证毕.

椭圆运动中的一个重要的推论(Lambert 定理)：

(1)问题的提出：图 3.7 为天体在引力作用下运行的椭圆轨道，已知轨道半长轴和轨道上两点的中心距分别为 r_1，r_2，求天体从 P_1 到 P_2 所经历的时间.

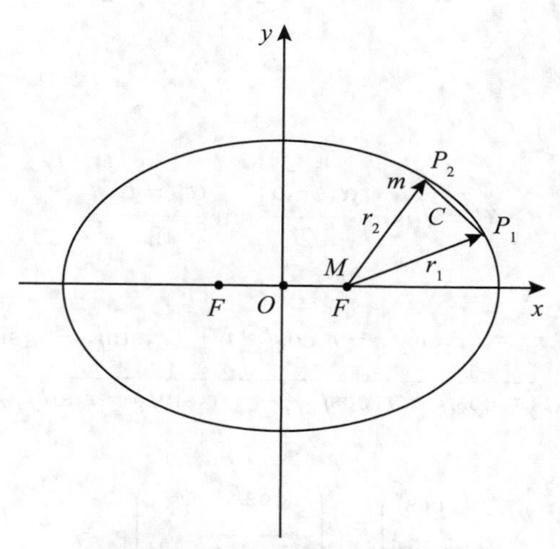

图 3.7 椭圆轨道的两条向径

(2)问题的解决——Lambert 定理.

由开普勒方程，在 t_1，t_2 两时刻分别有：

$$nt_1 = E_1 - e\sin E_1, \tag{3.78}$$

$$nt_2 = E_2 - e\sin E_2, \tag{3.79}$$

$$n\Delta t = E_2 - E_1 - 2e\cos\frac{E_2 + E_1}{2}\sin\frac{E_2 - E_1}{2}, \tag{3.80}$$

引入新变量

$$\cos\frac{\alpha_2 + \alpha_1}{2} = e\cos\frac{E_2 + E_1}{2},\ \alpha_2 - \alpha_1 = E_2 - E_1, \tag{3.81}$$

不难得到

$$\begin{aligned} n\Delta t &= \alpha_2 - \alpha_1 - 2\cos\frac{\alpha_2 + \alpha_1}{2}\sin\frac{\alpha_2 - \alpha_1}{2} \\ &= \alpha_2 - \alpha_1 - (\sin\alpha_2 - \sin\alpha_1). \end{aligned} \tag{3.82}$$

如果新变量 α_1，α_2 能表示成 r_1，r_2 和 a 的函数，那么问题可解.

(3)下面证明一些有用的式子.

试证

$$r_1 + r_2 = 2a\left(1 - \cos\frac{\alpha_1 + \alpha_2}{2}\cos\frac{\alpha_1 - \alpha_2}{2}\right). \tag{3.83}$$

证明 因为

$$r_1 = a(1 - e\cos E_1),\ r_2 = a(1 - e\cos E_2), \tag{3.84}$$

故

$$
\begin{aligned}
r_1 + r_2 &= a(2 - e\cos E_1 - e\cos E_2) \\
&= a\left(2 - e\cos\frac{E_2 + E_1}{2}\cos\frac{E_2 - E_1}{2}\right).
\end{aligned}
\tag{3.85}
$$

即为式(3.83)的右边.

证毕.

试证　弦 P_1P_2 之长

$$
C = 2a\sin\frac{\alpha_1 + \alpha_2}{2}\sin\frac{\alpha_1 - \alpha_2}{2}.
$$

证明

$$
\boldsymbol{C} = \boldsymbol{r}_2 - \boldsymbol{r}_1 = (r_2\cos f_2 - r_1\cos f_1)\boldsymbol{i} + (r_2\sin f_2 - r_1\sin f_1)\boldsymbol{j},
\tag{3.86}
$$

$$
C = \sqrt{(r_2\cos f_2 - r_1\cos f_1)^2 + (r_2\sin f_2 - r_1\sin f_1)^2},
\tag{3.87}
$$

又

$$
\begin{pmatrix} r\cos f \\ r\sin f \end{pmatrix} = a\begin{pmatrix} \cos E - e \\ \sqrt{1 - e^2}\sin E \end{pmatrix},
\tag{3.88}
$$

故

$$
\begin{aligned}
C &= a\sqrt{(\cos E_2 - e - \cos E_1 + e)^2 + (\sqrt{1 - e^2}\sin E_2 - \sqrt{1 - e^2}\sin E_1)^2} \\
&= a\sqrt{(\cos E_2 - \cos E_1)^2 + (1 - e^2)(\sin E_2 - \sin E_1)^2} \\
&= a\sqrt{4\sin^2\frac{E_2 + E_1}{2}\sin^2\frac{E_2 - E_1}{2} + (1 - e^2)4\cos^2\frac{E_2 + E_1}{2}\cos^2\frac{E_2 - E_1}{2}} \\
&= a\sqrt{4\sin^2\frac{E_2 - E_1}{2}\left[\sin^2\frac{E_2 + E_1}{2} + (1 - e^2)\cos^2\frac{E_2 + E_1}{2}\right]} \\
&= a\sqrt{4\sin^2\frac{E_2 - E_1}{2}\left(1 - e^2\cos^2\frac{E_2 + E_1}{2}\right)} \\
&= 2a\sqrt{\sin^2\frac{\alpha_2 - \alpha_1}{2}\left(1 - \cos^2\frac{\alpha_2 + \alpha_1}{2}\right)} \\
&= 2a\sin\frac{\alpha_2 + \alpha_1}{2}\sin\frac{\alpha_2 - \alpha_1}{2}.
\end{aligned}
\tag{3.89}
$$

证毕.

试证

$$
\sin\frac{\alpha_1}{2} = \frac{1}{2}\sqrt{\frac{r_1 + r_2 + C}{a}},
\tag{3.90}
$$

$$
\sin\frac{\alpha_2}{2} = \frac{1}{2}\sqrt{\frac{r_1 + r_2 - C}{a}}.
\tag{3.91}
$$

证明式(3.90)：

$$\frac{1}{2}\sqrt{\frac{r_1+r_2+C}{a}}=\frac{1}{2}\sqrt{\frac{2a\left(1-\cos\frac{\alpha_1+\alpha_2}{2}\cos\frac{\alpha_1-\alpha_2}{2}\right)+2a\sin\frac{\alpha_1+\alpha_2}{2}\sin\frac{\alpha_1-\alpha_2}{2}}{a}}$$

$$=\frac{\sqrt{2}}{2}\sqrt{1-\cos\frac{\alpha_1+\alpha_2}{2}\cos\frac{\alpha_1-\alpha_2}{2}+\sin\frac{\alpha_1+\alpha_2}{2}\sin\frac{\alpha_1-\alpha_2}{2}}$$

$$=\frac{\sqrt{2}}{2}\sqrt{1-\frac{1}{2}(\cos\alpha_1+\cos\alpha_2+\cos\alpha_1-\cos\alpha_2)}$$

$$=\frac{1}{\sqrt{2}}\sqrt{1-\cos\alpha_1}=\sin\frac{\alpha_1}{2}. \tag{3.92}$$

同理可证式(3.91).

证毕.

习　题　3[①]

1. 试由 $\boldsymbol{P}=\int\rho\boldsymbol{v}\mathrm{d}^3x$，$\boldsymbol{J}=\int\rho\boldsymbol{x}\times\boldsymbol{v}\mathrm{d}^3x$ 和 $T=\frac{1}{2}\int\rho v^2\mathrm{d}^3x$ 推出

$$\boldsymbol{P}=\sum_A m_A\boldsymbol{v}_A,\ \boldsymbol{J}=\sum_A(\boldsymbol{S}_A+m_A\boldsymbol{r}_A\times\boldsymbol{v}_A),$$

其中,

$$S_A=\int_A\rho(\boldsymbol{x}-\boldsymbol{r}_A)\times(\boldsymbol{v}-\boldsymbol{v}_A)\mathrm{d}^3\boldsymbol{x};$$

$$T=\sum_A(T_A+(1/2)m_A\boldsymbol{v}_A^2),$$

其中,

$$T_A=\frac{1}{2}\int_A\rho\,|\boldsymbol{v}-\boldsymbol{v}_A|^2\mathrm{d}^3x.$$

详细可参考原书第53、54页.

2. 考虑两天体体系 m_1，m_2，单个质心位矢为 $\boldsymbol{r}_1$，$\boldsymbol{r}_2$，总质心位矢为 $\boldsymbol{R}=\frac{m_1}{m}\boldsymbol{r}_1+\frac{m_2}{m}\boldsymbol{r}_2$，相对位矢 $\boldsymbol{r}=\boldsymbol{r}_1-\boldsymbol{r}_2$，$m=m_1+m_2$，证明相对加速度式(A.51)和总能量式(A.52).（答案：由式(A.42)和式(A.50)可得.）

① 习题均取自“Poisson E, Will C M. Gravity: Newtonian, Post-Newtonian, Relativistic[M]. Cambridge University Press, 2014.”(以下简称原书)在此处，我们研究多个有大小的天体系统，用A表示某个天体，两质点体系为其特殊情形. 系统的物理模型为多个天体，每个天体可看成流体或质点. 基本方程为Einstein方程(后Newton近似)和流体动力学方程与物态方程. 习题涉及一些推论. 第一部分为总论，为方便读者阅读，引入了附录A，习题中的式子请参见附录A.

3. 证明：$\frac{\mathrm{d}S_A^j}{\mathrm{d}t}=\varepsilon^{jpq}\int_A\rho\ (x-r_A)^p\partial_p U_{\neg A}\mathrm{d}^3x$.（详细可参考原书第57、58页.）

4. 用一般的运动方程式(A.42)，证明 $\sum_A m_A\boldsymbol{a}_A=0$.

5. 设两质点相对位矢在坐标系 (X, Y, Z) 中的分量为 (r^X, r^Y, r^Z)，证明

$$r^X=r[\cos\Omega\cos(\omega+f)-\cos\iota\sin\Omega\sin(\omega+f)],$$
$$r^Y=r[\sin\Omega\cos(\omega+f)+\cos\iota\cos\Omega\sin(\omega+f)],$$
$$r^Z=r\sin\iota\sin(\omega+f).$$

详细可参考原书第153、154页的Box3.2.

6. 设在 N 个质点组成的系统中，每个质点的运动方程为 $\boldsymbol{a}_A=-\sum\limits_{B\neq A}Gm_B\frac{\boldsymbol{r}_{AB}}{r_{AB}^3}$，证明总动量 $\boldsymbol{P}=\sum_A m_A v_A$，能量 $E=T+\Omega$，角动量 $\boldsymbol{L}=\sum_A m_A\boldsymbol{r}_A\times v_A$ 守恒，此处 $T=\frac{1}{2}\sum\limits_A m_A v_A^2$，$\Omega=-\frac{1}{2}\sum\limits_A\sum\limits_{B\neq A}\frac{Gm_Am_B}{r_{AB}}$. 若定义 N 体系统的四极矩标量(quadrupole-moment scalar) $I=\sum_A m_A|\boldsymbol{r}_A|^2$，则有以下维里定理成立：$\frac{1}{2}\frac{\mathrm{d}^2I}{\mathrm{d}t^2}=2T+\Omega$.

7. 设系统的Lagrange函数(Lagrangian function)定义为 $L(\dot{q}^j, q^j)=T-\Omega$，作用泛函(action functional)为 $S[q]=\int_{t_1}^{t_2}L(\dot{q}^j, q^j)\mathrm{d}t$，证明系统的动力学方程为Euler-Lagrange方程：$\frac{\mathrm{d}}{\mathrm{d}t}\frac{\partial L}{\partial\dot{q}^j}-\frac{\partial L}{\partial q^j}=0$. 特别地，设在 N 体系统中，某一粒子质量比其他天体小很多，称为试验(test)粒子，其质量、位矢和速度分别为 m，$\boldsymbol{r}(t)$ 和 $\boldsymbol{v}(t)$，其他天体产生的引力势为 $U(t, \boldsymbol{x})$，设拉氏量为 $L=\frac{1}{2}mv^2+mU(\boldsymbol{r})$，试证明Euler-Lagrange方程为 $\frac{\mathrm{d}\boldsymbol{p}}{\mathrm{d}t}=m\nabla U(\boldsymbol{r})$.

8. 试证明式(A.77a-c).

(提示：对 $I_A^{jk}=\int_A\rho^*\bar{x}^j\bar{x}^k\mathrm{d}^3\bar{x}$ 关于时间求一阶、二阶和三阶导数，运用基本方程Euler方程即可.

例如：证明式(A.77b)(此例不是很复杂，但能说明问题)：

求二阶导数，有 $\frac{1}{2}\ddot{I}_A^{jk}=\int_A\rho^*\bar{x}^{(j}\bar{a}^{k)}\mathrm{d}^3\bar{x}+\int_A\rho\bar{v}^j\bar{v}^k\mathrm{d}^3\bar{x}$，其中 $\bar{a}^k=\mathrm{d}v^k/\mathrm{d}t-a_A^j$，将Euler方程 $\rho\cdot\mathrm{d}v^k/\mathrm{d}t=-\partial_kp+\rho\cdot\partial_kU+o(c^{-2})$，$U=U_A+U_{\neg A}$ 代入上式，即得式(A.81)，再将 U_A 表达式(A.30)代入，注意定义式(A.79a-g)可得式(A.77b).)①

9. 考虑多体系统，其各天体间距比它们尺度大很多，证明在后Newton近似下有推论

① Poisson E, Will C M. Gravity: Newtonian, Post-Newtonian, Relativistic[M]. Cambridge University Press, 2014: 420-422.

即度规为式(A.83a-c).

(提示：由度规

$$g_{00}=-1+(2/c^2)U+(2/c^4)(\Psi-U^2)+o(c^{-6})$$
$$g_{0j}=-(4/c^3)U_j+o(c^{-5})$$
$$g_{jk}=(1+(2/c^2)U)\delta_{jk}+o(c^{-4})$$

和式(A.87)、式(A.88a-g)、式(A.89)(来自基本方程)可得式(A.83a-c).)①

10. 在 N 体系统中，由基本方程——Euler 方程得 $m_A a_A^j=F_0^j+\sum_{n=1}^{18}F_n^j$，其中，$F_0^j\sim F_{18}^j$ 见式(A.91)和式(A.92a-r).

(提示：将 Euler 方程式(A.99)和 Ψ 的定义式代入 $m_A\boldsymbol{a}_A=\int_A\rho^*\dfrac{\mathrm{d}\boldsymbol{v}}{\mathrm{d}t}\mathrm{d}^3x$ 即可.)②

11. 设多体系统，其各天体间距比它们的尺度大很多，证明式(A.101a-j).

(提示：先考虑最简单的情况，即证式(A.101a)：$\partial_j U_{\neg A}=-\sum_{B\neq A}\dfrac{Gm_B n_{AB}^j}{r_{AB}^2}$. 由 $\partial_j U_{\neg A}=\sum_{B\neq A}G\int_B\rho^{*\prime}\partial_j s^{-1}\mathrm{d}^3x'$ 可得

$$\partial_j U_{\neg A}=\sum_{B\neq A}(Gm_B\partial_j s_B^{-1}+(1/2)GI_B^{kn}\partial_{jkn}s_B^{-1}+\cdots)$$

此处 $s_B=|\boldsymbol{x}-\boldsymbol{r}_B|$，含 $\partial_{jk}s_B^{-1}$ 项为零，略去高阶项，即有式(A.101a). 再看稍复杂的例子，证明(A.101d)：由矢势 $U^j=G\int\rho^{*\prime}v'^j s^{-1}\mathrm{d}^3\boldsymbol{x}'$，有 $\partial_t U^j=G\int\rho^{*\prime}(\mathrm{d}v'^j/\mathrm{d}t+v'^j v'^k\partial_{k'})s^{-1}\mathrm{d}^3\boldsymbol{x}'$，将基本方程——Euler 方程(A.105)代入，可得式(A.106)，对于除 A 以外天体产生势有 $U_{\neg A}^j$(见式 A.107)，不难得到它的右边第一项式(A.108)，而右边第二项为式(A.109)，右边最后一项为式(A.110). 将它们代入式(A.107)，即得式(A.101d).)③

12. 设多体系统，其各天体间距比它们尺度大很多，证明运动方程的最后形式为式(A.111).

(提示：将式(A.101a-j)插入式(A.112)和式(A.113)，可得

$$\boldsymbol{a}_A=\boldsymbol{a}_A[0PN]+\boldsymbol{a}_A[1PN]+\boldsymbol{a}_A[STR]+o(c^{-4}),$$

其中右边第一，二和三项分别见式(A.115a-c)，再根据式(A.116)、式(A.117)可得式(A.118)，这样，$\boldsymbol{a}_A[0PN]+\boldsymbol{a}_A[STR]=-\sum_{B\neq A}\dfrac{GM_B}{r_{AB}^2}\boldsymbol{n}_{AB}$，其中，$M_B=m_B+E_B/c^2+o(c^{-4})$.

---

① Poisson E, Will C M. Gravity: Newtonian, Post-Newtonian, Relativistic [M]. Cambridge University Press, 2014: 423-430.

② Poisson E, Will C M. Gravity: Newtonian, Post-Newtonian, Relativistic [M]. Cambridge University Press, 2014: 431-432.

③ Poisson E, Will C M. Gravity: Newtonian, Post-Newtonian, Relativistic [M]. Cambridge University Press, 2014: 437-440.

将 $m_B = M_B + o(c^{-2})$ 插入式(A. 115b)中不改变 $\boldsymbol{a}_A[1PN]$ 的形式，故可求得最后形式(A. 111).)①

13. 上题的特例，设两天体情况，第一个天体质量 M_1，其质心位矢 $\boldsymbol{r}_1$，速度 $\boldsymbol{v}_1$，第二个天体质量 M_2，其质心位矢 $\boldsymbol{r}_2$，速度 $\boldsymbol{v}_2$. m，η 和 Δ 的定义见式(A. 120)，证明运动方程最后的形式为式(A. 124).

(提示：定义间距 $\boldsymbol{r} = \boldsymbol{r}_1 - \boldsymbol{r}_2$，相对速度 $\boldsymbol{v} = \boldsymbol{v}_1 - \boldsymbol{v}_2$，$r = |\boldsymbol{r}| = r_{12}$，$\boldsymbol{n} = \boldsymbol{r}/r = \boldsymbol{n}_{12}$ 和 $v = |\boldsymbol{v}|$.

将式(B. 32a-c)应用到二体情况，可得系统的质心位矢 $\boldsymbol{R}$ 式(A. 122)(惯性系)，取 $\boldsymbol{R} = 0$，可求出 $\boldsymbol{r}_1 = \dfrac{M_2}{m}\boldsymbol{r} + \dfrac{\eta\Delta}{2c^2}(v^2 - Gm/r)\boldsymbol{r}$ 和 $\boldsymbol{r}_2 = -\dfrac{M_1}{m}\boldsymbol{r} + \dfrac{\eta\Delta}{2c^2}(v^2 - Gm/r)\boldsymbol{r}$，定义二体相对加速度 $\boldsymbol{a} = \boldsymbol{a}_1 - \boldsymbol{a}_2$，将式(A. 111)应用到二体情形，即得式(A. 124).)②

14. 设多体系统，其各天体间距比它们的尺度大很多，即 $(R_A/r_{AB})^2 \ll 1$，最一般的情形为每一个天体可有自旋，证明在力学平衡条件下有

$$4H_A^{(jk)} - 3K_A^{jk} + \delta^{jk}\dot{P}_A - 2L_A^{(jk)} + S_A^{p(j}\partial_p^{k)}U_{\neg A}(\boldsymbol{r}_A) = o(c^{-2}),$$

其中，各量的定义见式(A. 79a-g).

(提示：从式(A. 77c)出发，在力学平衡下方程左边为零，而式(A. 77a)为 $S_A^{jk} = 2\int_A \rho \cdot \bar{x}^j\bar{v}^k \mathrm{d}^3\bar{x}$. 设式(A. 77c)右边第5，6项分别为 A^{jk} 和 B^{jk}，运用展开式(A. 130)，不难证明

$$A^{jk} = -\frac{1}{2}S_A^{pj}\partial_{pk}U_{\neg A}(\boldsymbol{r}_A).$$

类似可得 $B^{jk} = \dfrac{3}{2}S_A^{pj}\partial_{pk}U_{\neg A}(\boldsymbol{r}_A)$. 代入式(A. 77c)即证.)③

---

① Poisson E, Will C M. Gravity: Newtonian, Post-Newtonian, Relativistic[M]. Cambridge University Press, 2014: 440-442.

② Poisson E, Will C M. Gravity: Newtonian, Post-Newtonian, Relativistic[M]. Cambridge University Press, 2014: 444-445.

③ Poisson E, Will C M. Gravity: Newtonian, Post-Newtonian, Relativistic[M]. Cambridge University Press, 2014: 455-456.

第 4 章　二体运动的进一步研究 ——状态矢量、轨道根数和星历计算

本章求解二体基本物理量(状态参量)，其中，参数为轨道根数，它可由初始条件决定，这样状态向量为轨道根数的函数. 因此，已知状态向量可求轨道根数. 反过来，已知轨道根数可求出状态向量. 根据基本物理量可求星历表.

4.1　引　　言

求给定坐标系的基本物理量 $\boldsymbol{r}(t)$ (从而求速度 $\dot{\boldsymbol{r}}(t)$)的方法：一般先由在惯性系(国际天球考系)中的基本方程(牛顿定律)来求基本物理量，然后由给定坐标系与国际天球参考系的变换关系来求出此系中的基本物理量，或者写出给定坐标系下的基本方程，直接求解数学模型.

有如下几种坐标系：国际天球参考系(international celestial reference system，ICRS)、轨道坐标系(orbit coordinate system)和黄道坐标系(ecliptic coordinate system). 其中，轨道坐标系和黄道坐标系见图 4.1.

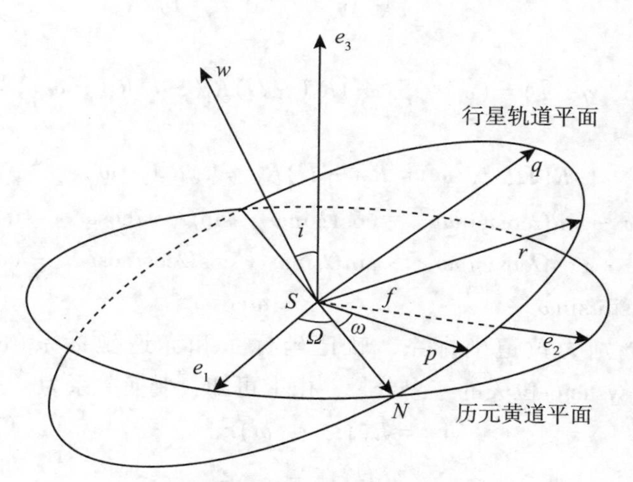

图 4.1　轨道平面的方位图

三种坐标系之间的变换关系：

1. 轨道坐标系与黄道坐标系的关系

由 $(\hat{e}_1, \hat{e}_2, \hat{e}_3) \to (\hat{p}, \hat{q}, \hat{w})$ 的变换.

第一步：$(\hat{e}_1, \hat{e}_2, \hat{e}_3) \to (N, N', \hat{e}_3)$，逆 $\hat{e}_3$ 看，在 e_1，e_2 平面内逆时针转 Ω 角，有

$$(N, N', \hat{e}_3) = (\hat{e}_1, \hat{e}_2, \hat{e}_3) R_3(-\Omega), \tag{4.1}$$

其中

$$R_3(-\Omega) = \begin{pmatrix} \cos\Omega & -\sin\Omega & 0 \\ \sin\Omega & \cos\Omega & 0 \\ 0 & 0 & 1 \end{pmatrix}. \tag{4.2}$$

第二步：$(N, N', \hat{e}_3) \to (N, N'', \hat{w})$，逆 N 看，在 N，e_3 平面内逆时针转 i 角，有

$$(N, N'', \hat{w}) = (N, N', \hat{e}_3) R(-i), \tag{4.3}$$

其中

$$R_1(-i) = \begin{pmatrix} 1 & 0 & 0 \\ 0 & \cos i & -\sin i \\ 0 & \sin i & \cos i \end{pmatrix}. \tag{4.4}$$

第三步：$(N, N'', \hat{w}) \to (\hat{p}, \hat{q}, \hat{w})$，$\hat{w}$ 不变，逆 w 看，在 N，N''平面内逆时针转 ω 角，有

$$(\hat{p}, \hat{q}, \hat{w}) = (N, N'', \hat{w}) R_3(-\omega). \tag{4.5}$$

其中

$$R_3(-\omega) = \begin{pmatrix} \cos\omega & -\sin\omega & 0 \\ \sin\omega & \cos\omega & 0 \\ 0 & 0 & 1 \end{pmatrix}. \tag{4.6}$$

综上，有

$$(\hat{p}, \hat{q}, \hat{w}) = (\hat{e}_1, \hat{e}_2, \hat{e}_3) R_3(-\Omega) R_1(-i) R_3(-\omega), \tag{4.7}$$

其中

$$\begin{aligned} R(\Omega, i, \omega) &= R_3(-\Omega) R_1(-i) R_3(-\omega) \\ &= \begin{pmatrix} \cos\Omega\cos\omega - \sin\Omega\cos i\sin\omega & -\cos\Omega\sin\omega - \sin\Omega\cos i\cos\omega & \sin\Omega\sin i \\ \sin\Omega\cos\omega + \cos\Omega\cos i\sin\omega & -\sin\Omega\sin\omega + \cos\Omega\cos i\cos\omega & -\cos\Omega\sin i \\ \sin i\sin\omega & \sin i\cos\omega & \cos i \end{pmatrix}. \end{aligned} \tag{4.8}$$

设 $\boldsymbol{r}_{ec}$，$\boldsymbol{r}$，$\boldsymbol{r}_{eq}$ 分别为黄道坐标系、轨道坐标系和赤道坐标系(equatorial coordinate system 或 equatorial system)位矢的三个分量，由上可知，变换关系为

$$\boldsymbol{r}_{ec} = R(\Omega, i, \omega)\boldsymbol{r}, \tag{4.9}$$

$$\dot{\boldsymbol{r}}_{ec} = R(\Omega, i, \omega)\dot{\boldsymbol{r}}. \tag{4.10}$$

2. 国际天球参考系与黄道坐标系的变换关系

$$\boldsymbol{r}_{eq} = R_3(-\varepsilon_0)\boldsymbol{r}_{ec}, \tag{4.11}$$

其中，R_3 定义如前，常数 ε_0 称为历元黄赤交角(ecliptic obliquity 或 obliquity).

3. 轨道坐标系和国际天球参考系的变换关系

$$\boldsymbol{r}_{eq} = R_3(-\varepsilon_0)R(\Omega,\ i,\ \omega)\boldsymbol{r}, \tag{4.12}$$

$$\dot{\boldsymbol{r}}_{eq} = R_3(-\varepsilon_0)R(\Omega,\ i,\ \omega)\dot{\boldsymbol{r}}. \tag{4.13}$$

问题：怎样求解任意坐标系下的基本物理量?

具体研究办法：先将每一个有大小的物体看成一个质点，研究其运动，在其上选择一个旋转系 K(非惯性系)，其转动角速度由天体力学知识确定. 再在惯性系中求解系统的基本物理量，如位矢和速度矢量与时间函数关系. 于是，由以上两坐标系的变换关系求出旋转系的基本物理量. 当然，有时可直接写出 K 系中的基本方程，求解此非惯性系中的基本物理量. 我们可分别用这两种方法来求所感兴趣的物理量.

注意：由初始条件可确定参量如 $(a,\ e,\ M_0) \rightarrow$ 轨道系 $\boldsymbol{r}(t)$，$\dot{\boldsymbol{r}}(t) \rightarrow$ 天球参考系中的 $\boldsymbol{r}_{eq}(t)$，$\dot{\boldsymbol{r}}_{eq}(t)$.

4.2 由关于天球参考系的状态矢量计算轨道根数——椭圆轨道情形

1. 概述

前面已提到，给定初始条件(二体，6 个) $\rightarrow \boldsymbol{r}$，$\dot{\boldsymbol{r}}$ (天球参考系，为简单起见，不写脚标 eq.). 其中，一组参数为轨道根数，$\boldsymbol{r}(t)$，$\dot{\boldsymbol{r}}(t)$ 为轨道根数 $(a,\ e,\ M,\ \omega,\ \Omega,\ i)$ 的函数.

下面讨论反函数——由 $\boldsymbol{r}$，$\dot{\boldsymbol{r}} \rightarrow a,\ e,\ M,\ \omega,\ \Omega,\ i$.

2. 由状态参量(state variable 或 parameter of state)计算轨道根数(orbital element 或 element of orbit)

①已知 $\boldsymbol{r}(t)$，$\dot{\boldsymbol{r}}(t)$，可求出

$$r = \sqrt{\boldsymbol{r}\cdot\boldsymbol{r}},\ v^2 = \dot{\boldsymbol{r}}\cdot\dot{\boldsymbol{r}}, \tag{4.14}$$

再由活力公式

$$a = \frac{1}{\dfrac{2}{r} - \dfrac{v^2}{\mu}} \Rightarrow a. \tag{4.15}$$

②计算平运动(mean motion)：

$$n = \sqrt{\frac{\mu}{a^3}}. \tag{4.16}$$

③再求解偏心率(eccentricity)和平近点角(mean anomaly):

由

$$r = a(1 - e\cos E) \Rightarrow e\cos E = 1 - \frac{r}{a}, \tag{4.17}$$

和

$$\boldsymbol{r} = a\begin{pmatrix} \cos E - e \\ \sqrt{1 - e^2}\sin E \end{pmatrix}, \quad \dot{\boldsymbol{r}} = a\dot{E}\begin{pmatrix} -\sin E \\ \sqrt{1 - e^2}\cos E \end{pmatrix}, \tag{4.18}$$

得

$$\begin{aligned} \boldsymbol{r} \cdot \boldsymbol{r} &= a^2\dot{E}[-\sin E\cos E + e\sin E + (1 - e^2)\sin E\cos E] \\ &= a^2\dot{E}e\sin E(1 - e\cos E), \end{aligned} \tag{4.19}$$

而

$$(1 - e\cos E)\dot{E} = n = \sqrt{\frac{\mu}{a^3}}, \tag{4.20}$$

故

$$\boldsymbol{r} \cdot \dot{\boldsymbol{r}} = a^2 e\sin E\sqrt{\frac{\mu}{a^3}} = \sqrt{\mu a}\, e\sin E, \tag{4.21}$$

$$e\sin E = \frac{1}{\sqrt{\mu a}}\boldsymbol{r} \cdot \dot{\boldsymbol{r}} = \frac{1}{\sqrt{\mu a}}r\dot{r}. \tag{4.22}$$

由式(4.17)、式(4.22)联立求解得 E, e.

④由开普勒方程(Kepler equation 或 Kepler's equation)

$$M = E - e\sin E \Rightarrow M. \tag{4.23}$$

⑤由真近点(true anomaly 或 real anomaly)公式

$$\begin{pmatrix} \cos f \\ \sin f \end{pmatrix} = \frac{1}{1 - e\cos E}\begin{pmatrix} \cos E - e \\ \sqrt{1 - e^2}\sin E \end{pmatrix} \Rightarrow f. \tag{4.24}$$

⑥利用 $R_3(\varepsilon_0)$ 求出黄道参考系:

$$\boldsymbol{r}_{ec} = R_3(\varepsilon_0)\boldsymbol{r}, \tag{4.25}$$

$$\dot{\boldsymbol{r}}_{ec} = R_3(\varepsilon_0)\dot{\boldsymbol{r}}, \tag{4.26}$$

由

$$\hat{e}_3 = \begin{pmatrix} \boldsymbol{p} \cdot \hat{e}_3 \\ \boldsymbol{q} \cdot \hat{e}_3 \\ \boldsymbol{w} \cdot \hat{e}_3 \end{pmatrix} = \begin{pmatrix} p_3 \\ q_3 \\ w_3 \end{pmatrix} = \begin{pmatrix} \sin i\sin\omega \\ \sin i\cos\omega \\ \cos i \end{pmatrix}, \tag{4.27}$$

记轨道坐标系的标架(frame of axes)为 $(\hat{p}, \hat{q}, \hat{w})$, 可以证明

$$\hat{p} = \cos E\dot{\boldsymbol{r}} - \sqrt{\frac{a}{\mu}}\dot{\boldsymbol{r}}, \quad \hat{q} = \frac{1}{\sqrt{1 - e^2}}\left(\sin E\dot{\boldsymbol{r}} + \sqrt{\frac{a}{\mu}}(\cos E - e)\dot{\boldsymbol{r}}\right). \tag{4.28}$$

由式(4.28)，已知 $\boldsymbol{r}$，$\dot{\boldsymbol{r}} \Rightarrow p_3$，$q_3 \Rightarrow i$，$\omega$.

又

$$\boldsymbol{r}_{ec} \times \dot{\boldsymbol{r}}_{ec} = h\hat{w} = h(\sin i\sin\Omega \quad -\sin i\cos\Omega \quad \cos i), \tag{4.29}$$

故

$$\begin{aligned} &h\sin i\sin\Omega = h_1, \\ &h\sin i\cos\Omega = -h_2, \\ &\Rightarrow \Omega. \end{aligned} \tag{4.30}$$

4.3 由 2 个位置矢量计算轨道根数

1. 概述

由上节内容可知，$\boldsymbol{r}$，$\dot{\boldsymbol{r}}$ 可为轨道根数 $(a, e, M, \omega, \Omega, i)$ 的函数，即

$$\boldsymbol{r} = \boldsymbol{r}(a, e, M, \omega, \Omega, i; t). \tag{4.31}$$

现已知

$$\boldsymbol{r}_1 = \boldsymbol{r}(a, e, M, \omega, \Omega, i; t_1), \tag{4.32}$$

$$\boldsymbol{r}_2 = \boldsymbol{r}(a, e, M, \omega, \Omega, i; t_2). \tag{4.33}$$

若 $\boldsymbol{r}_1$，$\boldsymbol{r}_2$ 已知(6 个已知量) $\Rightarrow (a, e, M, \omega, \Omega, i)$.

2. 步骤

设天体关于黄道参考系位置为

$$\boldsymbol{r}_i = (x_i, y_i, z_i)^{\mathrm{T}}, \quad (i = 1, 2).$$

在黄道系下轨道面(orbit plane 或 orbital plane)法向为

$$\hat{w} = (\sin i\sin\Omega \quad -\sin i\cos\Omega \quad \cos i)^{\mathrm{T}}, \tag{4.34}$$

又

$$\boldsymbol{r}_1 \times \boldsymbol{r}_2 = r_1 r_2 \sin(f_2 - f_1)\begin{pmatrix} \sin i\sin\Omega \\ -\sin i\cos\Omega \\ \cos i \end{pmatrix}, \tag{4.35}$$

$$\Rightarrow I, \Omega, f_3 - f_1.$$

而

$$\boldsymbol{r}_i = R_3(-\Omega)R_1(-I)R_3(-\omega)\begin{pmatrix} r_i\cos f_i \\ r_i\sin f_i \\ 0 \end{pmatrix}, \tag{4.36}$$

其中，$\boldsymbol{r}_i$ 为天体在黄道坐标系下的坐标，右边最后的因子为天体在轨道系中的坐标.

由上式，易得

$$R_3(\Omega)\boldsymbol{r}_i = R_1(-I)R_3(-\omega)\begin{pmatrix} r_i\cos f_i \\ r_i\sin f_i \\ 0 \end{pmatrix}, \tag{4.37}$$

$$\Rightarrow\begin{pmatrix} x_i\cos\Omega + y_i\sin\Omega \\ -x_i\sin\Omega + y_i\cos\Omega \\ z_i \end{pmatrix} = \begin{pmatrix} r_i\cos(\omega + f_i) \\ r_i\cos I\sin(\omega + f_i) \\ r_i\sin I\sin(\omega + f_i) \end{pmatrix}, \tag{4.38}$$

$$\Rightarrow\omega,\ f_1,\ f_2.$$

由

$$r_i = \frac{p}{1 + e\cos f_i} \Rightarrow p = r_1(1 + e\cos f_1) = r_2(1 + e\cos f_2)$$
$$\Rightarrow e = \frac{r_1 - r_2}{r_2\cos f_2 - r_1\cos f_1}, \tag{4.39}$$

可确定

$$a = \frac{p}{1 - e^2} = \frac{r_1(1 + e\cos f_1)}{1 - e^2}, \tag{4.40}$$

至此，轨道根数全部求出.

4.4 状态传递

1. 概述

已知初始条件即 t_0 时刻的 $\boldsymbol{r}_0$，$\dot{\boldsymbol{r}}_0$，求解数学模型可得 $t_0 + \Delta t$ 时的基本物理量 $\boldsymbol{r}(t_0 + \Delta t)$，从而可得 $\dot{\boldsymbol{r}}(t_0 + \Delta t)$.

2. 怎样求 $\boldsymbol{r}(t_0+\Delta t)$，从而得出 $\dot{\boldsymbol{r}}(t_0+\Delta t)$

一般地，先由 $\boldsymbol{r}_0$，$\dot{\boldsymbol{r}}_0$ 求出行星的轨道根数 $\Rightarrow t_0 + \Delta t$ 平近点角 $\Rightarrow$ 轨道根数，求出新的状态参量.

此法的特点为轨道根数只起中介作用.

另外一种方法：不用轨道根数，直接求状态参量.

3. 求解步骤

设

$$\boldsymbol{r} = f\boldsymbol{r}_0 + g\dot{\boldsymbol{r}}_0, \quad \dot{\boldsymbol{r}} = \dot{f}\boldsymbol{r}_0 + \dot{g}\dot{\boldsymbol{r}}_0, \tag{4.41}$$

其中，

$$f = f(\boldsymbol{r}_0,\ \dot{\boldsymbol{r}}_0,\ t),\quad g = g(\boldsymbol{r}_0,\ \dot{\boldsymbol{r}}_0,\ t), \tag{4.42}$$

f, g 为待定函数，称为拉格朗日系数(coefficient).

下面求 f，为此

$$\boldsymbol{r} \times \dot{\boldsymbol{r}}_0 = f\,\boldsymbol{r}_0 \times \dot{\boldsymbol{r}}_0 = f\,\boldsymbol{h}, \tag{4.43}$$

又

$$\boldsymbol{r} = (\hat{p}\quad \hat{q})\,a\begin{pmatrix} \cos E - e \\ \sqrt{1-e^2}\sin E \end{pmatrix}, \tag{4.44}$$

$$\dot{\boldsymbol{r}} = (\hat{p}\quad \hat{q})\,a\dot{E}\begin{pmatrix} -\sin E \\ \sqrt{1-e^2}\cos E \end{pmatrix}. \tag{4.45}$$

故

$$\begin{aligned} \boldsymbol{r} \times \dot{\boldsymbol{r}}_0 &= [\hat{p}a(\cos E - e) + \hat{q}a\sqrt{1-e^2}\sin E] \times [\hat{p}a\dot{E}_0(-\sin E_0) + \hat{q}a\dot{E}_0\sqrt{1-e^2}\cos E_0] \\ &= \begin{vmatrix} \hat{p} & \hat{q} & \hat{w} \\ a(\cos E - e) & a\sqrt{1-e^2}\sin E & 0 \\ a\dot{E}_0(-\sin E_0) & a\dot{E}_0\sqrt{1-e^2}\cos E_0 & 0 \end{vmatrix} \\ &= [a(\cos E - e)a\dot{E}_0\sqrt{1-e^2}\cos E_0 - a\sqrt{1-e^2}\sin E a\dot{E}_0(-\sin E_0)]\hat{w}. \end{aligned} \tag{4.46}$$

根据

$$h = a^2\sqrt{1-e^2}(1 - e\cos E_0)\dot{E}_0,\quad r_0 = a(1 - e\cos E_0), \tag{4.47}$$

式(4.46)化为

$$\boldsymbol{r} \times \dot{\boldsymbol{r}}_0 = \frac{ah}{r_0}[(\cos E - e)\cos E_0 + \sin E\sin E_0]\hat{w},$$

将上式代入式(4.43)，得

$$\begin{aligned} f &= \frac{a}{r_0}[(\cos E - e)\cos E_0 + \sin E\sin E_0] \\ &= \frac{a}{r_0}[\cos(E - E_0) - e\cos E_0]. \end{aligned} \tag{4.48}$$

记

$$\Delta E = E - E_0,\quad r_0 = a(1 - e\cos E_0),$$

有

$$\begin{aligned} f &= \frac{a}{r_0}[\cos(\Delta E) - e\cos E_0] = \frac{a}{r_0}\left(\cos\Delta E + \frac{r_0}{a} - 1\right) \\ &= 1 - \frac{a}{r_0}(1 - \cos\Delta E). \end{aligned} \tag{4.49}$$

用 $\boldsymbol{r}_0$ 叉乘 $\boldsymbol{r} = f\boldsymbol{r}_0 + g\dot{\boldsymbol{r}}_0$ 两边，有

$$\boldsymbol{r}_0 \times \boldsymbol{r} = g\boldsymbol{r}_0 \times \dot{\boldsymbol{r}}_0 = g\boldsymbol{h}, \tag{4.50}$$

又

$$\begin{aligned}\boldsymbol{r}_0 \times \boldsymbol{r} &= [\hat{p}a(\cos E_0 - e) + \hat{q}a\sqrt{1-e^2}\sin E_0] \times [\hat{p}a(\cos E - e) + \hat{q}a\sqrt{1-e^2}\sin E] \\ &= \begin{vmatrix} \hat{p} & \hat{q} & \hat{w} \\ a(\cos E_0 - e) & a\sqrt{1-e^2}\sin E_0 & 0 \\ a(\cos E - e) & a\sqrt{1-e^2}\sin E & 0 \end{vmatrix} \\ &= a^2\sqrt{1-e^2}[\sin\Delta E - e(\sin E - \sin E_0)]\hat{w},\end{aligned} \tag{4.51}$$

将式(4.51)代入式(4.50)中，可得

$$\begin{aligned} g &= \frac{a^2\sqrt{1-e^2}}{h}[\sin\Delta E - e(\sin E - \sin E_0)] \\ &= \frac{a^2}{\sqrt{\mu a}}[\sin\Delta E - e(\sin E - \sin E_0)] = \frac{1}{n}[\sin\Delta E - e(\sin E - \sin E_0)]. \end{aligned} \tag{4.52}$$

将开普勒方程

$$E - e\sin E = M, \tag{4.53}$$

$$e(\sin E - \sin E_0) = \Delta E - \Delta M = \Delta E - n\Delta t, \tag{4.54}$$

代入式(4.52)，得

$$g = \Delta t - \frac{1}{n}(\Delta E - \sin\Delta E), \tag{4.55}$$

对式(4.49)、式(4.55)两边关于时间求导数，得

$$\dot{f} = -\frac{a}{r_0}\sin\Delta E\dot{E} = -\frac{a}{r_0}\sin\Delta E\frac{h}{a\sqrt{1-e^2}r} = -\frac{a^2 n}{r_0 r}\sin\Delta E, \tag{4.56}$$

$$\dot{g} = 1 - \frac{1}{n}(1 - \cos\Delta E)\dot{E}. \tag{4.57}$$

而由

$$E - e\sin E = M = n(t - t_0), \tag{4.58}$$

得

$$\dot{E} - e\cos E\dot{E} = n \Rightarrow \dot{E} = \frac{n}{1 - e\cos E} = \frac{na}{r}, \tag{4.59}$$

有

$$\dot{g} = 1 - \frac{1}{n}(1 - \cos\Delta E)\dot{E} = 1 - \frac{a}{r}(1 - \cos\Delta E). \tag{4.60}$$

因此，只要由 $\boldsymbol{r}_0$，$\dot{\boldsymbol{r}}_0$ 和 Δt 求出 ΔE，问题就解决了.

下面来求 ΔE. 对于 t 和 t_0，分别有

$$M = E - e\sin E, \quad M_0 = E_0 - e\sin E_0, \tag{4.61}$$

将式(4.61)中的两式相减，得

$$\Delta M = \Delta E - e[\sin(E_0 + \Delta E) - \sin E_0]$$
$$= \Delta E - e\cos E_0 \sin\Delta E + e\sin E_0(1 - e\cos\Delta E), \tag{4.62}$$

又

$$e\cos E = 1 - \frac{r}{a},\ e\sin E = \frac{\boldsymbol{r}\cdot\dot{\boldsymbol{r}}}{\sqrt{\mu a}}, \tag{4.63}$$

故

$$n\Delta t = \Delta E - C_1\sin\Delta E + C_2(1 - e\cos\Delta E), \tag{4.64}$$

其中，$C_1 = 1 - \frac{r_0}{a}$，$C_2 = \frac{\boldsymbol{r}\cdot\dot{\boldsymbol{r}}}{\sqrt{\mu a}}$.

这样可由牛顿迭代法求出 ΔE，推出 f，g，$\dot{f}$，$\dot{g}$，从而求出基本物理量

$$\boldsymbol{r} = f\boldsymbol{r}_0 + g\dot{\boldsymbol{r}}_0,\quad \dot{\boldsymbol{r}} = \dot{f}\boldsymbol{r}_0 + \dot{g}\dot{\boldsymbol{r}}_0$$

进而推出所有相关的物理量.

为了让读者巩固上面的推导方法，下面证明

$$f\dot{g} - g\dot{f} = 1. \tag{4.65}$$

证明：

$$f\dot{g} - g\dot{f} = \left[1 - \frac{a}{r_0}(1 - \cos\Delta E)\right]\left[1 - \frac{a}{r}(1 - \cos\Delta E)\right] - \frac{1}{n}[\sin\Delta E - e(\sin E - \sin E_0)]\left(-\frac{a^2 n}{rr_0}\sin\Delta E\right)$$
$$= \left[1 - \frac{a}{r_0}(1 - \cos\Delta E)\right]\left[1 - \frac{a}{r}(1 - \cos\Delta E)\right] + \frac{a^2}{rr_0}\sin^2\Delta E - \frac{a^2 e}{rr_0}\sin\Delta E(\sin E - \sin E_0)$$
$$= 1 - \frac{a}{r}(1 - \cos\Delta E) - \frac{a}{r_0}(1 - \cos\Delta E) + \frac{a^2}{rr_0}(1 - \cos\Delta E)^2$$
$$+ \frac{a^2}{rr_0}\sin^2\Delta E - \frac{a^2 e}{rr_0}\sin\Delta E(\sin E - \sin E_0)$$
$$= 1 - \frac{a^2}{rr_0}(1 - e\cos E_0)(1 - \cos\Delta E) - \frac{a^2}{rr_0}(1 - e\cos E)(1 - \cos\Delta E)$$
$$+ \frac{a^2}{rr_0}(1 - \cos\Delta E)^2 + \frac{a^2}{rr_0}\sin^2\Delta E - \frac{a^2 e}{rr_0}\sin\Delta E(\sin E - \sin E_0)$$
$$= 1 - \frac{a^2}{rr_0}[(2 - e\cos E_0 - e\cos E)(1 - \cos\Delta E) - (1 - 2\cos\Delta E + \cos^2\Delta E) - \sin^2\Delta E + \sin\Delta E(\sin E - \sin E_0)]$$
$$= 1 - \frac{a^2}{rr_0}[-e\cos E_0 - e\cos E + e\cos(E - \Delta E) + e\cos(E_0 + \Delta E)]$$
$$= 1. \tag{4.66}$$

上述证明较复杂，但是直接明了.

习　题　4[①]

1. 设多体运动，相对位置大小比本身尺寸大很多，即 $(R_A/s_A)^2 \ll 1$，证明：度规张量式(A.63)为自旋为零时的度规与有自旋度规 $\Delta g_{\mu\nu}$ 项(见式(B.1a-c))之和. 特例：考虑单个天体(将其置于 $\boldsymbol{r}_A=0$，并令 $\boldsymbol{v}_A=0$)，代入式(B.1a-c)得 $\Delta g_{\mu\nu}$，从而总度规为 $g_{\mu\nu}$(见式(B.2a-c).

设试验点粒子在此度规中运动，Lagrange 量为 $L=-mc\sqrt{-g_{\alpha\beta}v^{\alpha}v^{\beta}}$，其中，$v^{\alpha}=(c,\boldsymbol{v})$，$\boldsymbol{v}=\mathrm{d}\boldsymbol{r}/\mathrm{d}t$. 导出

$$L=-mc^2+\frac{1}{2}mv^2+\frac{GmM}{r}-\frac{2Gm(\boldsymbol{x}\times\boldsymbol{v})\cdot\boldsymbol{S}}{c^2r^3}.$$

(提示：考虑总度规式(A.63)，其中仅有 U^j，Φ_1 和 $\Phi_6(\Psi)$ 含有自旋项，

$$\Delta U^j=-\frac{1}{2}\sum_A\frac{GS_A^{jk}n_A^k}{s_A^2},\ \Delta\Phi_1=-\sum_A\frac{Gv_A^jS_A^{jk}n_A^k}{s_A^2},\ \Delta\Phi_6=-\sum_A\frac{Gv_A^jS_A^{jk}n_A^k}{s_A^2},$$

其中，$\boldsymbol{s}_A=\boldsymbol{x}-\boldsymbol{r}_A$，$s_A=|\boldsymbol{s}_A|$，$\boldsymbol{n}_A=\boldsymbol{s}_A/s_A$，由 $\Psi=2\Phi_1-\Phi_2+\Phi_3+4\Phi_4-\frac{1}{2}\Phi_5-\frac{1}{2}\Phi_6$ 可推出

$$\Delta\Psi=-\frac{3}{2}\sum_A\frac{Gv_A^jS_A^{jk}n_A^k}{s_A^2},$$

这里

$$S_A^{jk}n_A^k=(\boldsymbol{n}_A\times\boldsymbol{S}_A)^j,\ v_A^jS_A^{jk}n_A^k=-(\boldsymbol{n}_A\times\boldsymbol{v}_A)\cdot\boldsymbol{S}_A$$

其他系数保持不变(不含自旋)，总度规中含有的自旋项为

$$\Delta g_{00}=\frac{3}{c^4}\sum_A\frac{G(\boldsymbol{n}_A\times\boldsymbol{v}_A)\cdot\boldsymbol{S}_A}{s_A^2}+o(c^{-6}),$$

$$\Delta g_{0j}=\frac{2}{c^3}\sum_A\frac{G(\boldsymbol{n}_A\times\boldsymbol{S}_A)^j}{s_A^2}+o(c^{-5}),$$

$$\Delta g_{jk}=o(c^{-4}).$$

先求出 $\Delta g_{\mu\nu}$，再加上不含自旋的项，有

$$g_{00}=-1+\frac{2}{c^2}\frac{GM}{r}-\frac{2}{c^4}(GM/r)^2+o(c^{-6}),$$

---

① 习题均取自“Poisson E, Will C M. Gravity: Newtonian, Post-Newtonian, Relativistic[M]. Cambridge University Press, 2014.”(以下简称原书)在此处，我们研究多个有大小的天体系统，用 A 表示某个天体，两质点体系为其特殊情形. 系统的物理模型为多个天体，每个天体可看成流体或质点. 基本方程为 Einstein 方程(后 Newton 近似)和流体动力学方程与物态方程. 习题涉及一些推论. 第二部分为自旋和引力波，为方便读者阅读引入了附录 B，习题中的式子请参见附录 B.

$$g_{0j}=\frac{2}{c^3}\frac{G(\boldsymbol{x}\times\boldsymbol{S})^j}{r^3}+o(c^{-5}),$$

$$g_{jk}=(1+(2/c^2)(GM/r))\delta_{jk}+o(c^{-4}).$$

将它代入 $L=-mc\sqrt{-g_{\alpha\beta}v^\alpha v^\beta}$，即得上面的 Lagrange 量.)

2. 考虑有自旋的 N 体问题，证明运动方程为

$$\boldsymbol{a}_A=\boldsymbol{a}_A[0PN]+\boldsymbol{a}_A[1PN]+\boldsymbol{a}_A[so]+\boldsymbol{a}_A[ss]+o(c^{-4}),$$

其中，$a_A^j[so]$ 和 $a_A^j[ss]$ 分别为式(B.4)和式(B.5).①

3. 在多体运动中，证明：

式(B.6)即含自旋的项 $\Delta(MR^j)=\frac{1}{2c^2}\sum_A S_A^{jk}v_A^k=\frac{1}{2c^2}\sum_A(\boldsymbol{v}_A\times\boldsymbol{S}_A)^j$，和式(B.7)含自旋项

$$\Delta P^j=-\frac{1}{2c^2}\sum_A\sum_{B\neq A}\frac{GM_B}{r_{AB}^2}S_A^{jk}n_{AB}^k=-\frac{1}{2c^2}\sum_A\sum_{B\neq A}\frac{GM_B}{r_{AB}^2}(\boldsymbol{n}_{AB}\times\boldsymbol{S}_A)^j.$$

(提示：在式(B.8)~(B.10)中 M 不含自旋项，P^j 和 R^j 含有自旋项，注意：R^j 自旋项来源于 $\frac{1}{2}\boldsymbol{\rho}^*x^jv^2$，而 P^j 自旋项来源于 $\boldsymbol{\rho}^*v^jU$ 和 $\boldsymbol{\rho}^*\boldsymbol{\Phi}^j$，由 S_A^{jk} 和 $\boldsymbol{S}_A$ 即可证明式(B.6)和式(B.7)②.)

4. 考虑有自旋的 N 体问题，证明式(B.11)，即

$$\frac{\mathrm{d}\bar{\boldsymbol{S}}_A}{\mathrm{d}t}=\boldsymbol{\Omega}\times\bar{\boldsymbol{S}}_A+o(c^{-4}),$$

其中，

$$\boldsymbol{\Omega}_A=\boldsymbol{\Omega}_A[so]+\boldsymbol{\Omega}_A[ss],$$

这里 $\boldsymbol{\Omega}_A[so]$ 和 $\boldsymbol{\Omega}_A[ss]$ 分别由式(B.12b)和式(B.12c)给出.

(提示：由 $\boldsymbol{S}_A$ 的定义式 $\boldsymbol{S}_A=\int_A\boldsymbol{\rho}^*\bar{\boldsymbol{x}}\times\bar{\boldsymbol{v}}\mathrm{d}^3\bar{x}$ 和 $S_A^j=\frac{1}{2}\varepsilon^{jpq}S_A^{pq}$，$S_A^{jk}=\varepsilon^{jkp}S_A^p$. 可有式(B.14)，即

$$\frac{\mathrm{d}S_A^j}{\mathrm{d}t}=\varepsilon^{jpq}\int_A\boldsymbol{\rho}^*\bar{x}^p\frac{\mathrm{d}v^q}{\mathrm{d}t}\mathrm{d}^3\bar{x}.$$

可得式(A.99)的另一种形式式(B.13)，将其代入式(B.14)，得式(B.15)，即

$$\frac{\mathrm{d}S_A^j}{\mathrm{d}t}=\frac{1}{c^2}\varepsilon^{jpq}\sum_{n=1}^{9}G_n^{pq}+o(c^{-4}),$$

其中，G_n^{pq} 定义为式(B.14). 将速度分解为 $\boldsymbol{v}=\boldsymbol{v}_A+\bar{\boldsymbol{v}}$，势能为天体 A 的内部势与其他天体产生的外部势之和. 外部势可在 $\boldsymbol{r}_A$ 附近进行 Taylor 展开，可将式(B.16a-i)化为式(B.17a-

① Poisson E, Will C M. Gravity: Newtonian, Post-Newtonian, Relativistic [M]. Cambridge University Press, 2014: 458-460.

② Poisson E, Will C M. Gravity: Newtonian, Post-Newtonian, Relativistic [M]. Cambridge University Press, 2014: 442-461.

i). 运用 Euler 方程和

$$\mathrm{d}\Pi/\mathrm{d}t = (p/\rho^{*2})\mathrm{d}\rho^{*}/\mathrm{d}t,$$

以及热力学第一定律可改写式(B. 17a-i). 例如 G_1^{jk} 为式(B. 18), 所有内部量的矩为式(B. 19). 由角动量定律式(B. 15),

$$\frac{\mathrm{d}S_A^j}{\mathrm{d}t} = \frac{1}{c^2}\varepsilon^{jpq}G_{\mathrm{int}}^{pq} + \frac{1}{c^2}\varepsilon^{jpq}G_{\mathrm{ext}}^{pq} + o(c^{-4}),$$

再将式(B. 19) G_{int}^{pq} 代入上式, 并且将 d/dt 项移到左边, 得

$$\frac{\mathrm{d}}{\mathrm{d}t}(S_A^j + \Delta_{\mathrm{int}}S_A^j) = \frac{1}{c^2}\varepsilon^{jpq}G_{\mathrm{ext}}^{pq} + o(c^{-4}),$$

其中, $\Delta_{\mathrm{int}}S_A^j$ 定义为式(B. 20). 又可得除 A 以外的势所涉及的项(B. 21), 可化为(B. 22). 将(B. 22)代入前式, 且把 d/dt 项移到左边, 有

$$\frac{\mathrm{d}}{\mathrm{d}t}(S_A^j + \Delta_{\mathrm{int}}S_A^j + \Delta_{\mathrm{ext}}S_A^j) = \frac{1}{c^2}\varepsilon^{jpq}G_{\mathrm{ext}}^{pq},$$

不考虑 G_{ext}^{pq} 中 d/dt, 我们可得式(B. 23)即

$$G_{\mathrm{ext}}^{jk} = G^{jk}[so] + G^{jk}[ss],$$

其中, $G^{jk}[so]$ 和 $G^{jk}[ss]$ 分别为式(B. 24)和式(B. 25), 于是得到式(B. 11)、式(B. 12b)、式(B. 12c).

5. 考虑二体运动, 质量为 M_1, M_2, 单个质心位置 $\boldsymbol{r}_1$, $\boldsymbol{r}_2$, 速度 $\boldsymbol{v}_1$, $\boldsymbol{v}_2$, 自旋 $\boldsymbol{S}_1$, $\boldsymbol{S}_2$. 定义

$$m = M_1 + M_2,$$
$$\eta = M_1M_2/(M_1 + M_2)^2,$$
$$\Delta = (M_1 - M_2)/(M_1 + M_2),$$
$$\boldsymbol{r} = \boldsymbol{r}_1 - \boldsymbol{r}_2, \quad \boldsymbol{v} = \boldsymbol{v}_1 - \boldsymbol{v}_2.$$

证明式(B. 26) ($\lambda = 0$).

$$\begin{aligned} M\boldsymbol{R} = {} & M_1[1 + (1/2)c^{-2}(v_1^2 - GM_2/r)]\boldsymbol{r}_1 + M_2[1 + (1/2)c^{-2}(v_2^2 - GM_1/r)]\boldsymbol{r}_2 \\ & + (1/2)c^{-2}(\boldsymbol{v}_1 \times \boldsymbol{S}_1 + \boldsymbol{v}_2 \times \boldsymbol{S}_2) + o(c^{-4}). \end{aligned}$$

还有

$$\boldsymbol{r}_1 = (M_2/m)\boldsymbol{r} + \Delta\boldsymbol{r}, \ \boldsymbol{r}_2 = -(M_1/m)\boldsymbol{r} + \Delta\boldsymbol{r},$$

其中, $\Delta\boldsymbol{r}$ 定义为

$$\Delta\boldsymbol{r} = \frac{\eta\Delta}{2c^2}(v^2 - Gm/r) - \frac{1}{2mc^2}\boldsymbol{v} \times (M_2\boldsymbol{S}_1 - M_1\boldsymbol{S}_2) + o(c^{-4}).$$

(提示: 由式(B. 6)和式(A. 122), 并取二体情形, 有式(B. 26), 在质心系中 $\boldsymbol{R} = 0$, 即可证明本题的后半部分.)①

---

① Poisson E, Will C M. Gravity: Newtonian, Post-Newtonian, Relativistic[M]. Cambridge University Press, 2014: 473.

6. 写出点粒子能动张量和质量密度的表达式①.

7. 设两天体的距离比它们的尺寸大很多，它们的位矢分别为 $\boldsymbol{r}_1$，$\boldsymbol{r}_2$，速度分别为 $\boldsymbol{v}_1$，$\boldsymbol{v}_2$，加速度分别为 $\boldsymbol{a}_1$，$\boldsymbol{a}_2$，且相对位矢为 $\boldsymbol{r}=\boldsymbol{r}_1-\boldsymbol{r}_2$，相对速度为 $\boldsymbol{v}=\boldsymbol{v}_1-\boldsymbol{v}_2$，相对加速度为 $\boldsymbol{a}=\boldsymbol{a}_1-\boldsymbol{a}_2$. 又令 $m=M_1+M_2$，$\eta=M_1M_2/(M_1+M_2)^2$ 和 $\Delta=(M_1-M_2)/(M_1+M_2)$.

证明：(1)

$$\boldsymbol{a}=-(Gm/r^2)\boldsymbol{n}-(Gm/c^2r^2)\{[(1+3\eta)v^2-(3/2)\eta\dot{r}^2-2(2+\eta)Gm/r]\boldsymbol{n}-2(2-\eta)\dot{r}\boldsymbol{v}\}+o(c^{-4}).$$

即为式(B.29)；

$$\boldsymbol{r}_1=(M_2/m)\boldsymbol{r}+(\eta\Delta/(2c^2))(v^2-Gm/r)\boldsymbol{r}+o(c^{-4}),$$
$$\boldsymbol{r}_2=(-M_1/m)\boldsymbol{r}+(\eta\Delta/(2c^2))(v^2-Gm/r)\boldsymbol{r}+o(c^{-4}),$$

即分别为式(B.30a)、式(B.30b)；

(2) $$\ddot{r}=r\dot{\varphi}^2-Gm/r^2+Gm/(c^2r^2)[(1/2)(6-7\eta)\dot{r}^2-(1+3\eta)(r\dot{\varphi})^2+2(2+\eta)Gm/r]+o(c^{-4}),$$

$$\frac{\mathrm{d}}{\mathrm{d}t}(r^2\dot{\varphi})=2(2-\eta)(Gm/c^2)\dot{r}\dot{\varphi}+o(c^{-4}),$$

即分别为式(B.31a)、式(B.31b).

(提示：由式(B.32c)，注意 A，$B=1$，2，可得式(A.122)，即

$$M\boldsymbol{R}=M_1[1+(1/(2c^2))(v_1^2-GM_2/r)]\boldsymbol{r}_1+M_2[1+(1/(2c^2))(v_2^2-GM_1/r)]\boldsymbol{r}_2,$$

又由式(B.32a-c)直接可证明

$$\frac{\mathrm{d}M}{\mathrm{d}t}=0,\ \frac{\mathrm{d}\boldsymbol{P}}{\mathrm{d}t}=0,\ M\frac{\mathrm{d}\boldsymbol{R}}{\mathrm{d}t}=\boldsymbol{P},$$

故不失一般性.

可令 $\boldsymbol{R}=0$，联立式(A.122)和 $\boldsymbol{r}=\boldsymbol{r}_1-\boldsymbol{r}_2$，可得(B.30a-b).

下一步，根据式(A.111)，注意 $A=1$，2；$B=1$，2，不难得到 $\boldsymbol{a}_1$，$\boldsymbol{a}_2$，两式相减，即得式(B.29). 我们知道两体运动的轨道在同一平面内，下面选一坐标系 $o\text{-}xyz$，xy 平面为轨道平面，z 轴为角动量方向，与轨道平面垂直，x 轴为椭圆主轴，y 轴为次轴，引入基矢

$$\boldsymbol{n}=[\cos\varphi,\quad \sin\varphi,\quad 0],\ \boldsymbol{\lambda}=[-\sin\varphi,\quad \cos\varphi,\quad 0],\ \boldsymbol{e}_z=[0,\quad 0,\quad 1],$$

按照这组基矢，我们有 $\boldsymbol{r}=r\boldsymbol{n}$，$\boldsymbol{v}=\dot{r}\boldsymbol{n}+r\dot{\varphi}\boldsymbol{\lambda}$，从而有式(B.33a-b)，即

$$\boldsymbol{a}=(\ddot{r}-r\dot{\varphi}^2)\boldsymbol{n}+\frac{1}{r}\frac{\mathrm{d}}{\mathrm{d}t}(r^2\dot{\varphi})\boldsymbol{\lambda},\ \boldsymbol{r}\times\boldsymbol{v}=(r^2\dot{\varphi})\boldsymbol{e}_z,$$

将前面的相对加速度式(B.29)中的速度 $\boldsymbol{v}$ 用 $\boldsymbol{v}=\dot{r}\boldsymbol{n}+r\dot{\varphi}\boldsymbol{\lambda}$ 代入，再与上面的式(B.33a-b)

---

① Poisson E, Will C M. Gravity: Newtonian, Post-Newtonian, Relativistic[M]. Cambridge University Press, 2014: 475.

相比较，即得式(B. 31a-b).)

8. 在上题中，推出 $r=\bar{r}-\dfrac{1}{2}(8-3\eta)\dfrac{Gm}{c^2}+o(c^{-4})$，并求出半长轴 a 和偏心率 e.

(提示：对于式(B. 31a-b)，采用 Newton 近似，有 $\ddot{\bar{r}}=\bar{r}\dot{\varphi}^2-\dfrac{Gm}{\bar{r}^2}$，$\dfrac{\mathrm{d}}{\mathrm{d}t}(\bar{r}^2\dot{\varphi})=0$，可解得 $\bar{r}=\bar{a}(1-\bar{e}\cos u)$ 和 $t-T=\sqrt{\bar{a}^3/Gm_K}(u-\bar{e}\sin u)$，其中，$u$ 为偏近点角. 同时不难得到 $\dot{\bar{r}}^2=2\varepsilon_K+2\dfrac{Gm_K}{\bar{r}}-\dfrac{h_K^2}{\bar{r}^2}$，同式(B. 34)，其中，$\varepsilon_K$，$m_K$，$h_K^2$ 分别为式(B. 35a-c). 设 $r=\bar{r}+R$，其中 $\bar{R}$ 为小量，代入式(B. 36)中，再运用 $\dot{\bar{r}}^2=2\varepsilon_K+2\dfrac{Gm_K}{\bar{r}}-\dfrac{h_K^2}{\bar{r}^2}$，可求出 $R=-\dfrac{1}{2}(8-3\eta)\dfrac{Gm}{c^2}+o(c^{-4})$ 即证. 又 $r=a(1-e\cos u)$，而 $\bar{r}=\bar{a}(1-\bar{e}\cos u)$，将这两式对比，可得

$$a=\bar{a}[1-(1/2)(8-3\eta)Gm/(c^2\bar{a})],$$
$$e=\bar{e}[1+(1/2)(8-3\eta)Gm/(c^2\bar{a})].\ )$$

9. 对于两体问题，$\boldsymbol{S}_1$ 和 $\boldsymbol{S}_2$ 为它们的自旋，证明：$\mathrm{d}\boldsymbol{S}_1/\mathrm{d}t=\boldsymbol{\Omega}_1\times\boldsymbol{S}_1$，这里 $\boldsymbol{\Omega}_1=\boldsymbol{\Omega}_1[so]+\boldsymbol{\Omega}_1[ss]$，其中，$\boldsymbol{\Omega}_1[so]=2G\mu/(c^2r^2)(1+3M_2/(4M_1))\boldsymbol{n}\times\boldsymbol{v}$，$\boldsymbol{\Omega}_1[ss]=G/(c^2r^3)[3(\boldsymbol{S}_2\cdot\boldsymbol{n})\boldsymbol{n}-\boldsymbol{S}_2]$. 上式对应于第一个天体情况，对于第二个天体，只需将 1 与 2 互换即可，这样我们得到第二个天体的运动方程.

(提示：由式(B. 12a-c)，注意 $A=1,2$；$B=1,2$，它们的质心取在原点上，即证.)

10. 设由两个质点 m_1 和 m_2 组成的体系在自身的引力作用下运动，证明：发出的引力波为

$$h^{jk}=\frac{4\eta}{c^4R}\frac{(Gm)^2}{p}[-(1+e\cos\varphi-e^2\sin^2\varphi)n^jn^k$$
$$+e\sin\varphi(1+e\cos\varphi)(n^j\lambda^k+\lambda^jn^k)+(1+e\cos\varphi)^2\lambda^j\lambda^k].$$

(提示：设两质点体系，位矢为 $\boldsymbol{r}_1$ 和 $\boldsymbol{r}_2$，相对位矢为 $\boldsymbol{r}=\boldsymbol{r}_1-\boldsymbol{r}_2$，质心位于坐标原点，定义 $m=m_1+m_2$，有

$$\boldsymbol{r}_1=\frac{m_2}{m}\boldsymbol{r},\quad \boldsymbol{r}_2=-\frac{m_1}{m}\boldsymbol{r},\quad \boldsymbol{v}_1=\frac{m_2}{m}\boldsymbol{v},\quad \boldsymbol{v}_2=-\frac{m_1}{m}\boldsymbol{v}.$$

引入记号

$$r=|\boldsymbol{r}|,\quad \boldsymbol{n}=\boldsymbol{r}/r,\quad \eta=\frac{m_1m_2}{(m_1+m_2)^2}.$$

再定义 $I^{jk}=\eta m r^j r^k$，根据式(B. 37)，注意 $A,B=1,2$，有

$$\frac{1}{2}\ddot{I}^{jk}=\eta m[v^jv^k-(Gm/r)n^jn^k],$$

然后，由 $h_{TT}^{jk}=\dfrac{2G}{c^4R}\ddot{I}_{TT}^{jk}$ 得

$$h^{jk}=\frac{4G\eta m}{c^4R}[v^jv^k-(Gm/r)n^jn^k],$$

同第 7 题，选一坐标系 o-xyz，xy 平面为轨道平面，z 轴为角动量方向，与轨道平面垂直，x 轴为椭圆主轴，y 轴为次轴. 即有

$$r=\frac{p}{1+e\cos\varphi},\ \dot{\varphi}=\sqrt{\frac{Gm}{p^3}}\ (1+e\cos\varphi)^2$$

在 xyz 坐标系中，引入基矢 $\boldsymbol{n}=[\cos\varphi,\quad \sin\varphi,\quad 0]$，$\boldsymbol{\lambda}=[-\sin\varphi,\quad \cos\varphi,\quad 0]$，$\boldsymbol{e}_z=[0,\quad 0,\quad 1]$，按照这组基矢，我们有 $\boldsymbol{r}=r\boldsymbol{n}$，$\boldsymbol{v}=\dot{r}\boldsymbol{n}+r\dot{\varphi}\boldsymbol{\lambda}$，代入式(B. 38)即得本题引力波的表达式.)

11. 设两体问题，位矢为 $\boldsymbol{r}_1$ 和 $\boldsymbol{r}_2$，相对位矢为 $\boldsymbol{r}=\boldsymbol{r}_1-\boldsymbol{r}_2$，相对反冲加速度为

$$\boldsymbol{a}[rr]=\boldsymbol{a}_1[rr]-\boldsymbol{a}_2[rr]$$

证明：$\boldsymbol{a}[rr]=(8/5)\eta\,(Gm)^2/(c^5r^3)[(3v^2+(17/3)Gm/r)\dot{r}\boldsymbol{n}-(v^2+3Gm/r)\boldsymbol{v}]$，其中，$m_A\boldsymbol{a}_A[rr]=\int_A\boldsymbol{f}[rr]\,\mathrm{d}^3x$，$A=1,2$，这里 $\boldsymbol{f}[rr]$ 为辐射反冲力密度.

（提示：注意 $f^j[rr]$ 出现在后 Newton 近似下的 Euler 方程中，即

$$\rho^*\frac{\mathrm{d}v^j}{\mathrm{d}t}=\rho^*\partial_jU-\partial_jp+(\text{even})+f^j[rr],$$

其中，(even)代表含 c^{-2}，c^{-4}，… 项. 由联络系数式(B. 39a-c)和能动张量(B. 40a-c)，并将它们代入下式中

$$0=c^{-1}\partial_t(\sqrt{-g}\,T^{0j})+\partial_k(\sqrt{-g}\,T^{jk})+\Gamma^j_{00}(\sqrt{-g}\,T^{00})+2\Gamma^j_{0k}(\sqrt{-g}\,T^{0k})+\Gamma^j_{kn}(\sqrt{-g}\,T^{kn}).$$

这样可得方程

$$0=\partial_t(\rho^*v^j)+\partial_k(\rho^*v^jv^k)-\rho^*\partial_jU+\partial_jp+o(c^{-2})+o(c^{-4})-c^{-5}f^j[5]+o(c^{-6}),$$

其中，$f^j[5]$ 的表达式为式(B. 41)，这里 $f^j[rr]=c^{-5}f^j[5]+o(c^{-7})$. 进一步可得到引力辐射反冲体密度 $f^j[rr]$ 的公式(B. 42). 对于多体情形，作用在 A 上的反冲力 $\boldsymbol{F}_A[rr]=m\boldsymbol{a}_A=\int_A\boldsymbol{f}[rr]\,\mathrm{d}^3x$，将式(B. 42)代入上式得式(B. 43). 更进一步可得式(B. 44)，其中各多极矩的定义见原书第 665 页. 令 A，$B=1$，2，得到(B. 45)，而 $I^{jk}=\eta mr^jr^k$，其中，$\eta=M_1M_2/m^2$，$m=M_1+M_2$，我们可以得到下面三个式子，即

$$\dddot{I}^{jk}=-2\eta m\frac{Gm}{r^2}[2(n^jv^k+v^jn^k)-3\dot{r}n^jn^k],$$

$$\overset{(4)}{I}{}^{jk}=-2\eta m\frac{Gm}{r^3}[-9\dot{r}(n^jv^k+v^jn^k)+4v^jv^k+(15\dot{r}^2-3v^2-Gm/r)n^jn^k],$$

$$\overset{(5)}{I}{}^{jk}=-2\eta m\frac{Gm}{r^4}[4(15\dot{r}^2-3v^2+Gm/r)(n^jv^k+v^jn^k)-30\dot{r}v^jv^k+15\dot{r}(3v^2-7\dot{r}^2)n^jn^k].$$

将上式代入式(B. 45)，最后即证.

第 5 章　天体力学在航天中的应用——火箭、航天器和行星轨道转移

本章研究火箭(rocket)的物理模型、数学模型和推论(包括多级火箭)，再研究航天器和行星的轨道转移，方法是先求出行星各个轨道的基本物理量——位矢(相对于一个天体的国际天球参考系(惯性系))，从而得到速度矢量(设基本方程相同，不同的轨道对应不同的初始条件)，对于改变轨道，最重要的量为速度增量，本章将着重研究速度增量.

5.1　火箭的研究

1. 火箭的物理模型

火箭由燃料舱、氧化剂舱、发动机或反作用发动机和载荷构成. 当火箭运行时，火箭可看成由质点、流体(燃料)和电磁场组成.

2. 基本物理量

质点相对天球参考系原点位矢 $\boldsymbol{r}(t)$ 和燃料(fuel)压强 P、密度 ρ、温度 T、速度 v_E 的分布.

3. 基本方程

牛顿定律、流体动力学(fluid dynamics 或 hydrodynamics)方程和电磁场方程.

情形 1　关于单级火箭(图 5.1)的基本方程、初始条件和推论如下：

此处基本方程为牛顿定律(不考虑重力). 它的另一种形式为质点组动量守恒(conservation of momentum)(无外力)，即

$$\boldsymbol{MV} = (M + \mathrm{d}M)(\boldsymbol{V} + \mathrm{d}\boldsymbol{V}) - \mathrm{d}M(\boldsymbol{V} - \boldsymbol{v}_E) \tag{5.1}$$

$$\Rightarrow M\mathrm{d}V = (-\mathrm{d}M)v_E, \tag{5.2}$$

其中，$\boldsymbol{V} = \dfrac{\mathrm{d}\boldsymbol{r}}{\mathrm{d}t}$，$v_E$ 为流体速度. 注意：式(5.2)为关于基本物理量 $\boldsymbol{r}$，v_E 的方程.

当初始条件为 $t = 0$ 时，

$$V_i = 0,\ M_i = M_F + M_R + M_P, \tag{5.3}$$

其中，M_F，M_R，M_P 分别为燃料和氧化剂质量、火箭的净质量(包括空燃料箱)和载荷质量.

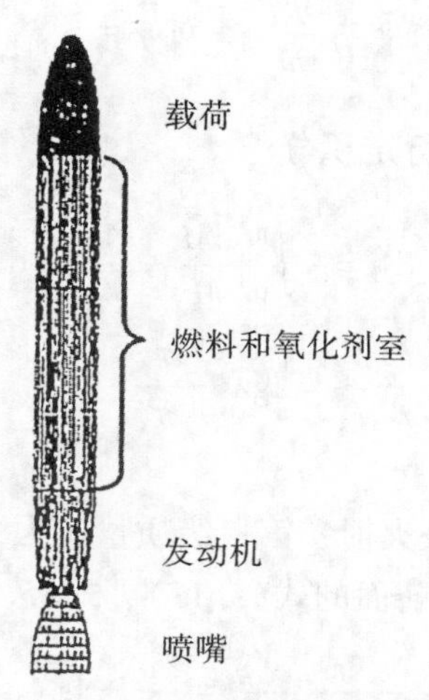

图 5.1 单级火箭结构示意图

下面给出推论——最后速度 V_f =?.

由基本方程式(5.2)，有

$$\frac{\mathrm{d}M}{M}=-\frac{\mathrm{d}V}{v_E},\tag{5.4}$$

又最终总质量值为

$$M_f=M_R+M_P,\tag{5.5}$$

对式(5.4)两边求定积分，得

$$\lg M\Big|_{M_i}^{M_f}=-\frac{V_f}{v_E},\tag{5.6}$$

$$V_f=v_E\lg\lambda,\tag{5.7}$$

其中，

$$\lambda=\frac{M_F+M_R+M_P}{M_R+M_P},\tag{5.8}$$

称为质量比(mass ratio).

情形 2 考虑重力场修正情形，基本方程、初始条件和推论如下：

由牛顿定律(冲量定理(theorem of impulse))

$$(M+\mathrm{d}M)(\boldsymbol{V}+\mathrm{d}\boldsymbol{V})-\mathrm{d}M(\boldsymbol{V}-\boldsymbol{v}_E)-M\boldsymbol{V}=-M\boldsymbol{g}\mathrm{d}t,\tag{5.9}$$

$$\Rightarrow M\mathrm{d}V=(-\mathrm{d}M)v_E-Mg\mathrm{d}t.\tag{5.10}$$

定义比冲量(specific impulse) $\tau_s=\frac{v_E}{g}$，上式给出

$$\frac{\mathrm{d}V}{v_E}=-\frac{\mathrm{d}M}{M(t)}-\frac{1}{\tau_s}\mathrm{d}t,\tag{5.11}$$

其中，比冲量表示单位质量燃料以速度 v_E 喷出单位时间产生的冲量.

设燃烧着的燃料可看成流体，$v=\sqrt{\dfrac{3kT}{m}}$，对 $\gamma=1.3$，可求出 $v_E=300\text{m/s}$，这样 $\tau_s=\dfrac{3000}{10}=300\text{s}$. 对式(5.11)两边进行定积分

$$\frac{1}{v_E}\int_0^{V_f}\mathrm{d}V=-\int_{M_i}^{M_f}\frac{\mathrm{d}M}{M}-\frac{1}{\tau_s}\int_0^{\tau_B}\mathrm{d}t, \tag{5.12}$$

$$\frac{V_f}{v_E}=\lg\lambda-\frac{\tau_B}{\tau_s}, \tag{5.13}$$

其中，τ_B 为火箭燃料耗尽时间.

情形 3　多级火箭：设有二级火箭，第一级质量比为 λ_1，耗尽时间为 τ_{B1}，第二级质量比为 λ_2，耗尽时间为 τ_{B2}，由前面的式(5.11)、式(5.12)、式(5.13)，得

$$\frac{V_{1f}}{v_E}=\lg\lambda_1-\frac{\tau_{B1}}{\tau_s},\quad \frac{V_{2f}}{v_E}=\frac{V_{1f}}{v_E}+\lg\lambda_2-\frac{\tau_{B2}}{\tau_s}, \tag{5.14}$$

其中，V_{1f}，V_{2f} 分别为第一级、第二级燃料耗尽时的火箭速度，此处假定 v_E，τ_s 对两级火箭一样，为了简化计算，令 $\lambda_1\approx\lambda_2=\lambda$，$\tau_{B1}\approx\tau_{B2}=\tau_B$，由式(5.14)有 $\dfrac{V_{2f}}{v_E}=2\lg\lambda-2\dfrac{\tau_B}{\tau_s}$，这说明只要很少的燃料就能将物体送入地球轨道.

5.2　航天器和行星轨道转移方法的研究

先求出系统各个轨道的基本物理量(相对于天球参考系(惯性系))位矢 $\boldsymbol{r}(t)$，从而求出速度 $\boldsymbol{v}=\dfrac{\mathrm{d}\boldsymbol{r}}{\mathrm{d}t}$(基本方程相同，不同轨道对应于不同初始条件)，即得所有相关的物理量，如改变轨道所需的速度增量 Δv.

情形 1　改变卫星轨道平面，求 Δv. 如图 5.2 所示，考虑两个轨道——倾斜轨道和赤道轨道(equatorial orbit)，它们的基本物理量为 $\boldsymbol{r}_1(t)$，$\boldsymbol{r}_2(t)\Rightarrow v_1(t)$，$v_2(t)\Rightarrow\Delta\boldsymbol{v}$. 设两轨道速度相同，为 $\boldsymbol{v}$ (图 5.3)，有

$$|\Delta\boldsymbol{v}|=2|\boldsymbol{v}|\sin\frac{\theta}{2}. \tag{5.15}$$

特例：

$$① \quad \theta=\frac{\pi}{2},\ |\Delta\boldsymbol{v}|=\sqrt{2}\,|\boldsymbol{v}|, \tag{5.16}$$

$$② \quad \theta\ll1,\ \sin\frac{\theta}{2}\approx\frac{\theta}{2},\ |\Delta\boldsymbol{v}|=|\boldsymbol{v}|\theta. \tag{5.17}$$

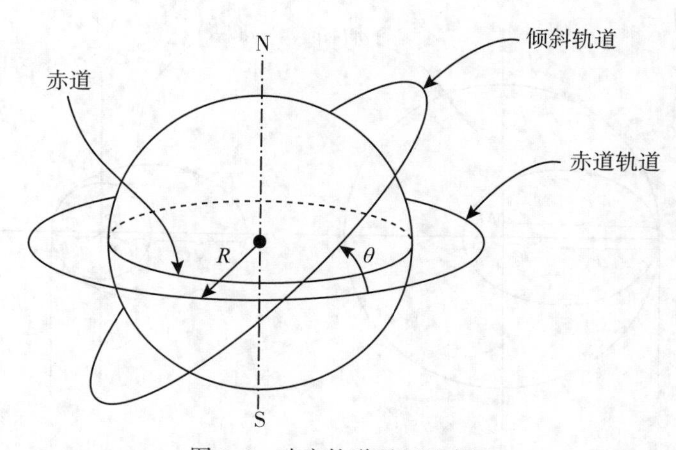

图 5.2 改变轨道平面示意图

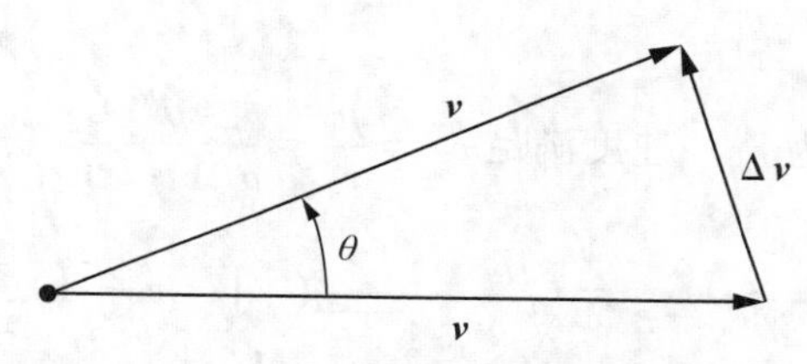

图 5.3 速度增量示意图

情形 2 在同一平面上将卫星由一条轨道转移到另一条轨道，即将发射到椭圆轨道上的卫星圆轨道化，此时 $\Delta \boldsymbol{v}$ =？设椭圆轨道半长轴为 a，离心率为 e.

在近地点(perigee)实施(图 5.4(b))：原则上先由基本物理量 $\boldsymbol{r}_p(t)$（椭圆轨道）和 $\boldsymbol{r}_1(t)$（圆形轨道）以及 $\boldsymbol{v}_p$，$\boldsymbol{v}_1$ 求出所有相关的物理量，如 $\Delta \boldsymbol{v}$. 由椭圆轨道公式

$$r=\frac{p}{1+e\cos f}=\frac{a(1-e^2)}{1+e\cos f}. \tag{5.18}$$

椭圆近地点

$$r_p=a(1-e)\quad (f=0), \tag{5.19}$$

远地点(apogee)

$$r_A=a(1+e)\quad (f=\pi). \tag{5.20}$$

又由活力公式

$$v^2=\mu\left(\frac{2}{r}-\frac{1}{a}\right), \tag{5.21}$$

设近地点和远地点的速度分别为 v_p，v_A，故

$$v_p^2=\mu\left(\frac{2}{r_p}-\frac{1}{a}\right)=\mu\left[\frac{2}{a(1-e)}-\frac{1}{a}\right]=\frac{\mu}{a}\frac{1+e}{1-e}, \tag{5.22}$$

$$v_A^2=\frac{\mu}{a}\frac{1-e}{1+e}. \tag{5.23}$$

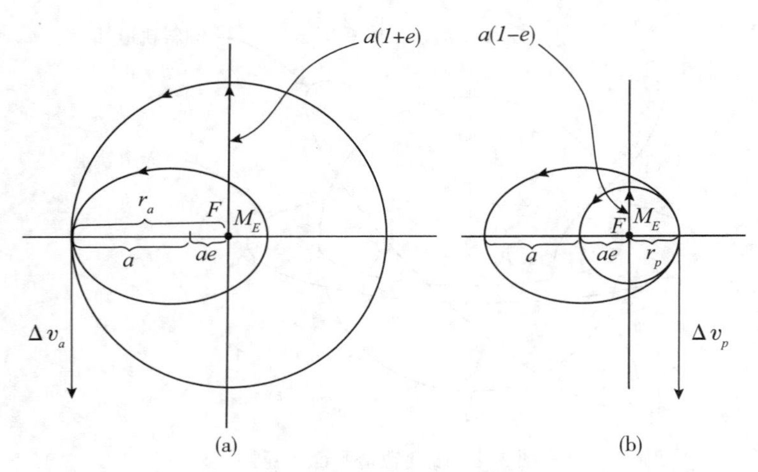

图 5.4　转移至圆轨道

在圆形轨道上，半径为 r_p，速度满足 $v_{pc}^2=\dfrac{\mu}{r_p}=\dfrac{\mu}{a(1-e)}$，注意到 $v_p>v_{pc}$，因此

$$\Delta v=v_p-v_{pc}=\sqrt{\frac{\mu}{a}}\frac{1}{\sqrt{1-e}}(\sqrt{1+e}-1),\tag{5.24}$$

又设在远地点实施(图 5.4(a))：圆轨道速度满足

$$v_{AC}^2=\frac{\mu}{r_A}=\frac{\mu}{a(1+e)},\tag{5.25}$$

故速度增量

$$\Delta v_A=v_{AC}-v_A=\sqrt{\frac{\mu}{a}}\frac{1}{\sqrt{1+e}}(1-\sqrt{1-e}).\tag{5.26}$$

情形 3　由地球轨道逃逸情形. 两根轨道——椭圆轨道(基本物理量 a, e)和抛物线轨道(近，远地点)(基本物理量 $\boldsymbol{r}_1(t)$, $\boldsymbol{r}_2(t)$).

对于抛物线轨道，活力公式为

$$\varepsilon=\frac{1}{2}v^2-\frac{\mu}{r}=0,\tag{5.27}$$

则航天器在近地点和远地点逃逸时的比动能分别为

$$\frac{1}{2}v_{pE}^2=\frac{\mu}{a(1-e)},\tag{5.28}$$

$$\frac{1}{2}v_{AE}^2=\frac{\mu}{a(1+e)},\tag{5.29}$$

对于椭圆轨道，近、远地点速度分别为

$$v_p=\sqrt{\frac{\mu}{a}}\sqrt{\frac{1+e}{1-e}},\quad v_A=\sqrt{\frac{\mu}{a}}\sqrt{\frac{1-e}{1+e}}.\tag{5.30}$$

速度增量为

$$\Delta v_p = v_{pE} - v_p = \sqrt{\frac{\mu}{a}}\left(\sqrt{\frac{2}{1-e}} - \sqrt{\frac{1+e}{1-e}}\right),$$

和

$$\Delta v_A = v_{AE} - v_A = \sqrt{\frac{\mu}{a}}\left(\sqrt{\frac{2}{1+e}} - \sqrt{\frac{1-e}{1+e}}\right). \tag{5.31}$$

情形 4 近圆轨道间的转移——霍曼轨道转移.

把航天器由半径为 R_1 的内圆轨道转移到半径为 R_2 的外圆轨道，求速度增量和时间.

由图 5.5 可知，A, B 分别为椭圆轨道的近地点和远地点. 由于内圆在 A 点，与椭圆轨道相切，速度增量为

$$\Delta v_1 = v_p - v_1 = \sqrt{\frac{\mu}{a}}\sqrt{\frac{1+e}{1-e}} - \sqrt{\frac{\mu}{R_1}},$$

又

$$R_1 = a - ae,\ R_2 = a + ae, \tag{5.32}$$

得
$$a = \frac{R_1 + R_2}{2},\ 1 - e = \frac{R_1}{a},\ 1 + e = \frac{R_2}{a}. \tag{5.33}$$

$$\Delta v_1 = v_0\left(\sqrt{\frac{2R_2}{R_1 + R_2}} - 1\right), \tag{5.34}$$

其中，$v_0 = \sqrt{\frac{\mu}{R_1}}$.

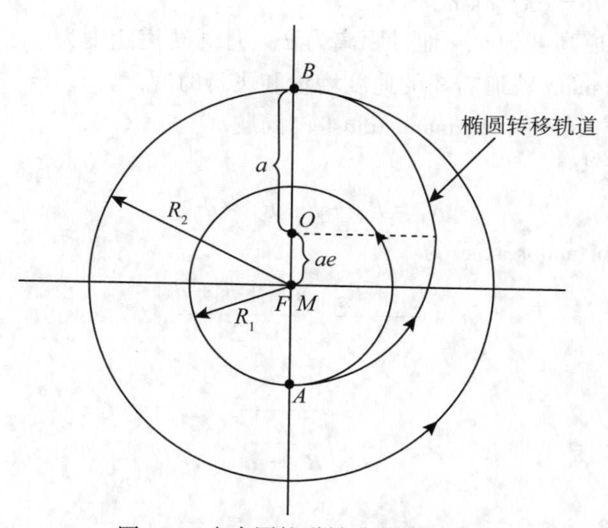

图 5.5 由内圆轨道转移至外圆轨道

航天器由椭圆轨道到 B 点，然后再做圆周运动，速度增量为

$$\Delta v_2 = v_2 - v_a = \sqrt{\frac{\mu}{R_2}} - \sqrt{\frac{\mu}{a}}\left(\frac{1-e}{1+e}\right) = v_0\sqrt{\frac{R_1}{R_2}}\left(1 - \sqrt{\frac{2R_1}{R_1 + R_2}}\right), \tag{5.35}$$

总的速度增量为

$$\Delta v = \Delta v_1 + \Delta v_2 = v_0\left[\sqrt{\frac{2R_2}{R_1 + R_2}} + \sqrt{\frac{R_1}{R_2}}\left(1 - \sqrt{\frac{2R_1}{R_1 + R_2}}\right) - 1\right]. \tag{5.36}$$

转移轨道周期满足

$$\frac{a^3}{T^2} = \frac{\mu}{4\pi^2}, \tag{5.37}$$

其中，半长轴 $a = \frac{R_1 + R_2}{2}$，可得

$$T = \pi\sqrt{\frac{(R_1 + R_2)^3}{2\mu}} \Rightarrow \Delta t = \frac{T}{2} = \frac{\pi}{2}\sqrt{\frac{(R_1 + R_2)^3}{2\mu}} \tag{5.38}$$

为了便于读者掌握这些知识，下面给出几个例子.

例 1　某天体表面的逃逸速度(escape speed 或 escape velocity)为 1.118 km/s，假定此天体的密度与地球相同(5.52g/cm^3)，试求其半径.

解　天体做抛物线运动，刚好能逃逸，由抛物线的活力公式

$$\varepsilon = \frac{1}{2}v_e^2 - \frac{\mu}{r} = 0, \tag{5.39}$$

其中

$$\mu = GM,\ v_e = \sqrt{\frac{2\mu}{r}} = \sqrt{\frac{2GM}{R}} = \sqrt{\frac{2G}{R}\frac{4}{3}\pi R^3\rho} = R\sqrt{\frac{8\pi G\rho}{3}}.$$

现已知 v_e，ρ，即得 $R = 637.8\text{km}$.

例 2　设停泊轨道高度为 h，地月距离为 d，月球轨道速度为 v_M，不计月球本身的影响，试估计探月 Hohmann 轨道需要的速度增量和飞行时间.

解　这是一个霍曼转移(Hohmann transfer)问题.

两个圆轨道半径为

$$R_1 = R_E + h,\ R_2 = d, \tag{5.40}$$

椭圆轨道半长轴(semi-major axis)为

$$a = \frac{R_1 + R_2}{2} = \frac{R_E + h + d}{2},$$

小圆轨道速度为

$$v_1 = \sqrt{\frac{\mu}{R_E + h}}, \tag{5.41}$$

偏心率为

$$e = \frac{R_2}{a} - 1 = \frac{2d}{R_E + h + d} - 1 = \frac{d - (R_E + h)}{d + (R_E + h)},$$

近地点和远地点的速度分别为

$$v_p = \sqrt{\frac{\mu}{a}\frac{1 + e}{1 - e}},\ v_A = \sqrt{\frac{\mu}{a}\frac{1 - e}{1 + e}} \Rightarrow \Delta v_1,\ \Delta v_2 \Rightarrow \Delta v = \Delta v_1 + \Delta v_2. \tag{5.42}$$

当然也可将以上 $R_1=R_E+h$，$R_2=d$ 直接代入式(5.36)求得 Δv.

显然，由式(5.38)有

$$\Delta t=\pi\sqrt{\frac{(d+R_E+h)^3}{8\mu}}. \tag{5.43}$$

例 3 若速度由高度为 h 的圆轨道速度 v_c 增加到 $v_p=v_c(1+x)$，试求转移轨道的偏心率、半长径、近点速度和远点速度各为多少?

解 依题知，机动在近地点实施，圆轨道半径为 r_p，先弄清两轨道的基本物理量 $\boldsymbol{r}_c(t)$，$\boldsymbol{r}_e(t)$，从而得到 $\boldsymbol{v}_c(t)$，$\boldsymbol{v}_e(t)$（脚标 c 和 e 分别代表圆和椭圆轨道情形）. 进而推出所有相关物理量.

对于圆轨道

$$v_c=\sqrt{\frac{\mu}{a(1-e)}}=\sqrt{\frac{\mu}{R_E+h}}, \tag{5.44}$$

对于椭圆轨道，由上节内容得近地点速度为

$$v_e=\sqrt{\frac{\mu}{a}\left(\frac{1+e}{1-e}\right)}=v_c\sqrt{1+e}=v_c(1+x), \tag{5.45}$$

$$\Rightarrow\sqrt{1+e}=1+x\Rightarrow e=x(x+2), \tag{5.46}$$

故半长径为

$$a=\frac{R_E+h}{1-e}=\frac{R_E+h}{1-2x-x^2}. \tag{5.47}$$

近地点速度为

$$v_a=v_p\left(\frac{1-e}{1+e}\right)=v_e\frac{1-x(x+2)}{(1+x)^2}=v_c\frac{1-x(x+2)}{1+x}. \tag{5.48}$$

5.3 行星际探测的研究

概述：本节讨论以下四个问题：

(1)行星际探测的轨道机动；

(2)从地球逃逸太阳系的逃逸速度；

(3)行星际飞行的轨道和时间；

(4)弹弓效应——与行星相会时通过借力增加或减小速度.

探测：以木星(Jupiter)为例：

第一步：航天器环绕地球做圆周运动. 基本物理量为 $\boldsymbol{r}_E(t)\Rightarrow$ 所有相关的物理量，如 $\boldsymbol{v}_E$.

$$v_E=\sqrt{\frac{GM_E}{R_E}}=7.905\text{km/s},$$

$$\Rightarrow\sqrt{GM_E}=7.905\sqrt{R_E}, \tag{5.49}$$

将 $R_E = 6378\text{km}$ 代入上式，有

$$\sqrt{GM_E} = 631.31\text{km}^{\frac{3}{2}}/\text{s}. \tag{5.50}$$

赤道低轨速度 $v_l = 7.708\text{km/s}$.

第二步：地球绕太阳公转(revolution)(设为圆周运动)，描述地球运动(公转)的基本物理量为 $\boldsymbol{r}_0(t) \Rightarrow$ 所有相关的物理量，如 $\boldsymbol{v}_0(t)$.

$$v_0 = \sqrt{\frac{GM_s}{R_0}}, \tag{5.51}$$

其中，$R_0 = 1.496 \times 10^8\text{km}$，为日地距离(近似).

由 $T_0 = 1\text{yr} = 3.154 \times 10^7\text{s}$，$v_0 = \dfrac{2\pi R_0}{T_0} = 29.778\text{km/s}$，得

$$\sqrt{GM_s} = v_0\sqrt{R_0} = 3.64 \times 10^5\text{km}^{\frac{3}{2}}/\text{s}. \tag{5.52}$$

比较式(5.50)和式(5.52)，得

$$M_s = 577^2 M_E = 333000 M_E. \tag{5.53}$$

航天器相当于天球参考系(惯性系)的速度为

$$v = v_0 + v_l = 29.778 + 7.708 = 37.486\text{km/s}.$$

第三步：航天器(spacecraft)逃逸太阳系，最低能量为抛物线的情形. 由基本物理量 $\boldsymbol{r}_b(t) \Rightarrow$ 所有相关的物理量. 由活力公式，有

$$\frac{1}{2}v_b^2 = \frac{GM_s}{R_0} \Rightarrow v_b = \sqrt{\frac{GM_s}{R_0}} = 42.074\text{km/s}. \tag{5.54}$$

速度增量为

$$\Delta v = v_b - v = 4.588\text{km/s}.$$

由此可知，Δv 太小不易逃出太阳系(solar system)，需要弹弓效应.

第四步：以木星为例，注意，木星和地球均绕太阳近似做圆周运动，如图 5.6 所示. 开始时，航天器绕太阳一起做圆周运动，然后做椭圆运动，最后绕太阳做圆周运动(与木星轨道重合)，通过弹弓效应，飞出太阳系. 下面是定量计算.

木星轨道半径为

$$R_2 \equiv R_J = 778 \times 10^6\text{km}, \tag{5.55}$$

地球轨道半径为

$$R_1 \equiv R_0 = 150 \times 10^6\text{km}. \tag{5.56}$$

然后套用前面介绍过的霍曼转移公式，为此先给出椭圆轨道半长轴

$$a = \frac{1}{2}(R_1 + R_2) = 464 \times 10^6\text{km}, \tag{5.57}$$

又由

$$R_1 = a - ae \Rightarrow e = 0.677. \tag{5.58}$$

航天器在椭圆轨道远日点的速度(aphelic velocity)为

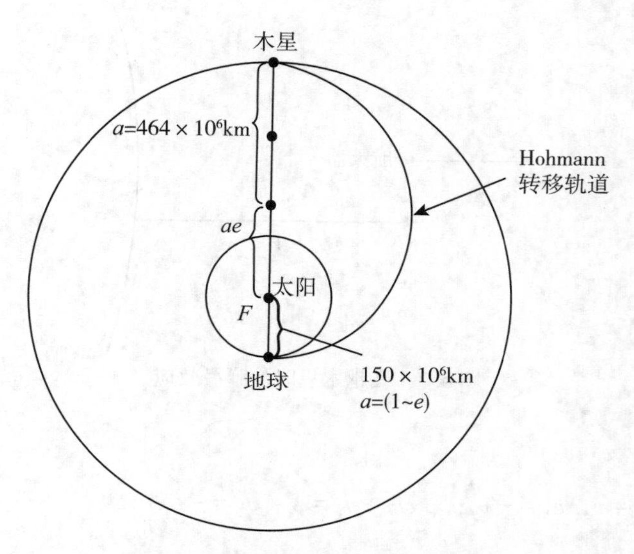

图 5.6 飞向木星的 Hohmann 转移轨道

$$v_A = \sqrt{\frac{GM_s}{a}}\sqrt{\frac{1-e}{1+e}} = 7.42\text{km/s}. \tag{5.59}$$

由开普勒定律

$$\frac{T^2}{T_0^2} = \frac{a^3}{R_0^3}, \tag{5.60}$$

可得

$$\Delta t = \frac{T}{2} = 2.72\text{a}. \tag{5.61}$$

注意：由航天器运动的基本物理量 $\boldsymbol{r}_1(t)$，$\boldsymbol{r}(t)$，$\boldsymbol{r}_2(t)$（相应于内圆、椭圆、外圆）可推导出所有相关的物理量.

下面来求何时发射航天器，才能使它与木星交会. 设木星绕太阳公转的周期为 $T_J = 11.9\text{a}$， 平均运动角速度 $n_J = 0.528\text{rad/a}$， 故航天器发射时，木星应在交会点前方 $n_J \Delta t = 1.436\text{rad}$. 再计算出现发射窗口的机会有多少. 相对木星，地球的角速度为

$$n_{JE} = n_E - n_J = 2\pi - 0.528 = 5.755\text{rad/a},$$

$$T_{JE} = \frac{2\pi}{n_{JE}} = 1.092\text{a}.$$

约为 13 个月，此即为发射窗口出现的周期.

（1）弹弓效应

如图 5.7 所示，我们讨论航天器与木星组成的系统.

（2）物理模型

航天器和木星的运动基本物理量分别为位矢 $\boldsymbol{r}_1(t)$，$\boldsymbol{r}_2(t)$， 速度为 $\boldsymbol{v}_1(t)$，$\boldsymbol{v}_2(t)$.

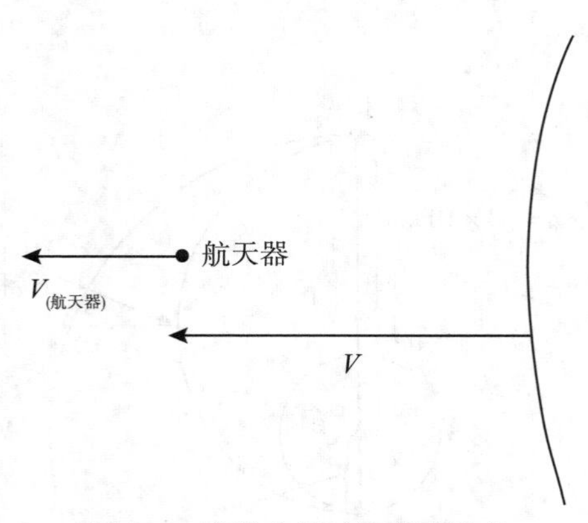

图 5.7　飞越木星时的弹弓效应

(3)初始条件

当 $t = 0$ 时, $v_1 = v$, $v_2 = - v_J$; 最后, $v_1 = V$, $v_2 = - v_J$.

(4)基本方程

(牛顿定律)动量守恒、动能守恒.

(5)求解基本方程

由于弹性作用，恢复系数(coefficient of restitution)为

$$e = \frac{v_J - V}{v - v_J} = 1.$$

这样得到航天器的基本物理量.

当 $V > v_e$ 时，航天器就会逃出太阳系，其中 v_e 是木星轨道上的逃逸速度.

第 6 章　限制性三体问题

本章给出限制性三体问题的基本物理量、基本方程和推论. 为此, 我们先研究 N 体问题的情形, 然后再应用到本限制性三体问题中.

6.1　N 体问题的研究

6.1.1　描述 N 体系统运动状态的基本物理量(物理模型为质点组和引力场)

由 N 个质点组成的质点组的运动状态由位矢 $\boldsymbol{r}_i(t)$ $(i=1, 2, \cdots, N)$ 描述; 而引力场由引力势 $U(\boldsymbol{r})$ 描述, 如图 6.1 所示. 注意: 每个质点的质量为 m_i.

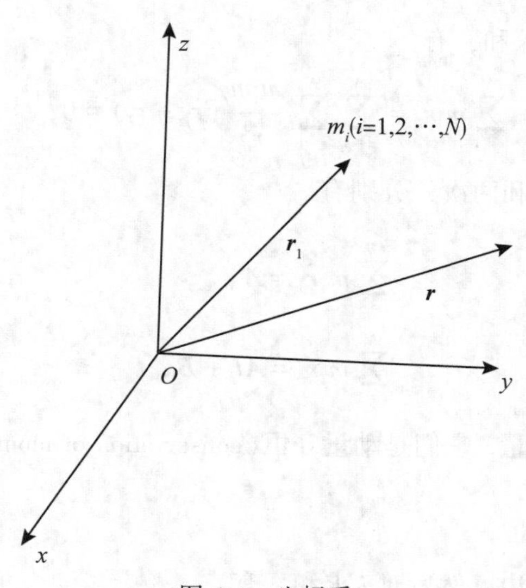

图 6.1　坐标系

6.1.2　N 体问题的基本方程

1. N 体激发引力场 $U(\boldsymbol{r})$ (引力势)

$$U(\boldsymbol{r}) = -\sum_{j=1}^{N} \frac{Gm_j}{|\boldsymbol{r}-\boldsymbol{r}_j|}. \tag{6.1}$$

2. 引力场反过来对质点的作用与质点的运动的关系

$$m_i \ddot{\boldsymbol{r}}_i = -m_i \nabla U(\boldsymbol{r}) |_{r=r_i}, \tag{6.2}$$

其中，$i=1, 2, \cdots, N$，$\nabla = \left(\frac{\partial}{\partial x}, \frac{\partial}{\partial y}, \frac{\partial}{\partial z}\right)$为梯度算子，此处$U(\boldsymbol{r})$不包括第$i$个质点激发的引力场.

6.1.3　N体问题中的推论

1. 关于质点位矢的方程

将式(6.1)代入式(6.2)中，有

$$m_i \ddot{\boldsymbol{r}}_i = G \sum_{\substack{j=1 \\ j \neq i}}^{N} \frac{m_i m_j}{r_{ij}^3} \boldsymbol{r}_{ij}, \tag{6.3}$$

其中，$\boldsymbol{r}_{ij} = \boldsymbol{r}_j - \boldsymbol{r}_1$.

2. 动量积分

将式(6.3)两边对i求和，有

$$\sum_{i=1}^{N} m_i \ddot{\boldsymbol{r}}_i = \sum_{i=1}^{N} \sum_{\substack{j=1 \\ i \neq j}}^{N} \frac{m_i m_j}{r_{ij}^3} (\boldsymbol{r}_j - \boldsymbol{r}_i) = 0, \tag{6.4}$$

将上式对t积分一次和两次，分别有

$$\begin{aligned} &\sum_{i=1}^{N} m_i \dot{\boldsymbol{r}}_i = \boldsymbol{A}, \\ &\sum_{i=1}^{N} m_i \boldsymbol{r}_i = \boldsymbol{A}t + \boldsymbol{B}, \end{aligned} \tag{6.5}$$

其中，$\boldsymbol{A}$和$\boldsymbol{B}$为积分常矢量. 它们是动量守恒(conservation of momentum)的体现.

3. 角动量积分

用$\boldsymbol{r}_i$叉乘式(6.3)两边，然后对i求和，有

$$\sum_{i=1}^{N} m_i \boldsymbol{r}_i \times \ddot{\boldsymbol{r}}_i = G \sum_{i=1}^{N} \sum_{\substack{j=1 \\ i \neq j}}^{N} \frac{m_i m_j}{r_{ij}^3} \boldsymbol{r}_i \times \boldsymbol{r}_{ij} = \frac{1}{2} G \sum_{i=1}^{N} \sum_{\substack{j=1 \\ i \neq j}}^{N} \frac{m_i m_j}{r_{ij}^3} (\boldsymbol{r}_i \times \boldsymbol{r}_{ij} + \boldsymbol{r}_j \times \boldsymbol{r}_{ji}) = 0, \tag{6.6}$$

注意：$\frac{\mathrm{d}}{\mathrm{d}t}\left(\sum_{i=1}^{N} m_i \boldsymbol{r}_i \times \dot{\boldsymbol{r}}_i\right) = \sum_{i=1}^{N} m_i \boldsymbol{r}_i \times \ddot{\boldsymbol{r}}_i + \sum_{i=1}^{N} m_i \dot{\boldsymbol{r}}_i \times \dot{\boldsymbol{r}}_i = \sum_{i=1}^{N} m_i \boldsymbol{r}_i \times \ddot{\boldsymbol{r}}_i$，积分式(6.6)有

$$\sum_{i=1}^{N} m_i \boldsymbol{r}_i \times \dot{\boldsymbol{r}} = \boldsymbol{C}, \tag{6.7}$$

其中，$\boldsymbol{C}$为积分常矢量，它是系统角动量守恒(conservation of angular momentum)的体现.

4. 能量积分

用 $\dot{\boldsymbol{r}}_i$ 点乘式(6.2)两边，然后对 i 求和有

$$\sum_{i=1}^{N} m_i \dot{\boldsymbol{r}}_i \cdot \ddot{\boldsymbol{r}}_i = -\sum_{i=1}^{N} m_i \dot{\boldsymbol{r}}_i \cdot \nabla_{\boldsymbol{r}_i} U,$$

而总引力能为

$$\Phi = \sum_{i=1}^{N} m_i U(\boldsymbol{r}_i),$$

$$\frac{\mathrm{d}\Phi}{\mathrm{d}t} = \sum_{i=1}^{N} m_i \frac{\mathrm{d}U(\boldsymbol{r}_i)}{\mathrm{d}t} = \sum_{i=1}^{N} m_i \boldsymbol{r}_i \cdot \nabla_{\boldsymbol{r}_i} U,$$

则有

$$\sum_{i=1}^{N} m_i \dot{\boldsymbol{r}}_i \cdot \ddot{\boldsymbol{r}}_i = \frac{\mathrm{d}\Phi}{\mathrm{d}t},$$

积分有

$$\frac{1}{2}\sum_{i=1}^{N} m_i \dot{\boldsymbol{r}}_i \cdot \dot{\boldsymbol{r}}_i + \Phi = T + \Phi = K, \tag{6.8}$$

其中，K 为积分常数，这是机械能守恒(conservation of mechanical energy)的体现.

5. 维里定理(virial theorem)

定义：N 体系统中 N 个质点相对于原点转动的惯量矩为

$$I = \sum_{i=1}^{N} m_i r_i^2 = \sum_{i=1}^{N} m_i \boldsymbol{r}_i \cdot \boldsymbol{r}_i,$$

$$\begin{aligned} \ddot{I} &= 2\left[\sum_{i=1}^{N}\left(\boldsymbol{r}_i \cdot G\sum_{\substack{j=1\\ j\neq i}}^{N} \frac{m_i m_j}{r_{ij}^3}\boldsymbol{r}_{ij}\right) + 2T\right] \\ &= 2\left[\frac{1}{2}G\sum_{i=1}^{N}\sum_{\substack{j=1\\ j\neq i}}^{N} \frac{m_i m_j}{r_{ij}^3}(\boldsymbol{r}_i \cdot \boldsymbol{r}_{ij} + \boldsymbol{r}_j \cdot \boldsymbol{r}_{ji}) + 2T\right] \\ &= 2\left[-\frac{1}{2}G\sum_{i=1}^{N}\sum_{\substack{j=1\\ j\neq i}}^{N} \frac{m_i m_j}{r_{ij}^3}|\boldsymbol{r}_i - \boldsymbol{r}_j|^2 + 2T\right] \\ &= 2(\Phi + 2T) = 2(T + K). \end{aligned} \tag{6.9}$$

一个系统如果是稳定的，即没有一个质点会跑到无穷远处，必要条件为时间平均 $\langle \ddot{I} \rangle = 0$，由式(6.9)有

$$\langle U \rangle + 2\langle T \rangle = \langle T \rangle + \langle K \rangle = 0 \tag{6.10}$$

上式称为维里定理.

6.2 N 体问题中的特解

N 体问题基本方程关于基本物理量 $\boldsymbol{r}_i(t)$ 的一个特解：中心构形的特解(当然我们在此

不考虑另一个基本物理量的引力势).

1. 总体描述

设基本物理量具有形式 $\boldsymbol{r}_i(t)=\varphi(t)\boldsymbol{a}_i$, 其中, $\boldsymbol{a}_i$ 为常矢量. 则基本方程的推论式(6.3)可化为

$$\varphi^2\ddot{\varphi}m_i\boldsymbol{a}_i=\sum_{\substack{j=1\\j\neq i}}^{N}\frac{Gm_im_j(\boldsymbol{a}_j-\boldsymbol{a}_i)}{|\boldsymbol{a}_j-\boldsymbol{a}_i|^3},\tag{6.11}$$

由

$$\ddot{\varphi}=-\frac{\lambda}{\varphi^2},\tag{6.12}$$

得

$$-\lambda m_i\boldsymbol{a}_i=\sum_{\substack{j=1\\j\neq i}}^{N}\frac{Gm_im_j}{|\boldsymbol{a}_j-\boldsymbol{a}_i|^3}(\boldsymbol{a}_j-\boldsymbol{a}_i),\tag{6.13}$$

式(6.13)是一个多变量的代数方程, 当其解只有 $N=2$, 3 时我们才知道所有解, 对于 $N>3$ 只知道一些特殊的解, 甚至连解的个数是否有限都不清楚. 为了简单, 下面我们对 $N=3$ 寻找所有的中心构形. 注意式(6.12)的特解为

$$\varphi(t)=\alpha t^{\frac{2}{3}},\tag{6.14}$$

其中, $\alpha^3=\dfrac{9}{2}\lambda$, λ 为常数.

2. $N=3$ 所有的中心构形

应当注意, 欧拉和拉格朗日已证明三体运动的中心构形都是平面构形, 故假设 $\boldsymbol{a}_i$ 为二维矢量, 且 $\boldsymbol{a}_i\neq 0$, 记 $\boldsymbol{a}_{ij}=\boldsymbol{a}_j-\boldsymbol{a}_i$, $a_{ij}=|a_{ij}|(i,\ j=1,\ 2,\ 3)$. 由式(6.13)有

$$\frac{m_2}{a_{12}^3}\boldsymbol{a}_{12}-\frac{m_3}{a_{31}^3}\boldsymbol{a}_{31}=-\frac{\lambda}{G}\boldsymbol{a}_1,\tag{6.15}$$

$$\frac{m_3}{a_{23}^3}\boldsymbol{a}_{23}-\frac{m_1}{a_{12}^3}\boldsymbol{a}_{12}=-\frac{\lambda}{G}\boldsymbol{a}_2,\tag{6.16}$$

$$\frac{m_1}{a_{31}^3}\boldsymbol{a}_{31}-\frac{m_2}{a_{23}^3}\boldsymbol{a}_{23}=-\frac{\lambda}{G}\boldsymbol{a}_3,\tag{6.17}$$

式(6.15) $\times m_1$ + 式(6.16) $\times m_2$ + 式(6.17) $\times m_3$, 得

$$m_1\boldsymbol{a}_1+m_2\boldsymbol{a}_2+m_3\boldsymbol{a}_3=0,\tag{6.18}$$

由 $\boldsymbol{r}_i=\boldsymbol{a}_i\varphi$ 得

$$m_1\boldsymbol{r}_1+m_2\boldsymbol{r}_2+m_3\boldsymbol{r}_3=0,\tag{6.19}$$

上式表明三体的质心在原点. 根据式(6.18), 将 $\boldsymbol{a}_3$ 用 $\boldsymbol{a}_1$, $\boldsymbol{a}_2$ 表示, 则

$$\boldsymbol{a}_3=-\frac{m_1}{m_3}\boldsymbol{a}_1-\frac{m_2}{m_3}\boldsymbol{a}_2,\tag{6.20}$$

将上式代入式(6.15)~式(6.17)中，得

$$B\begin{pmatrix}\boldsymbol{a}_1\\\boldsymbol{a}_2\end{pmatrix}=\begin{pmatrix}b_1 & b_2\\b_3 & b_4\\b_5 & b_6\end{pmatrix}\begin{pmatrix}\boldsymbol{a}_1\\\boldsymbol{a}_2\end{pmatrix}=0, \tag{6.21}$$

其中，

$$B=\begin{pmatrix}\dfrac{\lambda}{G}-\dfrac{m_3+m_1}{a_{31}^3}-\dfrac{m_2}{a_{12}^3} & \dfrac{m_2}{a_{12}^3}-\dfrac{m_2}{a_{31}^3}\\ \dfrac{m_1}{a_{12}^3}-\dfrac{m_1}{a_{23}^3} & \dfrac{\lambda}{G}-\dfrac{m_2+m_3}{a_{23}^3}-\dfrac{m_1}{a_{12}^3}\\ m_1\left(\dfrac{\lambda}{G}-\dfrac{m_1+m_3}{a_{31}^3}-\dfrac{m_2}{a_{23}^3}\right) & m_2\left(\dfrac{\lambda}{G}-\dfrac{m_1}{a_{31}^3}-\dfrac{m_2+m_3}{a_{23}^3}\right)\end{pmatrix}. \tag{6.22}$$

下面分两种情形讨论：

情形 1　若 $\boldsymbol{a}_1$，$\boldsymbol{a}_2$，$\boldsymbol{a}_3$ 线性相关，则系数 $b_1b_2b_3\neq 0$，系数行列式

$$\begin{vmatrix}b_1 & b_2\\b_3 & b_4\end{vmatrix}=\begin{vmatrix}b_1 & b_2\\b_5 & b_6\end{vmatrix}=\begin{vmatrix}b_3 & b_4\\b_5 & b_6\end{vmatrix}=0,$$

即

$$(b_2/b_1)=(b_4/b_3)=(b_6/b_5),$$

此时

$$a_1=-(b_2/b_1)a_2=-(b_4/b_3)a_2=-(b_6/b_5)a_2,$$

此情形称为共线型.

情形 2　若 a_1，a_2 线性无关，则 $b_1=b_3=b_5=0$，此时必有 $b_2=b_4=b_6=0$.

下面先看线性无关情形(三角形). 由 $b_3=b_2=0$，有 $a_{12}=a_{31}=a_{23}\equiv a$. 由 $b_1=0$ 和上式得

$$\frac{\lambda}{G}-\frac{m_3+m_1}{a}-\frac{m_2}{a}=0,$$

即

$$a=(MG/\lambda)^{1/3},$$

又由

$$b_4=b_5=b_6=0,$$

得到

$$a=(MG/\lambda)^{1/3},$$

其中，

$$M=m_1+m_2+m_3.$$

故有结论

$$a_{12}=a_{31}=a_{23}\equiv a=(MG/\lambda)^{1/3},$$

即三体成等边三角形(equilateral triangle)，三角形的边长由三体质量和 λ 决定：

$\varphi(t)(MG/\lambda)^{1/3}$. 在以 m_1, m_2 连线固定的参照系中, m_3 分别位于 m_1, m_2 的上下, 在空间中是一个环.

我们再看线性相关的情形. 这三体共线, 不失一般性, 设三体的质量分别为 m_1, m_2, m_3. 从左到右排列, 设 $\boldsymbol{a}_{12}=\xi\boldsymbol{a}$, $\boldsymbol{a}_{23}=(1-\xi)\boldsymbol{a}$, 并规定向右为正, 有

$$\boldsymbol{a}_2-\boldsymbol{a}_1=\xi\boldsymbol{a},\ \boldsymbol{a}_3-\boldsymbol{a}_2=(1-\xi)\boldsymbol{a}, \tag{6.23}$$

又

$$m_1\boldsymbol{a}_1+m_2\boldsymbol{a}_2+m_3\boldsymbol{a}_3=0,$$

所以, 可解出

$$\begin{aligned}
\boldsymbol{a}_1&=-\frac{m_2\xi+m_3}{M}\boldsymbol{a},\\
\boldsymbol{a}_2&=\frac{(m_1+m_3)\xi-m_3}{M}\boldsymbol{a},\\
\boldsymbol{a}_3&=\frac{(m_1+m_2)-m_2\xi}{M}\boldsymbol{a}.
\end{aligned}\tag{6.24}$$

再由 $\dfrac{a_1}{a_2}=-\dfrac{b_2}{b_1}$, $\dfrac{b_2}{b_1}=\dfrac{b_4}{b_3}$, 消去 λ, 可得关于 ξ 的五次方程, 即

$$\begin{aligned}
&(m_1+2m_3)\xi^5-(2m_1+5m_3)\xi^4\\
&+(m_1+3m_2+4m_3)\xi^3-(m_1+5m_2)\xi^2+(2m_1+4m_2)\xi-(m_1+m_2)=0.
\end{aligned}\tag{6.25}$$

由上可以证明, ξ 在(0, 1)区间内有唯一解. 这样可得 $\boldsymbol{a}_1$, $\boldsymbol{a}_2$, $\boldsymbol{a}_3$, λ, 从而得到基本物理量 $\boldsymbol{r}_1$, $\boldsymbol{r}_2$, $\boldsymbol{r}_3$.

6.3　*N* 体运动的另一种基本物理量

本节介绍 N 体运动的另一种基本物理量 $\boldsymbol{r}_0$, $\boldsymbol{r}'_i(i=1,2,\cdots,N-1)$: 雅可比(Jacobi)坐标系.

1. 三体情形

(1)基本物理量

假设三体的质量分别为 m_0, m_1, m_2, 基本物理量分别为 $\boldsymbol{r}_0$, $\boldsymbol{r}_1$, $\boldsymbol{r}_2$. 引进雅可比坐标分别为 $\boldsymbol{r}_0$, $\boldsymbol{r}'_1$, $\boldsymbol{r}'_2$, 定义如下: 质点 m_0 的位矢为 $\boldsymbol{r}_0$, m_1 与 m_0 的相对位矢为

$$\boldsymbol{r}'_1=\boldsymbol{r}_1-\boldsymbol{r}_0\ (\text{第一雅可比坐标}), \tag{6.26}$$

m_2 相对于 m_0, m_1 质心的位矢为

$$\boldsymbol{r}'_2=\boldsymbol{r}_2-\frac{1}{m_0+m_1}(m_0\boldsymbol{r}_0+m_1\boldsymbol{r}_1)\ (\text{第二雅可比坐标}). \tag{6.27}$$

如图 6.2 所示.

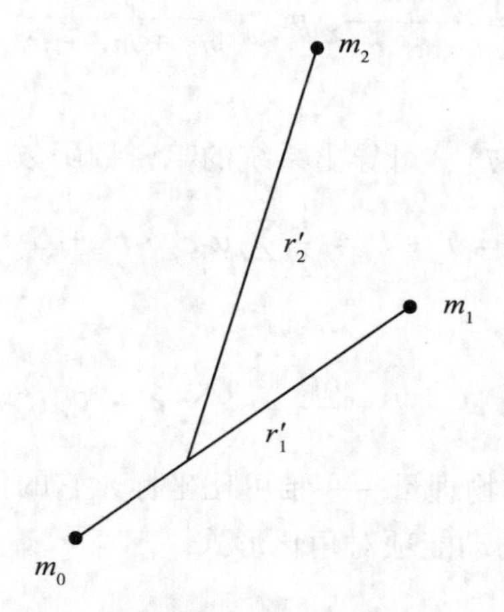

图 6.2　三个质点的雅可比坐标系

(2)基本方程(用雅可比坐标表示)

为了便于阅读，将 Φ 换成前面的 U (引力势能).

由前面的方程

$$m_i\ddot{\boldsymbol{r}}_i = -\nabla_{r_i}U(i=0,\ 1,\ 2), \tag{6.28}$$

即

$$m_1\ddot{\boldsymbol{r}}_1 = -\nabla_{r_1}U, \tag{6.29}$$

$$m_2\boldsymbol{r}_2 = -\nabla_{r_2}U, \tag{6.30}$$

$$m_0\boldsymbol{r}_0 = -\nabla_{r_0}U. \tag{6.31}$$

由式(6.26)~式(6.31)，得

$$\boldsymbol{r}'_1 = -\frac{1}{m_1}\nabla_{r_1}U + \frac{1}{m_0}\nabla_{r_0}U, \tag{6.32}$$

$$\boldsymbol{r}'_2 = -\frac{1}{m_2}\nabla_{r_2}U + \frac{1}{m_0+m_1}(\nabla_{r_0}U + \nabla_{r_1}U). \tag{6.33}$$

又由复合函数求导数的公式，有

$$\nabla_{r_0}U = \nabla_{r_1}U\cdot\frac{\partial\boldsymbol{r}'_1}{\partial\boldsymbol{r}_0} + \nabla_{r_2}U\cdot\frac{\partial\boldsymbol{r}'_2}{\partial\boldsymbol{r}_0} = -\nabla_{r_1}U - \frac{m_0}{m_0+m_1}\nabla_{r_2}U, \tag{6.34}$$

$$\nabla_{r_1}U = \nabla_{r'_1}U\cdot\frac{\partial\boldsymbol{r}'_1}{\partial\boldsymbol{r}_1} + \nabla_{r'_2}U\cdot\frac{\partial\boldsymbol{r}'_2}{\partial\boldsymbol{r}_1} = \nabla_{r'_1}U - \frac{m_0}{m_0+m_1}\nabla_{r'_2}U, \tag{6.35}$$

$$\nabla_{r_2}U = \nabla_{r'_1}U\cdot\frac{\partial\boldsymbol{r}'_1}{\partial\boldsymbol{r}_2} + \nabla_{r'_2}U\cdot\frac{\partial\boldsymbol{r}'_2}{\partial\boldsymbol{r}_2} = \nabla_{r'_2}U. \tag{6.36}$$

代入式(6.32)、式(6.33)中，得到关于雅可比坐标的基本方程为

$$\mu_1\ddot{\boldsymbol{r}}'_1 = -\nabla_{r'_1}U,\ \mu_2\ddot{\boldsymbol{r}}'_2 = -\nabla_{r'_2}U, \tag{6.37}$$

其中，μ_1，μ_2 为折合质量，分别为

$$\mu_1 = \frac{m_0 m_1}{m_0 + m_1},\ \mu_2 = \frac{m_2(m_0 + m_1)}{m_0 + m_1 + m_2}. \tag{6.38}$$

(3)推论

根据以上基本方程式(6.37)，可导出系统的哈密顿函数为

$$H = T + U = \frac{1}{2}\sum_{i=1}^{2}\mu_i \boldsymbol{r}'_i \cdot \boldsymbol{r}'_i + U.$$

下面证明 H 与 t 无关，即

$$\frac{\mathrm{d}H}{\mathrm{d}t} = \sum_{i=1}^{2}\mu_i \dot{\boldsymbol{r}}'_i \cdot \ddot{\boldsymbol{r}}'_i + \frac{\mathrm{d}U}{\mathrm{d}t} = -\sum_{i=1}^{2}\dot{\boldsymbol{r}}'_i \cdot \nabla_{r'_i}U + \frac{\mathrm{d}U}{\mathrm{d}t} = 0\,.$$

从而，我们给出了另一种基本物理量——雅可比坐标，它的优点是从原 9 自由度系统简化为 3 自由度系统，并保持 H 的动能项对角化形式.

2. N 体情形

(1)新的基本物理量 m_0，$\boldsymbol{r}_0$，m_i，$\boldsymbol{r}'_i(i = 1, 2, \cdots, N-1)$（雅可比坐标）

本问题原始的基本物理量 $\boldsymbol{r}_i(i = 0, 1, \cdots, N-1)$ 引入雅可比坐标如下：

$$\begin{cases} \boldsymbol{r}_0 = \boldsymbol{r}_0, \\ \boldsymbol{r}_i = \boldsymbol{r}_i - \dfrac{1}{\eta_i}\displaystyle\sum_{j=0}^{i-1} m_j \boldsymbol{r}_j,\ (1 \leqslant i \leqslant N-1) \end{cases} \tag{6.39}$$

式(6.39)中的第二式表明第 $\boldsymbol{i}$ 个雅可比坐标为 $\boldsymbol{m}_i$ 相对于前 i-1 个天体质心的相对坐标.

(2)在雅可比坐标系下的基本方程

由基本方程

$$\begin{cases} m_0 \ddot{\boldsymbol{r}}_0 = -\nabla_{r_0}U, \\ m_i \ddot{\boldsymbol{r}}_i = -\nabla_{r_i}U,\ (i = 1, 2, \cdots, N-1) \end{cases} \tag{6.40}$$

得

$$\ddot{\boldsymbol{r}}'_i = \ddot{\boldsymbol{r}}_i - \frac{1}{\eta_i}\sum_{j=0}^{i-1} m_j \ddot{\boldsymbol{r}}_j = -\frac{1}{m_i}\nabla_{r_i}U + \frac{1}{\eta_i}\sum_{j=0}^{i-1}\nabla_{r_i}U, \tag{6.41}$$

又

$$\nabla_{r_i}U = \sum_{k=1}^{N-1}\nabla_{r_k}U \cdot \frac{\partial \boldsymbol{r}'_k}{\partial \boldsymbol{r}_i},\ (i \neq 0)$$

注意：$\boldsymbol{r}'_i$ 中只有 $k \geqslant i$ 时才含有 $\boldsymbol{r}_i$.

故

$$\nabla_{r_i}U = \nabla_{r'_i}U - \sum_{k=i+1}^{N-1}\frac{m_i}{\eta_k}\nabla_{r'_k}U(1 \leqslant i \leqslant N-1), \tag{6.42}$$

$$\nabla_{r_0}U = -m_0\sum_{k=1}^{N-1}\frac{1}{\eta_k}\nabla_{r'_k}U. \tag{6.43}$$

将式(6.42)、式(6.43)代入式(6.41)中，有

$$\ddot{\boldsymbol{r}}'_i = -\frac{1}{m_i}(\nabla_{r'_i}U - \sum_{k=i+1}^{N-1}\frac{m_i}{\eta_k}\nabla_{r'_k}U) + \frac{1}{\eta_i}(\nabla_{r_0}U + \nabla_{r_1}U + \cdots + \nabla_{r_{i-1}}U)$$

$$= -\frac{1}{m_i}\left(\nabla_{r'_i}U - \sum_{k=i+1}^{N-1}\frac{m_i}{\eta_k}\nabla_{r'_k}U\right)$$

$$+ \frac{1}{\eta_i}\left(-\nabla_{r'_1} - \frac{m_0}{\eta_2}\nabla_{r'_2} - \cdots - \frac{m_0}{\eta_{N-1}}\nabla_{r'_{N-1}}\right)U + \frac{1}{\eta_i}\left(\nabla_{r'_1} - \frac{m_1}{\eta_2}\nabla_{r'_2} - \frac{m_1}{\eta_3}\nabla_{r'_3} - \cdots - \frac{m_1}{\eta_{N-1}}\nabla_{r'_{N-1}}\right)U$$

$$+ \cdots + \frac{1}{\eta_i}\left(\nabla_{r'_{i-1}} - \frac{m_{i-1}}{\eta_i}\nabla_{r'_i} - \cdots - \frac{m_{i-1}}{\eta_{N-1}}\nabla_{r'_{N-1}}\right)U = \frac{1}{m_i}\frac{\eta_{i+1}}{\eta_i}\nabla_{r'_i}U,$$

定义

$$m'_i = \frac{\eta_i}{\eta_{i+1}}m_i(1 \leqslant i \leqslant N-1),$$

得

$$m'_i\ddot{\boldsymbol{r}}'_i = -\nabla_{r'_i}U. \tag{6.44}$$

(3)推论：能量积分

定义与雅可比坐标共轭动量(conjugated momentum) $\boldsymbol{p}_i = m'_i\boldsymbol{v}'_i$，则由式(6.44)和 $m_0\ddot{\boldsymbol{r}}_0 = -\nabla_{r_0}U$ 不难得到

$$H = \frac{{p'_0}^2}{2m'_0} + \sum_{i=1}^{N-1}\frac{{p'_i}^2}{2m'_i} + U.$$

下面来证明 $H = C$.

证明：注意 H 中不含有 $\boldsymbol{r}_0$，故 $\boldsymbol{p}_0$ 为守恒量，因此

$$\frac{\mathrm{d}H}{\mathrm{d}t} = \sum_{i=1}^{N-1}m'_i\ddot{\boldsymbol{r}}'_i\cdot\dot{\boldsymbol{r}}'_i + \frac{\mathrm{d}U}{\mathrm{d}t} = -\sum_{i=1}^{N-1}\nabla_{r'_i}U\cdot\dot{\boldsymbol{r}}'_i + \frac{\mathrm{d}U}{\mathrm{d}t} = 0. \tag{6.45}$$

证毕.

6.4 限制性三体问题

本节是关于三体 m，m_1，m_2 与引力场组成的系统的研究.

1. 定义

假设 $m \ll m_1$，m_2，从而不考虑 m 对 m_1，m_2 的引力作用，于是，两个主天体 m_1，m_2 在相互引力作用下做二体开普勒运动. 若 m_1，m_2 做圆周运动，则称为圆型限制性三体问题(circular restricted three-body problem)；若 m_1，m_2 做椭圆运动，则称为椭圆型限制性三体问题(elliptic restricted three-body problem).

2. 单位制

取质量单位，使得 $m_1 + m_2 = 1$，长度单位取 m_2 绕 m_1 做椭圆运动的半长径 $a = 1$，选

取时间单位使得做椭圆运动的周期为 2π，即 $n=1$，又由 $n^2a^3=G(m_1+m_2)$，故 $G=1$. 记 $\mu=m_2\leqslant\frac{1}{2}$，则 $m_1=1-\mu$.

3. 坐标系和基本物理量

在两个主天体运动平面建立直角坐标系 $o-\xi\eta\zeta$，o 为 m_1，m_2 这个质点组的质心，ζ 轴垂直于 $o-\xi\eta$ 平面，ξ，η，ζ 三轴成右手关系. 描述 m_1 运动状态的基本物理量(坐标)为 $(\xi_1,\ \eta_1,\ 0)^{\mathrm{T}}\equiv\boldsymbol{r}_1$，描述 m_2 和 m 的物理量分别为

$$(\xi_2,\ \eta_2,\ 0)^{\mathrm{T}}\equiv\boldsymbol{r}_2,\ (\xi,\ \eta,\ \zeta)^{\mathrm{T}}\equiv\bar{r}$$

4. 基本方程

由前面的讨论，$\boldsymbol{r}_1$，$\boldsymbol{r}_2$ 的基本方程为

$$\begin{cases}\ddot{\boldsymbol{r}}_1=-\dfrac{\mu_0}{r_1^3}\left(\dfrac{m_2}{m_1+m_2}\right)^3\boldsymbol{r}_1,\\[2ex]\ddot{\boldsymbol{r}}_2=-\dfrac{\mu_0}{r_1^3}\left(\dfrac{m_1}{m_1+m_2}\right)^3\boldsymbol{r}_2,\end{cases}\tag{6.46}$$

其中，$\mu_0=G(m_1+m_2)$. 此外，由于两质点的质心为原点，即有

$$m_1\boldsymbol{r}_1+m_2\boldsymbol{r}_2=0.\tag{6.47}$$

对于 m 来说，假设 W 为力函数，与引力势能相差一个负号，一方面 m_1，m_2 激发引力场，定量关系为

$$W=\frac{1-\mu}{r_1}+\frac{\mu}{r_2},\tag{6.48}$$

其中，

$$r_i^2=(\xi-\xi_i)^2+(\eta-\eta_i)^2+\zeta^2,\ (i=1,\ 2)$$

另一方面，引力场反过来对 m 有力的作用，其作用和运动的关系为牛顿定律，即

$$\ddot{\bar{r}}=\nabla_{\bar{r}}W\tag{6.49}$$

其中，$\nabla_{\bar{r}}=\left(\dfrac{\partial}{\partial\xi},\ \dfrac{\partial}{\partial\eta},\ \dfrac{\partial}{\partial\zeta}\right)$. 上述方程与初始条件构成本问题的数学模型.

5. 求解数学模型

方程式(6.46)有解(二体运动)：

$$\begin{aligned}&\xi_1=-\mu r_0\cos f,\ \xi_2=(1-\mu)r_0\cos f,\\&\eta_1=-\mu r_0\sin f,\ \eta_2=(1-\mu)r_0\sin f,\end{aligned}\tag{6.50}$$

其中，$r_0=\dfrac{1-e^2}{1+e\cos f}$ 为两主天体椭圆运动的相对距离，f 为椭圆运动的真近点角.

下面来求解式(6.48)、式(6.49). 为此取新坐标系使 $o-x$ 始终在两主天体连线上，

$o-xyz$ 绕 o 点以 $\dot{f}$ 角速度旋转(非惯性系(noninertial system)),且为非匀速旋转. 设 m_2 相对于 m_1 位矢在旧坐标系 $o-\xi\eta\zeta$ 下的分量为 $\bar{r}=(\xi,\ \eta,\ \zeta)^{\mathrm{T}}$,在新坐标系 $o-xyz$ 下的分量为 $\boldsymbol{r}=(x,\ y,\ z)^{\mathrm{T}}$,下面导出它们之间的关系:设旧坐标系单位矢为 $(\boldsymbol{e}_\xi,\ \boldsymbol{e}_\eta,\ \boldsymbol{e}_\zeta)$,新坐标系单位矢为 $(\boldsymbol{i},\ \boldsymbol{j},\ \boldsymbol{k})$. 对于相对位矢,有

$$x\boldsymbol{i}+y\boldsymbol{j}+z\boldsymbol{k}=\xi\boldsymbol{e}_\xi+\eta\boldsymbol{e}_\eta+\zeta\boldsymbol{e}_\zeta=\xi(\cos f\boldsymbol{i}-\sin f\boldsymbol{j})+\eta(\sin f\boldsymbol{i}+\cos f\boldsymbol{j})+\zeta\boldsymbol{k},$$

即

$$\begin{pmatrix}x\\y\\z\end{pmatrix}=\begin{pmatrix}\cos f & \sin f & 0\\-\sin f & \cos f & 0\\0 & 0 & 1\end{pmatrix}\begin{pmatrix}\xi\\\eta\\\zeta\end{pmatrix}\equiv R_z(f)\begin{pmatrix}\xi\\\eta\\\zeta\end{pmatrix},$$

可写为

$$\boldsymbol{r}=R_z(f)\bar{r},\tag{6.51}$$

其中,$R_z(f)$ 为绕 z 轴逆时针旋转 f 角的旋转矩阵. 由式(6.51),不难得到

$$\bar{r}=R_z(-f)\boldsymbol{r}\equiv R(f)\boldsymbol{r},\tag{6.52}$$

对上式关于时间求一次和二次导数(derivative),分别有:

$$\begin{cases}\dot{\bar{r}}=\dot{R}(f)\boldsymbol{r}+R(f)\dot{\boldsymbol{r}},\\ \ddot{\bar{r}}=\ddot{R}(f)\boldsymbol{r}+2\dot{R}(f)\dot{\boldsymbol{r}}+R(f)\ddot{\boldsymbol{r}},\end{cases}\tag{6.53}$$

又

$$\nabla_{\bar{r}}W=\left(\frac{\partial\boldsymbol{r}}{\partial\bar{r}}\right)^{\mathrm{T}}\nabla_{\boldsymbol{r}}W=R(f)\ \nabla_{\boldsymbol{r}}W,\tag{6.54}$$

这样我们得到

$$R^{-1}(f)\ddot{R}(f)\boldsymbol{r}+2R^{-1}(f)\dot{R}(f)\dot{\boldsymbol{r}}+\ddot{\boldsymbol{r}}=\nabla_{\boldsymbol{r}}W.\tag{6.55}$$

为了简化上面的方程,我们来求 $R^{-1}(f)$,$\dot{R}(f)$,$\ddot{R}(f)$,如下:

$$R^{-1}(f)=R(-f)=\begin{pmatrix}\cos f & \sin f & 0\\-\sin f & \cos f & 0\\0 & 0 & 1\end{pmatrix},\tag{6.56}$$

$$\dot{R}(f)=\begin{pmatrix}-\sin f & -\cos f & 0\\\cos f & -\sin f & 0\\0 & 0 & 0\end{pmatrix}\dot{f},\tag{6.57}$$

$$\ddot{R}(f)=\begin{pmatrix}-\sin f & -\cos f & 0\\\cos f & -\sin f & 0\\0 & 0 & 0\end{pmatrix}\ddot{f}+\begin{pmatrix}-\cos f & \sin f & 0\\-\sin f & -\cos f & 0\\0 & 0 & 0\end{pmatrix}\dot{f}^2.\tag{6.58}$$

由上可求出

$$R^{-1}(f)\ddot{R}(f)=\begin{pmatrix}-\dot{f}^2 & -\ddot{f} & 0\\ \ddot{f} & -\dot{f}^2 & 0\\ 0 & 0 & 0\end{pmatrix},\tag{6.59}$$

$$R^{-1}(f)\dot{R}(f)=\begin{pmatrix}0 & -\dot{f} & 0\\ \dot{f} & 0 & 0\\ 0 & 0 & 0\end{pmatrix},\tag{6.60}$$

将式(6.60)代入式(6.55)，m 的运动方程为

$$\begin{cases}\ddot{x}-2\dot{f}\dot{y}-\dot{f}^2x-\ddot{f}y=\dfrac{\partial W}{\partial x},\\ \ddot{y}+2\dot{f}\dot{x}-\dot{f}^2y+\ddot{f}x=\dfrac{\partial W}{\partial y},\\ \ddot{z}=\dfrac{\partial W}{\partial z}.\end{cases}\tag{6.61}$$

其中，

$$\begin{cases}W=\dfrac{1-\mu}{r_1}+\dfrac{\mu}{r_2},\\ r_1^2=(x+\mu r_0)^2+y^2+z^2,\\ r_2^2=[x-(1-\mu)r_0]^2+y^2+z^2.\end{cases}\tag{6.62}$$

并且由椭圆运动关系，有

$$\begin{cases}r_0=\dfrac{1-e^2}{1+e\cos f},\ \dot{f}=\dfrac{na\sqrt{1-e^2}}{r_0^2}=(1-e^2)^{-\frac{3}{2}}(1+e\cos f)^2,\\ \ddot{f}=-2e(1-e^2)^{-3}\sin f(1+e\cos f)^3.\end{cases}\tag{6.63}$$

特别地，当两主天体做圆周运动时，$\dot{f}=n=1$，$\ddot{f}=0$，此时式(6.61)可简化成

$$\begin{cases}\ddot{x}-2n\dot{y}-n^2x=\dfrac{\partial W}{\partial x},\\ \ddot{y}+2n\dot{x}-n^2y=\dfrac{\partial W}{\partial y},\\ \ddot{z}=\dfrac{\partial W}{\partial z}.\end{cases}\tag{6.64}$$

或等价为

$$\ddot{x}-2n\dot{y}=\frac{\partial\Omega}{\partial x},\ \ddot{y}+2n\dot{x}=\frac{\partial\Omega}{\partial y},\ \ddot{z}=\frac{\partial\Omega}{\partial z},\tag{6.65}$$

其中，等效式 $\Omega=\dfrac{1}{2}n^2(x^2+y^2)+W$，注意 $r_0=1$.

6. 特例：圆形限制性三体问题——基本方程推论

(1)雅可比积分

由式(6.65)有

$$\dot{x}\ddot{x}+\dot{y}\ddot{y}+\dot{z}\ddot{z}=\dot{x}\frac{\partial \Omega}{\partial x}+\dot{y}\frac{\partial \Omega}{\partial y}+\dot{z}\frac{\partial \Omega}{\partial z}=\frac{\mathrm{d}\Omega}{\mathrm{d}t}=\frac{\mathrm{d}}{\mathrm{d}t}\left[\frac{1}{2}(\dot{x}^2+\dot{y}^2+\dot{z}^2)\right],$$

可得

$$\frac{1}{2}(\dot{x}^2+\dot{y}^2+\dot{z}^2)-\frac{1}{2}n^2(x^2+y^2+z^2)-\frac{1-\mu}{r_1}-\frac{\mu}{r_2}=-\frac{1}{2}C_J, \tag{6.66}$$

其中,

$$r_1^2=(x+\mu)^2+y^2+z^2,\ r_2^2=(x+\mu-1)^2+y^2+z^2, \tag{6.67}$$

式中, $-\frac{1}{2}C_J$ 为旋转坐标系的能量. 在惯性系中两质点做圆周运动, $f=t(n=\dot{f}=1)$.

由前面

$$\begin{pmatrix}x\\y\\z\end{pmatrix}=\begin{pmatrix}\cos t & \sin t & 0\\-\sin t & \cos t & 0\\0 & 0 & 1\end{pmatrix}\begin{pmatrix}\xi\\\eta\\\zeta\end{pmatrix}, \tag{6.68}$$

得

$$\begin{pmatrix}\dot{x}\\\dot{y}\\\dot{z}\end{pmatrix}=\begin{pmatrix}\cos t & \sin t & 0\\-\sin t & \cos t & 0\\0 & 0 & 1\end{pmatrix}\begin{pmatrix}\dot{\xi}\\\dot{\eta}\\\dot{\zeta}\end{pmatrix}+\begin{pmatrix}-\sin t & \cos t & 0\\-\cos t & -\sin t & 0\\0 & 0 & 0\end{pmatrix}\begin{pmatrix}\xi\\\eta\\\zeta\end{pmatrix}, \tag{6.69}$$

这样

$$(x\quad y\quad z)=(\xi\quad \eta\quad \zeta)\begin{pmatrix}\cos t & -\sin t & 0\\\sin t & \cos t & 0\\0 & 0 & 1\end{pmatrix}, \tag{6.70}$$

$$(\dot{x}\quad \dot{y}\quad \dot{z})=(\dot{\xi}\quad \dot{\eta}\quad \dot{\zeta})\begin{pmatrix}\cos t & -\sin t & 0\\\sin t & \cos t & 0\\0 & 0 & 1\end{pmatrix}+(\xi\quad \eta\quad \zeta)\begin{pmatrix}-\sin t & -\cos t & 0\\\cos t & -\sin t & 0\\0 & 0 & 0\end{pmatrix}. \tag{6.71}$$

因此，有

$$\frac{1}{2}(\dot{x}^2+\dot{y}^2+\dot{z}^2)=\frac{1}{2}(\dot{x}\quad \dot{y}\quad \dot{z})\begin{pmatrix}\dot{x}\\\dot{y}\\\dot{z}\end{pmatrix}=\frac{1}{2}(\dot{\xi}^2+\dot{\eta}^2+\dot{\zeta}^2)-n(\xi\dot{\eta}-\eta\dot{\xi})+\frac{1}{2}(\xi^2+\eta^2)$$

即

$$-\frac{1}{2}n^2(x^2+y^2+z^2)=-\frac{1}{2}n^2(\xi^2+\eta^2).$$

应注意 $z=0$（见后），最后得

$$\frac{1}{2}(\dot{\xi}^2+\dot{\eta}^2+\dot{\zeta}^2)-n(\xi\dot{\eta}-\eta\dot{\xi})-\frac{1-\mu}{r_1}-\frac{\mu}{r_2}=-\frac{1}{2}C_J. \tag{6.72}$$

由于第二项与绕 ζ 轴角动量 h_ζ 有关，第一、三、四项之和为 m 在两个主天体中作用的运动能量 K，则在惯性系中可简写成

$$K-nh_\zeta=-\frac{1}{2}C_J.$$

假如 m_1，m_2 分别为太阳和木星的质量，小天体 m 可看成仅仅绕太阳做二体运动，由活力公式有

$$K'\equiv\frac{1}{2}(\dot{\xi}^2+\dot{\eta}^2+\dot{\zeta}^2)-\frac{1-\eta}{r_1}=-\frac{1-\mu}{2a}, \tag{6.73}$$

又由前知

$$h_\zeta=h\cos i=\sqrt{\mu a(1-e^2)}\cos i,\ K=K'-\frac{\mu}{r_2},$$

故由式(6.72)，有

$$-\frac{1-\mu}{2a}-n\sqrt{(1-\mu)a(1-e^2)}\cos i-\frac{\mu}{r_2}=-\frac{1}{2}C_J,$$

其中，a，e，i 分别为 m 绕太阳（近似为太阳和木星的质心）做二体运动的轨道的半长径、偏心率和相对黄道面轨道的倾角，描述 m 运动的坐标为第一雅可比坐标. 对于木星来说，$\mu\sim 0.001\ll 1$，故近似地有

$$\frac{1}{a}+2\sqrt{a(1-e^2)}\cos i=C_J.$$

(2)基本方程的特解——不动点(fixed point)解(平动点)

我们将描述 m 运动状态的基本物理量写成 $(x,\ y,\ z)$，其基本方程为(6.65)，它可以写成以下的形式：

$$\begin{cases}\dot{x}=v_x,\\ \dot{y}=v_y,\\ \dot{z}=v_z,\\ \dot{v}_x=2v_y+\dfrac{\partial\Omega}{\partial x},\\ \dot{v}_y=-2v_x+\dfrac{\partial\Omega}{\partial y},\\ \dot{v}_z=\dfrac{\partial\Omega}{\partial z}.\end{cases} \tag{6.74}$$

定义满足下列条件（达到平衡状态即静止）

$$v_x = 0,\ v_y = 0,\ v_z = 0,$$

$$\frac{\partial \Omega}{\partial x} = 0,\ \frac{\partial \Omega}{\partial y} = 0,\ \frac{\partial \Omega}{\partial z} = 0 \tag{6.75}$$

的解为不动点解(x, y, z, v_x, v_y, v_z)(相空间中的点，基本物理量)，将Ω代入，有

$$\begin{cases} \dfrac{\partial \Omega}{\partial x} = x - \dfrac{1-\mu}{r_1^3}(x+\mu) - \dfrac{\mu}{r_2^3}(x+\mu-1) = 0, \\ \dfrac{\partial \Omega}{\partial y} = y\left(1 - \dfrac{1-\mu}{r_1^3} - \dfrac{\mu}{r_2^3}\right) = 0, \\ \dfrac{\partial \Omega}{\partial z} = -z\left(\dfrac{1-\mu}{r_1^3} + \dfrac{\mu}{r_2^3}\right) = 0. \end{cases} \tag{6.76}$$

上述第三式$z=0$，平动点在xoy平面内，分以下两种情形考虑：

情形 1　$y=0$，式(6.76)的第一式为

$$f(x) \equiv x - \frac{1-\mu}{|x+\mu|^3}(x-\mu) - \frac{\mu}{|x+\mu-1|^3}(x+\mu-1) = 0, \tag{6.77}$$

这样可以求出三点的坐标L_3，L_2，L_1分别落在区间$(-\infty, -\mu)$，$(-\mu, 1-\mu)$，$(1-\mu, \infty)$，称为共线(collinear)平动点.

情形 2

$$1 - \frac{1-\mu}{r_1^3} - \frac{\mu}{r_2^3} = 0, \tag{6.78}$$

则由上式乘以x减去式(6.77)，有$r_1 = r_2 = 1$，即平动点与两个主天体成等边三角形，由于平动点在xoy平面，注意和$m_1 m_2$的距离为1，不难求出两个三角平动点坐标为

$$L_4\left(\frac{1}{2}-\mu,\ \frac{\sqrt{3}}{2},\ 0\right),\ L_5\left(\frac{1}{2}-\mu,\ -\frac{\sqrt{3}}{2},\ 0\right).$$

当m处于以上五点时，速度为0，这五点称为拉格朗日点(Lagrangian point 或 Lagrange point)(达到平衡).

(3) m点的运动允许区域(希尔(Hill)曲面)

希尔曲面与运动区域如图6.3所示.

由前面可知

$$\frac{1}{2}(\dot{x}^2 + \dot{y}^2 + \dot{z}^2) - \Omega = -\frac{1}{2}C_J,$$

运动的允许区域为

$$\Omega - \frac{1}{2}C_J \geqslant 0, \tag{6.79}$$

其边界曲面$2\Omega = C_J$为0速度面或希尔曲面. 当$\dfrac{\partial \Omega}{\partial x} = \dfrac{\partial \Omega}{\partial y} = \dfrac{\partial \Omega}{\partial z} = 0$时，此曲面的切线方向不确定，这五个点为此曲面的奇点(singularity 或 singular point)，显然希尔面通过L_1，L_2，L_3，L_4，L_5点，三个希尔面分别通过L_1，L_2，L_3三点(此三点处切线不确定). 由式(6.79)

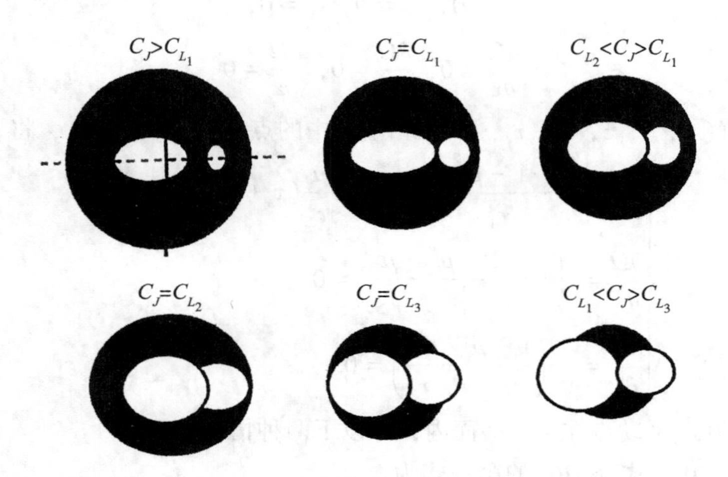

图 6.3　Hill 曲面与运动区域示意图

可知，运动允许区域为

$$\frac{1}{2}(x^2+y^2)\frac{1-\mu}{r_1}+\frac{\mu}{r_2}-\frac{1}{2}C_J \geqslant 0. \tag{6.80}$$

对于充分大的 $C_J \gg 0$，要使式(6.80)成立，即运动容许区域有三种可能：$\boldsymbol{r}_1$ 充分小，$\boldsymbol{r}_2$ 充分小，x^2+y^2 充分大. 当 C_J 减小时，r_1，r_2 变大，x^2+y^2 变小，即无穷远处向原点方向扩大.

可以证明在平动点处 C_J 值(仅仅与 μ 有关)：$C_{L_1} > C_{L_2} > C_{L_3} > C_{L_4} = C_{L_5}$. 因此将 C_J 分成七种情形：

$$C_J > C_{L_1}, C_J = C_{L_1}, C_{L_2} < C_J < C_{L_3}, C_J = C_{L_2}, C_J = C_{L_3}, C_{L_4} < C_J < C_{L_3}, C_J < C_{L_4} = C_{L_5},$$

前六种情形对应的运动区域如图 6.3 所示，黑色部分为禁止区域. 再次强调对于方程式(6.80)，当 C_J 由大变小，为了满足此式，r_1，r_2 可变大，x^2+y^2 可变小. 可以证明，当 C_J 小于或等于 C_4，C_5 时，禁止区域消失. 下面我们来证明这样一个结论.

证明　由于在 L_1—L_5 间有 $\frac{\partial\Omega}{\partial x}=\frac{\partial\Omega}{\partial y}=\frac{\partial\Omega}{\partial z}=0$，故 Ω 在 L_1—L_5 间有极值，又可以证明，Ω 在 L_4，L_5 处有最小值，即 $\Omega \geqslant \frac{1}{2}C_{L_4}=\frac{1}{2}C_{L_5}$，所以当 $C_J \leqslant C_4$，C_5 时，恒有 $\Omega \geqslant \frac{1}{2}C_J$，禁止区域消失. 证毕. 在第一种情形下，即 $C_J > C_{L_1}$，如图 6.3 所示，m_2 附近运动的小天体不可能到 m_1 附近，而该运动的允许区域最大半径为 m_2 到 L_1 或 L_2 的距离，即 $\sim\left(\frac{\mu}{3}\right)^{\frac{1}{3}}$，该半径称为 m_2 的希尔半径(也称为洛希半径).

(4)推论：平动点的线性稳定性(linear stability)

①定义：设 $x \in \mathbf{R}^n$ 有不动点解 x_0，即对于方程 $\frac{\mathrm{d}x}{\mathrm{d}t}=f(x)$，有 $f(x_0)=0$. 不动点解的

稳定性指对 x 相空间在 x_0 附近(任一小领域内)的任意解 $x_0+\xi(t)$，在 t 趋向于正负无穷大时都有解.

②线性稳定性的数学表达式：将任意解 $x_0+\xi(t)$ 代入 $\frac{\mathrm{d}x}{\mathrm{d}t}=f(x)$，$x\in\mathbf{R}^n$，有：

$$\frac{\mathrm{d}(x_0+\xi)}{\mathrm{d}t}=f(x_0+\xi)=f(x_0)+\left(\frac{\partial f}{\partial x}\right)_0\xi+O(\xi^2),$$

又

$$\frac{\mathrm{d}x_0}{\mathrm{d}t}=f(x_0)=0,$$

故

$$\frac{\mathrm{d}\xi}{\mathrm{d}t}=\left(\frac{\partial f}{\partial x}\right)_0\xi. \tag{6.81}$$

若该线性方程的解是有界的，则称 x_0 是线性稳定的.

③平动点解附近解的稳定性1：令 $\xi_1\sim\xi_6$ 分别代表 x，y，z，v_x，v_y，v_z 方向的线性化分量，Ω_{xx} 代表 Ω 对 x 求两次偏导数，$(\Omega_{xx})_0$ 代表 x，y，z 用平动点的代入值，余此类推. 根据式(6.81)，有

$$\begin{cases}\dot{\xi}_1=\xi_4,\\ \dot{\xi}_2=\xi_5,\\ \dot{\xi}_3=\xi_6,\\ \dot{\xi}_4=2\xi_5+(\Omega_{xx})_0\xi_1+(\Omega_{xy})_0\xi_2+(\Omega_{xz})_0\xi_3,\\ \dot{\xi}_5=-2\xi_4+(\Omega_{yx})_0\xi_1+(\Omega_{yy})_0\xi_2+(\Omega_{yz})_0\xi_3,\\ \dot{\xi}_6=(\Omega_{zx})_0\xi_1+(\Omega_{zy})_0\xi_2+(\Omega_{zz})_0\xi_3.\end{cases} \tag{6.82}$$

由此证明 $(\Omega_{xz})_0=(\Omega_{yz})_0=0$，这样有

$$\dot{\xi}_3=\xi_6,\ \dot{\xi}_6=(\Omega_{zz})_0\xi_3,$$

即得

$$\ddot{\xi}_3=(\Omega_{zz})_0\xi_3\equiv-A_0\xi_3, \tag{6.83}$$

其中

$$A_0=-(\Omega_{zz})_0=\left(\frac{1-\mu}{r_1^3}+\frac{\mu}{r_2^3}\right)_0>0.$$

质点 m 在 z 方向上做简谐振动. 由上又有

$$\begin{pmatrix} \dfrac{d\xi_1}{dt} \\ \dfrac{d\xi_2}{dt} \\ \dfrac{d\xi_4}{dt} \\ \dfrac{d\xi_5}{dt} \end{pmatrix} = \begin{pmatrix} 0 & 0 & 1 & 0 \\ 0 & 0 & 0 & 1 \\ \Omega_{xx} & \Omega_{xy} & 0 & 2 \\ \Omega_{yx} & \Omega_{yy} & -2 & 0 \end{pmatrix}_0 \begin{pmatrix} \xi_1 \\ \xi_2 \\ \xi_4 \\ \xi_5 \end{pmatrix} \equiv P \begin{pmatrix} \xi_1 \\ \xi_2 \\ \xi_4 \\ \xi_5 \end{pmatrix}, \tag{6.84}$$

令 $\xi_i(t)=\xi_i e^{\lambda t}$，代入上式有

$$\lambda \begin{pmatrix} \xi_1 \\ \xi_2 \\ \xi_4 \\ \xi_5 \end{pmatrix} = P \begin{pmatrix} \xi_1 \\ \xi_2 \\ \xi_4 \\ \xi_5 \end{pmatrix},$$

即

$$(\lambda I - P) \begin{pmatrix} \xi_1 \\ \xi_2 \\ \xi_4 \\ \xi_5 \end{pmatrix} = 0. \tag{6.85}$$

要使上式有不全为 0 的解，则有系数行列式为 0，即

$$|\lambda I - P| = 0,$$

于是不难得到

$$\lambda^4 + (4 - \Omega_{xx} - \Omega_{yy})_0 \lambda^2 + (\Omega_{xx}\Omega_{yy} - \Omega_{xy}^2) = 0, \tag{6.86}$$

其中

$$\begin{cases} (\Omega_{xy})_0 = 3\left(\dfrac{(1-\mu)(x+\mu)y}{r_1^5} + \dfrac{\mu(x-1+\mu)y}{r_1^5}\right)_0, \\ (\Omega_{xx})_0 = 1 - A_0 + 3\left(\dfrac{(1-\mu)\ (x+\mu)^2}{r_1^5} + \dfrac{\mu\ (x+\mu-1)^2}{r_2^5}\right)_0, \\ (\Omega_{yy})_0 = 1 - A_0 + 3\left(\dfrac{(1-\mu)y^2}{r_1^5} + \dfrac{\mu y^2}{r_2^5}\right)_0. \end{cases} \tag{6.87}$$

对于 L_1，L_2，L_3，由上式得

$$\begin{cases} (\Omega_{xy})_0 = 0, \\ (\Omega_{xx})_0 = 1 + 2A_0, \\ (\Omega_{yy})_0 = 1 - A_0. \end{cases} \tag{6.88}$$

令

$$\begin{cases} 2B \equiv (4 - \Omega_{xx} - \Omega_{yy})_0 = 2 - A_0, \\ C^2 \equiv -(\Omega_{xx}\Omega_{yy})_0 = (1 + 2A_0)(A_0 - 1) > 0. \end{cases} \tag{6.89}$$

则式(6.86)可写成

$$\lambda^4 + 2B\lambda^2 - C^2 = 0, \tag{6.90}$$

所以 λ^2 的两个根为

$$-B + \sqrt{B^2 + C^2} > 0, \quad -B - \sqrt{B^2 + C^2} < 0,$$

因此，式(6.90)有四个根，为 $\pm\sqrt{-B + \sqrt{B^2 + C^2}}$，$\pm i\sqrt{B + \sqrt{B^2 + C^2}}$，即一对共轭实根，一对共轭纯虚根，故在共线解处线性化系统式(6.83)的通解是无界的，原系统解在 L_1，L_2，L_3 处线性不稳定(或条件稳定).

④庞加来截面：在此情形相空间(基本物理量)，$(x, \dot{x}, y, \dot{y})$ 是四维的，选取具有相同雅可比常数轨道集合，它满足 $\dot{y} > 0$，y 是给定的，这些 $(x, \dot{x})$ 平面的集合称为原系统相空间的一个庞加来截面(Poincare's surface of section)，注意：此时 x 为横轴(horizontal axis)，$\dot{x}$ 为纵轴(vertical axis). 在 L_1，L_2，L_3 附近 $y = 0$，在 L_4，L_5 附近 $y = \pm\frac{\sqrt{3}}{2}$. 通过一些数值解法可得到各种情形下的庞加来截面①.

⑤平动点解附近的稳定性 2：对于三角平动解 L_4，L_5，有

$$r_1 = r_2 = 1, \ x = \frac{1}{2} - \mu, \ y = \pm\frac{\sqrt{3}}{2},$$

可得 $A_0 = 1$，我们可以求出

$$(\Omega_{xy})_0 = 3\left(\frac{(1-\mu)(x+\mu)y}{r_1^5} + \frac{\mu(x-1+\mu)y}{r_1^5}\right)_0 = \pm\frac{3\sqrt{3}}{4}(1-2\mu), \tag{6.91}$$

同理可证

$$(\Omega_{xx})_0 = \frac{3}{4}, \ (\Omega_{yy})_0 = \frac{9}{4},$$

其中，$(\Omega_{xy})_0$ 在 L_4 处取正，在 L_5 处取负，代入式(6.86)有

$$\lambda^4 + \lambda^2 + \frac{27}{4}\mu(1-\mu) = 0,$$

故

$$\lambda^2 = \frac{1}{2}\left(-1 \pm \sqrt{1 - 27\mu + 27\mu^2}\right), \tag{6.92}$$

假设 μ_1 为二次式 $1 - 27\mu + 27\mu^2 = 0$ 小于 $\frac{1}{2}$ 的根，有 $\mu_1 \approx 0.0385$.

情形 1 当 $\mu_1 < \mu \leqslant \frac{1}{2}$，$1 - 27\mu + 27\mu^2 < 0$ 时，λ^2 的两根为共轭复数(conjugate complex numbers)，λ 为四个实部不为 0 的复数，在 L_4，L_5 处不稳定.

情形 2 当 $\mu = \mu_1$ 时，$\lambda = \pm\frac{\sqrt{2}}{2}i$ 为二重根(double root). 假设

① 见南京大学周济林《天体力学基础》(内部版)图 3.10~图 3.12.

$$\lambda_1 = \frac{\sqrt{2}}{2}\mathrm{i},\ \xi = \frac{3}{4}\sqrt{3}(1-2\mu_1) = \frac{\sqrt{23}}{4},$$

$$\begin{aligned}\mathrm{Rank}(\lambda_1 I - P) &= \mathrm{Rank}\begin{pmatrix}\lambda & 0 & -1 & 0\\ 0 & \lambda & 0 & -1\\ -\Omega_{xx} & -\Omega_{xy} & \lambda & -2\\ -\Omega_{yx} & -\Omega_{yy} & 2 & \lambda\end{pmatrix}\\ &= \mathrm{Rank}\begin{pmatrix}\frac{\sqrt{2}}{2}\mathrm{i} & 0 & -1 & 0\\ 0 & \frac{\sqrt{2}}{2}\mathrm{i} & 0 & -1\\ -\frac{3}{4} & -\xi & \frac{\sqrt{2}}{2}\mathrm{i} & -2\\ -\xi & -\frac{9}{4} & -2 & \frac{\sqrt{2}}{2}\mathrm{i}\end{pmatrix}\\ &= \mathrm{Rank}\begin{pmatrix}1 & 0 & 0 & 0\\ 0 & 1 & 0 & 0\\ 0 & 0 & 1 & 0\\ 0 & 0 & 0 & 0\end{pmatrix}.\end{aligned} \tag{6.93}$$

7. 推论——限制性三体问题中的混沌运动

先给出关于基本物理量的基本方程，然后将几种不同的轨道进行分类，基本方程如下：

$$\ddot{x} - 2\dot{y} = \frac{\partial\Omega}{\partial x},\quad \ddot{y} + 2\dot{x} = \frac{\partial\Omega}{\partial y}, \tag{6.94}$$

其中，Ω 为等效式：

$$\begin{cases}\Omega = \dfrac{1}{2}(x^2+y^2) + \dfrac{1-\mu}{r_1} + \dfrac{\mu}{r_2},\\ r_1^2 = (x+\mu)^2 + y^2,\\ r_2^2 = (x+\mu-1)^2 + y^2.\end{cases} \tag{6.95}$$

由上可以推出

$$\frac{1}{2}(\dot{x}^2+\dot{y}^2) - \frac{1}{2}(x^2+y^2) - \frac{1-\mu}{r_1} - \frac{\mu}{r_2} = -\frac{1}{2}C_J. \tag{6.96}$$

下面给出几种不同的轨道分类(系统基本物理量之间的关系).

(1)周期轨道

在定常系统中，经过一定的时间 t，轨道回到相空间(基本物理量)的出发点的轨道称为周期轨道，满足这一周期性的最小时间称为轨道周期.

(2)拟周期轨道

拟周期轨道一般存在于不变环面上，N 自由度系统的拟周期轨道可以是 N 维、$N-1$ 维到 $N-2$ 维.

(3)混沌(chaos)轨道

若该轨道初始值 x_0 有点小偏差 δx_0，则由这一偏差引起的轨道未来预报不准确，即

$$\delta x_0(t) = \delta x_0 \mathrm{e}^{\gamma t},$$

由此有

$$\gamma = \lim_{t\to\infty} x(t) = \lim_{t\to\infty} \frac{\ln(|\xi|/|\xi|_0)}{t}.$$

6.5 数学模型的两种特性

1. 可积

对于任意的初始条件，数学问题可以预报问题的特性(如二体问题).

2. 不可积

对于给定的初始条件，数学问题有时存在对任意时间区间收敛的无穷级数(分析解)(如三体问题)，但当初始条件改变时，此分析解可能完全改变，级数甚至也会变得发散，即使收敛也无法给出定性图像.

6.6 三体问题的特性

1. 概述

对于某些初始条件，三体在相空间中做周期运动，根据支配的微分方程，可以对它们任意时间的状态作出预报. 对于另外一些情形稍许不同的初始条件，轨道可能完全不同. 此时，新轨道是“混沌”的，是不可预报的.

2. 相空间图

以一维力学系统为例，位移为 x 轴，速度为 y 轴，在任意时刻的状态表示为相空间中的一个点，随着时间的推移，相点在此空间划出一条轨道，叫作运动的相空间图.

3. 可积的实例

每一实例列出数学模型、基本物理量位移与时间的关系，以及推论——相空间图.

数学模型 1：如图 6.4、图 6.5 和图 6.6 所示.

$$\begin{cases} m\dfrac{\mathrm{d}^2x}{\mathrm{d}t^2}+kx=0, \\ x|_{t=0}=x_0,\ \dot{x}|_{t=0}=v_0. \end{cases} \tag{6.97}$$

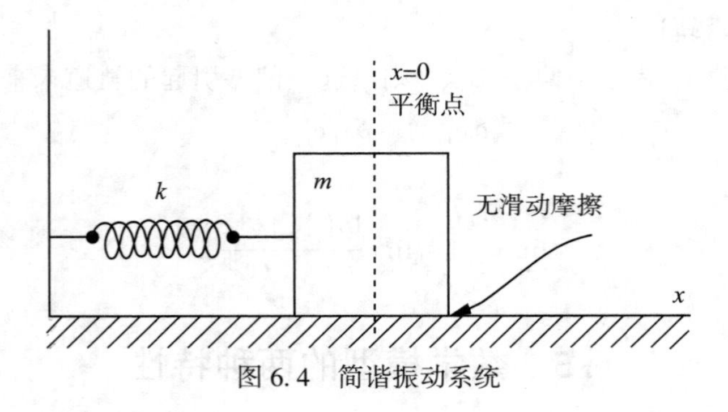

图 6.4　简谐振动系统

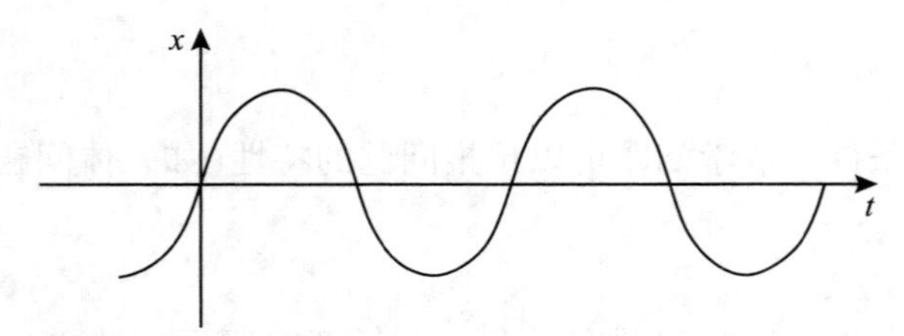

图 6.5　正弦振动

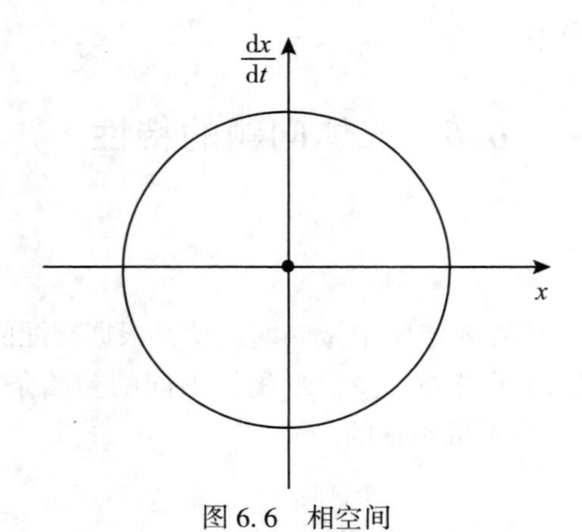

图 6.6　相空间

数学模型 2：如图 6.7、图 6.8 和图 6.9 所示.

$$\begin{cases} m\dfrac{\mathrm{d}^2x}{\mathrm{d}t^2}+l\dfrac{\mathrm{d}x}{\mathrm{d}t}+kx=0, \\ x|_{t=0}=x_0,\ \dot{x}|_{t=0}=v_0. \end{cases} \tag{6.98}$$

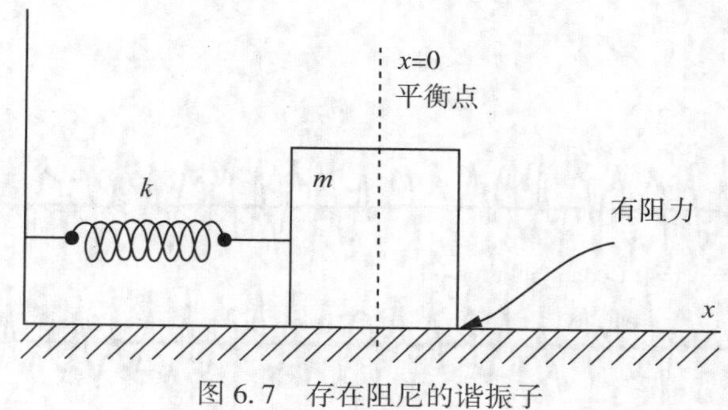

图 6.7　存在阻尼的谐振子

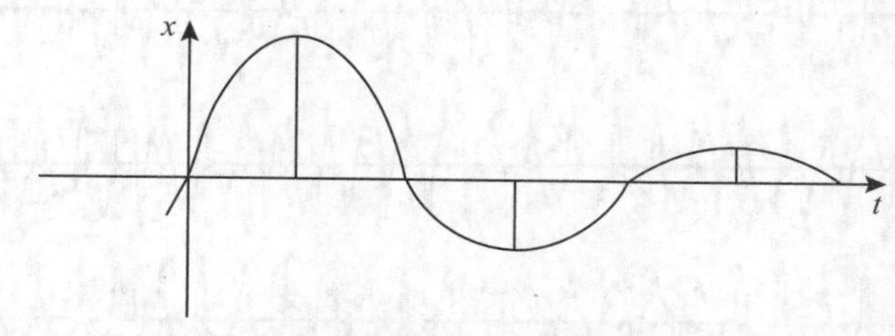

图 6.8　随时间衰减的正弦曲线

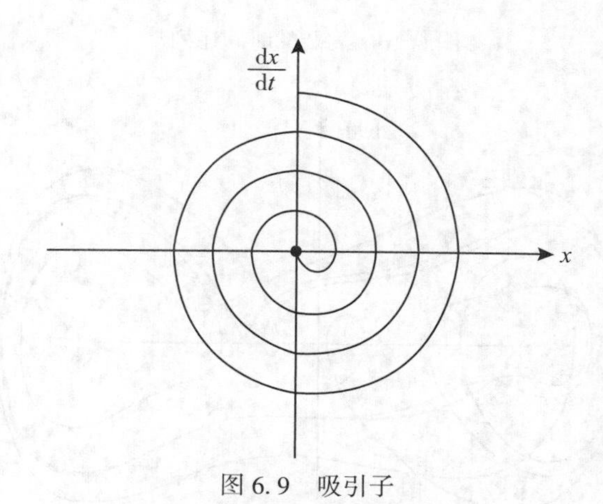

图 6.9　吸引子

数学模型 3：如图 6.10、图 6.11 所示.

$$\begin{cases} m\dfrac{\mathrm{d}^2x}{\mathrm{d}t^2}+l\dfrac{\mathrm{d}x}{\mathrm{d}t}+x^3=B\cos t, \\ x\big|_{t=0}=x_0,\ \dot{x}\big|_{t=0}=v_0. \end{cases} \tag{6.99}$$

4. 不可积实例

(1)摆动杆

如图 6.12(a)所示，如果传递角速度小于临界值，则摆动杆摆动；如果传递角速度大于临界值，则摆动杆就会越过顶点围绕轴转动. 推动力的小差别可能产生截然不同的效果.

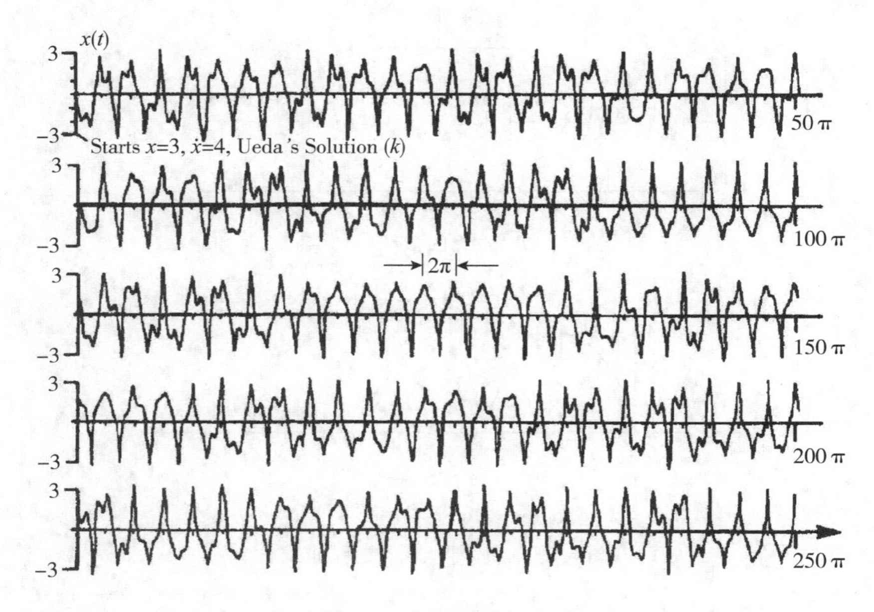

图 6.10　复杂的时间序列

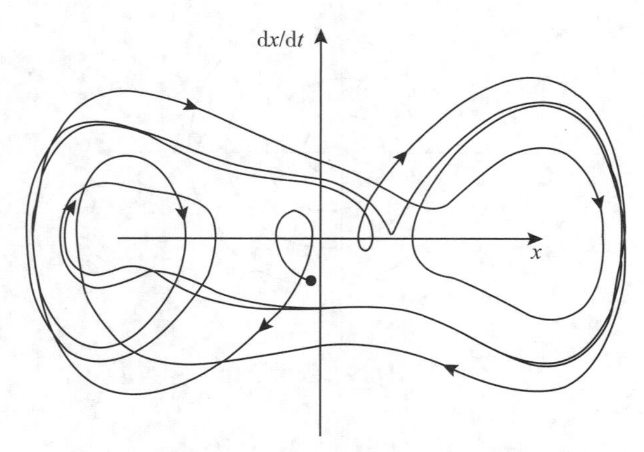

图 6.11　相空间中的运动遵循完全确定的“秩序”

(2)悬挂重物的绳子

如图 6.12(b)所示，如果初始推动力产生的角速度不够大，则重物在圆周顶部的离心力不能拉紧绳子，重物会垂直落下，不可预报，是混沌的. 同样地，推动力的小差别可能产生截然不同的效果.

太阳系的稳定性与三体问题不可积的联系：

①如果有一体具有足够大的速度而可以逃离其余两体，则存在混沌解.

②太阳系是稳定的吗？没有简单的答案，也不存在严格的证明，没有封闭方法能提供是或否的明确回答.

③太阳系中混沌运动(不可积)的一个确切证据：土卫七的“翻跟斗”运动.

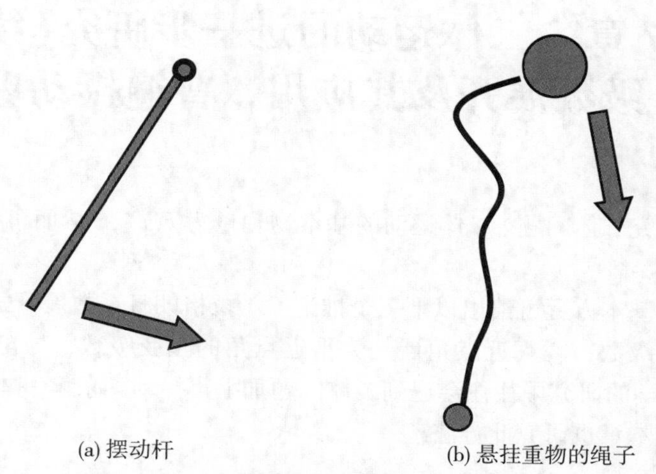

图 6.12　摆动杆和悬挂重物的绳子

第 7 章　二体运动的进一步研究（续）——级数展开及其应用，普遍摄动理论

本章进一步研究二体问题. 二体运动的基本物理量为 $\boldsymbol{r}(t)$，从而可得 $\dot{\boldsymbol{r}}(t)$，基本方程前面已给出.

由二体运动的基本方程可给出以下三个推论：①拉格朗日系数展开式；②偏近点角展开为平近点角正弦级数；③真近点角展开为平近点角的正弦级数，导出中心差的近似公式. 现在在天体力学的研究中往往会遇到二体问题加上小摄动，求解基本物理量的方法称为摄动理论，因此本章也研究此方法.

7.1　拉格朗日系数展开为幂级数形式

给定天体在时刻 t_0 的状态矢量 $\boldsymbol{r}_0$，$\dot{\boldsymbol{r}}_0$（初始条件），由基本方程可确定基本物理量

$$\boldsymbol{r}=f(t,\ t_0)\boldsymbol{r}_0+g(t,\ t_0)\boldsymbol{v}_0,\ (\text{设 }\Delta t=t-t_0\text{ 很小}) \tag{7.1}$$

其中，f，g 称为拉格朗日系数，待定. 下面我们来求它们. 从基本方程

$$\ddot{\boldsymbol{r}}=-\frac{\mu}{r^3}\boldsymbol{r} \tag{7.2}$$

出发，由

$$r^2=\boldsymbol{r}\cdot\boldsymbol{r}\Rightarrow\dot{r}=\frac{1}{r}\boldsymbol{r}\cdot\dot{\boldsymbol{r}}\Rightarrow\ddot{r}=-\frac{\dot{r}}{r^2}\boldsymbol{r}\cdot\dot{\boldsymbol{r}}+\frac{1}{r}\dot{\boldsymbol{r}}\cdot\dot{\boldsymbol{r}}+\frac{1}{r}\boldsymbol{r}\cdot\ddot{\boldsymbol{r}}, \tag{7.3}$$

可得

$$\ddot{r}=\frac{1}{r}\left(v^2-\dot{r}^2-\frac{\mu}{r}\right), \tag{7.4}$$

注意：初始条件为

$$\boldsymbol{r}(t)\big|_{t=t_0}=\boldsymbol{r}(t_0)\equiv\boldsymbol{r}_0,\ \dot{\boldsymbol{r}}(t)\big|_{t=t_0}=\left.\frac{\mathrm{d}\boldsymbol{r}}{\mathrm{d}t}\right|_{t=t_0}=\dot{\boldsymbol{r}}(t_0)=\boldsymbol{v}_0. \tag{7.5}$$

又

$$\left.\frac{\mathrm{d}^2\boldsymbol{r}}{\mathrm{d}t^2}\right|_{t=t_0}=-\frac{\mu}{r_0^3}\boldsymbol{r}_0, \tag{7.6}$$

$$\left.\frac{\mathrm{d}^3r}{\mathrm{d}t^3}\right|_{t=t_0}=\left.\left(\frac{3\mu\dot{r}\boldsymbol{r}}{r^4}-\frac{\mu}{r^3}\dot{\boldsymbol{r}}\right)\right|_{t=t_0}=-\mu\left(\frac{\boldsymbol{v}_0}{r_0^3}-\frac{3\boldsymbol{r}_0}{r_0^4}\frac{\boldsymbol{v}_0\cdot\boldsymbol{r}_0}{r_0}\right), \tag{7.7}$$

$$\left.\frac{\mathrm{d}^4\boldsymbol{r}}{\mathrm{d}t^4}\right| = \left.\left[\left(-\frac{12\mu}{r^5}\dot{r}^2 + \frac{3\mu}{r^4}\ddot{r}\right)\boldsymbol{r} - \frac{\mu}{r^3}\ddot{\boldsymbol{r}} + \frac{6\mu}{r^4}\dot{r}\dot{\boldsymbol{r}}\right]\right|_{t=t_0}$$

$$= -\mu\left[\left(\frac{2\mu}{r_0^6} - \frac{3\boldsymbol{v}_0\cdot\boldsymbol{v}_0}{r_0^5} + \frac{15\ (\boldsymbol{v}_0\cdot\boldsymbol{r}_0)^2}{r_0^7}\right)\boldsymbol{r}_0 - 6\frac{\boldsymbol{v}_0\cdot\boldsymbol{r}_0}{r_0^5}\boldsymbol{v}_0\right], \tag{7.8}$$

而

$$\boldsymbol{r}(t) = \sum_{n=0}^{\infty}\frac{1}{n!}\left.\frac{\mathrm{d}^n\boldsymbol{r}}{\mathrm{d}t^n}\right|_{t=t_0}(\Delta t)^n, \tag{7.9}$$

将式(7.6)~式(7.8)代入上式，可得

$$\boldsymbol{r}(t) = \boldsymbol{r}_0 + \dot{\boldsymbol{r}}_0\Delta t - \frac{1}{2}\frac{\mu}{r_0^3}(\Delta t)^2\boldsymbol{r}_0 + \frac{1}{6}(\Delta t)^3\left[\frac{3\mu}{r_0^5}(\boldsymbol{r}_0\cdot\dot{\boldsymbol{r}}_0)\boldsymbol{r}_0 - \frac{\mu}{r_0^3}\dot{\boldsymbol{r}}\right] + \cdots, \tag{7.10}$$

亦即

$$\boldsymbol{r}(t) = \left[1 - \frac{\mu}{2r_0^3}(\Delta t)^2 + \frac{\mu}{2r_0^5}(\boldsymbol{r}_0\cdot\dot{\boldsymbol{r}}_0)(\Delta t)^3 + \cdots\right]\boldsymbol{r}_0 + \left[\Delta t - \frac{\mu}{6r_0^3}(\Delta t)^3 + \cdots\right]\dot{\boldsymbol{r}}_0, \tag{7.11}$$

与

$$\boldsymbol{r} = f(t,\ t_0)\boldsymbol{r}_0 + g(t,\ t_0)\boldsymbol{v}_0$$

对比，有

$$f = 1 - \frac{\mu}{2r_0^3}(\Delta t)^2 + \frac{\mu}{2r_0^5}(\boldsymbol{r}_0\cdot\dot{\boldsymbol{r}}_0)(\Delta t)^3 + \cdots, \tag{7.12}$$

$$g = \Delta t - \frac{\mu}{6r_0^3}(\Delta t)^3 + \cdots. \tag{7.13}$$

7.2 偏近点角展开为平近点角的正弦级数

由基本方程可得开普勒方程

$$E - M = e\sin E, \tag{7.14}$$

即

$$E(M) - M = e\sin E(M), \tag{7.15}$$

或

$$E(-M) + M = e\sin E(-M). \tag{7.16}$$

可有

$$E(M) = -E(-M), \tag{7.17}$$

而

$$E(M + 2\pi) - M - 2\pi = e\sin E(M + 2\pi), \tag{7.18}$$

故

$$E(M + 2\pi) = 2\pi + E(M), \tag{7.19}$$

此式是上式成立的充分条件(sufficient condition).

$$\Rightarrow E(M+2\pi)-(M+2\pi)=E(M)-M. \tag{7.20}$$

即 $E-M$ 为 M 的奇周期函数，最小周期为 2π. 因此 $E-M=e\sin E$ 可展开为 M 的正弦级数. 由后面可看出的确如此.

可以证明：当 $k\geqslant 2$ 时

$$\cos kE=\sum_{n=1}^{\infty}\frac{k}{n}[J_{n-k}(ne)-J_{n+k}(ne)]\cos nM, \tag{7.21}$$

$$\sin kE=\sum_{n=1}^{\infty}\frac{k}{n}[J_{n-k}(ne)+J_{n+k}(ne)]\sin nM. \tag{7.22}$$

当 $k=1$ 时

$$\begin{aligned}\cos E&=-\frac{1}{2}e+\sum_{n=1}^{\infty}\frac{1}{n}[J_{n-k}(ne)-J_{n+k}(ne)]\cos nM,\\&=-\frac{1}{2}e+\sum_{n=1}^{\infty}\frac{2}{n^2}\frac{\mathrm{d}}{\mathrm{d}e}[J_n(ne)]\cos nM.\end{aligned} \tag{7.23}$$

$$\sin E=\frac{2}{e}\sum_{n=1}^{\infty}\frac{1}{n}J_n(ne)\sin nM. \tag{7.24}$$

其中，J 为贝塞尔函数(Bessel function).

下面证明式(7.21)和式(7.23)，式(7.22)和式(7.24)同理可证.

证明　展开 $\cos kE$ 为 M 的三角级数(trigonometric series). 注意：$\cos kE$ 的周期为 2π 且为偶函数. 故

$$\cos kE=\frac{1}{2}A_{k,0}+\sum_{n=1}^{\infty}A_{k,n}\cos nM, \tag{7.25}$$

其中，当 $n\neq 0$ 时

$$\begin{aligned}A_{k,n}&=\frac{2}{\pi}\int_0^{\pi}\cos kE\cos nM\mathrm{d}M=\frac{2}{\pi n}\cos kE\sin nM\Big|_{M=0}^{\pi}+\frac{2k}{\pi n}\int_0^{\pi}\sin kE\sin nM\mathrm{d}E\\&=\frac{k}{\pi n}\int_0^{\pi}\cos(nM-kE)\mathrm{d}E-\frac{k}{\pi n}\int_0^{\pi}\cos(nM+kE)\mathrm{d}E,\end{aligned} \tag{7.26}$$

将 $E-e\sin E=M$ 代入式(7.26)，有

$$A_{k,n}=\frac{k}{\pi n}\int_0^{\pi}\cos[(n-k)E-ne\sin E]\mathrm{d}E-\frac{k}{\pi n}\int_0^{\pi}\cos[(n+k)E-ne\sin E]\mathrm{d}E, \tag{7.27}$$

又由

$$J_n(x)=\frac{1}{\pi}\int_0^{\pi}\cos(n\theta-x\sin\theta)\mathrm{d}\theta,$$

上式可写成

$$A_{k,n}=\frac{k}{n}[J_{n-k}(ne)-J_{n+k}(ne)]. \tag{7.28}$$

下面考虑 $n=0$ 的情形.

$$\begin{aligned} A_{k,0} &= \frac{2}{\pi}\int_0^{\pi} \cos kE(1-e\cos E)\,\mathrm{d}E \\ &= \frac{2}{\pi}\int_0^{\pi}\cos kE\mathrm{d}E - \frac{e}{\pi}\int_0^{\pi}\cos(k+1)E\mathrm{d}E \\ &\quad - \frac{e}{\pi}\int_0^{\pi}\cos(k+1)E\mathrm{d}E \\ &= -e\delta_{k,1}, \end{aligned} \tag{7.29}$$

其中，$\delta_{k,1}$ 称为克罗内克尔符号(Kronecker symbol).

将上面得到的 $A_{k,n}$，$A_{k,0}$ 代入式(7.25)，即可完成证明.

我们再回到式(7.23)、式(7.24)中，将贝塞尔函数代入其中，可得

$$\begin{aligned} \cos E &= \cos M + e\left(\frac{1}{2}\cos 2M - \frac{1}{2}\right) + e^2\left(\frac{3}{8}\cos 3M - \frac{3}{8}\cos M\right) \\ &\quad + e^3\left(\frac{1}{3}\cos 4M - \frac{1}{3}\cos 2M\right) + O(e^4), \end{aligned} \tag{7.30}$$

$$\begin{aligned} \sin E &= \sin M + e\left(\frac{1}{2}\sin 2M\right) + e^2\left(\frac{3}{8}\sin 3M - \frac{1}{8}\sin M\right) \\ &\quad + e^3\left(\frac{1}{3}\sin 4M - \frac{1}{6}\sin 2M\right) + O(e^4). \end{aligned} \tag{7.31}$$

由开普勒方程与上式得

$$E = M + e\sin M + e^2\left(\frac{1}{2}\sin 2M\right) + e^3\left(\frac{3}{8}\sin 3M - \frac{1}{8}\sin M\right) + O(e^4), \tag{7.32}$$

即已将 E 表示成 M 的级数.

7.3 真近点角展开为平近点角的正弦级数

相关公式为

$$\begin{aligned} & r^2\dot{f} = h = \sqrt{\mu p} = na^2\sqrt{1-e^2},\ \mathrm{d}t = \frac{\mathrm{d}M}{n},\ r = a(1-e\cos E), \\ & E - e\sin E = M. \end{aligned} \tag{7.33}$$

由前面我们知道

$$E - e\sin E = M,$$

从而

$$\mathrm{d}f = \frac{na^2\sqrt{1-e^2}}{r^2}\mathrm{d}t = \frac{\sqrt{1-e^2}}{(1-e\cos E)^2}\mathrm{d}M = \sqrt{1-e^2}\left(\frac{\mathrm{d}E}{\mathrm{d}M}\right)^2\mathrm{d}M, \tag{7.34}$$

将 E 的展开式(7.32)代入上式，积分得

$$f = M + 2e\sin M + e^2\left(\frac{5}{4}\sin 2M\right) + e^3\left(\frac{13}{12}\sin 3M - \frac{1}{4}\sin M\right) + O(e^4), \tag{7.35}$$

将上式右边第一项 M 移到左边，即得中心差公式.

7.3.1　应用举例 1

考虑地月质心关于太阳的运动(此坐标系为惯性系)，基本物理量为位矢 $\boldsymbol{r}(t)$，由轨道根数决定. 此处轨道根数为

$$\begin{cases}a = 1.00000261 + 0.00000562T,\\ e = 0.01671123 - 0.00004392T,\\ i =- 0.00001531 - 0.01294668T,\\ L = 100.46457166 + 35999.37244981T,\\ \bar{\omega} = 102.93768193 + 0.32327364T,\\ \Omega = 0.0.\end{cases} \tag{7.36}$$

其中, T 为力学时从 J2000 起算的儒略(Julian)世纪数:

$$T = (\mathrm{TDB} - 2451545.0)/36525. \tag{7.37}$$

如果知道位矢 $\boldsymbol{r}(t)$，则可求出所有相关的物理量，比如 ω，M，这里 L 为平黄经，$\bar{\omega}$ 为近日点黄经，它们与近日点幅角、升交点(ascending node)黄经(celestial longitude 或 ecliptic longitude)和平近角间的关系为

$$\omega = \bar{\omega} - \Omega,\ M = L - \bar{\omega}. \tag{7.38}$$

由中心差公式(式(7.35))，再将式(7.36)中的 e 代入其中，得

$$f - M = 114.9'\sin M + 1.2'\sin 2M + O(e^3), \tag{7.39}$$

$$\lambda = \bar{\omega} + f = \bar{\omega} + M + 114.9'\sin M + 12'\sin 2M. \tag{7.40}$$

又由式(7.38)和式(7.36)，得

$$\begin{aligned}M &= 357.52688973 + 35999.04917617T\\ &= 357.52688973 + 0.98560025t.\end{aligned} \tag{7.41}$$

其中,

$$t = \mathrm{TT} - 2451545.0, \tag{7.42}$$

忽略质心力学时和地球力学时之差. 由式(7.40)和式(7.41)可计算在给定时刻的黄经. 有了基本物理量 $\boldsymbol{r}(t)$，也可以求出太阳视半径(apparent semi-diameter)

$$s = \frac{16'}{r/a}, \tag{7.43}$$

其中, r 为 $\boldsymbol{r}$ 的大小.

7.3.2　应用举例 2

太阳沿赤道方向做视运动(apparent motion)，其运动状态由太阳相对地月质心的位矢 $\boldsymbol{r}(t)$ 描述，如果知道位矢 $\boldsymbol{r}(t)$，则可求出所有相关的物理量，如赤经(right ascension) α、赤纬(declination) δ、黄经 λ 和黄纬 β 等.

1. 赤经 α 与黄经 λ 的关系

设黄道基矢为 $(\boldsymbol{I},\ \boldsymbol{j},\ \boldsymbol{k})$，赤道基矢为 $(\boldsymbol{l},\ \boldsymbol{m},\ \boldsymbol{n})$，由它们的定义得

$$(\boldsymbol{I} \quad \boldsymbol{j} \quad \boldsymbol{k}) = (\boldsymbol{l} \quad \boldsymbol{m} \quad \boldsymbol{n}) R_1(-\varepsilon), \tag{7.44}$$

其中, ε 为历元(epoch)黄赤交角, 可唯象求出.

$$\Rightarrow \begin{pmatrix} \cos\delta\cos\alpha \\ \cos\delta\sin\alpha \\ \sin\delta \end{pmatrix} = R_1(-\varepsilon) \begin{pmatrix} \cos\beta\cos\lambda \\ \cos\beta\sin\lambda \\ \sin\beta \end{pmatrix}, \tag{7.45}$$

由于 $\beta = 0$, 可得

$$\Rightarrow \begin{pmatrix} \cos\delta\cos\alpha \\ \cos\delta\sin\alpha \\ \sin\delta \end{pmatrix} = \begin{pmatrix} 1 & 0 & 0 \\ 0 & \cos\varepsilon & \sin\varepsilon \\ 0 & -\sin\varepsilon & \cos\varepsilon \end{pmatrix} \begin{pmatrix} \cos\lambda \\ \sin\lambda \\ 0 \end{pmatrix}, \tag{7.46}$$

$$\Rightarrow \tan\alpha = \cos\varepsilon \tan\lambda. \tag{7.47}$$

其中, ε 已知, 式(7.47)为赤经 α 与黄经 λ 的关系.

2. 引理

若参数 $p>0$, 有

$$\tan y = p \tan x, \tag{7.48}$$

则 y 可以展开为 x 的级数

$$y = x + q\sin 2x + \frac{q^2}{2}\sin 4x + \cdots, \tag{7.49}$$

其中, $q = \dfrac{p-1}{p+1}$.

证明

$$\begin{aligned} \tan(y-x) &= \frac{\tan y - \tan x}{1 + \tan y \tan x} = \frac{(p-1)\tan x}{1 + p\tan^2 x} \\ &= \frac{(p-1)\sin x\cos x}{\cos^2 x + p\sin^2 x} = \frac{q\sin 2x}{1 - q\cos 2x} = q\sin 2x(1 + q\cos 2x + q^2\cos^2 2x + \cdots), \end{aligned} \tag{7.50}$$

因此

$$\begin{aligned} y - x &= \arctan[q\sin 2x(1 + q\cos 2x + q^2\cos^2 2x + \cdots)] \\ &= q\sin 2x + \frac{1}{2}q^2\sin 4x + \frac{1}{3}q^3\sin 6x + \cdots. \end{aligned} \tag{7.51}$$

3. 赤经按黄经展开

下面应用以上引理.

由式(7.47), 得

$$p = \cos\varepsilon, \quad q = -\frac{1-\cos\varepsilon}{1+\cos\varepsilon} = -\tan^2\frac{\varepsilon}{2}, \tag{7.52}$$

又 $y = \alpha$, $x = \lambda$, 则有

$$\alpha = \lambda - \tan^2 \frac{\varepsilon}{2}\sin 2\lambda + \frac{1}{2}\tan^4 \frac{\varepsilon}{2}\sin 4\lambda - \frac{1}{3}\tan^6 \frac{\varepsilon}{2}\sin 6\lambda + \cdots. \tag{7.53}$$

7.4　基本方程的一种求解方法——摄动理论

本节引入二体问题的局限性.

1. 按二体问题处理的原则

先忽略摄动因素，用二体问题作为近似阐明基本原理，而后再发展和构造如 Kepler 方程和 Lembert 定理那样的确定轨道的方法.

当对预报天体状态的精度要求较高的时候，这样处理不再能满足要求，必须进一步考虑二体之外其他摄动因素的影响. 太阳系天体和人造卫星运动中存在摄动因素.

2. 摄动理论的基本原理

如果一个问题可以按二体问题近似处理，而受摄运动的精确解与二体近似解之差为小量，那么就可以从二体问题解着手，推导出以差值为变量的叫作摄动运动方程的微分方程，求解它就能够确定由摄动引起的轨道变化.

举例说明：简谐振动系统，如图 7.1 所示.

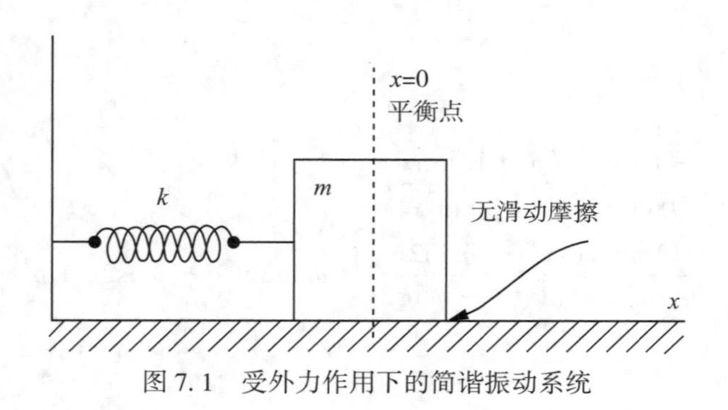

图 7.1　受外力作用下的简谐振动系统

基本物理量为位矢 $x(t)$（相对平衡点），初始条件任选.

基本方程为

$$m\ddot{x} + kx = f(t), \tag{7.54}$$

其中，$f(t)$ 为作用于振子上的外力，设为小量.

下面来求基本物理量 $x(t)$，当 $f = 0$ 时(称为无摄)，基本方程为

$$m\ddot{x} + kx = 0, \tag{7.55}$$

$$\begin{cases} x = a\sin\omega t + b\cos\omega t, \\ y = \dot{x} = a\omega\cos\omega t - b\omega\sin\omega t, \end{cases} \tag{7.56}$$

其中，a，b 为常数，与初始条件有关. 如果 $f \neq 0$，但为小量，那么 $x(t) =?$ 的求解方法

称为常数变易法.

因此，当$f=0$时

$$\begin{cases} y=\dot{x}, \\ m\dot{y}+kx=0. \end{cases} \tag{7.57}$$

而当$f\neq 0$时

$$\begin{cases} y=\dot{x}, \\ m\dot{y}+kx=f(t). \end{cases} \tag{7.58}$$

若$f(t)\neq 0$为小量，则有

$$x(t)=a(t)\sin\omega t+b(t)\cos\omega t, \tag{7.59}$$

和

$$y(t)=\dot{x}(t)=a(t)\omega\cos\omega t-b(t)\omega\sin\omega t, \tag{7.60}$$

对式(7.59)关于t求导数，得

$$y(t)=\dot{x}(t)=\dot{a}(t)\sin\omega t+\dot{b}(t)\cos\omega t+a(t)\omega\cos\omega t-b(t)\omega\sin\omega t, \tag{7.61}$$

联立式(7.60)和式(7.61)，有

$$\dot{a}(t)\sin\omega t+\dot{b}(t)\cos\omega t=0, \tag{7.62}$$

称上式为吻切条件.

对式(7.60)关于时间t求导数，得

$$\dot{y}(t)=\ddot{x}(t)=\dot{a}(t)\omega\cos\omega t-\dot{b}(t)\omega\sin\omega t-a(t)\omega^2\sin\omega t-b(t)\omega^2\cos\omega t, \tag{7.63}$$

代入$m\ddot{x}+kx=0$中，得

$$\dot{a}(t)\omega\cos\omega t-\dot{b}(t)\omega\sin\omega t=g(t), \tag{7.64}$$

其中，$g(t)=\dfrac{f(t)}{m}$.

根据式(7.62)和式(7.64)，有

$$\left.\begin{aligned} \dot{a}(t)&=\frac{g(t)}{\omega}\cos\omega t \\ \dot{b}(t)&=-\frac{g(t)}{\omega}\sin\omega t \end{aligned}\right\}\Rightarrow a(t),\ b(t). \tag{7.65}$$

从而求出基本物理量

$$x(t)=a(t)\sin\omega t+b(t)\cos\omega t. \tag{7.66}$$

特例1 设

$$f(t)=mg(t)=m\gamma, \tag{7.67}$$

可有

$$a(t)=a+\alpha(t), \quad b(t)=b+\beta(t) \tag{7.68}$$

其中，a，b为无摄运动振幅；$\alpha(t)$，$\beta(t)$为外力引起振幅的时间变化，为小量，将式

(7.67)和式(7.68)代入式(7.65)中，有

$$\dot{\alpha}(t)=\frac{\gamma}{\omega}\cos\omega t,\ \dot{\beta}(t)=-\frac{\gamma}{\omega}\sin\omega t, \tag{7.69}$$

积分得

$$\alpha(t)=\frac{\gamma}{\omega^2}\sin\omega t,\quad \beta(t)=\frac{\gamma}{\omega^2}\cos\omega t,$$

于是

$$a(t)=a+\frac{\gamma}{\omega^2}\sin\omega t,\quad b(t)=b+\frac{\gamma}{\omega^2}\cos\omega t, \tag{7.70}$$

基本物理量为

$$x(t)=a\sin\omega t+b\cos\omega t+\frac{\gamma}{\omega^2}.$$

特例 2　设

$$f(t)=mg(t)=m\gamma\cos\omega t, \tag{7.71}$$

将式(7.68)和式(7.71)代入式(7.65)中，有

$$\dot{\alpha}(t)=\frac{\gamma}{\omega}\cos^2\omega t,\ \dot{\beta}(t)=-\frac{\gamma}{\omega}\sin\omega t\cos\omega t, \tag{7.72}$$

对上式积分，然后代入式(7.68)，得

$$a(t)=a+\frac{\gamma}{2\omega^2}(\omega t+\sin\omega t\cos\omega t),\ b(t)=b+\frac{\gamma}{2\omega^2}\sin^2\omega t. \tag{7.73}$$

基本物理量为

$$x(t)=a\sin\omega t+b\cos\omega t+\frac{\gamma}{2\omega^2}(\omega t+\sin^2\omega t+\sin\omega t\cos\omega t). \tag{7.74}$$

特例 3　设

$$f(t)=m\gamma\sin\omega' t\quad(\omega\neq\omega'). \tag{7.75}$$

同上面的方法，有

$$\dot{\alpha}(t)=\frac{\gamma}{\omega}\cos\omega t\sin\omega' t,\quad \dot{\beta}(t)=-\frac{\gamma}{\omega}\sin\omega t\sin\omega' t, \tag{7.76}$$

对上式积分，最后基本物理量为

$$\begin{aligned}x(t)=&a\sin\omega t+b\cos\omega t\\&+\frac{\gamma}{2\omega}\left(\frac{1}{\omega_2}\sin\omega_2 t-\frac{1}{\omega_1}\sin\omega_1 t-\frac{1}{\omega_1}\cos\omega_1 t-\frac{1}{\omega_2}\cos\omega_2 t\right),\end{aligned} \tag{7.77}$$

其中，$\omega_1=\omega+\omega'$，$\omega_2=\omega-\omega'$.

7.4.1　摄动理论应用之一：用广义相对论求解基本物理量 $\boldsymbol{r}(t)$

1. 物理模型

水星(Mercury)和太阳均可看成质点，太阳不动，水星相对于太阳的位矢 $\boldsymbol{r}(t)$ 为基本

物理量. 此外，还有引力场，基本物理量为度规张量 $g_{\mu\nu}$，这些基本物理量能描述系统的运动状态，如果知道它们随时空的函数关系，就可求出所有相关的物理量.

(1)基本方程：太阳激发引力场 $g_{\mu\nu}$，线元为

$$ds^2 = -\left(1 - \frac{2GM}{r}\right)dt^2 + \left(1 - \frac{2GM}{r}\right)^{-1} + r^2(d\theta^2 + \sin^2\theta d\varphi^2), \tag{7.78}$$

其中，M 为太阳质量，方程为爱因斯坦方程.

(2)此引力场反过来对水星运动的影响，方程为水星的测地线方程.

由上面两个基本方程，且令 $u = \frac{1}{r}$，可得

$$\frac{d^2u}{d\theta^2} + u = \frac{\mu}{h^2} + f(\theta), \tag{7.79}$$

其中，

$$f(\theta) = \frac{3\mu}{c^2}\frac{1}{r^2}. \tag{7.80}$$

式中，$\mu \approx GM$，r 可用经典值代入.

求解

$$\begin{cases} \nu = \dfrac{du}{d\theta}, \\ \dfrac{d\nu}{d\theta} + u = \dfrac{\mu}{h^2} + f(\theta). \end{cases} \tag{7.81}$$

当 $f(\theta) = 0$ 时，有

$$u = \frac{\mu}{h^2}[1 + e\cos(\theta - \omega)], \tag{7.82}$$

$$\nu = \frac{du}{d\theta} = -\frac{\mu}{h^2}e\sin(\theta - \omega), \tag{7.83}$$

其中，e，ω 为常数.

当 $f(\theta)$ 存在即为小量时，有

$$u = \frac{\mu}{h^2}[1 + e(\theta)\cos(\theta - \omega(\theta))], \tag{7.84}$$

$$\nu = -\frac{\mu}{h^2}e(\theta)\sin(\theta - \omega(\theta)). \tag{7.85}$$

又

$$\nu = \frac{du}{d\theta} = \frac{\mu}{h^2}\left[-e\sin(\theta - \omega) + \frac{de}{d\theta}\cos(\theta - \omega) + \frac{d\omega}{d\theta}e\sin(\theta - \omega)\right]. \tag{7.86}$$

由式(7.85)和式(7.86)，得吻切条件

$$\frac{de}{d\theta}\cos(\theta - \omega) + \frac{d\omega}{d\theta}e\sin(\theta - \omega) = 0, \tag{7.87}$$

而由式(7.85)，有

$$\frac{\mathrm{d}\nu}{\mathrm{d}\theta}=-\frac{\mu}{h^2}\left[\frac{\mathrm{d}e}{\mathrm{d}\theta}\sin(\theta-\omega)+e\left(1-\frac{\mathrm{d}\omega}{\mathrm{d}\theta}\right)\cos(\theta-\omega)\right], \tag{7.88}$$

将式(7.84)和式(7.88)代入式(7.81)中的第二式，不难得到

$$-\frac{\mathrm{d}e}{\mathrm{d}\theta}\sin(\theta-\omega)+\frac{\mathrm{d}\omega}{\mathrm{d}\theta}e\cos(\theta-\omega)=\frac{h^2}{\mu}f(\theta). \tag{7.89}$$

再由式(7.87)和式(7.89)，有

$$\frac{\mathrm{d}e}{\mathrm{d}\theta}=-\frac{h^2}{\mu}f(\theta)\sin(\theta-\omega), \tag{7.90}$$

$$\frac{\mathrm{d}\omega}{\mathrm{d}\theta}=\frac{h^2}{\mu e}f(\theta)\cos(\theta-\omega). \tag{7.91}$$

$\Rightarrow r(\theta)\Rightarrow r(\theta(t))$ 和 $\theta(t)\Rightarrow$ 所有相关物理量.

又

$$f(\theta)\approx\frac{3\mu}{c^2r^2}=\frac{3\mu}{c^2}\frac{\mu^2}{h^4}[1+e\cos(\theta-\omega)]^2, \tag{7.92}$$

将上式代入式(7.90)和式(7.91)，有

$$\frac{\mathrm{d}e}{\mathrm{d}\theta}=-\frac{3\mu^2}{c^2h^2}[1+e\cos(\theta-\omega)]^2\sin(\theta-\omega), \tag{7.93}$$

$$\frac{\mathrm{d}\omega}{\mathrm{d}\theta}=\frac{3h^2}{c^2h^2e}[1+e\cos(\theta-\omega)]^2\cos(\theta-\omega). \tag{7.94}$$

$\Rightarrow e(\theta)$，$\omega(\theta)\Rightarrow r(\theta(t))$，$\theta(t)\Rightarrow$ 所有相关的物理量，比如水星公转一周 Δe，$\Delta\omega$.

注意：$\frac{\mathrm{d}e}{\mathrm{d}\theta}$，$\frac{\mathrm{d}\omega}{\mathrm{d}\theta}$ 为小量，即 e，ω 近似为常数，有

$$\Delta e=\int_0^{2\pi}\frac{\mathrm{d}e}{\mathrm{d}\theta}\mathrm{d}\theta=0,\quad \Delta\omega=\int_0^{2\pi}\frac{\mathrm{d}\omega}{\mathrm{d}\theta}\mathrm{d}\theta=\frac{6\pi\mu^2}{c^2h^2}=5\times10^{-7}\mathrm{rad/rev}. \tag{7.95}$$

7.4.2　摄动理论应用之二：求解二体问题的基本物理量 $\boldsymbol{r}(t)$

利用二体问题的摄动理论，求基本物理量位矢 $\boldsymbol{r}(t)$，从而求解出速度 $\boldsymbol{v}(t)$. 求解方法类似常微分方程(ordinary differential equation)的常数变易法.

在无二体摄动时，积分常数为

$$\boldsymbol{c}=(a\quad e\quad \omega\quad \Omega\quad i\quad M)^{\mathrm{T}}\equiv(c_1\quad c_2\quad c_3\quad c_4\quad c_5\quad c_6)^{\mathrm{T}}. \tag{7.96}$$

由初始条件决定，即

$$\boldsymbol{r}(t)=\boldsymbol{x}(\boldsymbol{c}(t),\ t), \tag{7.97}$$

因此更基本的物理量为 $\boldsymbol{c}(t)$，关键定出

$$\begin{aligned}\boldsymbol{c}(t)&=(a(t)\quad e(t)\quad \omega(t)\quad \Omega(t)\quad i(t)\quad M(t))^{\mathrm{T}}\\&\equiv(c_1(t)\quad c_2(t)\quad c_3(t)\quad c_4(t)\quad c_5(t)\quad c_6(t))^{\mathrm{T}}.\end{aligned} \tag{7.98}$$

下面导出关于 $\boldsymbol{c}(t)$ 的微分方程.

当无摄动情形时，有

$$\ddot{\boldsymbol{x}}(\boldsymbol{c},\ t)+\frac{\mu}{r^3}\boldsymbol{x}(\boldsymbol{c},\ t)=0, \tag{7.99}$$

其中，$\boldsymbol{c}$ 为常数;

当有摄动情形时，有

$$\ddot{\boldsymbol{x}}(\boldsymbol{c},\ t)+\frac{\mu}{r^3}\boldsymbol{x}(\boldsymbol{c},\ t)=\frac{\mathrm{d}R}{\mathrm{d}\boldsymbol{r}}, \tag{7.100}$$

其中，c 为 t 的函数.

在两种情况下，分别有

$$\dot{\boldsymbol{x}}(\boldsymbol{c},\ t)=\frac{\partial \boldsymbol{x}(\boldsymbol{c},\ t)}{\partial t}, \tag{7.101}$$

$$\dot{\boldsymbol{x}}(\boldsymbol{c},\ t)=\frac{\partial \boldsymbol{x}(\boldsymbol{c},\ t)}{\partial t}+\frac{\mathrm{d}\boldsymbol{x}(\boldsymbol{c},\ t)}{\mathrm{d}\boldsymbol{c}^{\mathrm{T}}}\dot{\boldsymbol{c}}, \tag{7.102}$$

其中，

$$\frac{\mathrm{d}\boldsymbol{x}}{\mathrm{d}\boldsymbol{c}}=\begin{pmatrix} \frac{\partial x}{\partial c_1} & \frac{\partial y}{\partial c_1} & \frac{\partial z}{\partial c_1} \\ \cdots & \cdots & \cdots \\ \frac{\partial x}{\partial c_6} & \frac{\partial y}{\partial c_6} & \frac{\partial z}{\partial c_6} \end{pmatrix}, \tag{7.103}$$

这里，$\frac{\mathrm{d}\boldsymbol{x}}{\mathrm{d}\boldsymbol{c}^{\mathrm{T}}}$ 为 $\frac{\mathrm{d}\boldsymbol{x}}{\mathrm{d}\boldsymbol{c}}$ 的转置(transposition).

由式(7.101)和式(7.102)，得吻切条件

$$\frac{\mathrm{d}\boldsymbol{x}(\boldsymbol{c},\ t)}{\mathrm{d}\boldsymbol{c}^{\mathrm{T}}}\dot{\boldsymbol{c}}=0. \tag{7.104}$$

又由式(7.102)，得

$$\ddot{\boldsymbol{x}}(\boldsymbol{c},\ t)=\frac{\partial^2 \boldsymbol{x}(\boldsymbol{c},\ t)}{\partial t^2}+\frac{\mathrm{d}\dot{\boldsymbol{x}}(\boldsymbol{c},\ t)}{\mathrm{d}\boldsymbol{c}^{\mathrm{T}}}\dot{\boldsymbol{c}}, \tag{7.105}$$

代入式(7.100)中，得

$$\frac{\partial^2 \boldsymbol{x}(\boldsymbol{c},\ t)}{\partial t^2}+\frac{\mathrm{d}\dot{\boldsymbol{x}}(\boldsymbol{c},\ t)}{\mathrm{d}\boldsymbol{c}^{\mathrm{T}}}\dot{\boldsymbol{c}}+\frac{\mu}{r^3}\boldsymbol{x}(\boldsymbol{c},\ t)=\frac{\mathrm{d}R}{\mathrm{d}\boldsymbol{r}}, \tag{7.106}$$

再联立式(7.99)，得

$$\frac{\mathrm{d}\dot{\boldsymbol{x}}(\boldsymbol{c},\ t)}{\mathrm{d}\boldsymbol{c}^{\mathrm{T}}}\dot{\boldsymbol{c}}=\frac{\mathrm{d}R}{\mathrm{d}\boldsymbol{r}}, \tag{7.107}$$

于是，有

$$\begin{bmatrix} \frac{\mathrm{d}\boldsymbol{x}(\boldsymbol{c},\ t)}{\mathrm{d}\boldsymbol{c}^{\mathrm{T}}} \\ \frac{\mathrm{d}\dot{\boldsymbol{x}}(\boldsymbol{c},\ t)}{\mathrm{d}\boldsymbol{c}^{\mathrm{T}}} \end{bmatrix}\dot{\boldsymbol{c}}=\begin{pmatrix} 0 \\ \frac{\mathrm{d}R}{\mathrm{d}\boldsymbol{r}} \end{pmatrix}, \tag{7.108}$$

$$\begin{bmatrix} -\frac{\mathrm{d}\dot{\boldsymbol{x}}(\boldsymbol{c},\ t)}{\mathrm{d}\boldsymbol{c}} & \frac{\mathrm{d}\boldsymbol{x}(\boldsymbol{c},\ t)}{\mathrm{d}\boldsymbol{c}} \end{bmatrix} \begin{bmatrix} \frac{\mathrm{d}\boldsymbol{x}(\boldsymbol{c},\ t)}{\mathrm{d}\boldsymbol{c}^{\mathrm{T}}} \\ \frac{\mathrm{d}\dot{\boldsymbol{x}}(\boldsymbol{c},\ t)}{\mathrm{d}\boldsymbol{c}^{\mathrm{T}}} \end{bmatrix} \dot{\boldsymbol{c}} = \begin{bmatrix} -\frac{\mathrm{d}\dot{\boldsymbol{x}}(\boldsymbol{c},\ t)}{\mathrm{d}\boldsymbol{c}} & \frac{\mathrm{d}\boldsymbol{x}(\boldsymbol{c},\ t)}{\mathrm{d}\boldsymbol{c}} \end{bmatrix} \begin{pmatrix} 0 \\ \frac{\mathrm{d}R}{\mathrm{d}\boldsymbol{r}} \end{pmatrix}, \tag{7.109}$$

上式右边为

$$\frac{\mathrm{d}\boldsymbol{x}}{\mathrm{d}\boldsymbol{c}}\frac{\mathrm{d}R}{\mathrm{d}\boldsymbol{r}} = \frac{\mathrm{d}\boldsymbol{x}}{\mathrm{d}\boldsymbol{c}}\frac{\mathrm{d}R}{\mathrm{d}\boldsymbol{x}} = \frac{\mathrm{d}R}{\mathrm{d}\boldsymbol{c}} = \begin{pmatrix} \frac{\partial R}{\partial c_1} & \frac{\partial R}{\partial c_2} & \cdots & \frac{\partial R}{\partial c_6} \end{pmatrix}^{\mathrm{T}}, \tag{7.110}$$

左边系数矩阵为

$$\left(\frac{\partial \boldsymbol{x}^{\mathrm{T}}}{\partial c_i}\frac{\partial \dot{\boldsymbol{x}}}{\partial c_j} - \frac{\partial \boldsymbol{x}^{\mathrm{T}}}{\partial c_j}\frac{\partial \dot{\boldsymbol{x}}}{\partial c_i}\right) = [c_i,\ c_j] \equiv L \tag{7.111}$$

其中，矩阵元(matrix element) $[c_i,\ c_j] = \frac{\partial \boldsymbol{x}^{\mathrm{T}}}{\partial c_i}\frac{\partial \dot{\boldsymbol{x}}}{\partial c_j} - \frac{\partial \boldsymbol{x}^{\mathrm{T}}}{\partial c_j}\frac{\partial \dot{\boldsymbol{x}}}{\partial c_i}$ 叫作拉格朗日括号(Lagrange parenthesis).

因此，式(7.109)可写成

$$L\dot{\boldsymbol{c}} = \frac{\mathrm{d}R}{\mathrm{d}\boldsymbol{c}}. \tag{7.112}$$

由上式可求出

$$\begin{aligned} \boldsymbol{c}(t) &= (a(t) \quad e(t) \quad \omega(t) \quad \Omega(t) \quad i(t) \quad M(t))^{\mathrm{T}} \\ &\equiv (c_1(t) \quad c_2(t) \quad c_3(t) \quad c_4(t) \quad c_5(t) \quad c_6(t))^{\mathrm{T}} \equiv \sigma_i. \end{aligned} \tag{7.113}$$

由上式原则上可求出基本物理量 $\boldsymbol{r}(t)$，从而有 $\dot{\boldsymbol{r}}(t)$.

(1)基本物理量

两天体可看成两质点，它们的运动状态可由相对位矢

$$\boldsymbol{r}(t) = \boldsymbol{r}_2(t) - \boldsymbol{r}_1(t) \tag{7.114}$$

来描述，当然，引力场可由引力势 $\boldsymbol{\Phi}$ 描述.

(2)基本方程

$$\ddot{\boldsymbol{r}} = -\frac{\mu \boldsymbol{r}}{r^3} + \boldsymbol{F}, \tag{7.115}$$

其中，μ 为 $G(m_1 + m_2)$，$\boldsymbol{F}$ 为摄动加速度(小量). 此方程来自两个方面：一方面，两质点激发引力场；另一方面，引力场和外界摄动力对质点有作用力. 此外，由于原点在质心上，有 $m_1\boldsymbol{r}_1 + m_2\boldsymbol{r}_2 = 0$.

(3)另一种基本物理量 $[\sigma_i = (a,\ e,\ i,\ \Omega,\ \omega,\ M)]$ 的引入

由常数变易法可知，当加入摄动之后，σ_i 为 t 的函数(无摄动时，σ_i 为常数). 但是若在 t 时刻摄动消失，则质点沿此时的根数做二体运动，所以，称每一时刻的根数为吻切根数，该椭圆为吻切椭圆，二体公式完全适用，只是 σ_i 为 t 的函数，但它完全能够描述此系统的运动状态.

摄动后基本物理量 $\boldsymbol{r}$ 和相关物理量 $\dot{\boldsymbol{r}}$ 与 σ_i 的关系：

$$\begin{cases}\boldsymbol{r}=a(\cos E-e)\boldsymbol{P}+a\sqrt{1-e^2}\sin E\boldsymbol{Q},\\ \dot{\boldsymbol{r}}=-\dfrac{a^2n}{r}\sin E\boldsymbol{P}+\dfrac{a^2n}{r}\sqrt{1-e^2}\cos E\boldsymbol{Q},\end{cases}\tag{7.116}$$

其中，$\boldsymbol{P}$，$\boldsymbol{Q}$ 分别为

$$\boldsymbol{P}=\begin{pmatrix}\cos\Omega\cos\omega-\sin\Omega\sin\omega\cos i\\ \sin\Omega\cos\omega+\cos\Omega\sin\omega\cos i\\ \sin\omega\sin i\end{pmatrix},\tag{7.117}$$

$$\boldsymbol{Q}=\begin{pmatrix}-\cos\Omega\sin\omega-\sin\Omega\cos\omega\cos i\\ -\sin\Omega\sin\omega+\cos\Omega\cos\omega\cos i\\ \cos\omega\sin i\end{pmatrix}.\tag{7.118}$$

关于基本物理量 $\sigma_i(i=1, \cdots, 6)$ 或者其他形式根数的基本方程为

$$\frac{\mathrm{d}\sigma_i}{\mathrm{d}t}=g_i(F),\tag{7.119}$$

其中，g_i 待求. 这种转化为求解 σ_i 的方法，称为根数摄动法.

7.5　关于 σ_i 的基本方程的导出

如图 7.2 所示，我们建立两个坐标系. 一个为以 m_1 为原点，某一参考平面为 oxy 平面(空间某一固定方向为 ox 轴)，垂直于该平面的为 z 轴方向的空间轨道坐标系 $o-xyz$(惯性系). 另一个坐标系仍以 m_1 为原点，m_2 相对于 m_1 运动的瞬时椭圆平面为 $ox'y'$ 平面，m_2 相对于 m_1 的向径方向为 ox' 方向，垂直于运动平面的方向为 oz' 轴方向，因此，坐标系 $o-x'y'z'$ 是随动坐标系(非惯性系).

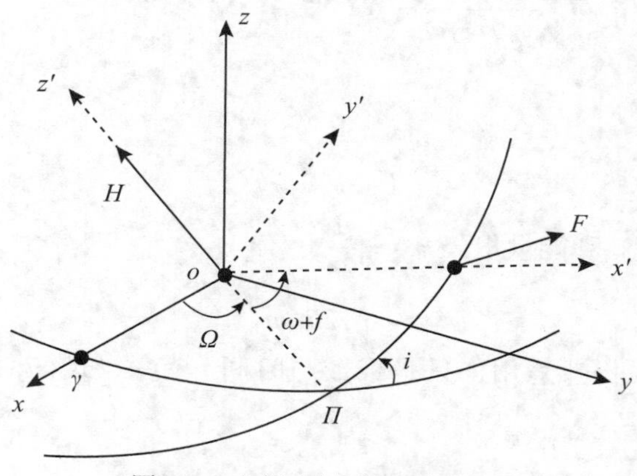

图 7.2　空间坐标系以及摄动力

设 $\boldsymbol{e}_{x'}$，$\boldsymbol{e}_{y'}$，$\boldsymbol{e}_{z'}$ 分别为沿 x'，y'，z' 轴的单位矢量，令

$$\boldsymbol{F} = R\boldsymbol{e}_{x'} + T\boldsymbol{e}_{y'} + N\boldsymbol{e}_{z'}. \tag{7.120}$$

1. 求解$\frac{\mathrm{d}a}{\mathrm{d}t}$

注意：在受摄(perturbed)二体运动中，无摄二体运动公式完全适用，只是轨道根数(orbital element)为时间 t 的函数. 由二体运动的能量积分公式

$$k = -\frac{\mu}{2a}, \tag{7.121}$$

得

$$\frac{\mathrm{d}a}{\mathrm{d}t} = \frac{2a^2}{\mu}\frac{\mathrm{d}k}{\mathrm{d}t}, \tag{7.122}$$

又

$$k = \frac{1}{2}\nu^2 - \frac{\mu}{r} = \frac{1}{2}\dot{\boldsymbol{r}}\cdot\dot{\boldsymbol{r}} - \frac{\mu}{r}, \tag{7.123}$$

则有

$$\begin{aligned}\frac{\mathrm{d}k}{\mathrm{d}t} &= \dot{\boldsymbol{r}}\cdot\ddot{\boldsymbol{r}} - \left(-\frac{\mu}{r^2}\dot{r}\right) \\ &= \dot{\boldsymbol{r}}\cdot\left(-\frac{\mu\boldsymbol{r}}{r^3} + \boldsymbol{F}\right) + \frac{\mu}{r^2}\dot{r} = \dot{\boldsymbol{r}}\cdot\boldsymbol{F} = \dot{r}R + r\dot{\theta}T,\end{aligned} \tag{7.124}$$

又由二体关系

$$r = \frac{a(1-e^2)}{1+e\cos f}, \quad \dot{r} = \sqrt{\frac{\mu}{a(1-e^2)}}e\sin f, \quad \dot{\theta} = \frac{\sqrt{\mu a(1-e^2)}}{r^2}, \tag{7.125}$$

代入式(7.124)后，再代入式(7.122)，有

$$\frac{\mathrm{d}a}{\mathrm{d}t} = \frac{2a^{3/2}}{\sqrt{\mu(1-e^2)}}[R e\sin f + T(1+e\cos f)]. \tag{7.126}$$

2. 求解$\frac{\mathrm{d}e}{\mathrm{d}t}$

由 $h = \sqrt{\mu a(1-e^2)}$ 和能量积分 $k = -\frac{\mu}{2a}$，有

$$e^2 = 1 + 2h^2k\mu^{-2}, \tag{7.127}$$

我们再次强调二体公式仍然适用，只是根数与时间 t 有关. 式(7.127)两边对时间求导数，得

$$\frac{\mathrm{d}e}{\mathrm{d}t} = \frac{e^2-1}{2e}\left(\frac{2\dot{h}}{h} + \frac{\dot{k}}{k}\right), \tag{7.128}$$

又

$$\frac{\mathrm{d}\boldsymbol{H}}{\mathrm{d}t} \equiv \frac{\mathrm{d}(\boldsymbol{r} \times \dot{\boldsymbol{r}})}{\mathrm{d}t} = \boldsymbol{r} \times \ddot{\boldsymbol{r}} = \boldsymbol{r} \times \left(-\mu \frac{\boldsymbol{r}}{r^3} + \boldsymbol{F}\right) = \boldsymbol{r} \times \boldsymbol{F} = rT\boldsymbol{e}_{z'} - rN\boldsymbol{e}_{y'}, \tag{7.129}$$

而 $\boldsymbol{H} = h\boldsymbol{e}_{z'}$，故

$$\frac{\mathrm{d}h}{\mathrm{d}t} = rT. \tag{7.130}$$

将式(7.130)、式(7.124)代入式(7.128)，有

$$\frac{\mathrm{d}e}{\mathrm{d}t} = \sqrt{\frac{a(1-e^2)}{\mu}}[R\sin f + T(\cos f + \cos E)]. \tag{7.131}$$

3. 求解$\frac{\mathrm{d}i}{\mathrm{d}t}$

由二体公式

$$\cos i = \frac{h_z}{h}, \tag{7.132}$$

注意：h_z，h_x，h_y 为空间固定坐标系角动量矢量的分量，有

$$\frac{\mathrm{d}i}{\mathrm{d}t} = \left(\frac{\dot{h}}{h} - \frac{\dot{h}_z}{h_z}\right)\cot i. \tag{7.133}$$

由于力矩(moment of force)为矢量，故第2章中坐标矢量变换公式仍然适用，注意，将 $\omega \to \omega + f$，得

$$\begin{pmatrix} \dot{h}_x \\ \dot{h}_y \\ \dot{h}_z \end{pmatrix} = R_{z'}(-\Omega)R_{x'}(-i)R_{z'}(-(\omega+f))\begin{pmatrix} 0 \\ -rN \\ rT \end{pmatrix}, \tag{7.134}$$

由上式得

$$\dot{h}_z = r[T\cos i - N\cos(\omega + f)\sin i]. \tag{7.135}$$

将式(7.130)、式(7.134)代入式(7.133)，有

$$\frac{\mathrm{d}i}{\mathrm{d}t} = \frac{r}{h}N\cos(\omega + f). \tag{7.136}$$

4. 求解$\frac{\mathrm{d}\Omega}{\mathrm{d}t}$

由前面两种坐标系下的矢量变换关系得

$$\begin{pmatrix} h_x \\ h_y \\ h_z \end{pmatrix} = R_{z'}(-\Omega)R_{x'}(-i)R_{z'}(-(\omega+f))\begin{pmatrix} 0 \\ 0 \\ h \end{pmatrix}, \tag{7.137}$$

易知

$$h_x = h\sin\Omega\sin i, \quad h_y = -h\cos\Omega\sin i, \quad h_z = h\cos i. \tag{7.138}$$

因此有

$$\tan\Omega = -\frac{h_x}{h_y}, \tag{7.139}$$

两边求导得

$$\frac{\mathrm{d}\Omega}{\mathrm{d}t} = \frac{1}{h\sin i}(\sin\Omega\dot{h}_y + \cos\Omega\dot{h}_x), \tag{7.140}$$

注意：根据式(7.136)可求 $\dot{h}_x$，$\dot{h}_y$. 并将它们代入式(7.140)，得

$$\frac{\mathrm{d}\Omega}{\mathrm{d}t} = \frac{r}{h\sin i}N\sin(\omega + f). \tag{7.141}$$

5. 求解$\frac{\mathrm{d}\omega}{\mathrm{d}t}$

根据前面两种坐标系下的矢量变换公式，**r** 矢量在固定坐标系下的分量为

$$\begin{pmatrix} x \\ y \\ z \end{pmatrix} = R_{z'}(-\Omega)R_{x'}(-i)R_{z'}(-(\omega + f))\begin{pmatrix} r \\ 0 \\ 0 \end{pmatrix}, \tag{7.142}$$

方程两边都左乘矩阵 $R_{z'}(\Omega)$ 后，有

$$\begin{pmatrix} x\cos\Omega + y\sin\Omega \\ -x\sin\Omega + y\cos\Omega \\ z \end{pmatrix} = \begin{pmatrix} r\cos(\omega + f) \\ r\sin(\omega + f)\cos i \\ r\sin(\omega + f)\sin i \end{pmatrix}. \tag{7.143}$$

当加入摄动加速度时轨道根数发生变化，但二体相对距离 r，x，y 未变(二体公式适用，只是 $\sigma_i = \sigma_i(t)$)，因此，对式(7.143)关于时间求导数，得

$$-x\sin\Omega\frac{\mathrm{d}\Omega}{\mathrm{d}t} + y\cos\Omega\frac{\mathrm{d}\Omega}{\mathrm{d}t} = r(-\sin(\omega + f))\left(\frac{\mathrm{d}\omega}{\mathrm{d}t} + f'\right), \tag{7.144}$$

其中，f' 为仅考虑摄动 f 的变化率. 式(7.144)与式(7.143)的第二式联立有

$$r\sin(\omega + f)\cos i\frac{\mathrm{d}\Omega}{\mathrm{d}t} = -r\sin(\omega + f)\left(\frac{\mathrm{d}\omega}{\mathrm{d}t} + f'\right), \tag{7.145}$$

即有

$$\frac{\mathrm{d}\omega}{\mathrm{d}t} = -\cos i\frac{\mathrm{d}\Omega}{\mathrm{d}t} - f'. \tag{7.146}$$

注意：如前所述 r 不变，轨道根数变化，所以由

$$\frac{h^2}{\mu r} = 1 + e\cos f,$$

可推出

$$f' = \frac{\dot{e}}{e}\cot f - \frac{2h\dot{h}}{e\mu r\sin f}, \tag{7.147}$$

将式(7.130)、式(7.131)代入上式，化简得

$$f' = \frac{\sqrt{1-e^2}}{nae}\left[R\cos f - T\sin f\left(1 + \frac{1}{1+e\cos f}\right)\right], \tag{7.148}$$

再把式(4.141)、式(4.148)代入 $\frac{\mathrm{d}\omega}{\mathrm{d}t} = -\cos i\frac{\mathrm{d}\Omega}{\mathrm{d}t} - f'$，有

$$\frac{\mathrm{d}\omega}{\mathrm{d}t} = \sqrt{\frac{1-e^2}{nae}}\left[-R\cos f + T\sin f\left(1 + \frac{1}{1+e\cos f}\right)\right] - \frac{r}{h}\sin(\omega + f)\cot iN \tag{7.149}$$

6. 求解 $\frac{\mathrm{d}M}{\mathrm{d}t}$

我们再次强调，二体运动的公式在摄动后仍然适用，只是常数 σ_i 换成了 $\sigma_i(t)$. 由

$$r = a(1 - e\cos E),$$

两边取对数得

$$\ln r = \ln a + \ln(1 - e\cos E),$$

两边对时间取导数有

$$0 = \frac{\dot{a}}{a} + \frac{e\sin EE' - \cos E\dot{e}}{1 - e\cos E}, \tag{7.150}$$

其中，

$$\dot{a} = \frac{\mathrm{d}a}{\mathrm{d}t}, \quad \dot{e} = \frac{\mathrm{d}e}{\mathrm{d}t}, \quad E' = \frac{\mathrm{d}E}{\mathrm{d}t},$$

可解出

$$E' = \frac{1}{e\sin E}\left(\dot{e}\cos E - \frac{r}{a^2}\dot{a}\right), \tag{7.151}$$

又由二体公式

$$E - e\sin E = n(t - \tau) = nt + Mt,$$

加入摄动后，得

$$E(t) - e(t)\sin E(t) = n(t)t + M_0(t) = M(t), \tag{7.152}$$

对上式第二个等式两边求导数，有

$$M' = n'(t)t + n(t) + M'_0(t), \tag{7.153}$$

对式(7.152)第一个等式保持 n 后面的 t 不变求导数，有

$$M'_0 + n'(t)t = (E - e\sin E)', \tag{7.154}$$

这样

$$\begin{aligned} M' &= n + E' - \dot{e}\sin E - e\cos EE' \\ &= n + \frac{1}{e\sin E}(1 - e\cos E)\left(\cos E\dot{e} - \frac{r}{a^2}\dot{a}\right) - \dot{e}\sin E. \end{aligned} \tag{7.155}$$

将式(7.126)、式(7.131)代入上式，有(实际上 $M' = \dfrac{\mathrm{d}M}{\mathrm{d}t}$)

$$\begin{aligned}\frac{\mathrm{d}M}{\mathrm{d}t} =& n + \left(\frac{1-e\cos E}{e\sin E}\cos E - \sin E\right)\sqrt{\frac{a(1-e^2)}{\mu}}[R\sin f + T(\cos f + \cos E)] \\ &- \frac{r}{a^2}\frac{1-e\cos E}{e\sin E}\frac{2a^{3/2}}{\sqrt{\mu(1-e^2)}}[Re\sin f + T(1+e\cos f)],\end{aligned} \tag{7.156}$$

又

$$r\cos f = a(\cos E - e),\ \mu = n^2a^3.$$

将上式整理得

$$\begin{aligned}\frac{\mathrm{d}M}{\mathrm{d}t} &= n + R\frac{1}{a^2ne\sin E}\left[r\cos f\sin f\sqrt{1-e^2} - 2re(1-e\cos E)\frac{\sin f}{\sqrt{1-e^2}}\right] \\ &\quad + T\frac{1}{a^2ne\sin E}\left[r\cos f(\cos f+\cos E)\sqrt{1-e^2} - 2r(1-e\cos E)\frac{1+e\cos f}{\sqrt{1-e^2}}\right] \\ &= n + R\frac{1-e^2}{nae}\left(\cos f - 2e\frac{r}{p}\right) \\ &\quad + T\frac{1}{a^2ne\sin E}\left[r\cos f\sqrt{1-e^2}(\cos f+\cos E) - 2r(1-e\cos E)\frac{1}{\sqrt{1-e^2}}\frac{a(1-e^2)}{r}\right] \\ &= n + R\frac{1-e^2}{nae}\left(\cos f - 2e\frac{r}{p}\right) + T\frac{1}{a^2ne\sin E}\left[-(1-e^2)\sin f - \frac{r}{a}\sin f\right] \\ &= n + \frac{1-e^2}{nae}\left[R\left(\cos f - 2e\frac{r}{p}\right) - T\sin f\left(1+\frac{r}{p}\right)\right]\end{aligned} \tag{7.157}$$

小结：由上可得，对于摄动情形下 σ_i 满足下列常微分方程组：

$$\begin{cases}\dfrac{\mathrm{d}a}{\mathrm{d}t} = \dfrac{2}{n\beta}[Re\sin f + T(1+e\cos f)], \\ \dfrac{\mathrm{d}e}{\mathrm{d}t} = \dfrac{\beta}{na}\left[R\sin f + T\left(\cos f + \dfrac{\cos f + e}{1+e\cos f}\right)\right], \\ \dfrac{\mathrm{d}i}{\mathrm{d}t} = N\dfrac{\beta}{na}\dfrac{\cos(\omega+f)}{1+e\cos f}, \\ \dfrac{\mathrm{d}\Omega}{\mathrm{d}t} = N\dfrac{\beta}{na}\dfrac{\sin(\omega+f)}{1+e\cos f}\csc i, \\ \dfrac{\mathrm{d}\omega}{\mathrm{d}t} = \dfrac{\beta}{nae}[-R\cos f + T(1+\gamma)\sin f] - \dfrac{\cos i}{\sin i}\dfrac{N\beta}{na}\dfrac{\sin(\omega+f)}{1+e\cos f}, \\ \dfrac{\mathrm{d}M}{\mathrm{d}t} = n + \dfrac{\beta^2}{nae}[R(\cos f - 2\gamma e) - T(1+\gamma)\sin f],\end{cases} \tag{7.158}$$

其中，$\beta = \sqrt{1-e^2}$，$\gamma = \dfrac{1}{1+e\cos f}$，式(7.158)由高斯导出，若给出初始条件：当 $t=0$ 时，$\sigma_i = \sigma_{i0}$，则解以上常微分方程组可给出 $\sigma_i = \sigma_i(t)$. 摄动加速度在另一种坐标系下的投影

为 V, W, N, 此时式(7.158)为另一种形式.

选取坐标系如图 7.2 所示，假设径向与切向正方向夹角为 α，注意：$\cos\alpha$ 为标量，而标量与坐标系的选取无关，则下面的公式可采用简单的固定坐标系中的 $\boldsymbol{r}$，$\dot{\boldsymbol{r}}$，即

$$\boldsymbol{r}=\begin{pmatrix} r\cos f \\ r\sin f \\ 0 \end{pmatrix},\quad \dot{\boldsymbol{r}}=\begin{pmatrix} -\dfrac{h}{p}\sin f \\ \dfrac{h}{p}(e+\cos f) \\ 0 \end{pmatrix}, \tag{7.159}$$

$$\begin{cases} \cos\alpha=\dfrac{\boldsymbol{r}\cdot\dot{\boldsymbol{r}}}{|r|\cdot|\dot{r}|}=\dfrac{e\sin f}{\sqrt{1+2e\cos f+e^2}}, \\ \sin\alpha=\dfrac{|\boldsymbol{r}\times\dot{\boldsymbol{r}}|}{|\boldsymbol{r}|\cdot|\dot{\boldsymbol{r}}|}=\dfrac{1+e\cos f}{\sqrt{1+2e\cos f+e^2}}. \end{cases} \tag{7.160}$$

设摄动加速度 $\boldsymbol{F}$ 采用轨道切向，轨道面内与轨道切向垂直，方向向内的内法向，和轨道面法向三方向来分解，分别设 $\boldsymbol{F}$ 在这三个方向的分量(component)为 $\boldsymbol{V}$，$\boldsymbol{W}$，$\boldsymbol{N}$，则有

$$\begin{aligned} \boldsymbol{F} &= V\boldsymbol{V}+W\boldsymbol{W}+N\boldsymbol{N}=R\boldsymbol{e}_{x'}+T\boldsymbol{e}_{y'}+N\boldsymbol{e}_{z'} \\ &= V(\cos\alpha\boldsymbol{e}_{x'}+\sin\alpha\boldsymbol{e}_{y'})+W(-\sin\alpha\boldsymbol{e}_{x'}+\cos\alpha\boldsymbol{e}_{y'})+N\boldsymbol{e}_{z'}. \end{aligned} \tag{7.161}$$

即有

$$\begin{cases} R=V\cos\alpha-W\sin\alpha, \\ T=V\sin\alpha+W\cos\alpha, \\ N=N. \end{cases} \tag{7.162}$$

下面定义 $\beta=\sqrt{1-e^2}$，$\Gamma=\dfrac{\sqrt{1-e^2}}{\sqrt{1+2e\cos f+e^2}}$，将式(7.162)代入式(7.158)有：

$$\frac{\mathrm{d}a}{\mathrm{d}t}=\frac{2}{n\beta}[(V\cos\alpha-W\sin\alpha)e\sin f+(V\sin\alpha+W\cos\alpha)(1+e\cos f)], \tag{7.163}$$

$$\frac{\mathrm{d}e}{\mathrm{d}t}=\frac{\beta}{na}\left[(V\cos\alpha-W\sin\alpha)\sin f+(V\sin\alpha+W\cos\alpha)\left(\cos f+\frac{\cos f+e}{1+e\cos f}\right)\right]. \tag{7.164}$$

注意：$\dfrac{\mathrm{d}i}{\mathrm{d}t}$，$\dfrac{\mathrm{d}\Omega}{\mathrm{d}t}$ 的形式保持不变，即为式(7.158)相应的式子.

$$\begin{aligned} \frac{\mathrm{d}\omega}{\mathrm{d}t}=&\frac{\beta}{nae}[-(V\cos\alpha-W\sin\alpha)\cos f+(V\sin\alpha+W\cos\alpha)(1+\gamma)\sin f] \\ &-\frac{\cos i}{\sin i}\frac{N\beta}{na}\frac{\sin(\omega+f)}{1+e\cos f} \end{aligned} \tag{7.165}$$

$$\frac{\mathrm{d}M}{\mathrm{d}t}=n+\frac{\beta^2}{nae}[(V\cos\alpha-W\sin\alpha)(\cos f-2\gamma e)-(V\sin\alpha+W\cos\alpha)(1+\gamma)\sin f] \tag{7.166}$$

最后，将 $\cos\alpha$，$\sin\alpha$ 的表达式(7.160)代入式(7.163)~式(7.166)分别有

$$
\begin{cases}
\dfrac{\mathrm{d}a}{\mathrm{d}t}=\dfrac{2}{n\Gamma}V,\\
\dfrac{\mathrm{d}e}{\mathrm{d}t}=\dfrac{\Gamma}{na}\left[2V(e+\cos f)-W(1-e^2)\dfrac{\sin f}{1+e\cos f}\right],\\
\dfrac{\mathrm{d}i}{\mathrm{d}t}=N\dfrac{\beta}{na}\dfrac{\cos(\omega+f)}{1+e\cos f},\\
\dfrac{\mathrm{d}\Omega}{\mathrm{d}t}=N\dfrac{\beta}{na}\dfrac{\sin(\omega+f)}{1+e\cos f}\csc i,\\
\dfrac{\mathrm{d}\omega}{\mathrm{d}t}=\dfrac{1}{nae}\Gamma\left[2V\sin f+W\left(e+\dfrac{e+\cos f}{1+e\cos f}\right)\right]-\dfrac{\cos i}{\sin i}\dfrac{N\beta}{na}\dfrac{\sin(\omega+f)}{1+e\cos f},\\
\dfrac{\mathrm{d}M}{\mathrm{d}t}=n-\dfrac{\beta}{nae}\Gamma\left[-2V\sin f\left(1+\dfrac{e^2}{1+e\cos f}\right)+W\left(e-\dfrac{e+\cos f}{1+e\cos f}\right)\right].
\end{cases}
\tag{7.167}
$$

为了更好地掌握上面这些知识，我们举一个例子来说明.

例：大气阻尼摄动下的人卫运动. 天体运动中所受的阻尼加速度

$$
F=-\frac{1}{2m}\xi S\rho v^2\boldsymbol{V},
\tag{7.168}
$$

其中，m 为人造卫星的质量，ξ 为大气阻尼系数，S 为卫星运动方向的有效截面积，ρ 是卫星轨道附近介质的密度，v 为卫星相对介质的运动速度(不妨将介质看成是静止的)，$\boldsymbol{V}$ 为切线方向的单位矢量. 令 $S'=S/m$ 为面质比，又在固有坐标系中，有

$$
\boldsymbol{v}=\begin{pmatrix}-\dfrac{h}{p}\sin f\\ \dfrac{h}{p}(e+\cos f)\\ 0\end{pmatrix},
\tag{7.169}
$$

注意，$h=\sqrt{\mu p}$，$p=a(1-e^2)$，$\mu=n^2a^3$，有

$$
v=\sqrt{\boldsymbol{v}\cdot\boldsymbol{v}}=\frac{na}{\sqrt{1-e^2}}(1+2e\cos f+e^2)^{\frac{1}{2}}.
\tag{7.170}
$$

由 $V=-\dfrac{1}{2m}\xi S\rho v^2=-\dfrac{1}{2}\xi S'\rho v^2$，$W=N=0$，代入式(7.167)的第一式有

$$
\frac{\mathrm{d}a}{\mathrm{d}t}=\frac{2}{n\Gamma}\left(-\frac{1}{2m}\xi S'\rho v^2\right)=-\xi S'\rho\frac{na^2}{(1-e^2)^{3/2}}(1+2e\cos f+e^2)^{3/2}
$$

同理可求其他的 $\dfrac{\mathrm{d}\sigma_i}{\mathrm{d}t}$，只需要将 $V=-\dfrac{1}{2m}\xi S\rho v^2=-\dfrac{1}{2}\xi S'\rho v^2$，$W=N=0$ 代入即可.

$$
\frac{\mathrm{d}e}{\mathrm{d}t}=-\xi S'\rho\frac{na}{(1-e^2)^{1/2}}(e+\cos f)(1+2e\cos f+e^2)^{1/2},
\tag{7.171}
$$

$$
\frac{\mathrm{d}i}{\mathrm{d}t}=0,
\tag{7.172}
$$

$$\frac{\mathrm{d}\Omega}{\mathrm{d}t}=0, \tag{7.173}$$

$$\frac{\mathrm{d}\omega}{\mathrm{d}t}=-\xi S'\rho\frac{na}{e(1-e^2)^{1/2}}(1+2e\cos f+e^2)^{1/2}\sin f, \tag{7.174}$$

$$\frac{\mathrm{d}M}{\mathrm{d}t}=n+\xi S'\rho\frac{na}{e}\frac{\sin f}{1+e\cos f}(1+2e\cos f+e^2)^{1/2}(1+e\cos f+e^2). \tag{7.175}$$

我们可得到推论：

$$\begin{cases}\dfrac{\mathrm{d}\bar{a}}{\mathrm{d}t}\approx-\xi S'\rho n\bar{a}^2\left(1+\dfrac{3}{4}\bar{e}^2\right),\\ \dfrac{\mathrm{d}\bar{e}}{\mathrm{d}t}\approx-\dfrac{1}{2}\xi S'\rho n\bar{a}\bar{e}\end{cases} \tag{7.176}$$

注意：以上设 $\bar{e}$ 很小，保留 $\bar{e}^2$ 级.

证明　令

$$F=-\xi S'\rho\frac{na}{(1-e^2)^{1/2}}(e+\cos f)(1+2e\cos f+e^2)^{1/2},$$

有

$$\begin{aligned}\frac{\mathrm{d}\bar{a}}{\mathrm{d}t}&=\frac{1}{2\pi}\int_0^{2\pi}F\mathrm{d}M=\frac{(1-e^2)^{3/2}}{2\pi}\int_0^{2\pi}\frac{F}{(1+e\cos f)^2}\mathrm{d}f\\&=\frac{(1-e^2)^{3/2}}{2\pi}\int_0^{2\pi}F(1-2e\cos f+3e^2\cos^2 f)\mathrm{d}f+o(e^2)\\&\approx\frac{(1-e^2)^{3/2}}{2\pi}\int_0^{2\pi}\left[-\xi S'\rho\frac{na}{(1-e^2)^{1/2}}(e+\cos f)(1+2e\cos f+e^2)^{1/2}\right]\\&\quad\times(1-2e\cos f+3e^2\cos^2 f)\mathrm{d}f\\&\approx\frac{1}{2\pi}\int_0^{2\pi}\left[-\xi S'^2\rho na^2\left(1+e^2\left(\frac{3}{2}-3e^2\cos^2 f\right)\right)\right]\mathrm{d}f\\&\approx-\xi S'\rho n\bar{a}^2\left(1+\frac{3}{4}\bar{e}^2\right).\end{aligned} \tag{7.177}$$

以上最后一个等式用了 $\bar{a}\approx a$, $\bar{e}\approx e$. 式(7.176)的第二式同理可证. 最后，我们可以用数值解法求解式(7.176)得到函数 $a(t)$, $e(t)$, $M(t)$, $\omega(t)$ (i, Ω 为常数)(一组基本物理量).

7.6　受摄二体问题几种基本物理量和基本方程

本节假定力为有势力，摄动力存在势函数(potential function)，为 $-R$, 则 $F=-\nabla(-R)=\nabla R$, 其中, ∇ 为梯度算符, R 为摄动函数. 又设基本物理量 q_i (广义坐标(generalized coordinate), p_i (广义动量(generalized momentum))的基本方程分别为

$$\frac{\mathrm{d}q_i}{\mathrm{d}t}=\frac{\partial H}{\partial p_i},\quad\frac{\mathrm{d}p_i}{\mathrm{d}t}=-\frac{\partial H}{\partial q_i},\ (i=1,\ 2,\ 3) \tag{7.178}$$

其中, H 为受摄系统的哈密顿量.

7.6.1　德洛勒变量(基本物理量)和基本方程

定义如下：

$$\begin{cases} L = \sqrt{\mu a}, \ l = M, \\ G = \sqrt{\mu a(1 - e^2)}, \ g = \omega, \\ H = \sqrt{\mu a(1 - e^2)} \cos i, \ h = \Omega \end{cases} \tag{7.179}$$

此式表示德洛勒变量(Delaunay variable)与轨道根数的关系.

系统的哈密顿量为

$$\hat{H} = \frac{1}{2}(\dot{x}^2 + \dot{y}^2 + \dot{z}^2) - \frac{\mu}{r} - R, \tag{7.180}$$

再由活力公式 $v^2 = \mu\left(\frac{2}{r} - \frac{1}{a}\right)$ 得

$$\hat{H} = -\frac{\mu}{2a} - R = -\frac{\mu^2}{2L^2} - R. \tag{7.181}$$

下面求基本方程，记 $\alpha = (L, G, H, l, g, h)$，$\beta = (a, e, i, M, \omega, \Omega)$，并将它们的分量分别记为 α_i，$\beta_i (i = 1, \cdots, 6)$，可求得(以下为简单起见记 $\hat{H}$ 为 H)：

$$\begin{aligned} \frac{\mathrm{d}\beta_i}{\mathrm{d}t} &= \sum_{j=1}^{3}\left(\frac{\partial \beta_i}{\partial \alpha_j}\frac{\mathrm{d}\alpha_j}{\mathrm{d}t} + \frac{\partial \beta_i}{\partial \alpha_{j+3}}\frac{\mathrm{d}\alpha_{j+3}}{\mathrm{d}t}\right) \\ &= \sum_{j=1}^{3}\left(-\frac{\partial \beta_i}{\partial \alpha_j}\frac{\partial H}{\partial \alpha_{j+3}} + \frac{\partial \beta_i}{\partial \alpha_{j+3}}\frac{\partial H}{\partial \alpha_j}\right), \end{aligned} \tag{7.182}$$

由于上式中 $H = H_0 - R$ 也是 β_i 的函数，所以

$$\begin{aligned} \frac{\mathrm{d}\beta_i}{\mathrm{d}t} &= \sum_{j=1}^{3}\left(-\frac{\partial \beta_i}{\partial \alpha_j}\sum_{k=1}^{6}\frac{\partial H}{\partial \beta_k}\frac{\partial \beta_k}{\partial \alpha_{j+3}} + \frac{\partial \beta_i}{\partial \alpha_{j+3}}\sum_{k=1}^{6}\frac{\partial H}{\partial \beta_k}\frac{\partial \beta_k}{\partial \alpha_j}\right) \\ &= \sum_{k=1}^{6}\frac{\partial H}{\partial \beta_k}\left[\sum_{j=1}^{3}\left(-\frac{\partial \beta_i}{\partial \alpha_j}\frac{\partial \beta_k}{\partial \alpha_{j+3}} + \frac{\partial \beta_i}{\partial \alpha_{j+3}}\frac{\partial \beta_k}{\partial \alpha_j}\right)\right] \\ &= \sum_{k=1}^{6}\frac{\partial H}{\partial \beta}\{\beta_i, \beta_k\}. \end{aligned} \tag{7.183}$$

其中，$\{\beta_i, \beta_k\}$ 是关于 α 的泊松括号(Poisson bracket)，定义为：

$$\{\beta_i, \beta_k\} = \sum_{j=1}^{3}\left(\frac{\partial \beta_i}{\partial \alpha_{j+3}}\frac{\partial \beta_k}{\partial \alpha_j} - \frac{\partial \beta_i}{\partial \alpha_j}\frac{\partial \beta_k}{\partial \alpha_{j+3}}\right). \tag{7.184}$$

显然 $\{\beta_i, \beta_i\} = 0$，$\{\beta_i, \beta_k\} = -\{\beta_k, \beta_i\}$.

由前面的德洛勒变量，有：

$$\begin{cases} a = L^2/\mu, \ M = l, \\ e = \sqrt{1 - \dfrac{G^2}{L^2}}, \ \omega = g, \\ i = \arccos \dfrac{H}{G}, \ \Omega = h. \end{cases} \tag{7.185}$$

由上式和泊松括号的定义，我们可以计算下面五对不为零的泊松括号：

$$\{a,\ M\} = -\frac{2}{na},\ \{e,\ M\} = -\frac{1-e^2}{na^2 e},$$
$$\{e,\ \omega\} = \frac{\sqrt{1-e^2}}{na^2 e},\ \{i,\ \omega\} = -\frac{1}{na^2\sqrt{1-e^2}}\cot i, \tag{7.186}$$
$$\{i,\ \Omega\} = \frac{1}{na^2\sqrt{1-e^2}}\csc i.$$

证明

$$\begin{aligned}\{a,\ M\} &= \frac{\partial a}{\partial l}\frac{\partial M}{\partial L} + \frac{\partial a}{\partial g}\frac{\partial M}{\partial G} + \frac{\partial a}{\partial h}\frac{\partial M}{\partial H} - \frac{\partial a}{\partial L}\frac{\partial M}{\partial l} - \frac{\partial a}{\partial G}\frac{\partial M}{\partial g} - \frac{\partial a}{\partial H}\frac{\partial M}{\partial h} \\ &= -\frac{2L}{\mu} = -\frac{2}{na},\end{aligned} \tag{7.187}$$

$$\begin{aligned}\{e,\ \omega\} &= \frac{\partial e}{\partial l}\frac{\partial \omega}{\partial L} + \frac{\partial e}{\partial g}\frac{\partial \omega}{\partial G} + \frac{\partial e}{\partial h}\frac{\partial \omega}{\partial H} - \frac{\partial e}{\partial L}\frac{\partial \omega}{\partial l} - \frac{\partial e}{\partial G}\frac{\partial \omega}{\partial g} - \frac{\partial e}{\partial H}\frac{\partial \omega}{\partial h} \\ &= \frac{\dfrac{G}{L^2}}{\sqrt{1-\dfrac{G^2}{L^2}}} = \frac{\sqrt{1-e^2}}{na^2 e}.\end{aligned} \tag{7.188}$$

其他的泊松括号若读者有兴趣，可自己证明.

将式(7.186)代入式(7.183)中，注意式(7.182)，有：

$$\begin{cases}\dfrac{\mathrm{d}a}{\mathrm{d}t} = \dfrac{2}{na}\dfrac{\partial R}{\partial M}, \\ \dfrac{\mathrm{d}e}{\mathrm{d}t} = \dfrac{\beta}{nea^2}\left[\beta\dfrac{\partial R}{\partial M} - \dfrac{\partial R}{\partial \omega}\right], \\ \dfrac{\mathrm{d}i}{\mathrm{d}t} = \dfrac{1}{na^2\beta}\left[\cot i\dfrac{\partial R}{\partial \omega} - \csc i\dfrac{\partial R}{\partial \Omega}\right], \\ \dfrac{\mathrm{d}M}{\mathrm{d}t} = n - \dfrac{2}{na}\dfrac{\partial R}{\partial a} - \dfrac{\beta^2}{na^2 e}\dfrac{\partial R}{\partial e}, \\ \dfrac{\mathrm{d}\omega}{\mathrm{d}t} = \dfrac{\beta}{na^2}\left[\dfrac{1}{e}\dfrac{\partial R}{\partial e} - \dfrac{\cot i}{\beta^2}\dfrac{\partial R}{\partial i}\right], \\ \dfrac{\mathrm{d}\Omega}{\mathrm{d}t} = \dfrac{1}{na^2\beta}\csc i\dfrac{\partial R}{\partial i}.\end{cases} \tag{7.189}$$

作为一个例子，我们来证明式(7.189)中第二式、第五式和第六式. 其他式读者可自己证明.

$$\begin{aligned}\frac{\mathrm{d}e}{\mathrm{d}t} &= \frac{\mathrm{d}\beta_2}{\mathrm{d}t} = \sum_{k=1}^{6}\frac{\partial H}{\partial \beta_k}\{\beta_2,\ \beta_k\} = \frac{\partial H}{\partial \omega}\{e,\ \omega\} + \frac{\partial H}{\partial M}\{e,\ M\} \\ &= -\frac{\partial R}{\partial \omega}\frac{\sqrt{1-e^2}}{na^2 e} - \frac{\partial R}{\partial M}\left(-\frac{1-e^2}{na^2 e}\right) = \frac{\beta}{nea^2}\left[\beta\frac{\partial R}{\partial M} - \frac{\partial R}{\partial \omega}\right],\end{aligned} \tag{7.190}$$

$$
\begin{aligned}
\frac{\mathrm{d}\omega}{\mathrm{d}t}=\frac{\mathrm{d}\beta_5}{\mathrm{d}t}&=\sum_{k=1}^{6}\frac{\partial H}{\partial\beta_k}\{\beta_5,\ \beta_k\}=\frac{\partial H}{\partial e}\{\omega,\ e\}+\frac{\partial H}{\partial i}\{\omega,\ i\}\\
&=-\frac{\partial R}{\partial e}\left(-\frac{\sqrt{1-e^2}}{na^2e}\right)-\frac{\partial R}{\partial i}\frac{1}{na^2\sqrt{1-e^2}}\cot i=\frac{\beta}{na^2}\left[\frac{1}{e}\frac{\partial R}{\partial e}-\frac{\cot i}{\beta^2}\frac{\partial R}{\partial i}\right],
\end{aligned}
\tag{7.191}
$$

$$
\begin{aligned}
\frac{\mathrm{d}\Omega}{\mathrm{d}t}=\frac{\mathrm{d}\beta_6}{\mathrm{d}t}&=\sum_{k=1}^{6}\frac{\partial H}{\partial\beta_k}\{\beta_6,\ \beta_k\}=\frac{\partial H}{\partial i}\{\Omega,\ i\}\\
&=-\frac{\partial R}{\partial i}\left(-\frac{1}{na^2\sqrt{1-e^2}}\csc i\right)=\frac{1}{na^2\beta}\csc i\,\frac{\partial R}{\partial i}.
\end{aligned}
\tag{7.192}
$$

7.6.2　庞加莱根数(基本物理量)和基本方程

我们经常用到轨道根数 $a,\ e,\ i,\ \lambda=M+\omega+\Omega,\ -\bar{\omega}=-(\omega+\Omega),\ -\Omega$，注意庞加莱根数(正则变量(canonical variable))的定义为：

$$
\begin{aligned}
&\widetilde{L}=\sqrt{\mu a},\ \tilde{l}=M+\omega+\Omega,\\
&\widetilde{G}=\sqrt{\mu a}\left(1-\sqrt{1-e^2}\right),\ \tilde{g}=-\omega-\Omega,\\
&\widetilde{H}=\sqrt{\mu a}\sqrt{1-e^2}(1-\cos i),\ \tilde{h}=-\Omega,
\end{aligned}
\tag{7.193}
$$

其中，$p=(\widetilde{L},\ \widetilde{G},\ \widetilde{H})$ 是广义动量，$q=(\tilde{l},\ \tilde{g},\ \tilde{h})$ 是广义坐标，由上式得：

$$
a=\widetilde{L}^2/\mu,\ \lambda=\tilde{l},\quad e=\sqrt{1-\left(1-\frac{\widetilde{G}}{\widetilde{L}}\right)^2},\ \bar{\omega}=-\tilde{g},\quad i=\arccos\left(1-\frac{\widetilde{H}}{\widetilde{L}-\widetilde{G}}\right),\ \Omega=-\tilde{h}.
\tag{7.194}
$$

显然有

$$
\left\{
\begin{aligned}
&\{a,\ \lambda\}=\{a,\ M+\omega+\Omega\}=\{a,\ M\}+\{a,\ \omega\}+\{a,\ \Omega\}=-\frac{2}{na},\\
&\{e,\ \lambda\}=\{e,\ M+\omega+\Omega\}=\{e,\ M\}+\{e,\ \omega\}+\{e,\ \Omega\}\\
&\qquad=-\frac{1-e^2}{na^2e}+\frac{\sqrt{1-e^2}}{na^2e}=\frac{\sqrt{1-e^2}}{na^2e}\left(1-\sqrt{1-e^2}\right),\\
&\{e,\ \bar{\omega}\}=\{e,\ \omega+\Omega\}=\frac{\sqrt{1-e^2}}{na^2e},\\
&\{i,\ \lambda\}=\{i,\ M+\omega+\Omega\}=\{i,\ M\}+\{i,\ \omega\}+\{i,\ \Omega\}\\
&\qquad=-\frac{1}{na^2\sqrt{1-e^2}}\cot i+\frac{1}{na^2\sqrt{1-e^2}}\csc i=\frac{1}{na^2\sqrt{1-e^2}}\tan\frac{i}{2},\\
&\{i,\ \bar{\omega}\}=\{i,\ \omega+\Omega\}=\{i,\ \omega\}+\{i,\ \Omega\}=\frac{1}{na^2\sqrt{1-e^2}}\tan\frac{i}{2},\\
&\{i,\ \Omega\}=\frac{1}{na^2\sqrt{1-e^2}}\csc i.
\end{aligned}
\right.
\tag{7.195}
$$

两组根数的泊松括号不为零的有以上六对.

我们可以由

$$\frac{\mathrm{d}\beta_i}{\mathrm{d}t}=\sum_{k=1}^{6}\frac{\partial H}{\partial \beta_k}(\beta_i,\ \beta_k),$$

得到受摄运动方程(equation of motion):

$$\begin{cases}\dfrac{\mathrm{d}a}{\mathrm{d}t}=\dfrac{2}{na}\dfrac{\partial R}{\partial \lambda},\\[2mm] \dfrac{\mathrm{d}e}{\mathrm{d}t}=-\dfrac{\beta}{na^2e}\left[(1-\beta)\dfrac{\partial R}{\partial \lambda}+\dfrac{\partial R}{\partial \bar{\omega}}\right],\\[2mm] \dfrac{\mathrm{d}i}{\mathrm{d}t}=-\dfrac{1}{na^2\beta}\left[\tan\dfrac{i}{2}\left(\dfrac{\partial R}{\partial \lambda}+\dfrac{\partial R}{\partial \bar{\omega}}\right)+\csc i\dfrac{\partial R}{\partial \Omega}\right],\\[2mm] \dfrac{\mathrm{d}\lambda}{\mathrm{d}t}=n-\dfrac{2}{na}\dfrac{\partial R}{\partial a}+\dfrac{\beta}{na^2}\left[\dfrac{1-\beta}{e}\dfrac{\partial R}{\partial e}+\dfrac{1}{\beta^2}\tan\dfrac{i}{2}\dfrac{\partial R}{\partial i}\right],\\[2mm] \dfrac{d\bar{\omega}}{\mathrm{d}t}=\dfrac{\beta}{na^2}\left[\dfrac{1}{e}\dfrac{\partial R}{\partial e}+\dfrac{1}{\beta^2}\tan\dfrac{i}{2}\dfrac{\partial R}{\partial i}\right],\\[2mm] \dfrac{\mathrm{d}\Omega}{\mathrm{d}t}=\dfrac{1}{na^2\beta}\csc i\dfrac{\partial R}{\partial i}.\end{cases}\tag{7.196}$$

下面证明式(7.196)中的第三式、第六式，其余式类推.

证明重新定义 $\beta=\{a,\ e,\ i,\ \lambda,\ \bar{\omega},\ \Omega\}$，则有

$$\begin{aligned}\frac{\mathrm{d}i}{\mathrm{d}t}=\frac{\mathrm{d}\beta_3}{\mathrm{d}t}&=\sum_{k=1}^{6}\frac{\partial H}{\partial \beta_k}\{\beta_3,\ \beta_k\}=\sum_{k=1}^{6}\frac{\partial H}{\partial \beta_k}\{i,\ \beta_k\}\\ &=-\frac{\partial R}{\partial \lambda}\frac{1}{na^2\sqrt{1-e^2}}\tan\frac{i}{2}-\frac{\partial R}{\partial \bar{\omega}}\frac{1}{na^2\sqrt{1-e^2}}\tan\frac{i}{2}-\frac{\partial R}{\partial \Omega}\frac{1}{na^2\sqrt{1-e^2}}\csc i\\ &=-\frac{1}{na^2\beta}\left[\tan\frac{i}{2}\left(\frac{\partial R}{\partial \lambda}+\frac{\partial R}{\partial \bar{\omega}}\right)+\csc i\frac{\partial R}{\partial \Omega}\right],\end{aligned}\tag{7.197}$$

$$\begin{aligned}\frac{\mathrm{d}\Omega}{\mathrm{d}t}=\frac{\mathrm{d}\beta_6}{\mathrm{d}t}&=\sum_{k=1}^{6}\frac{\partial H}{\partial \beta_k}\{\beta_6,\ \beta_k\}=\sum_{k=1}^{6}\frac{\partial H}{\partial \beta_k}\{\Omega,\ \beta_k\}\\ &=-\frac{\partial R}{\partial i}\left(-\frac{1}{na^2\sqrt{1-e^2}}\csc i\right)=\frac{1}{na^2\beta}\csc i\frac{\partial R}{\partial i}.\end{aligned}\tag{7.198}$$

另外两种基本物理量和基本方程：特点是可以消除奇点 $e=0$，和消除奇点 $e=0$，$i=0$.

①用庞加莱根数(Poincare element)定义下面第一组根数

$$a,\ \lambda,\ \xi=e\cos\bar{\omega},\ \eta=e\sin\bar{\omega},\ i,\ \Omega$$

注意：这组根数一般是时间的函数，易知

$$\begin{aligned}\dot{\xi}&=\dot{e}\cos\bar{\omega}-e\sin\bar{\omega}\dot{\bar{\omega}},\\ \dot{\eta}&=\dot{e}\sin\bar{\omega}+e\cos\bar{\omega}\dot{\bar{\omega}},\end{aligned}\tag{7.199}$$

和

$$\begin{cases}\dfrac{\partial R}{\partial e}=\dfrac{\partial R}{\partial \xi}\dfrac{\partial \xi}{\partial e}+\dfrac{\partial R}{\partial \eta}\dfrac{\partial \eta}{\partial e}=\cos\bar{\omega}\dfrac{\partial R}{\partial \xi}+\sin\bar{\omega}\dfrac{\partial R}{\partial \eta},\\ \dfrac{\partial R}{\partial \bar{\omega}}=\dfrac{\partial R}{\partial \xi}\dfrac{\partial \xi}{\partial \bar{\omega}}+\dfrac{\partial R}{\partial \eta}\dfrac{\partial \eta}{\partial \bar{\omega}}=-e\sin\bar{\omega}\dfrac{\partial R}{\partial \xi}+e\cos\bar{\omega}\dfrac{\partial R}{\partial \eta}.\end{cases}\tag{7.200}$$

由式(7.196)~式(7.200)得，受摄运动方程组为

$$\begin{cases}\dfrac{\mathrm{d}a}{\mathrm{d}t}=\dfrac{2}{na}\dfrac{\partial R}{\partial \lambda},\\ \dfrac{\mathrm{d}\xi}{\mathrm{d}t}=-\dfrac{\beta}{na^2}\left[\dfrac{\xi}{1+\beta}\dfrac{\partial R}{\partial \lambda}+\dfrac{\partial R}{\partial \eta}+\dfrac{\eta}{\beta^2}\tan\dfrac{i}{2}\dfrac{\partial R}{\partial i}\right],\\ \dfrac{\mathrm{d}i}{\mathrm{d}t}=-\dfrac{1}{na^2\beta}\left[\tan\dfrac{i}{2}\left(\dfrac{\partial R}{\partial \lambda}-\eta\dfrac{\partial R}{\partial \xi}+\xi\dfrac{\partial R}{\partial \eta}\right)+\csc i\dfrac{\partial R}{\partial \Omega}\right],\\ \dfrac{\mathrm{d}\lambda}{\mathrm{d}t}=n-\dfrac{2}{na}\dfrac{\partial R}{\partial a}+\dfrac{\beta}{na^2}\left[\dfrac{1}{1+\beta}\left(\xi\dfrac{\partial R}{\partial \xi}+\eta\dfrac{\partial R}{\partial \eta}\right)+\dfrac{1}{\beta^2}\tan\dfrac{i}{2}\dfrac{\partial R}{\partial i}\right],\\ \dfrac{d\eta}{\mathrm{d}t}=-\dfrac{\beta}{na^2}\left[\dfrac{\eta}{1+\beta}\dfrac{\partial R}{\partial \lambda}-\dfrac{\partial R}{\partial \xi}-\dfrac{\xi}{\beta^2}\tan\dfrac{i}{2}\dfrac{\partial R}{\partial i}\right],\\ \dfrac{\mathrm{d}\Omega}{\mathrm{d}t}=\dfrac{1}{na^2\beta}\csc i\dfrac{\partial R}{\partial i}.\end{cases}\tag{7.201}$$

其中，$\beta=\sqrt{1-e^2}=\sqrt{1-\xi^2-\eta^2}$. 可见，上述方程中已不存在 e 作分母，这就消去了 $e=0$ 的奇点. 下面来证明式(7.201)的第二式，余此类推.

$$\begin{aligned}\frac{\mathrm{d}\xi}{\mathrm{d}t}&=\dot{e}\cos\bar{\omega}-e\sin\bar{\omega}\dot{\bar{\omega}}\\ &=-\frac{\beta}{na^2e}\left[(1-\beta)\frac{\partial R}{\partial \lambda}+\frac{\partial R}{\partial \bar{\omega}}\right]\cos\bar{\omega}-e\sin\bar{\omega}\frac{\beta}{na^2}\left[\frac{1}{e}\frac{\partial R}{\partial e}+\frac{1}{\beta^2}\tan\frac{i}{2}\frac{\partial R}{\partial i}\right]\\ &=-\frac{\beta}{na^2e}\left[(1-\beta)\frac{\partial R}{\partial \lambda}+\left(-e\sin\bar{\omega}\frac{\partial R}{\partial \xi}+e\cos\bar{\omega}\frac{\partial R}{\partial \eta}\right)\right]\cos\bar{\omega}\\ &\quad-e\sin\bar{\omega}\frac{\beta}{na^2}\left[\frac{1}{e}\left(\cos\bar{\omega}\frac{\partial R}{\partial \xi}+\sin\bar{\omega}\frac{\partial R}{\partial \eta}\right)+\frac{1}{\beta^2}\tan\frac{i}{2}\frac{\partial R}{\partial i}\right]\\ &=-\frac{\beta}{na^2}\left[\frac{\xi}{1+\beta}\frac{\partial R}{\partial \lambda}+\frac{\partial R}{\partial \eta}+\frac{\eta}{\beta^2}\tan\frac{i}{2}\frac{\partial R}{\partial i}\right].\end{aligned}\tag{7.202}$$

②由庞加莱根数定义下面第二组根数

$$a,\ \lambda,\ \xi=e\sin\bar{\omega},\ \eta=e\cos\bar{\omega},\ h=\sin i\cos\Omega,\ k=\sin i\sin\Omega,\tag{7.203}$$

易知，

$$\begin{cases}\dot{h}=\cos i\cos\Omega i'-\sin i\sin\Omega\dot{\Omega},\\ \dot{k}=\cos i\sin\Omega i'+\sin i\cos\Omega\dot{\Omega}.\end{cases}\tag{7.204}$$

其中，$i'=\mathrm{d}i/\mathrm{d}t$. 我们又有

$$\frac{\partial R}{\partial i}=\frac{\partial R}{\partial h}\frac{\partial h}{\partial i}+\frac{\partial R}{\partial k}\frac{\partial k}{\partial i}=\cos i\cos\Omega\frac{\partial R}{\partial h}+\cos i\sin\Omega\frac{\partial R}{\partial k},$$
$$\frac{\partial R}{\partial \Omega}=\frac{\partial R}{\partial h}\frac{\partial h}{\partial \Omega}+\frac{\partial R}{\partial k}\frac{\partial k}{\partial \Omega}=-\sin i\sin\Omega\frac{\partial R}{\partial h}+\sin i\cos\Omega\frac{\partial R}{\partial k}. \tag{7.205}$$

可得基本方程：

$$\begin{cases}\dfrac{\mathrm{d}a}{\mathrm{d}t}=\dfrac{2}{na}\dfrac{\partial R}{\partial\lambda},\\ \dfrac{\mathrm{d}\xi}{\mathrm{d}t}=-\dfrac{\beta}{na^2}\left[\dfrac{\xi}{1+\beta}\dfrac{\partial R}{\partial\lambda}+\dfrac{\partial R}{\partial\eta}+\dfrac{\eta}{\beta^2}\dfrac{\cos i}{1+\cos i}\left(h\dfrac{\partial R}{\partial h}+k\dfrac{\partial R}{\partial k}\right)\right],\\ \dfrac{\mathrm{d}h}{\mathrm{d}t}=-\dfrac{\cos i}{na^2\beta}\left[\dfrac{h}{1+\cos i}\left(\dfrac{\partial R}{\partial\lambda}-\eta\dfrac{\partial R}{\partial\xi}+\xi\dfrac{\partial R}{\partial\eta}\right)+\dfrac{\partial R}{\partial k}\right],\\ \dfrac{\mathrm{d}\lambda}{\mathrm{d}t}=n-\dfrac{2}{na}\dfrac{\partial R}{\partial a}+\dfrac{1}{na^2}\left[\dfrac{\beta}{1+\beta}\left(\xi\dfrac{\partial R}{\partial\xi}+\eta\dfrac{\partial R}{\partial\eta}\right)+\dfrac{1}{\beta}\dfrac{\cos i}{1+\cos i}\left(h\dfrac{\partial R}{\partial h}+k\dfrac{\partial R}{\partial k}\right)\right],\\ \dfrac{\mathrm{d}\eta}{\mathrm{d}t}=-\dfrac{\beta}{na^2}\left[\dfrac{\eta}{1+\beta}\dfrac{\partial R}{\partial\lambda}-\dfrac{\partial R}{\partial\xi}-\dfrac{\xi}{\beta^2}\dfrac{\cos i}{1+\cos i}\left(h\dfrac{\partial R}{\partial h}+k\dfrac{\partial R}{\partial k}\right)\right],\\ \dfrac{\mathrm{d}k}{\mathrm{d}t}=-\dfrac{\cos i}{na^2\beta}\left[\dfrac{k}{1+\cos i}\left(\dfrac{\partial R}{\partial\lambda}-\eta\dfrac{\partial R}{\partial\xi}+\xi\dfrac{\partial R}{\partial\eta}\right)-\dfrac{\partial R}{\partial h}\right].\end{cases} \tag{7.206}$$

下面来证明式(7.206)中的第三式，余此类推.

$$\begin{aligned}\frac{\mathrm{d}h}{\mathrm{d}t}&=\cos i\cos\Omega\frac{\mathrm{d}i}{\mathrm{d}t}-\sin i\sin\Omega\frac{\mathrm{d}\Omega}{\mathrm{d}t}\\ &=\cos i\cos\Omega\left\{-\frac{1}{na^2\beta}\left[\tan\frac{i}{2}\left(\frac{\partial R}{\partial\lambda}-\eta\frac{\partial R}{\partial\xi}+\xi\frac{\partial R}{\partial\eta}\right)+\csc i\frac{\partial R}{\partial\Omega}\right]\right\}\\ &\quad-\sin i\sin\Omega\frac{1}{na^2\beta}\csc i\frac{\partial R}{\partial i}\\ &=\cos i\cos\Omega\left\{\frac{1}{na^2\beta}\left[\begin{array}{l}\tan\dfrac{i}{2}\left(\dfrac{\partial R}{\partial\lambda}-\eta\dfrac{\partial R}{\partial\xi}+\xi\dfrac{\partial R}{\partial\eta}\right)\\ +\csc i\left(-\sin i\sin\Omega\dfrac{\partial R}{\partial h}+\sin i\cos\Omega\dfrac{\partial R}{\partial k}\right)\end{array}\right]\right\}\\ &\quad-\sin i\sin\Omega\frac{1}{na^2\beta}\csc i\left(\cos i\cos\Omega\frac{\partial R}{\partial h}+\cos i\sin\Omega\frac{\partial R}{\partial k}\right)\\ &=-\frac{\cos i}{na^2\beta}\left[\frac{h}{1+\cos i}\left(\frac{\partial R}{\partial\lambda}-\eta\frac{\partial R}{\partial\xi}+\xi\frac{\partial R}{\partial\eta}\right)+\frac{\partial R}{\partial k}\right].\end{aligned} \tag{7.207}$$

7.7 第三体摄动力与引力场组成的系统的研究——基本方程中摄动函数 R 的展开式

对于由第三体摄动力与引力场组成的系统的基本方程，其原始的基本物理量为 $\boldsymbol{R}_0$，

$\boldsymbol{R}$，$\boldsymbol{R}'$ 和 ψ. 这里，m_0，m，m' 在某一固定坐标系离原来点的位置矢量分别为 $\boldsymbol{R}_0$，$\boldsymbol{R}$，$\boldsymbol{R}'$. $\boldsymbol{r}$，$\boldsymbol{r}'$ 分别为 m，m' 相对 m_0 的位置矢量，即

$$\boldsymbol{r}=\boldsymbol{R}-\boldsymbol{R}_0,\qquad \boldsymbol{r}'=\boldsymbol{R}'-\boldsymbol{R}_0,$$

具体情况如图 7.3 所示.

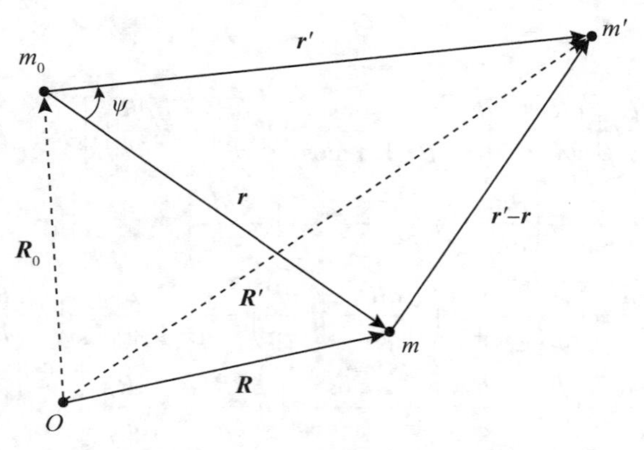

图 7.3　m_0，m'，m 之间的位置矢量

根据物质(三体)激发引力场，同时引力场反过来对物体有作用，使之运动，这两部分的方程相互耦合，相互关联，于是有

$$\begin{cases} m_0\ddot{\boldsymbol{R}}_0=Gm_0m\dfrac{\boldsymbol{r}}{r^3}+Gm_0m'\dfrac{\boldsymbol{r}'}{r'^3},\\ m\ddot{\boldsymbol{R}}=Gmm'\dfrac{\boldsymbol{r}'-\boldsymbol{r}}{|\boldsymbol{r}'-\boldsymbol{r}|^3}-Gmm_0\dfrac{\boldsymbol{r}}{r^3},\\ m'\ddot{\boldsymbol{R}}'=Gm'm\dfrac{\boldsymbol{r}-\boldsymbol{r}'}{|\boldsymbol{r}'-\boldsymbol{r}|^3}-Gm'm_0\dfrac{\boldsymbol{r}'}{r'^3}. \end{cases} \tag{7.208}$$

由上可得

$$\ddot{\boldsymbol{r}}=-\nabla_r(U-R), \tag{7.209}$$

其中，

$$U=-\frac{G(m_0+m)}{r}, \tag{7.210}$$

$$R=Gm'\left[\left(\frac{1}{|\boldsymbol{r}-\boldsymbol{r}'|}\right)-\frac{\boldsymbol{r}\cdot\boldsymbol{r}'}{r'^3}\right], \tag{7.211}$$

$$\ddot{\boldsymbol{r}}'=-\nabla_{r'}(U'-R'), \tag{7.212}$$

式(7.212)中，

$$U'=-\frac{G(m_0+m')}{r'}, \tag{7.213}$$

$$R'=Gm\left[\left(\frac{1}{|\boldsymbol{r}-\boldsymbol{r}'|}\right)-\frac{\boldsymbol{r}'\cdot\boldsymbol{r}}{r^3}\right]. \tag{7.214}$$

将摄动函数 R，R'表达成轨道根数(orbital element)的函数——摄动函数的展开：由前面的讨论知，轨道根数的基本方程中含有 R，R'，需要对根数求偏导数(partial derivative)，故将 R，R' 表达成轨道根数的函数. 又

$$R = Gm'\left[\left(\frac{1}{|\boldsymbol{r} - \boldsymbol{r}'|}\right) - \frac{\boldsymbol{r}\cdot\boldsymbol{r}'}{r'^3}\right] \equiv \frac{Gm'}{a'}[R_D + \alpha R_E], \tag{7.215}$$

$$R' = Gm\left[\left(\frac{1}{|\boldsymbol{r} - \boldsymbol{r}'|}\right) - \frac{\boldsymbol{r}'\cdot\boldsymbol{r}}{r^3}\right] \equiv \frac{Gm}{a'}\left[R_D + \frac{1}{\alpha^2}R_I\right], \tag{7.216}$$

其中，

$$R_D = \frac{a'}{|\boldsymbol{r}' - \boldsymbol{r}|}, \tag{7.217}$$

$$R_E = -\frac{r}{a}\left(\frac{a'}{r'}\right)^2\cos\psi, \qquad R_I = -\frac{r'}{a'}\left(\frac{a}{r}\right)^2\cos\psi, \tag{7.218}$$

这里，我们不妨假定 m' 始终在外，即始终有 $r' > r$，则 $a' > a$，$\alpha \equiv \frac{a}{a'} < 1$. 注意：$R_I$ 可将 R_E 中带撇和不带撇的项相互交换得到.

下面将 R_D，R_E，R_I 表示成轨道根数的函数，从而 R，R' 也可表示成轨道根数的函数. 为此，由前面知识得

$$\begin{aligned}
\begin{pmatrix} x \\ y \\ z \end{pmatrix} &= \boldsymbol{r} = r\cos f\boldsymbol{P} + r\sin f\boldsymbol{Q} \\
&= r\cos f\begin{pmatrix} \cos\Omega\cos\omega - \sin\Omega\sin\omega\cos i \\ \sin\Omega\cos\omega + \cos\Omega\sin\omega\cos i \\ \sin\omega\sin i \end{pmatrix} + r\sin f\begin{pmatrix} -\cos\Omega\sin\omega - \sin\Omega\cos\omega\cos i \\ -\sin\Omega\sin\omega + \cos\Omega\cos\omega\cos i \\ \cos\omega\sin i \end{pmatrix} \\
&= \begin{pmatrix} r\cos\Omega\cos(\omega + f) - r\sin\Omega\sin(\omega + f)\cos i \\ r\sin\Omega\cos(\omega + f) + r\cos\Omega\sin(\omega + f)\cos i \\ r\sin(\omega + f)\sin i \end{pmatrix},
\end{aligned} \tag{7.219}$$

其中，Ω，ω，i，f 为 m 的密切轨道根数(osculating orbital elements)，对于 r' 只需要将上式轨道根数加上一撇即可. 又由前面的知识有

$$\begin{aligned}
\sin f &= \sin M + e\sin 2M + e^2\left(\frac{9}{8}\sin 3M - \frac{7}{8}\sin M\right) + o(e^2), \\
\cos f &= \cos M + e(\cos 2M - 1) + e^2\left(\frac{9}{8}\cos 3M - \frac{9}{8}\cos M\right) + o(e^2)
\end{aligned} \tag{7.220}$$

由上可知

$$\begin{aligned}
\cos(\omega + f) &= \cos\omega\cos f - \sin\omega\sin f \\
&= \cos\omega\left[\cos M + e(\cos 2M - 1) + e^2\left(\frac{9}{8}\cos 3M - \frac{9}{8}\cos M\right)\right] \\
&\quad - \sin\omega\left[\sin M + e\sin 2M + e^2\left(\frac{9}{8}\sin 3M - \frac{7}{8}\sin M\right)\right] + o(e^2)
\end{aligned}$$

$$
\begin{aligned}
&= \cos(\omega + M) + e[\cos(\omega + 2M) - \cos\omega] \\
&\quad + e^2\left[-\cos(\omega + M) - \frac{1}{8}\cos(\omega - M) + \frac{9}{8}\cos(\omega + 3M)\right] + o(e^2),
\end{aligned} \tag{7.221}
$$

将上式对 ω 求导数，有

$$
\begin{aligned}
\sin(\omega + f) &= \sin(\omega + M) + e[\sin(\omega + 2M) - \sin\omega] \\
&\quad + e^2\left[-\sin(\omega + M) + \frac{1}{8}\sin(\omega - M) + \frac{9}{8}\sin(\omega + 3M)\right] + o(e^2)
\end{aligned} \tag{7.222}
$$

注意：

$$
\cos i = 1 - \sin^2\frac{i}{2} = 1 - 2s^2,\ \sin i = 2\sin\frac{i}{2}\left(1 - \sin^2\frac{i}{2}\right)^{\frac{1}{2}} = 2s + o(s^3) \tag{7.223}
$$

其中, $s = \sin\dfrac{i}{2}$.

将式(7.221)~式(7.223)代入式(7.219)，可得

$$
\begin{aligned}
\frac{x}{r} &\approx \cos(\omega + \Omega + M) + e[\cos(\omega + \Omega + 2M) - \cos(\omega + \Omega)] \\
&\quad + e^2\left[\frac{9}{8}\cos(\omega + \Omega + 3M) - \frac{1}{8}\cos(\omega + \Omega - M) - \cos(\omega + \Omega + M)\right] \\
&\quad + s^2[\cos(\omega - \Omega + M) - \cos(\omega + \Omega + M)], \\
\frac{y}{r} &\approx \sin(\omega + \Omega + M) + e[\sin(\omega + \Omega + 2M) - \sin(\omega + \Omega)] \\
&\quad + e^2\left[\frac{9}{8}\sin(\omega + \Omega + 3M) - \frac{1}{8}\sin(\omega + \Omega - M) - \sin(\omega + \Omega + M)\right] \\
&\quad - s^2[\sin(\omega - \Omega + M) + \sin(\omega + \Omega + M)], \\
\frac{z}{r} &= 2s\sin(\omega + M) + 2es[\sin(\omega + 2M) - \sin\omega].
\end{aligned} \tag{7.224}
$$

下面我们来证明式(7.224)中的第一式，其余式子的证明依此类推.

证明

$$
\begin{aligned}
\frac{x}{r} &= \cos\Omega\cos(\omega + f) - \sin\Omega\sin(\omega + f)\cos i \\
&\approx \cos\Omega\left\{\begin{aligned}&\cos(\omega + M) + e[\cos(\omega + 2M) - \cos\omega] + \cos(\omega + M) \\ &+ e[\cos(\omega + 2M) - \cos\omega] \\ &+ e^2\left[-\cos(\omega + M) - \frac{1}{8}\cos(\omega - M) + \frac{9}{8}\cos(\omega + 3M)\right]\end{aligned}\right\} \\
&\quad - \sin\Omega\left\{\begin{aligned}&\sin(\omega + M) + e[\sin(\omega + 2M) - \sin\omega] \\ &+ e^2\left[-\sin(\omega + M) + \frac{1}{8}\sin(\omega - M) + \frac{9}{8}\sin(\omega + 3M)\right]\end{aligned}\right\}(1 - 2s^2),
\end{aligned} \tag{7.225}
$$

用三角函数的积化和差公式即可证得最后结果.

证毕.

同样可将 $\dfrac{x'}{r'}$ 等写成相应的形式. 我们有

$$
\begin{aligned}
\cos\psi &= \frac{xx' + yy' + zz'}{rr'} \\
&= \left\{\begin{aligned}&\cos(\omega + \Omega + M) + e[\cos(\omega + \Omega + 2M) - \cos(\omega + \Omega)] \\ &+ e^2\left[\frac{9}{8}\cos(\omega + \Omega + 3M) - \frac{1}{8}\cos(\omega + \Omega - M) - \cos(\omega + \Omega + M)\right] \\ &+ s^2[\cos(\omega - \Omega + M) - \cos(\omega + \Omega + M)]\end{aligned}\right\} \\
&\quad \times \left\{\begin{aligned}&\cos(\omega' + \Omega' + M') + e'[\cos(\omega' + \Omega' + 2M') - \cos(\omega' + \Omega')] \\ &+ e'^2\left[\frac{9}{8}\cos(\omega' + \Omega' + 3M') - \frac{1}{8}\cos(\omega' + \Omega' - M') - \cos(\omega' + \Omega' + M')\right] \\ &+ s'^2[\cos(\omega' - \Omega' + M') - \cos(\omega' + \Omega' + M')]\end{aligned}\right\} \\
&\quad + \left\{\begin{aligned}&\sin(\omega + \Omega + M) + e[\sin(\omega + \Omega + 2M) - \sin(\omega + \Omega)] \\ &+ e^2\left[\frac{9}{8}\sin(\omega + \Omega + 3M) - \frac{1}{8}\sin(\omega + \Omega - M) - \sin(\omega + \Omega + M)\right] \\ &- s^2[\sin(\omega - \Omega + M) + \sin(\omega + \Omega + M)]\end{aligned}\right\} \\
&\quad \times \left\{\begin{aligned}&\sin(\omega' + \Omega' + M') + e'[\sin(\omega' + \Omega' + 2M') - \sin(\omega' + \Omega')] \\ &+ e'^2\left[\frac{9}{8}\sin(\omega' + \Omega' + 3M') - \frac{1}{8}\sin(\omega' + \Omega' - M') - \sin(\omega' + \Omega' + M')\right] \\ &- s'^2[\sin(\omega' - \Omega' + M') + \sin(\omega' + \Omega' + M')]\end{aligned}\right\} \\
&\quad + \{2s\sin(\omega + M) + 2es[\sin(\omega + 2M) - \sin\omega]\}\left\{\begin{aligned}&2s'\sin(\omega' + M') \\ &+ 2e's'[\sin(\omega' + 2M') - \sin\omega']\end{aligned}\right\}
\end{aligned}
\tag{7.226}
$$

令 $\lambda = \bar{\omega} + M$, $\bar{\omega} = \omega + \Omega$, 运用三角函数积化和差公式, 上式为

$$
\begin{aligned}
\cos\psi &= \cos(\lambda - \lambda') + e\cos(\omega + \Omega + 2M - \omega' - \Omega' - M') \\
&\quad - e\cos(\omega + \Omega - \omega' - \Omega' - M') \\
&\quad + e^2\frac{9}{8}\cos(\omega + \Omega + 3M - \omega' - \Omega' - M') - e^2\frac{1}{8}\cos(\omega + \Omega - M - \omega' - \Omega' - M') \\
&\quad - e^2\cos(\omega + \Omega + M - \omega' - \Omega' - M') + s^2\cos(\omega - \Omega + M - \omega' - \Omega' - M') \\
&\quad - s^2\cos(\omega + \Omega + M - \omega' - \Omega' - M') \\
&\quad + e'\cos(\omega + \Omega + M - \omega' - \Omega' - 2M') \\
&\quad + ee'\cos(\omega + \Omega + 2M - \omega' - \Omega' - 2M') - ee'\cos(\omega + \Omega - \omega' - \Omega' - 2M') \\
&\quad - e'\cos(\omega + \Omega + M - \omega' - \Omega') - ee'\cos(\omega + \Omega + 2M - \omega' - \Omega') \\
&\quad + ee'\cos(\omega + \Omega - \omega' - \Omega') \\
&\quad + e'^2\frac{9}{8}\cos(\omega + \Omega + M - \omega' - \Omega' - 3M') - e'^2\frac{1}{8}\cos(\omega + \Omega + M - \omega' - \Omega' + M')
\end{aligned}
$$

$$- e'^2\cos(\omega + \Omega + M - \omega' - \Omega' - M') + s'^2\cos(\omega + \Omega + M + \omega' - \Omega' + M')$$
$$- s'^2(\omega + \Omega + M - \omega' - \Omega' - M')$$
$$+ \{2s\sin(\omega + M) + 2es[\sin(\omega + 2M) - \sin\omega]\}$$
$$\times \{2s'\sin(\omega' + M') + 2e's'[\sin(\omega' + 2M') - \sin\omega']\}. \tag{7.227}$$

进一步整理可得

$$\begin{aligned}\cos\psi \approx &(1 - e^2 - e'^2 - s^2 - s'^2)\cos(\lambda - \lambda')\\ &+ e\cos(2\lambda - \lambda' - \bar{\omega}) - e\cos(\lambda' - \bar{\omega}) + e^2\cos(\lambda - 2\lambda' + \bar{\omega}')\\ &- e'\cos(\lambda - \bar{\omega}') + ee'\cos(2\lambda - 2\lambda' - \bar{\omega} + \bar{\omega}') + ee'\cos(\bar{\omega} - \bar{\omega}')\\ &- ee'\cos(2\lambda - \bar{\omega} - \bar{\omega}') - ee'\cos(2\lambda' - \bar{\omega} - \bar{\omega}') + \frac{9}{8}e^2\cos(3\lambda - \lambda' - 2\bar{\omega})\\ &- \frac{1}{8}e^2\cos(\lambda + \lambda' - 2\bar{\omega}) + \frac{9}{8}e'^2\cos(\lambda - 3\lambda' + 2\bar{\omega}') - \frac{1}{8}e'^2\cos(\lambda + \lambda' - 2\bar{\omega}')\\ &+ s^2\cos(\lambda + \lambda' - 2\Omega) + s'^2\cos(\lambda + \lambda' - 2\Omega') + 2ss'\cos(\lambda - \lambda' - \Omega + \Omega')\\ &- 2ss'\cos(\lambda + \lambda' - \Omega - \Omega').\end{aligned} \tag{7.228}$$

定义

$$\theta \equiv \bar{\omega} + f = \omega + \Omega + f,\ \theta' = \bar{\omega}' + f' = \omega' + \Omega' + f' \tag{7.229}$$

若令 $i = i' = 0$，则有

$$\frac{x}{r} = \cos\Omega\cos(\omega + f) - \sin\Omega\sin(\omega + f) = \cos(\Omega + \omega + f) \equiv \cos\theta, \tag{7.230}$$

$$\frac{y}{r} = \sin\Omega\cos(\omega + f) + \cos\Omega\sin(\omega + f) = \sin(\Omega + \omega + f) \equiv \sin\theta, \tag{7.231}$$

$$\frac{z}{r} = 0. \tag{7.232}$$

同理可得相应 $\frac{x'}{r'}$，$\frac{y'}{r'}$，$\frac{z'}{r'}$ 的表达式，即

$$\cos\psi = \frac{xx' + yy' + zz'}{rr'} = \cos(\theta - \theta') \tag{7.233}$$

若定义 $\Psi = \cos\psi - \cos(\theta - \theta')$，则 Ψ 是 $\cos\psi$ 中含 i，i' 的部分，即

$$\begin{aligned}\Psi \approx &-(s^2 + s'^2)\cos(\lambda - \lambda') + s^2\cos(\lambda + \lambda' - 2\Omega) + s'^2\cos(\lambda + \lambda' - 2\Omega')\\ &+ 2ss'\cos(\lambda - \lambda' - \Omega + \Omega') - 2ss'\cos(\lambda + \lambda' - \Omega - \Omega'),\end{aligned} \tag{7.234}$$

其中，$s = \sin\frac{i}{2}$，式(7.234)说明当 i 很小时 Ψ 为小量.

下面将

$$\begin{aligned}\frac{1}{\Delta} \equiv \frac{1}{|\boldsymbol{r} - \boldsymbol{r}'|} &= (r^2 + r'^2 - 2rr'\cos\psi)^{-\frac{1}{2}}\\ &= \{r^2 + r'^2 - rr'[\cos(\theta - \theta') + \Psi]\}^{\frac{1}{2}}.\end{aligned} \tag{7.235}$$

按小量 Ψ 展开：

$$\frac{1}{\Delta}=\{r^2+r'^2-2rr'\cos(\theta-\theta')-2rr'\}^{-\frac{1}{2}}$$

$$=\frac{1}{\Delta_0}\left\{1-\frac{2rr\Psi}{\Delta_0^2}\right\}^{-\frac{1}{2}}$$

$$=\frac{1}{\Delta_0}\left\{1+\frac{1}{2}\frac{2rr\Psi}{\Delta_0^2}+\frac{1\cdot 3}{2\cdot 4}\left(\frac{2rr\Psi}{\Delta_0^2}\right)^2+\frac{1\cdot 3\cdot 5}{2\cdot 4\cdot 6}\left(\frac{2rr\Psi}{\Delta_0^2}\right)^3+\cdots\right\}$$

$$=\frac{1}{\Delta_0}+rr\Psi\frac{1}{\Delta_0^3}+\frac{3}{2}(rr\Psi)^2\frac{1}{\Delta_0^5}+\cdots$$

$$=\sum_{i=0}^{\infty}\frac{(2i)!}{(i!)^2}\left(\frac{1}{2}rr'\Psi\right)^i\frac{1}{\Delta_0^{2i+1}}, \tag{7.236}$$

其中,

$$\frac{1}{\Delta_0}=[r^2+r'^2-2rr'\cos(\theta-\theta')]^{-\frac{1}{2}}. \tag{7.237}$$

令

$$\rho_0=[a^2+a'^2-2aa'\cos(\theta-\theta')]^{\frac{1}{2}}, \tag{7.238}$$

设 $r\sim a$, $r'\sim a'$ 将 $\frac{1}{\Delta_0^{2i+1}}$ 展开成 $r-a$ 和 $r'-a'$ 的幂级数(二元函数):

$$\frac{1}{\Delta_0^{2i+1}}=\frac{1}{\rho_0}+(r-a)\frac{\partial}{\partial a}\left(\frac{1}{\rho_0^{2i+1}}\right)+(r'-a')\frac{\partial}{\partial a'}\left(\frac{1}{\rho_0^{2i+1}}\right)+\cdots \tag{7.239}$$

定义 $D_{m,n}=a^m a'^m\frac{\partial^{m+n}}{\partial a^m\partial a'^n}$, 并引入记号

$$\varepsilon=\frac{r}{a}-1=o(e),\ \varepsilon'=\frac{r'}{a'}-1=o(e'),$$

于是有

$$\frac{1}{\Delta_0^{2i+1}}=\left[1+\varepsilon D_{1,0}+\varepsilon' D_{0,1}+\frac{1}{2!}(\varepsilon^2 D_{2,0}+2\varepsilon\varepsilon' D_{1,1}+\varepsilon'^2 D_{0,2})+\cdots\right]\frac{1}{\rho_0^{2i+1}}, \tag{7.240}$$

又

$$\frac{1}{\rho_0^{2i+1}}=[a^2+a'^2-2aa'\cos(\theta-\theta')]^{-\left(i+\frac{1}{2}\right)}$$
$$=a'^{-(2i+1)}[1+a^2-2\alpha\cos(\theta-\theta')]^{\left(i+\frac{1}{2}\right)}, \tag{7.241}$$

其中, $\alpha=\frac{a}{a'}$, 上式为变量 $\theta-\theta'$ 的周期函数, 则可按傅里叶级数(Fourier series)展开:

$$\frac{1}{\rho_0^{2i+1}}=a'^{-(2i+1)}\frac{1}{2}\sum_{j=-\infty}^{\infty}b_{i+\frac{1}{2}}^{(j)}(\alpha)\cos j(\theta-\theta'), \tag{7.242}$$

其中，$b_{i+\frac{1}{2}}^{(j)}(\alpha)$ 待定.

下面给出证明.

证明

$$[1+\alpha^2-2\alpha\cos(\theta-\theta')]^{-\left(i+\frac{1}{2}\right)}=\frac{a_0}{2}+\sum_{j=1}^{\infty}a_j\cos j(\theta-\theta')$$
$$=\frac{a_0}{2}+\frac{1}{2}\sum_{\substack{j=\infty\\ j\neq 0}}^{\infty}a_j\cos j(\theta-\theta')=\frac{1}{2}\sum_{j=-\infty}^{\infty}b_{i+\frac{1}{2}}^{j}\cos j(\theta-\theta'). \tag{7.243}$$

由傅里叶级数公式有

$$a_j=\frac{1}{2\pi}\int_{-2\pi}^{2\pi}[1+\alpha^2-2\alpha\cos(\theta-\theta')]^{-\left(i+\frac{1}{2}\right)}\cos j(\theta-\theta')\,\mathrm{d}(\theta-\theta')\equiv b_k^j(\alpha), \tag{7.244}$$

其中，$k=i+\dfrac{1}{2}$.

由上显然有

$$\frac{1}{2}b_k^j(\alpha)=\frac{1}{2\pi}\int_0^{2\pi}[1+\alpha^2-2\alpha\cos\psi]^{-k}\cos j\psi\,\mathrm{d}\psi, \tag{7.245}$$

又

$$[1+\alpha^2-2\alpha\cos\psi]^{-k}=(1+\alpha^2)^{-k}\left(1-\frac{2\alpha}{1+\alpha^2}\cos\psi\right)^{-k}$$
$$=(1+\alpha^2)^{-k}\left[\begin{array}{l}1+k\dfrac{2\alpha}{1+\alpha^2}\cos\psi+\dfrac{k(k+1)}{2!}\left(\dfrac{2\alpha}{1+\alpha^2}\cos\psi\right)^2+\\ \cdots+\dfrac{k(k+1)\cdots(k+n-1)}{n!}\left(\dfrac{2\alpha}{1+\alpha^2}\cos\psi\right)^n+\cdots\end{array}\right]$$
$$=(1+\alpha^2)^{-k}\left[1+\sum_{n=1}^{\infty}\frac{k(k+1)\cdots(k+n-1)}{n!}\left(\frac{2\alpha}{1+\alpha^2}\cos\psi\right)^n\right], \tag{7.246}$$

将此式代入式(7.245)中，得

$$\frac{1}{2}b_k^j(\alpha)=(1+\alpha^2)^{-k}\left[1+\sum_{n=1}^{\infty}\frac{k(k+1)\cdots(k+n-1)}{n!}\left(\frac{2\alpha}{1+\alpha^2}\right)^n\frac{1}{2\pi}\int_0^{2\pi}\cos^n\psi\cos j\psi\,\mathrm{d}\psi\right]. \tag{7.247}$$

注意：此式可积出.

显然，$b_k^{(-j)}=b_k^{(j)}$，下面来证明

$$\frac{\mathrm{d}b_k^{(j)}}{\mathrm{d}\alpha}=k\left(b_{k+1}^{(j-1)}-2\alpha b_{k+1}^{(j)}+b_{k+1}^{(j+1)}\right). \tag{7.248}$$

证明

$$\frac{1}{2}\frac{\mathrm{d}b_k^{(j)}}{\mathrm{d}\alpha}=\frac{1}{2\pi}\int_0^{2\pi}\frac{(-k)\cos j\psi}{(1+\alpha^2-2\alpha\cos\psi)^{k+1}}(-2\cos\psi+2\alpha)\mathrm{d}\psi$$

$$=-2\alpha b_{k+1}^{(j)}\frac{1}{2}+\frac{1}{2\pi}\int_0^{2\pi}\frac{2k\cos j\psi\cos\psi\,\mathrm{d}\psi}{(1+\alpha^2-2\alpha\cos\psi)^{k+1}} \tag{7.249}$$

$$=\frac{1}{2}k(b_{k+1}^{(j-1)}-2\alpha b_{k+1}^{(j)}+b_{k+1}^{(j+1)}),$$

即得原式. 上式最后一个等号用到三角函数积化和差公式.

证毕.

记

$$A_{i,j,m,n}=D_{m,n}\left[a'^{-(2i+1)}b_{i+\frac{1}{2}}^{j}(\alpha)\right]=a^m a'^n\frac{\partial^{m+n}}{\partial a^m\partial a'^n}\left[a'^{-(2i+1)}b_{i+\frac{1}{2}}^{j}(\alpha)\right], \tag{7.250}$$

由式(7.240)和式(7.242)得

$$\frac{1}{\Delta_0^{2i+1}}=\left[1+\varepsilon D_{1,0}+\varepsilon' D_{0,1}+\frac{1}{2!}(\varepsilon^2 D_{2,0}+2\varepsilon\varepsilon' D_{1,1}+\varepsilon'^2 D_{0,2})+\cdots\right]$$

$$\times a'^{-(2i+1)}\frac{1}{2}\sum_{j=-\infty}^{\infty}b_{i+\frac{1}{2}}^{(j)}(\alpha)\cos j(\theta-\theta')$$

$$=\frac{1}{2}\sum_{j=-\infty}^{\infty}[A_{i,j,0,0}+\varepsilon A_{i,j,1,0}+\varepsilon' A_{i,j,0,1}+\cdots]\cos j(\theta-\theta')$$

$$=\frac{1}{2}\sum_{j=-\infty}^{\infty}\left[\sum_{l=0}^{\infty}\frac{1}{l!}\sum_{k=0}^{l}C_l^k\varepsilon^k\varepsilon'^{l-k}A_{i,j,k,l-k}\right]\cos j(\theta-\theta'), \tag{7.251}$$

这样

$$R_D=\frac{a'}{|\boldsymbol{r}'-\boldsymbol{r}|}=a'\frac{1}{\Delta}=a'\sum_{i=0}^{\infty}\frac{(2i)!}{(i!)^2}\left(\frac{1}{2}rr'\Psi\right)^i\frac{1}{\Delta_0^{2i+1}}$$

$$=a'\sum_{i=0}^{\infty}\frac{(2i)!}{(i!)^2}\left(\frac{1}{2}rr'\Psi\right)^i\frac{1}{2}\sum_{j=-\infty}^{\infty}\left[\sum_{l=0}^{\infty}\frac{1}{l!}\sum_{k=0}^{l}C_l^k\varepsilon^k\varepsilon'^{l-k}A_{i,j,k,l-k}\right]\cos j(\theta-\theta')$$

$$=\sum_{i=0}^{\infty}\left\{\frac{(2i)!}{(i!)^2}\left(\frac{1}{2}\frac{r}{a}\frac{r'}{a'}\Psi\right)^i\frac{a^i a'^{i+1}}{2}\right\}\sum_{j=-\infty}^{\infty}\left[\sum_{l=0}^{\infty}\frac{1}{l!}\sum_{k=0}^{l}C_l^k\varepsilon^k\varepsilon'^{l-k}A_{i,j,k,l-k}\right]\cos j(\theta-\theta'), \tag{7.252}$$

其中, Ψ 中含轨道相互间倾角(slope 或 inclination) i, i', 而 ε, ε' 中分别含有 e, e'. 最后将 $\cos j(\theta-\theta')$, ε, ε' 按轨道根数展开:

$$\cos j\theta=\cos j(\omega+\Omega+f) \tag{7.253}$$

$$=\cos j(\omega+\Omega+M)-(f-M)j\sin j(\omega+\Omega+M)$$

$$-\frac{1}{2!}(f-M)^2 j^2\cos j(\omega+\Omega+M)+\cdots \tag{7.254}$$

由第 3 章椭圆运动的近点角展开公式得

$$f=M+2e\sin M+\frac{5}{4}e^2\sin 2M+o(e^2), \tag{7.255}$$

将之代入式(7.254)中，有

$$\begin{aligned}\cos j\theta &= \cos j\lambda - \left(2e\sin M + \frac{5}{4}e^2\sin 2M + o(e^2)\right)j\sin j\lambda \\ &\quad - \frac{1}{2!}\left(2e\sin M + \frac{5}{4}e^2\sin 2M + o(e^2)\right)^2 j^2\cos j\lambda + \cdots \\ &= \cos j\lambda - \left(2e\sin M + \frac{5}{4}e^2\sin 2M + o(e^2)\right)j\sin j\lambda \\ &\quad - \frac{1}{2!}(4e^2\sin^2 M + o(e^2))j^2\cos j\lambda \\ &= (1 - j^2e^2)\cos j\lambda - 2je\sin M\sin j\lambda - j\frac{5}{4}e^2\sin 2M\sin j\lambda \\ &\quad + j^2e^2\cos 2M\cos j\lambda + o(e^2) \\ &= (1 - j^2e^2)\cos j\lambda - je\cos[(1-j)\lambda - \bar{\omega}] + je\cos[(1+j)\lambda - \bar{\omega}] \\ &\quad + j\frac{5}{4}e\frac{1}{2}[\cos(2M + j\lambda) - \cos(2M - j\lambda)] \\ &\quad + j^2e^2\frac{1}{2}[\cos(2M + j\lambda) + \cos(2M - j\lambda)] + o(e^2),\end{aligned} \tag{7.256}$$

最后结果为

$$\begin{aligned}\cos j\theta &\approx (1 - j^2e^2)\cos(j\lambda) - je\cos[(1-j)\lambda - \bar{\omega}] + je\cos[(1+j)\lambda - \bar{\omega}] \\ &\quad - \left(\frac{5}{8}j - \frac{1}{2}j^2\right)e^2\cos[(2-j)\lambda - 2\bar{\omega}] + \left(\frac{5}{8}j + \frac{1}{2}j^2\right)e^2\cos[(2+j)\lambda - 2\bar{\omega}],\end{aligned} \tag{7.257}$$

将上式两边对 θ 求导，有

$$\begin{aligned}\sin j\theta &\approx (1 - j^2e^2)\sin(j\lambda) + je\sin[(1-j)\lambda - \bar{\omega}] + je\sin[(1+j)\lambda - \bar{\omega}] \\ &\quad + \left(\frac{5}{8}j - \frac{1}{2}j^2\right)e^2\sin[(2-j)\lambda - 2\bar{\omega}] + \left(\frac{5}{8}j + \frac{1}{2}j^2\right)e^2\sin[(2+j)\lambda - 2\bar{\omega}],\end{aligned} \tag{7.258}$$

故

$$\begin{aligned}&\cos j(\theta - \theta') = \cos j\theta\cos j\theta' + \sin j\theta\sin j\theta' \\ &\approx \left\{\begin{aligned}&(1 - j^2e^2)\cos(j\lambda) - je\cos[(1-j)\lambda - \bar{\omega}] + je\cos[(1+j)\lambda - \bar{\omega}] \\ &- \left(\frac{5}{8}j - \frac{1}{2}j^2\right)e^2\cos[(2-j)\lambda - 2\bar{\omega}] + \left(\frac{5}{8}j + \frac{1}{2}j^2\right)e^2\cos[(2+j)\lambda - 2\bar{\omega}]\end{aligned}\right\} \\ &\quad \times \left\{\begin{aligned}&(1 - j^2e'^2)\cos(j\lambda') - je'\cos[(1-j)\lambda' - \bar{\omega}'] + je\cos[(1+j)\lambda' - \bar{\omega}'] \\ &- \left(\frac{5}{8}j - \frac{1}{2}j^2\right)e'^2\cos[(2-j)\lambda' - 2\bar{\omega}'] + \left(\frac{5}{8}j + \frac{1}{2}j^2\right)e'^2\cos[(2+j)\lambda' - 2\bar{\omega}']\end{aligned}\right\} \\ &\quad + \left\{\begin{aligned}&(1 - j^2e^2)\sin(j\lambda) + je\sin[(1-j)\lambda - \bar{\omega}] + je\sin[(1+j)\lambda - \bar{\omega}] \\ &+ \left(\frac{5}{8}j - \frac{1}{2}j^2\right)e^2\sin[(2-j)\lambda - 2\bar{\omega}] + \left(\frac{5}{8}j + \frac{1}{2}j^2\right)e^2\sin[(2+j)\lambda - 2\bar{\omega}]\end{aligned}\right\}\end{aligned}$$

$$
\times\left\{\begin{array}{l}(1-j^2e'^2)\sin(j\lambda')+je'\sin[(1-j)\lambda'-\bar{\omega}']+je\sin[(1+j)\lambda'-\bar{\omega}'] \\ +\left(\frac{5}{8}j-\frac{1}{2}j^2\right)e'^2\sin[(2-j)\lambda'-2\bar{\omega}']+\left(\frac{5}{8}j+\frac{1}{2}j^2\right)e'^2\sin[(2+j)\lambda'-2\bar{\omega}']\end{array}\right\}
$$

$$
\begin{aligned}
&\approx\cos[j(\lambda-\lambda')]-j^2e^2\cos[j(\lambda-\lambda')]-je\cos[(1-j)\lambda-\bar{\omega}+j\lambda'] \\
&+je\cos[(1+j)\lambda-\bar{\omega}-j\lambda']-\left(\frac{5}{8}j-\frac{1}{2}j^2\right)e^2\cos[(2-j)\lambda-2\bar{\omega}+j\lambda'] \\
&+\left(\frac{5}{8}j+\frac{1}{2}j^2\right)e^2\cos[(2+j)\lambda-2\bar{\omega}-j\lambda']-j^2e'^2\cos[j(\lambda-\lambda')] \\
&-je'\cos[j\lambda+(1-j)\lambda'-\bar{\omega}']-j^2ee'\cos[(1+j)\lambda-\bar{\omega}+(1-j)\lambda'-\bar{\omega}'] \\
&+je'\cos[j\lambda-(1+j)\lambda'+\bar{\omega}']-j^2ee'\cos[(1-j)\lambda-\bar{\omega}+(1+j)\lambda'-\bar{\omega}'] \\
&-\left(\frac{5}{8}j-\frac{1}{2}j^2\right)e'^2\cos[(2-j)\lambda'-2\bar{\omega}'+j\lambda] \\
&+\left(\frac{5}{8}j+\frac{1}{2}j^2\right)e'^2\cos[(2+j)\lambda'-2\bar{\omega}'-j\lambda] \\
&+j^2ee'\cos[(1-j)\lambda-\bar{\omega}-(1-j)'+\bar{\omega}'] \\
&+j^2ee'\cos[(1+j)\lambda-\bar{\omega}-(1+j)\lambda'+\bar{\omega}'].
\end{aligned}
\tag{7.259}
$$

由 $r=a(1-e\cos E)$ 和第 2 章将 E 表示成 M 级数的公式，得

$$
\begin{aligned}
\varepsilon=\frac{r}{a}-1&=-e\cos E=-e\cos M-e^2\left(\frac{1}{2}\cos 2M-\frac{1}{2}\right)+\cdots \\
&=-e\cos(\lambda-\bar{\omega})+\frac{1}{2}e^2[1-\cos 2(\lambda-\bar{\omega})]+\cdots,
\end{aligned}
\tag{7.260}
$$

下面将 R_D 展开到 e，e'，s，s' 的二级项：

$$
\begin{aligned}
R_D&=\sum_{j=-\infty}^{\infty}\frac{a'}{2}\sum_{l=0}^{\infty}\frac{1}{l!}\sum_{k=0}^{l}C_l^k\varepsilon^k\varepsilon'^{l-k}A_{0,j,k,l-k}\cos j(\theta-\theta') \\
&\quad+\sum_{j=-\infty}^{\infty}2\times\frac{1}{2}\frac{r}{a}\frac{r'}{a'}\Psi\frac{aa'^2}{2}\sum_{l=0}^{\infty}\frac{1}{l!}\sum_{k=0}^{l}C_l^k\varepsilon^k\varepsilon'^{l-k}A_{1,j,k,l-k}\cos j(\theta-\theta')+\cdots \\
&=\sum_{j=-\infty}^{\infty}\frac{a'}{2}\left[\begin{array}{l}C_0^0\varepsilon^0\varepsilon'^0A_{0,j,0,0}+\frac{1}{1!}(C_1^0\varepsilon^0\varepsilon'^1A_{0,j,0,1}+C_1^1\varepsilon^1\varepsilon'^0A_{0,j,1,0}) \\ +\frac{1}{2!}(C_2^0\varepsilon^0\varepsilon'^2A_{0,j,0,2}+C_2^1\varepsilon^1\varepsilon'^1A_{0,j,1,1}+C_2^2\varepsilon^2\varepsilon'^0A_{0,j,2,0})+\cdots\end{array}\right]\cos j(\theta-\theta') \\
&\quad+\sum_{j=-\infty}^{\infty}\Psi\frac{aa'^2}{2}[C_0^0\varepsilon^0\varepsilon'^0A_{1,j,0,0}]\cos j(\theta-\theta')+o(e^2) \\
&=\sum_{j=-\infty}^{\infty}\frac{a'}{2}[A_{0,j,0,0}+\varepsilon^0\varepsilon'^1A_{0,j,0,1}+\varepsilon^1\varepsilon'^0A_{0,j,1,0}]\cos j(\theta-\theta') \\
&\quad+\sum_{j=-\infty}^{\infty}\Psi aa'^2A_{1,j,0,0}\cos j(\theta-\theta')+o(e^2),
\end{aligned}
\tag{7.261}
$$

其中，

$$
A_{0,\,j,\,0,\,0}=a'^{-1}b_{\frac{1}{2}}^j(\alpha),\quad A_{0,\,j,\,0,\,1}=a'\frac{\partial}{\partial a'}(a'^{-1}b_{\frac{1}{2}}^j(\alpha))=-\frac{1}{a'}b_{\frac{1}{2}}^j(\alpha)-\frac{a}{a'^2}Db_{\frac{1}{2}}^j(\alpha),
$$

$$A_{0,j,1,0}=a\frac{\partial}{\partial a}(a'^{-1}b_{\frac{1}{2}}^{j}(\alpha))=\frac{a}{a'^{2}}Db_{\frac{1}{2}}^{j}(\alpha),\ A_{1,j,0,0}=a'^{-3}b_{\frac{3}{2}}^{j}(\alpha),\tag{7.262}$$

其中，$\alpha=a/a'$，$D=\dfrac{\partial}{\partial\alpha}$.

故

$$R_D=\sum_{j=-\infty}^{\infty}\left\{\begin{array}{l}\dfrac{a'}{2}\left[\begin{array}{l}a'^{-1}b_{\frac{1}{2}}^{j}(\alpha)+\left\langle -e'\cos(\lambda'-\bar{\omega}')+\dfrac{1}{2}e'^{2}[1-\cos2(\lambda'-\bar{\omega}')]\right\rangle\\ a'\dfrac{\partial}{\partial a'}(a'^{-1}b_{\frac{1}{2}}^{j}(\alpha))+\left\langle -e\cos(\lambda-\bar{\omega})+\dfrac{1}{2}e^{2}[1-\cos2(\lambda-\bar{\omega})]\right\rangle\\ \times a\dfrac{\partial}{\partial a}(a'^{-1}b_{\frac{1}{2}}^{j}(\alpha))+\dfrac{1}{2!}\langle\varepsilon^{0}\varepsilon'^{2}A_{0,j,0,2}+2\varepsilon^{1}\varepsilon'^{1}A_{0,j,1,1}+\varepsilon^{2}\varepsilon'^{0}A_{0,j,2,0}\rangle\\ +\cdots\end{array}\right]\\ +\dfrac{1}{2}\left\langle\begin{array}{l}-(s^{2}+s'^{2})\cos(\lambda-\lambda')+s^{2}\cos(\lambda+\lambda'-2\Omega)+s'^{2}\cos(\lambda+\lambda'-2\Omega')\\ +2ss'\cos(\lambda-\lambda'-\Omega+\Omega')-2ss'\cos(\lambda+\lambda'-\Omega-\Omega')\end{array}\right\rangle\\ \times aa'^{2}a'^{-3}b_{\frac{3}{2}}(\alpha)\end{array}\right\}$$

$$\times\cos j(\theta-\theta')+\cdots.\tag{7.263}$$

可以分析，将式(7.259)代入上式，准确到 e，e'，s，s' 的二级项由基本项(即含 $\cos(j\lambda'-j\lambda)$)和含 e，e'，e^2，e'^2，s^2，s'^2，ss'，ee' 项组成.

基本项为

$$\sum_{j=-\infty}^{\infty}\left\{\left[\begin{array}{l}\dfrac{1}{2}b_{\frac{1}{2}}^{j}+\dfrac{1}{8}(e^{2}+e'^{2})(-4j^{2}+2\alpha D+\alpha^{2}D^{2})b_{\frac{1}{2}}^{j}\\ +\dfrac{1}{4}(s^{2}+s'^{2})(-\alpha b_{\frac{3}{2}}^{j-1}-\alpha b_{\frac{3}{2}}^{j+1})\end{array}\right]\cos(j\lambda'-j\lambda)\right\}.\tag{7.264}$$

含 ee' 项为

$$\frac{ee'a'}{2}\sum_{j=-\infty}^{\infty}\left\{\begin{array}{l}\left[-\cos(\lambda-\bar{\omega})\left\langle\begin{array}{l}-j\cos(j\lambda+(1-j)\lambda'-\bar{\omega}')\\ +j\cos(j\lambda-(1+j)\lambda'+\bar{\omega}')\end{array}\right\rangle\right]\times\left(\dfrac{a}{a'^{2}}Db_{\frac{1}{2}}^{j}\right)\\ -\cos(\lambda'-\bar{\omega}')\left\langle\begin{array}{l}j\cos((1+j)\lambda-j\lambda'-\bar{\omega})\\ -j\cos((1-j)\lambda+j\lambda'-\bar{\omega})\end{array}\right\rangle\times\left(-\dfrac{1}{a'}b_{\frac{1}{2}}^{j}-\dfrac{a}{a'^{2}}Db_{\frac{1}{2}}^{j}\right)\\ +\cos(\lambda-\bar{\omega})\cos(\lambda'-\bar{\omega}')\cos(j\lambda'-j\lambda)\times\left(-\dfrac{2a}{a'^{2}}Db_{\frac{1}{2}}^{j}-\dfrac{a^{2}}{a'^{3}}D^{2}b_{\frac{1}{j}}\right)\\ +(7.259)ee'\text{term}\end{array}\right\}.\tag{7.265}$$

注意下面的三角函数积化和差公式：

$$\cos(\lambda-\bar{\omega})\cos(j\lambda+(1-j)\lambda'-\bar{\omega}')=\frac{1}{2}\left[\begin{array}{l}\cos((j+1)\lambda+(1-j)\lambda'-\bar{\omega}'-\bar{\omega})\\ +\cos((j-1)\lambda+(1-j)\lambda'-\bar{\omega}'+\bar{\omega})\end{array}\right],\tag{7.266}$$

$$\cos(\lambda-\bar{\omega})\cos(j\lambda-(1+j)\lambda'+\bar{\omega}')=\frac{1}{2}\left[\begin{array}{l}\cos((1+j)\lambda-(1+j)\lambda'+\bar{\omega}'-\bar{\omega})\\ +\cos((j-1)\lambda-(j+1)\lambda'+\bar{\omega}+\bar{\omega}')\end{array}\right],\tag{7.267}$$

$$\cos(\lambda' - \bar{\omega}')\cos((1+j)\lambda - j\lambda' - \bar{\omega}') = \frac{1}{2}\begin{bmatrix}\cos((1+j)\lambda - (j-1)\lambda' - \bar{\omega} - \bar{\omega}') \\ +\cos((1+j)\lambda - (j+1)\lambda' - \bar{\omega} + \bar{\omega}')\end{bmatrix}, \tag{7.268}$$

$$\cos(\lambda' - \bar{\omega}')\cos((1-j)\lambda + j\lambda' - \bar{\omega}) = \frac{1}{2}\begin{bmatrix}\cos((1-j)\lambda + (j+1)\lambda' - \bar{\omega} - \bar{\omega}') + \\ \cos((1-j)\lambda + (j-1)\lambda' - \bar{\omega} + \bar{\omega}')\end{bmatrix}, \tag{7.269}$$

$$\begin{aligned}&\cos(\lambda - \bar{\omega})\cos(\lambda' - \bar{\omega}')\cos(j\lambda' - j\lambda)\\ &= \frac{1}{2}[\cos(\lambda + \lambda' - \bar{\omega}' - \bar{\omega}) + \cos(\lambda - \lambda' - \bar{\omega} + \bar{\omega}')]\cos(j\lambda - j\lambda')\\ &= \frac{1}{4}\begin{bmatrix}\cos((j+1)\lambda - \bar{\omega} + (1-j)\lambda' - \bar{\omega}') + \cos((1-j)\lambda - \bar{\omega} + (1+j)\lambda' - \bar{\omega}') \\ +\cos((j+1)\lambda - \bar{\omega} - (j+1)\lambda' + \bar{\omega}') + \cos((1-j)\lambda - \bar{\omega} - (1-j)\lambda' + \bar{\omega}')\end{bmatrix}.\end{aligned} \tag{7.270}$$

而又知，求和变量在 $j \leftrightarrow -j$，$j+1 \leftrightarrow j$，$j-1 \leftrightarrow j$ 下求和结果保持不变，于是，由式(7.265)得含 ee' 项(第 1 部分)为：

$$\begin{aligned}&\frac{ee'a'}{2}\cos(j\lambda' - j\lambda + \bar{\omega}' - \bar{\omega})\\ &\times\begin{bmatrix}\left(\left(-\frac{1}{a'}\right)b_{\frac{1}{2}}^{j+1} - \frac{a}{a'^2}Db_{\frac{1}{2}}^{j+1}\right)\frac{1}{2}(j+1) \\ +\left(\left(-\frac{1}{a'}\right)b_{\frac{1}{2}}^{j+1} - \frac{a}{a'^2}Db_{\frac{1}{2}}^{j+1}\right)\frac{1}{2}(j+1) + \left(\frac{a}{a'^2}Db_{\frac{1}{2}}^{j+1}\right)\frac{1}{2}(j+1) \\ +\left(\frac{a}{a'^2}Db_{\frac{1}{2}}^{j+1}\right)\frac{1}{2}(j+1) + \frac{1}{4}\times 2\left(-\frac{2a}{a'^2}Db_{\frac{1}{2}}^{j+1} - \frac{a^2}{a'^3}D^2b_{\frac{1}{2}}^{j+1}\right)\end{bmatrix}\\ &= \left[\frac{ee'}{4}\left(-\alpha^2D^2 - 2\alpha D - 2(j+1)b_{\frac{1}{2}}^{j+1} + ee'\frac{1}{2}b_{\frac{1}{2}}^{j+1}2(j+1)^2\right.\right]\\ &= \frac{1}{4}ee'(2 + 6j + 4j^2 - 2\alpha D - \alpha^2D^2)b_{\frac{1}{2}}^{j+1}\cos(j\lambda' - j\lambda + \bar{\omega}' - \bar{\omega}).\end{aligned} \tag{7.271}$$

上式略去了求和符号(下同)，其他项可同理求出. 比如 ss' 项为：

$$\begin{aligned}&ss'\alpha b_{\frac{3}{2}}^{j}(\alpha)[\cos(\lambda - \lambda' - \Omega + \Omega') - \cos(\lambda + \lambda' - \Omega - \Omega')]\cos(j\lambda' - j\lambda)\\ &= \frac{1}{2}ss'\alpha b_{\frac{3}{2}}^{j}(\alpha)\begin{bmatrix}\cos((j+1)\lambda - (j+1)\lambda' - \Omega + \Omega') \\ +\cos((1-j)\lambda - (1-j)\lambda' - \Omega + \Omega') \\ -\cos((j+1)\lambda + (1-j)\lambda' - \Omega - \Omega') \\ -\cos((1-j)\lambda + (j+1)\lambda' - \Omega - \Omega')\end{bmatrix},\end{aligned} \tag{7.272}$$

我们强调，求和变量在 $j \leftrightarrow -j$，$j+1 \leftrightarrow j$，$j-1 \leftrightarrow j$ 下的求和结果保持不变，

于是，上式左边

$$\begin{aligned}&= ss'\alpha b_{\frac{3}{2}}^{j}(\alpha)\begin{bmatrix}\cos((j-1)\lambda' - (j-1)\lambda - \Omega + \Omega') \\ -\cos((1-j)\lambda + (1+j)\lambda' - \Omega - \Omega')\end{bmatrix}\\ &= ss'\alpha b_{\frac{3}{2}}^{j+1}(\alpha)\cos(j\lambda' - j\lambda - \Omega + \Omega')\\ &\quad - ss'\alpha b_{\frac{3}{2}}^{j-1}(\alpha)\cos(j\lambda' + (2-j)\lambda - \Omega + \Omega'),\end{aligned} \tag{7.273}$$

故

$$R_E = -\frac{r}{a}\left(\frac{a'}{r'}\right)^2 \cos\psi$$

$$= -\left[1 - e\cos(\lambda - \bar{\omega}) + \frac{1}{2}e^2(1 - \cos 2(\lambda - \bar{\omega}))\right] \tag{7.274}$$

$$\times\left[1 - e'\cos(\lambda' - \bar{\omega}') + \frac{1}{2}e'^2(1 - \cos 2(\lambda' - \bar{\omega}'))\right]^{-2}\cos\psi + \cdots.$$

注意到

$$\left[1 - e'\cos(\lambda' - \bar{\omega}') + \frac{1}{2}e'^2(1 - \cos 2(\lambda' - \bar{\omega}'))\right]^{-2}$$

$$= 1 + 2\left[e'\cos(\lambda' - \bar{\omega}') - \frac{1}{2}e'^2(1 - \cos 2(\lambda' - \bar{\omega}'))\right] \tag{7.275}$$

$$+ 3e'^2\cos^2(\lambda' - \bar{\omega}') + \cdots$$

$$= 1 + 2e'\cos(\lambda' - \bar{\omega}') + e'^2\left[\frac{5}{2} + \frac{1}{2}\cos 2(\lambda' - \bar{\omega}')\right] + o(e'^2).$$

下面来求 R_E 中各项，即基本项和含 e，e'，e^2，e'^2，s^2，s'^2，ss'，ee' 的项.

$$\text{基本项} = -\cos(\lambda - \lambda'), \tag{7.276}$$

$$\text{含 } e \text{ 项} = -e\cos(2\lambda - \lambda' - \bar{\omega}) + e\cos(\lambda' - \bar{\omega}) - \cos(\lambda - \lambda')[-e\cos(\lambda - \bar{\omega})]$$

$$= e\left[\begin{array}{l}\cos(\lambda' - \bar{\omega}) - \cos(2\lambda - \lambda' - \bar{\omega}) \\ + \frac{1}{2}\cos(2\lambda - \lambda' - \bar{\omega}) + \frac{1}{2}\cos(\lambda' - \bar{\omega})\end{array}\right]$$

$$= e\left[\frac{3}{2}\cos(\lambda' - \bar{\omega}) - \frac{1}{2}\cos(2\lambda - \lambda' - \bar{\omega})\right], \tag{7.277}$$

$$\text{含 } e' \text{ 项} = e'[-\cos(\lambda - 2\lambda' + \bar{\omega}') + \cos(\lambda - \bar{\omega}') - 2\cos(\lambda' - \bar{\omega}')\cos(\lambda - \lambda')]$$

$$= e'[-2\cos(\lambda - 2\lambda' + \bar{\omega}')], \tag{7.278}$$

$$\text{含 } e^2 \text{ 项} = e^2\left[\begin{array}{l}-\frac{9}{8}\cos(3\lambda - \lambda' - 2\bar{\omega}) + \frac{1}{8}\cos(\lambda + \lambda' - 2\bar{\omega}) \\ -\frac{1}{2}(1 - \cos 2(\lambda - \bar{\omega}))\cos(\lambda - \lambda') \\ + (\cos(2\lambda - \lambda' - \bar{\omega}) - \cos(\lambda' - \bar{\omega}))\cos(\lambda - \bar{\omega})\end{array}\right]$$

$$= -\frac{1}{2}e^2\cos(\lambda - \lambda')$$

$$+ e^2\left[\begin{array}{l}-\frac{9}{8}\cos(3\lambda - \lambda' - 2\bar{\omega}) + \frac{1}{8}\cos(\lambda + \lambda' - 2\bar{\omega}) + \frac{1}{4}\cos(3\lambda - \lambda' - 2\bar{\omega}) \\ + \frac{1}{4}\cos(\lambda + \lambda' - 2\bar{\omega}) + \frac{1}{2}\cos(3\lambda - \lambda' - 2\bar{\omega}) + \frac{1}{2}\cos(\lambda - \lambda') \\ - \frac{1}{2}\cos(\lambda + \lambda' - 2\bar{\omega}) - \frac{1}{2}\cos(\lambda - \lambda')\end{array}\right],$$

$$= e^2\left[-\frac{3}{8}\cos(3\lambda-\lambda'-2\bar{\omega})-\frac{1}{8}\cos(\lambda+\lambda'-2\bar{\omega})-\frac{1}{2}\cos(\lambda-\lambda')\right], \tag{7.279}$$

同理可求含 e'^2 项.

$$含 s^2 项 = s^2[\cos(\lambda-\lambda')-\cos(\lambda+\lambda'-2\Omega)], \tag{7.280}$$

$$含 s'^2 项 = s'^2[\cos(\lambda-\lambda')-\cos(\lambda+\lambda'-2\Omega)], \tag{7.281}$$

$$\begin{aligned}
含 ee' 项 =& -ee'\left[\begin{aligned}&\cos(2\lambda-2\lambda'-\bar{\omega}+\bar{\omega}')+\cos(\bar{\omega}-\bar{\omega}')-\cos(2\lambda-\bar{\omega}-\bar{\omega}')\\&-\cos(2\lambda'-\bar{\omega}-\bar{\omega}')-2\cos(\lambda-\bar{\omega})\cos(\lambda'-\bar{\omega}')\cos(\lambda-\lambda')\end{aligned}\right]\\
&+ee'[\cos(\lambda-\bar{\omega})(\cos(\lambda-2\lambda'+\bar{\omega}')-\cos(\lambda-\bar{\omega}'))]\\
&-2\cos(\lambda'-\bar{\omega}')(\cos(2\lambda-\lambda'-\bar{\omega})-\cos(\lambda'-\bar{\omega}))\\
=& -ee'\left[\begin{aligned}&\cos(2\lambda-2\lambda'-\bar{\omega}+\bar{\omega}')+\cos(\bar{\omega}-\bar{\omega}')-\cos(2\lambda-\bar{\omega}-\bar{\omega}')\\&-\cos(2\lambda'-\bar{\omega}-\bar{\omega}')+\frac{1}{2}\left\langle\begin{aligned}&\cos(2\lambda-\bar{\omega}-\bar{\omega}')+\cos(2\lambda'-\bar{\omega}-\bar{\omega}')\\&+\cos(2\lambda-2\lambda'-\bar{\omega}+\bar{\omega}')+\cos(\omega'-\bar{\omega})\end{aligned}\right\rangle\end{aligned}\right]\\
&+ee'\left[\frac{1}{2}\left\langle\begin{aligned}&\cos(2\lambda-2\lambda'-\bar{\omega}+\bar{\omega}')+\cos(2\lambda'-\bar{\omega}-\bar{\omega}')-\cos(2\lambda-\bar{\omega}-\bar{\omega}')\\&-\cos(\omega'-\bar{\omega})-\cos(2\lambda-\bar{\omega}-\bar{\omega}')-\cos(2\lambda-2\lambda'-\bar{\omega}-\bar{\omega}')\\&+\cos(2\lambda'-\bar{\omega}-\bar{\omega}')+\cos(\omega'-\bar{\omega})\end{aligned}\right\rangle\right]\\
=& ee'[-\cos(2\lambda-2\lambda'-\bar{\omega}+\bar{\omega}')+3\cos(2\lambda'-\bar{\omega}-\bar{\omega}')].
\end{aligned} \tag{7.282}$$

接下来，由于

$$R_I = -\frac{r'}{a'}\left(\frac{a}{r}\right)^2\cos\psi, \tag{7.283}$$

$$R_E = -\frac{r}{a}\left(\frac{a'}{r'}\right)^2\cos\psi. \tag{7.284}$$

显然 $R_I = R_E$（带撇 ↔ 不带撇）. 注意：$\cos\psi$ 在带撇和不带撇情形下保持不变.

m'（轨道外）对 m（轨道内）天体的摄动函数为

$$R = \frac{Gm'}{a'}[R_D + \alpha R_E], \tag{7.285}$$

m 对 m' 的摄动函数为

$$R' = \frac{Gm}{a'}\left[R_D + \frac{1}{\alpha^2}R_I\right], \tag{7.286}$$

其中，

$$R_D = \frac{a'}{|\boldsymbol{r}'-\boldsymbol{r}|}. \tag{7.287}$$

到此，我们得到了摄动函数与轨道根数之间的关系.

上面展开式的特点分析如下：

(1)余弦函数，各余弦内角度系数之和为零.

(2)余弦项系数与角度有关，含 $m\bar{\omega}$（或 $n\bar{\omega}'$）的系数为 $e^{|m|}$（或 $e'^{|n'|}$），含 $m\Omega$, $n\Omega'$

的系数分别为 $s^{|m|}$，$s'^{|n|}$.

(3) 含 $s^{|m|}$，$s'^{|n|}$ 的阶数 $|m|+|n|$ 为偶数.

(4) 间接项 R_E，R_I 不含拉普拉斯系数.

(5) 不含有任何角度项或仅含 Ω'，Ω，$\bar{\omega}'$，$\bar{\omega}$ 项称为长期项，随时间变化最快的是 λ，λ' 项称为短周期项，短周期项通常认为在长期演化中不起作用，可略去或用平均值取代.

(6) λ，λ' 变化率分别约为 n，n'，而 n，n' 与 a，a' 有关，某种 a，a' 可满足通约关系

$$j_1 n' + j_2 n = 0, \tag{7.288}$$

其中，j_1，j_2 为整数，相应摄动函数中含 $j_1\lambda' + j_2\lambda$ 项，此项称为通约项，可在一些情况下引起平运动轨道共振(resonance).

7.8　一种系统下的基本方程及其解——主天体形状摄动的研究

在二体系统中，若主天体不是球体，则其对次天体的运动就有摄动，这种由主天体的非球对称引起的摄动称为形状摄动.

1. 直接法下的基本方程及其解

设主天体为行星，质量为 m_p；次天体为卫星，质量为 m；描述系统的基本物理量为 $\boldsymbol{r}(t)$（卫星相对于行星位矢），引力势为 $V(\boldsymbol{r})$. 基本方程有两方面，即行星激发引力场，引力场反过来对卫星有力的作用，使其运动，也即

$$\begin{cases} V = -\dfrac{Gm_p}{r}\left[1 - \displaystyle\sum_{n=2}^{\infty} J_n \left(\dfrac{R_p}{r}\right)^n P_n(\sin\alpha)\right], \\ m\ddot{\boldsymbol{r}} = -m\nabla V. \end{cases} \tag{7.289}$$

下面来求解式(7.289)的第二个方程. 令 $\theta = \dfrac{\pi}{2} - \alpha$，$\boldsymbol{e}_r$，$\boldsymbol{e}_\theta$，$\boldsymbol{e}_\phi$ 为球坐标基矢，我们有

$$\begin{aligned} &\frac{\partial \boldsymbol{e}_r}{\partial r} = 0,\ \frac{\partial \boldsymbol{e}_r}{\partial \theta} = \boldsymbol{e}_\theta,\ \frac{\partial \boldsymbol{e}_r}{\partial \phi} = \sin\theta \boldsymbol{e}_\phi; \\ &\frac{\partial \boldsymbol{e}_\theta}{\partial r} = 0,\ \frac{\partial \boldsymbol{e}_\theta}{\partial \theta} = -\boldsymbol{e}_r,\ \frac{\partial \boldsymbol{e}_\theta}{\partial \phi} = \cos\theta \boldsymbol{e}_\phi; \\ &\frac{\partial \boldsymbol{e}_\phi}{\partial r} = 0,\ \frac{\partial \boldsymbol{e}_\phi}{\partial \theta} = 0. \end{aligned} \tag{7.290}$$

以下的关键是求解 $\dfrac{\partial \boldsymbol{e}_\phi}{\partial \phi}$.

设 $\dfrac{\partial \boldsymbol{e}_\phi}{\partial \phi} = -\cos\phi \boldsymbol{i} - \sin\phi \boldsymbol{j} \equiv a\boldsymbol{e}_r + b\boldsymbol{e}_\theta + c\boldsymbol{e}_\phi$，其中 a，b，c 待定.

$$
\begin{aligned}
a &= (-\cos\phi \boldsymbol{i} - \sin\phi \boldsymbol{j})\boldsymbol{e}_r \\
&= (-\cos\phi \boldsymbol{i} - \sin\phi \boldsymbol{j})(\sin\theta\cos\phi \boldsymbol{i} + \sin\theta\sin\phi \boldsymbol{j} + \cos\theta \boldsymbol{k}) = -\sin\theta, \\
b &= (-\cos\phi \boldsymbol{i} - \sin\phi \boldsymbol{j})\boldsymbol{e}_\theta \\
&= (-\cos\phi \boldsymbol{i} - \sin\phi \boldsymbol{j})(\cos\theta\cos\phi \boldsymbol{i} + \cos\theta\sin\phi \boldsymbol{j} - \sin\theta \boldsymbol{k}) = -\cos\theta, \\
c &= (-\cos\phi \boldsymbol{i} - \sin\phi \boldsymbol{j})\boldsymbol{e}_\phi \\
&= (-\cos\phi \boldsymbol{i} - \sin\phi \boldsymbol{j})(\cos\phi \boldsymbol{j} - \sin\phi \boldsymbol{i}) = 0.
\end{aligned}
\tag{7.291}
$$

因此，

$$
\frac{\partial \boldsymbol{e}_\phi}{\partial \phi} = -\sin\theta \boldsymbol{e}_r - \cos\theta \boldsymbol{e}_\theta, \tag{7.292}
$$

有了以上公式，我们可求 $\dot{\boldsymbol{r}}(t)$，$\ddot{\boldsymbol{r}}(t)$：

$$
\begin{aligned}
\boldsymbol{r} &= r\boldsymbol{e}_r, \\
\dot{\boldsymbol{r}} &= \dot{r}\boldsymbol{e}_r + r\frac{\mathrm{d}\boldsymbol{e}_r}{\mathrm{d}t} = \dot{r}\boldsymbol{e}_r + r\left(\dot{r}\frac{\partial \boldsymbol{e}_r}{\partial r} + \dot{\theta}\frac{\partial \boldsymbol{e}_r}{\partial \theta} + \dot{\phi}\frac{\partial \boldsymbol{e}_r}{\partial \phi}\right) \\
&= \dot{r}\boldsymbol{e}_r + r\dot{\theta}\boldsymbol{e}_\theta + r\dot{\phi}\sin\theta \boldsymbol{e}_\phi, \\
\ddot{\boldsymbol{r}} &= \ddot{r}\boldsymbol{e}_r + \dot{r}\left(\dot{r}\frac{\partial \boldsymbol{e}_r}{\partial r} + \dot{\theta}\frac{\partial \boldsymbol{e}_r}{\partial \theta} + \dot{\phi}\frac{\partial \boldsymbol{e}_r}{\partial \phi}\right) + (\dot{r}\dot{\theta} + r\ddot{\theta})\boldsymbol{e}_\theta \\
&+ r\dot{\theta}\left(\dot{r}\frac{\partial \boldsymbol{e}_\theta}{\partial r} + \dot{\theta}\frac{\partial \boldsymbol{e}_\theta}{\partial \theta} + \dot{\phi}\frac{\partial \boldsymbol{e}_\theta}{\partial \phi}\right) + (\dot{r}\dot{\phi}\sin\theta + r\ddot{\phi}\sin\theta + r\dot{\phi}\dot{\theta}\cos\theta)\boldsymbol{e}_\phi + r\dot{\phi}\sin\theta\left(\dot{r}\frac{\partial \boldsymbol{e}_\phi}{\partial r} + \dot{\theta}\frac{\partial \boldsymbol{e}_\phi}{\partial \theta} + \dot{\phi}\frac{\partial \boldsymbol{e}_\phi}{\partial \phi}\right) \\
&= \ddot{r}\boldsymbol{e}_r + \dot{r}(\dot{\theta}\boldsymbol{e}_\theta + \dot{\phi}\sin\theta \boldsymbol{e}_\phi) + (\dot{r}\dot{\theta} + r\ddot{\theta})\boldsymbol{e}_\theta + r\dot{\theta}(-\dot{\theta}\boldsymbol{e}_r + \dot{\phi}\cos\theta \boldsymbol{e}_\phi) \\
&\quad + (\dot{r}\dot{\phi}\sin\theta + r\ddot{\phi}\sin\theta + r\dot{\phi}\dot{\theta}\cos\theta)\boldsymbol{e}_\phi + r\dot{\phi}^2\sin\theta(-\sin\theta \boldsymbol{e}_r - \cos\theta \boldsymbol{e}_\theta) \\
&= (\ddot{r} - r\dot{\alpha}^2 - r\cos^2\alpha\dot{\phi}^2)\boldsymbol{e}_r + \left(-\frac{1}{r}\frac{\mathrm{d}}{\mathrm{d}t}(r^2\dot{\alpha}) - r\sin\alpha\cos\alpha\dot{\phi}^2\right)\boldsymbol{e}_\theta \\
&+ \left(\frac{1}{r\cos\alpha}\right)\frac{\mathrm{d}}{\mathrm{d}t}(r^2\cos^2\alpha\dot{\phi})\boldsymbol{e}_\phi,
\end{aligned}
\tag{7.293}
$$

由于 V 与 ϕ 无关，可得

$$
\nabla V = \frac{\partial V}{\partial r}\boldsymbol{e}_r + \frac{1}{r}\frac{\partial V}{\partial \theta}\boldsymbol{e}_\theta = \frac{\partial V}{\partial r}\boldsymbol{e}_r - \frac{1}{r}\frac{\partial V}{\partial \alpha}\boldsymbol{e}_\theta, \tag{7.294}
$$

根据式(7.289)，结合式(7.293)和式(7.294)，得

$$
\begin{cases}
\ddot{r} - r\dot{\alpha}^2 - r\cos^2\alpha\dot{\phi}^2 = -\dfrac{\partial V}{\partial r}, \\
\dfrac{\mathrm{d}}{\mathrm{d}t}(r^2\dot{\alpha}) + r^2\sin\alpha\cos\alpha\dot{\phi}^2 = -\dfrac{\partial V}{\partial \alpha}, \\
\dfrac{\mathrm{d}}{\mathrm{d}t}(r^2\cos^2\alpha\dot{\phi}) = 0,
\end{cases}
\tag{7.295}
$$

上式可用球坐标系下的拉格朗日量求得，此问题留给读者.

由式(7.295)的第三个方程，得

$$\dot{\phi} = \frac{h}{r^2 \cos^2\alpha}, \tag{7.296}$$

即绕 z 轴的角动量守恒，代入式(7.295)的第一、第二个方程分别可得

$$\begin{aligned} &\ddot{r} - r\dot{\alpha}^2 - \frac{h^2}{r^3 \cos^2\alpha} = -\frac{\partial V}{\partial r}, \\ &\frac{\mathrm{d}}{\mathrm{d}t}(r^2\dot{\alpha}) + \frac{h^2 \sin\alpha}{r^2 \cos^3\alpha} = -\frac{\partial V}{\partial \alpha}. \end{aligned} \tag{7.297}$$

设卫星在行星赤道附近做近圆轨道运动，即 $r = a(1+\varepsilon)$，这里 ε，α 为小量. 将上述方程在 $r = a$，$\alpha = 0$ 附近展开，注意

$$\begin{aligned} \frac{\partial V}{\partial r}(r, \alpha) &= \frac{\partial V}{\partial r}(a(1+\varepsilon), \alpha) \approx \left(\frac{\partial V}{\partial r}\right)_{\varepsilon=0,\ \alpha=0} + a\left(\frac{\partial^2 V}{\partial r^2}\right)_{\varepsilon=0,\ \alpha=0}\varepsilon + \left(\frac{\partial^2 V}{\partial r \partial \alpha}\right)_{\varepsilon=0,\ \alpha=0}\alpha \\ &\equiv a(A + B\varepsilon + C\alpha), \\ \frac{\partial V}{\partial \alpha}(r, \alpha) &= \frac{\partial V}{\partial \alpha}(a(1+\varepsilon), \alpha) \approx \left(\frac{\partial V}{\partial \alpha}\right)_{\varepsilon=0,\ \alpha=0} + \left(\frac{\partial^2 V}{\partial \alpha^2}\right)_{\varepsilon=0,\ \alpha=0}\alpha + a\left(\frac{\partial^2 V}{\partial r \partial \alpha}\right)_{\varepsilon=0,\ \alpha=0}\varepsilon \\ &\equiv a(D + E\varepsilon + F\alpha), \end{aligned} \tag{7.298}$$

保留 ε，α，$\dot{\varepsilon}$，$\dot{\alpha}$ 的零阶项和一阶项，于是式(7.297)可化为

$$\begin{cases} \ddot{\varepsilon} - \dfrac{h^2}{a^3(1+\varepsilon)^3} = -\dfrac{\partial V}{\partial r}, \\ r^2\ddot{\alpha} + 2r\dot{r}\dot{\alpha} + \dfrac{h^2 \sin\alpha}{r^2 \cos^3\alpha} = -\dfrac{\partial V}{\partial \alpha}, \end{cases} \tag{7.299}$$

$$\Rightarrow \begin{cases} \ddot{\varepsilon} - \dfrac{h^2}{a^4}(1 - 3\varepsilon) = -(A + B\varepsilon + C\alpha), \\ \ddot{\alpha} + \dfrac{h^2}{a^4}\alpha = -(D + E\varepsilon + F\alpha), \end{cases} \tag{7.300}$$

$$\Rightarrow \begin{cases} \ddot{\varepsilon} + \left(\dfrac{3h^2}{a^4} + B\right)\varepsilon + C\alpha = \dfrac{h^2}{a^4} - A, \\ \ddot{\alpha} + \left(\dfrac{h^2}{a^4} + F\right)\alpha + E\varepsilon = -D. \end{cases} \tag{7.301}$$

对于已知行星 J_3，J_5 等可认为为零，易证，在 $\alpha = 0$，n 为偶数时，$\dfrac{\partial^2 V}{\partial r \partial \alpha} = 0$，即 $C = E = 0$，进一步假设径向变化的平均值为零，即 $\langle \varepsilon \rangle = 0$. 由式(7.301)中的第一式，有

$$\frac{h^2}{a^4} - A = 0 \Rightarrow \ddot{\varepsilon} + (3A + B)\varepsilon = 0 \Rightarrow \varepsilon = e\cos(\kappa t), \tag{7.302}$$

故

$$r = a(1 + e\cos(\kappa t)), \tag{7.303}$$

与二体运动相比较，即

$$r=\frac{a(1-e^2)}{1+e\cos(\theta-\omega)},$$

其中，e 为偏心率.

$$\kappa^2=3A+B, \tag{7.304}$$

由式(7.301)第二式，有

$$\ddot{\alpha}+(A+F)\alpha=-D, \tag{7.305}$$

其解为

$$\alpha=-\frac{D}{A+F}+i\cos(\nu t), \tag{7.306}$$

其中，$\nu=A+F$，易知 i 为轨道倾角(orbital inclination).

由式(7.296)得

$$\dot{\phi}\approx\frac{h}{a^2}(1-2\varepsilon)=\frac{h}{a^2}(1-2e\cos\kappa t)=\sqrt{A}(1-2e\cos\kappa t), \tag{7.307}$$

其解为

$$\phi=\sqrt{A}t-\frac{2\sqrt{A}}{\kappa}e\sin\kappa t, \tag{7.308}$$

又

$$n^2=\langle\dot{\phi}\rangle^2=A \tag{7.309}$$

在此情形下，卫星在三个不同方向上分别以不同频率振动，即横向平运动频率为 n，径向振动频率为 κ，纵向振动频率为 ν，如图 7.4 所示.

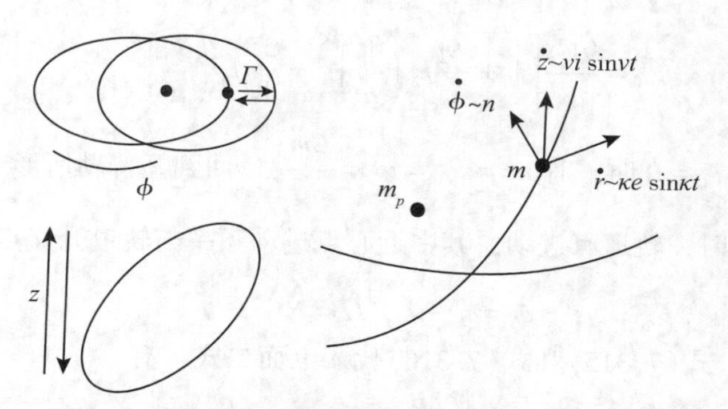

图 7.4 旋转对称行星引力势下卫星三个方向的运动

由上面公式，得

$$\begin{aligned}
n^2&=A=\frac{1}{a}\left(\frac{\partial V}{\partial r}\right)_0,\\
\kappa^2&=3A+B=3n^2+\left(\frac{\partial^2 V}{\partial r^2}\right)_0,\\
\nu^2&=A+F=n^2+\frac{1}{a^2}\left(\frac{\partial^2 V}{\partial\alpha^2}\right)_0.
\end{aligned} \tag{7.310}$$

而

$$
\begin{aligned}
V &= -\frac{Gm_p}{r}\left[1-\sum_{n=2}^{\infty}J_n\left(\frac{R_p}{r}\right)^n P_n(\sin\alpha)\right] \\
&\approx -\frac{Gm_p}{r}\left[1-J_2\left(\frac{R_p}{r}\right)^2 P_2(\sin\alpha)-J_4\left(\frac{R_p}{r}\right)^4 P_4(\sin\alpha)\right],
\end{aligned}
\tag{7.311}
$$

其中，勒让德多项式为

$$
\begin{aligned}
P_2(\sin\alpha) &= \frac{1}{2}(3\sin^2\alpha-1), \\
P_4(\sin\alpha) &= \frac{1}{8}(35\sin^4\alpha-30\sin^2\alpha+3).
\end{aligned}
\tag{7.312}
$$

因此

$$
\begin{aligned}
\left(\frac{\partial V}{\partial r}\right)_0 &\approx \left[\frac{Gm_p}{r^2}-J_2R_p^2Gm_p\frac{3}{r^4}P_2-J_4R_p^4Gm_p\frac{5}{r^6}P_4\right]_0 \\
&= \frac{Gm_p}{a^2}\left[1+\frac{3}{2}J_2\left(\frac{R_p}{a}\right)^2-\frac{15}{8}J_4\left(\frac{R_p}{a}\right)^4\right],
\end{aligned}
\tag{7.313}
$$

$$
n^2 = A = \frac{1}{a}\left(\frac{\partial V}{\partial r}\right)_0 = \frac{Gm_p}{a^3}\left[1+\frac{3}{2}J_2\left(\frac{R_p}{a}\right)^2-\frac{15}{8}J_4\left(\frac{R_p}{a}\right)^4\right]. \tag{7.314}
$$

同理可证

$$
\kappa^2 = \frac{Gm_p}{a^3}\left[1-\frac{3}{2}J_2\left(\frac{R_p}{a}\right)^2+\frac{45}{8}J_4\left(\frac{R_p}{a}\right)^4\right], \tag{7.315}
$$

$$
\nu^2 = \frac{Gm_p}{a^3}\left[1+\frac{9}{2}J_2\left(\frac{R_p}{a}\right)^2-\frac{35}{8}J_4\left(\frac{R_p}{a}\right)^4\right]. \tag{7.316}
$$

由上，当 $J_2=J_4=0$ 时，有 $n^2=\kappa^2=\nu^2=\dfrac{Gm_p}{a^3}$，回到开普勒情形.

当 J_2，J_4 存在时，轨道有进动，其中近心点进动频率与轨道升交点进动频率分别为

$$
\dot{\omega} = n-\kappa,\ \dot{\Omega} = n-\nu.
$$

将式(7.314)、式(7.315)和式(7.316)代入上面二式，有

$$
\dot{\omega} = n_0\left[\frac{3}{2}J_2\left(\frac{R_p}{a}\right)^2-\frac{15}{4}J_4\left(\frac{R_p}{a}\right)^4\right], \tag{7.317}
$$

$$
\dot{\Omega} = -n_0\left[\frac{3}{2}J_2\left(\frac{R_p}{a}\right)^2-\left(\frac{9}{4}J_2^2+\frac{15}{4}J_4\right)\left(\frac{R_p}{a}\right)^4\right], \tag{7.318}
$$

这里，$n_0=\sqrt{\dfrac{Gm_p}{a^3}}$.

2. 摄动理论公式法的基本方程及其解

由式(7.311)可知，摄动函数为

$$R = -\frac{Gm_p}{r}\left[J_2\left(\frac{R_p}{r}\right)^2 P_2(\sin\alpha) + J_4\left(\frac{R_p}{r}\right)^4 P_4(\sin\alpha)\right], \tag{7.319}$$

可以证明

$$\begin{aligned}\langle R\rangle = &\frac{1}{2}n^2a^2\left[\frac{3}{2}J_2\left(\frac{R_p}{a}\right)^2 - \frac{9}{8}J_2^2\left(\frac{R_p}{a}\right)^4 - \frac{15}{4}J_4\left(\frac{R_p}{a}\right)^4\right]e^2\\ &-\frac{1}{2}n^2a^2\left[\frac{3}{2}J_2\left(\frac{R_p}{a}\right)^2 - \frac{27}{8}J_2^2\left(\frac{R_p}{a}\right)^4 - \frac{15}{4}J_4\left(\frac{R_p}{a}\right)^4\right]\sin^2 i.\end{aligned} \tag{7.320}$$

利用前面的方程，有

$$\begin{aligned}\dot{\omega} &= \frac{1}{na^2e}\frac{\partial R}{\partial e} = n\left[\frac{3}{2}J_2\left(\frac{R_p}{a}\right)^2 - \left(\frac{9}{8}J_2^2 + \frac{15}{4}J_4\right)\left(\frac{R_p}{a}\right)^4\right],\\ \dot{\Omega} &= \frac{1}{na^2i}\frac{\partial R}{\partial i} = -n\left[\frac{3}{2}J_2\left(\frac{R_p}{a}\right)^2 - \left(\frac{27}{8}J_2^2 + \frac{15}{4}J_4\right)\left(\frac{R_p}{a}\right)^4\right].\end{aligned} \tag{7.321}$$

将 n 代入上式，得

$$\begin{aligned}\dot{\omega} &= n_0\left[1 + \frac{3}{4}J_2\left(\frac{R_p}{a}\right)^2 - \frac{15}{16}J_4\left(\frac{R_p}{a}\right)^4 - \frac{9}{32}J_2^2\left(\frac{R_p}{a}\right)^4\right]\times\left[\frac{3}{2}J_2\left(\frac{R_p}{a}\right)^2 - \left(\frac{9}{8}J_2^2 + \frac{15}{4}J_4\right)\left(\frac{R_p}{a}\right)^4\right]\\ &= n_0\left[\frac{3}{2}J_2\left(\frac{R_p}{a}\right)^2 - \frac{15}{4}J_4\left(\frac{R_p}{a}\right)^4\right],\end{aligned} \tag{7.322}$$

$$\begin{aligned}\dot{\Omega} = &-n_0\left[1 + \frac{3}{4}J_2\left(\frac{R_p}{a}\right)^2 - \frac{15}{16}J_4\left(\frac{R_p}{a}\right)^4 - \frac{9}{32}J_2^2\left(\frac{R_p}{a}\right)^4\right]\\ &\times\left[\frac{3}{2}J_2\left(\frac{R_p}{a}\right)^2 - \left(\frac{27}{8}J_2^2 + \frac{15}{4}J_4\right)\left(\frac{R_p}{a}\right)^4\right]\\ = &-n_0\left[\frac{3}{2}J_2\left(\frac{R_p}{a}\right)^2 - \left(\frac{9}{4}J_2^2 + \frac{15}{4}J_4\right)\left(\frac{R_p}{a}\right)^4\right].\end{aligned} \tag{7.323}$$

由上可得，两种方法导出的结论完全一致.

第8章　特殊摄动方法、初轨计算

本章介绍与天体力学有关的一类数学模型的数值解法——欧拉法和龙格-库塔法(Runge-kutta method). 同时运用切比雪夫多项式逼近天体状态. 本章还将讨论初轨计算.

8.1　数值解法

1. 数学模型

本处的数学模型由基本方程(动力学方程)和定解条件(此处为初始条件)组成, 数学表达式为

$$\begin{cases}\dot{y}=f(t,\ y),\\ y_0=y(t_0).\end{cases}\tag{8.1}$$

其解为

$$y=y(t).\tag{8.2}$$

2. 欧拉法

给定步长(step 或 step length) h, 用 $h\dot{y}_0=hf(t_0,\ y_0)$ 代替差分(difference) $y(t_0+h)-y(t_0)$, 有

$$y(t_0+h)=y(t_0)+hf(t_0,\ y_0)+O(h^2),\tag{8.3}$$

为了减少误差, 有

$$y(t_0+h)=y(t_0)+\sum_{i=1}^{n}h^i y^{(i)}(t_0)+O(h^{n+1}).\tag{8.4}$$

但上式增加了运算量. 解矩阵方程可求出 $y(t_0+nh)$, ($n=1,\ 2,\ \cdots,\ \infty$).

3. 龙格-库塔法

给定步长 h, 有

$$y(t_0+h)=y(t_0)+\frac{1}{90}(7k_1+32k_3+12k_4+32k_5+7k_6)+O(h^6).\tag{8.5}$$

其中,

$$
\begin{cases}
k_1 = hf(t_0, y_0), \\
k_2 = hf\left(t_0 + \frac{1}{4}h, y_0 + \frac{1}{4}k_1\right), \\
k_3 = hf\left(t_0 + \frac{1}{4}h, y_0 + \frac{1}{8}k_1 + \frac{1}{8}k_2\right), \\
k_4 = hf\left(t_0 + \frac{1}{2}h, y_0 - \frac{1}{2}k_2 + k_3\right), \\
k_5 = hf\left(t_0 + \frac{3}{4}h, y_0 + \frac{3}{16}k_1 + \frac{9}{16}k_4\right), \\
k_6 = hf\left(t_0 + h, y_0 - \frac{3}{7}k_1 + \frac{2}{7}k_2 + \frac{12}{7}k_3 - \frac{12}{7}k_4 + \frac{8}{7}k_5\right).
\end{cases}
\tag{8.6}
$$

解矩阵方程可求出 $y(t_0 + nh)$，$(n = 1, 2, \cdots, \infty)$.

4. 高阶龙格-库塔法

引入步长 h，有

$$
y(t_0 + h) = y(t_0) + \sum_{i=1}^{m} b_i k_i, \tag{8.7}
$$

其中，

$$
\sum_{i=1}^{m} b_i = 1, \tag{8.8}
$$

$$
\begin{cases}
k_1 = hf(t_0, y_0), \\
k_i = hf\left(t_0 + c_i h, y_0 + \sum_{j=1}^{i-1} a_{ij} k_j\right), \quad (i = 2, 3, \cdots, m)
\end{cases}
\tag{8.9}
$$

$$
c_i = \sum_{j=1}^{i-1} a_{ij}.
$$

解矩阵方程可求出 $y(t_0 + nh)$，$(n = 1, 2, \cdots, \infty)$.

5. 天体运动方程的高阶龙格-库塔法

数学模型

$$
\begin{cases}
\ddot{\boldsymbol{r}} = \boldsymbol{a}(t, \boldsymbol{r}, \boldsymbol{v}), \\
\boldsymbol{r}|_{t=0} = \boldsymbol{r}_0, \\
\boldsymbol{v}|_{t=0} = \boldsymbol{v}_0.
\end{cases}
\tag{8.10}
$$

可改写，令

$$
\boldsymbol{y} = \begin{pmatrix} \boldsymbol{r} \\ \boldsymbol{v} \end{pmatrix}, \boldsymbol{f} = \begin{pmatrix} \boldsymbol{v} \\ \boldsymbol{a} \end{pmatrix}, \tag{8.11}
$$

由上可得动力学方程

$$
\dot{\boldsymbol{y}} = \boldsymbol{f}(t, \boldsymbol{y}).
$$

和初始条件

$$\boldsymbol{y}\big|_{t=0}=\begin{pmatrix}\boldsymbol{r}_0\\ \boldsymbol{v}_0\end{pmatrix}.$$

因此有

$$\boldsymbol{y}(t_0+h)=\begin{pmatrix}\boldsymbol{r}(t_0+h)\\ \boldsymbol{v}(t_0+h)\end{pmatrix}=\begin{pmatrix}\boldsymbol{r}(t_0)+\sum_{j=1}^{m}b_j\boldsymbol{k}_{rj}\\ \boldsymbol{v}(t_0)+\sum_{j=1}^{m}b_j\boldsymbol{k}_{vj}\end{pmatrix},\tag{8.12}$$

式中,

$$\begin{aligned}\boldsymbol{k}_1&=\begin{pmatrix}\boldsymbol{k}_{r1}\\ \boldsymbol{k}_{v1}\end{pmatrix}=\begin{pmatrix}h\boldsymbol{v}_0\\ h\boldsymbol{a}(\boldsymbol{r}_0)\end{pmatrix},\\ \boldsymbol{k}_i&=\begin{pmatrix}\boldsymbol{k}_{ri}\\ \boldsymbol{k}_{vi}\end{pmatrix}=\begin{pmatrix}h\boldsymbol{v}_t\\ h\boldsymbol{a}(\boldsymbol{r}_t)\end{pmatrix},\ (i=2,\ 3,\ \cdots,\ m),\end{aligned}\tag{8.13}$$

其中,

$$\begin{cases}\boldsymbol{r}_t=\boldsymbol{r}_0+\sum_{j=1}^{i-1}a_{ij}\boldsymbol{k}_{rj},\\ \boldsymbol{v}_t=\boldsymbol{v}_0+\sum_{j=1}^{i-1}a_{ij}\boldsymbol{k}_{vj},\end{cases}\tag{8.14}$$

用矩阵法可求

$$\boldsymbol{y}=\begin{pmatrix}\boldsymbol{r}(t_0+nh)\\ \boldsymbol{v}(t_0+nh)\end{pmatrix}.\tag{8.15}$$

8.2　用切比雪夫多项式逼近天体状态

直接由积分器(integrator 或 integrating meter)产生所需天体状态数据并不方便，一是因为数据文件相当庞大，二是因为数据是离散的(discrete). 由积分器计算出一系列天体状态(位置和速度)数据后可用切比雪夫多项式(Chebyshev polynomial). 逼近这些数据，即可求出基本物理量 $x(t)$，从而得到 $\dot{x}(t)$ ，然后得出轨道根数. 数学表达式为

$$x(t)=\sum_{i=0}^{N-1}a_iT_i(t_c),\tag{8.16}$$

$$\frac{t_1-t_2}{2}\dot{x}(t)=\sum_{i=0}^{N-1}a_i\dot{T}_i(t_c),\tag{8.17}$$

式中,
$$\dot{x}(t)=\frac{\mathrm{d}x(t)}{\mathrm{d}t},\ \dot{T}(t_c)=\frac{\mathrm{d}T(t_c)}{\mathrm{d}t_c},$$

其中, $T_i(x)$ 为 i 阶切比雪夫多项式,

$$T_0(x)=1,\ T_1(x)=x,$$
$$T_i(x)=2xT_{i-1}(x)-T_{i-2}(x),\ (i=2,\ 3,\ \cdots,\ N-1)$$

设 $T_i(t_c)$ 的定义域 $t_c\in[-1,\ 1]$，$t\in[t_0,\ t_1]$，$t_c=2(t-t_0)/(t_1-t_0)-1$，求 a_i 从而得到 $x(t)$，$\dot{x}(t)$，进一步求出轨道根数.

一般将 $[t_0,\ t_1]$ 分为 8 等份，得到 9 个点，定义

$$\boldsymbol{f}\equiv(x_0,\ \dot{x}_0,\ x_1,\ \dot{x}_1,\ \cdots,\ x_8,\ \dot{x}_8)^{\mathrm{T}},\tag{8.18}$$

$t_c\in[-1,\ 1]$ 中 9 个分点 $t_i=1-\dfrac{i}{4}(i=0,\ 1,\ \cdots,\ 8)$，代入式(8.16)和式(8.17)有

$$T\boldsymbol{a}=\boldsymbol{f},\tag{8.19}$$

其中，

$$\boldsymbol{a}=(a_0,\ a_1,\ \cdots,\ a_{N-1})^{\mathrm{T}},$$

$$T=\begin{pmatrix} T_0(t_0) & T_1(t_0) & \cdots & T_{N-1}(t_0)\\ \dot{T}_0(t_0) & \dot{T}_1(t_0) & \cdots & \dot{T}_{N-1}(t_0)\\ T_0(t_1) & T_1(t_1) & \cdots & T_{N-1}(t_1)\\ \dot{T}_0(t_1) & \dot{T}_1(t_1) & \cdots & \dot{T}_{N-1}(t_1)\\ \cdots & \cdots & \cdots & \cdots\\ T_0(t_8) & T_1(t_8) & \cdots & T_{N-1}(t_8)\\ \dot{T}_0(t_8) & \dot{T}_1(t_8) & \cdots & \dot{T}_{N-1}(t_8) \end{pmatrix},\tag{8.20}$$

需要以下约束条件

$$\begin{cases} g_0(\boldsymbol{a})\equiv\sum\limits_{i=0}^{N-1}a_iT_i(t_0)-x_0=0,\\ g_1(\boldsymbol{a})\equiv\sum\limits_{i=0}^{N-1}a_i\dot{T}_i(t_0)-\dot{x}_0=0,\\ g_2(\boldsymbol{a})\equiv\sum\limits_{i=0}^{N-1}a_iT_i(t_8)-x_8=0,\\ g_3(\boldsymbol{a})\equiv\sum\limits_{i=0}^{N-1}a_i\dot{T}_i(t_8)-\dot{x}_8=0. \end{cases}\tag{8.21}$$

令

$$J(\boldsymbol{a})=(T\boldsymbol{a}-\boldsymbol{f})^{\mathrm{T}}(T\boldsymbol{a}-\boldsymbol{f})+\sum_{i=0}^{3}\lambda_ig_i(\boldsymbol{a}),\tag{8.22}$$

由

$$\delta J(\boldsymbol{a})=0,\tag{8.23}$$

可得

$$T^{\mathrm{T}}T\boldsymbol{a}=T^{\mathrm{T}}\boldsymbol{f},$$

和

$$\begin{pmatrix} T_0(t_0) & \dot{T}_0(t_0) & T_0(t_8) & \dot{T}_0(t_8) \\ T_1(t_0) & \dot{T}_1(t_0) & T_1(t_8) & \dot{T}_1(t_8) \\ \cdots & \cdots & \cdots & \cdots \\ T_{N-1}(t_0) & \dot{T}_{N-1}(t_0) & T_{N-1}(t_8) & \dot{T}_{N-1}(t_8) \end{pmatrix} \begin{pmatrix} \boldsymbol{\lambda}_0 \\ \boldsymbol{\lambda}_1 \\ \boldsymbol{\lambda}_2 \\ \boldsymbol{\lambda}_3 \end{pmatrix} = 0. \tag{8.24}$$

根据 Newhall 给出的最优选择，可引入对角矩阵(diagonal matrix)

$$M = \mathrm{diag}(1.0,\ 0.16,\ 1.0,\ 0.16,\ \cdots,\ 1.0,\ 0.16), \tag{8.25}$$

由

$$\boldsymbol{T}^{\mathrm{T}}\boldsymbol{W}\boldsymbol{T}\boldsymbol{a} = \boldsymbol{T}^{\mathrm{T}}\boldsymbol{W}\boldsymbol{f},$$

可得

$$C_1\boldsymbol{a}_\lambda = C_2\boldsymbol{f}, \tag{8.26}$$

其中，

$$C_1 = \begin{pmatrix} & & & & T_0(t_0) & \dot{T}_0(t_0) & T_0(t_8) & \dot{T}_0(t_8) \\ & & & & T_1(t_0) & \dot{T}_1(t_0) & T_1(t_8) & \dot{T}_1(t_8) \\ & \boldsymbol{T}^{\mathrm{T}}\boldsymbol{W}\boldsymbol{T} & & \cdots & \cdots & \cdots & \cdots & \cdots \\ & & & & T_{N-1}(t_0) & \dot{T}_{N-1}(t_0) & T_{N-1}(t_8) & \dot{T}_{N-1}(t_8) \\ T_0(t_0) & T_1(t_0) & \cdots & T_{N-1}(t_0) & 0 & 0 & 0 & 0 \\ \dot{T}_0(t_0) & \dot{T}_1(t_0) & \cdots & \dot{T}_{N-1}(t_0) & 0 & 0 & 0 & 0 \\ T_0(t_8) & T_1(t_8) & \cdots & T_{N-1}(t_8) & 0 & 0 & 0 & 0 \\ \dot{T}_0(t_8) & \dot{T}_1(t_8) & \cdots & \dot{T}_{N-1}(t_8) & 0 & 0 & 0 & 0 \end{pmatrix}, \tag{8.27}$$

$$\boldsymbol{a}_\lambda = (a_0 \quad a_1 \quad \cdots \quad a_{N-1} \quad \boldsymbol{\lambda}_0 \quad \boldsymbol{\lambda}_1 \quad \boldsymbol{\lambda}_2 \quad \boldsymbol{\lambda}_3)^{\mathrm{T}}, \tag{8.28}$$

$$C_2 = \begin{pmatrix} & & & \boldsymbol{T}^{\mathrm{T}}\boldsymbol{W} & & & \\ & & & & & & \\ 0 & 0 & 1 & \cdots & 0 & 0 & 0 \\ 0 & 1 & 0 & \cdots & 0 & 0 & 0 \\ 0 & 0 & 0 & \cdots & 0 & 1 & 0 \\ 0 & 0 & 0 & \cdots & 1 & 0 & 0 \end{pmatrix}, \tag{8.29}$$

由 $\boldsymbol{a}_\lambda = (a_0 \quad a_1 \quad \cdots \quad a_{N-1} \quad \boldsymbol{\lambda}_0 \quad \boldsymbol{\lambda}_1 \quad \boldsymbol{\lambda}_2 \quad \boldsymbol{\lambda}_3)^{\mathrm{T}}$，可求出 a_0，a_1，⋯，a_{N-1}.

由式(8.26)得，a_0，a_1，⋯，a_{N-1} 的特性

$$\boldsymbol{a}_\lambda = C_1^{-1}C_2\boldsymbol{f}, \tag{8.30}$$

其中, $18 \times (N+4)$ 阶系数 $C_1^{-1}C_2$ 只与各阶切比雪夫多项式在 9 个固定插直分点上的值有关，与具体天体运动和时段无关(即 $C_1^{-1}C_2$ 为常数矩阵，其值取决于 N)，展开式中切比雪夫多项式最高阶为 $N-1$. N 如何选取取决于天体运动特性和对逼近精度的要求，精度要求越高, N 越大. 给定了 N, 则可计算 $C_1^{-1}C_2$.

8.3 初轨计算

1. 概述

根据 J2000 历元赤道参考系的球坐标赤经、赤纬 (α,δ), 即从 $\{t_i,\alpha_i,\delta_i, i=1,2,3,\cdots, n, n \geqslant 3\}$ 导出某一时刻的状态参量 $(\boldsymbol{r}, \dot{\boldsymbol{r}})^{\mathrm{T}}$, 得到轨道根数，本小节介绍四种计算方法.

2. 一般描述

S 为主天体，O 为测站，P 为天体. 其关系如图 8.1 所示.

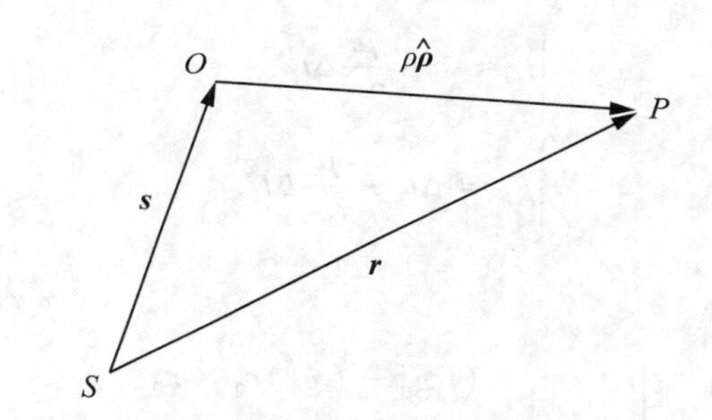

图 8.1　中心 S、测站 O 和天体 P 之间的几何关系

关系式为

$$\boldsymbol{r} = \rho\hat{\boldsymbol{\rho}} + \boldsymbol{s}, \tag{8.31}$$

其中

$$\hat{\rho} = \begin{pmatrix} \cos\delta\cos\alpha \\ \cos\delta\sin\alpha \\ \sin\delta \end{pmatrix}, \tag{8.32}$$

若知道 $\boldsymbol{\rho}$, 则可由式(8.31)定出 $\boldsymbol{r}$.

8.3.1 几何约束

由天体力学知识可知, $\boldsymbol{r}_1$, $\boldsymbol{r}_2$, $\boldsymbol{r}_3$ 共面，即

$$\boldsymbol{r}_2 = c_1\boldsymbol{r}_1 + c_3\boldsymbol{r}_3, \tag{8.33}$$

$$\Rightarrow c_1=\frac{|\boldsymbol{r}_2\times\boldsymbol{r}_3|}{|\boldsymbol{r}_1\times\boldsymbol{r}_3|},\qquad c_3=\frac{|\boldsymbol{r}_1\times\boldsymbol{r}_2|}{|\boldsymbol{r}_1\times\boldsymbol{r}_3|}. \tag{8.34}$$

将式(8.31)代入式(8.33)中，有

$$c_1\rho_1\hat{\rho}_1-\rho_2\hat{\rho}_2+c_3\rho_3\hat{\rho}_3=-c_1\boldsymbol{s}_1+\boldsymbol{s}_2-c_3\boldsymbol{s}_3, \tag{8.35}$$

$$\Rightarrow\begin{cases}\rho_1=-\dfrac{(\hat{\rho}_2\times\hat{\rho}_3)\cdot(c_1\boldsymbol{r}_{s1}-\boldsymbol{r}_{s2}+c_3\boldsymbol{r}_{s3})}{c_1(\hat{\rho}_1\times\hat{\rho}_2)\cdot\hat{\rho}_3},\\[2ex] \rho_2=\dfrac{(\hat{\rho}_3\times\hat{\rho}_1)\cdot(c_1\boldsymbol{r}_{s1}-\boldsymbol{r}_{s2}+c_3\boldsymbol{r}_{s3})}{(\hat{\rho}_1\times\hat{\rho}_2)\cdot\hat{\rho}_3},\\[2ex] \rho_3=-\dfrac{(\hat{\rho}_1\times\hat{\rho}_2)\cdot(c_1\boldsymbol{r}_{s1}-\boldsymbol{r}_{s2}+c_3\boldsymbol{r}_{s3})}{c_3(\hat{\rho}_1\times\hat{\rho}_2)\cdot\hat{\rho}_3},\end{cases} \tag{8.36}$$

8.3.2　由动力学方程引起的约束

已知

$$\boldsymbol{r}_i=f_i\boldsymbol{r}_2+g_i\dot{\boldsymbol{r}}_2,\ (i=1,\ 3), \tag{8.37}$$

其中，f_i 和 g_i 可表示为时间增量 $\Delta t_i=t_i-t_2$ 的幂级数(power series)(来自动力学方程)，即

$$\begin{cases}f_i\approx 1-\dfrac{\mu}{2r_2^3}\Delta t_i^2,\\[2ex] g_i\approx\Delta t_i-\dfrac{\mu}{6r_2^3}\Delta t_i^3.\end{cases} \tag{8.38}$$

由此可得

$$\begin{cases}\boldsymbol{r}_1\times\boldsymbol{r}_3=(f_1g_3-f_3g_1)\boldsymbol{r}_2\times\dot{\boldsymbol{r}}_2,\\ \boldsymbol{r}_3\times\boldsymbol{r}_2=-g_3\boldsymbol{r}_2\times\dot{\boldsymbol{r}}_2,\\ \boldsymbol{r}_1\times\boldsymbol{r}_2=-g_1\boldsymbol{r}_2\times\dot{\boldsymbol{r}}_2.\end{cases} \tag{8.39}$$

$$\Rightarrow\begin{cases}c_1=\dfrac{g_3}{f_1g_3-f_3g_1},\\[2ex] c_3=-\dfrac{g_1}{f_1g_3-f_3g_1}.\end{cases} \tag{8.40}$$

将式(8.38)代入式(8.40)中有

$$\begin{cases}c_1\approx\dfrac{\Delta t_3}{\Delta t_2}+\dfrac{\mu}{6r_2^3}\dfrac{\Delta t_3}{\Delta t_2}(\Delta t_2^2-\Delta t_3^2),\\[2ex] c_3\approx-\dfrac{\Delta t_1}{\Delta t_2}-\dfrac{\mu}{6r_2^3}\dfrac{\Delta t_1}{\Delta t_2}(\Delta t_2^2-\Delta t_1^2).\end{cases} \tag{8.41}$$

由上可知，只要知道 r_2，则可求出 c_1,c_3，进而推导出(ρ_1,ρ_2,ρ_3)，再推导出$(\boldsymbol{r}_1,\boldsymbol{r}_2,\boldsymbol{r}_3)$.

1. 高斯法

由公式

$$\rho_2=\frac{(\hat{\rho}_3\times\hat{\rho}_1)\cdot(c_1\boldsymbol{r}_{s1}-\boldsymbol{r}_{s2}+c_3\boldsymbol{r}_{s3})}{(\hat{\rho}_1\times\hat{\rho}_2)\cdot\hat{\rho}_3},\tag{8.42}$$

将 $c_1,c_2,\hat{\rho}_1,\hat{\rho}_2,\hat{\rho}_3$ 代入,有

$$\rho_2=A+\frac{\mu B}{r_2^3},\tag{8.43}$$

其中,A,B 为常数,具体表达式读者可以自己推导.

又

$$\boldsymbol{r}_2=\rho_2\hat{\rho}_2+\boldsymbol{r}_{s2},\tag{8.44}$$

可得

$$r_2^2=\rho_2^2+2\rho_2\hat{\rho}_2\cdot\boldsymbol{r}_{s2}+\boldsymbol{r}_{s2}\cdot\boldsymbol{r}_{s2},\tag{8.45}$$

将 ρ_2 代入,得到关于 r_2 的方程

$$r_2^8+ar_2^6+br_2^3+c=0,\tag{8.46}$$

式中,a,b,c 均为已知.

由式(8.37)得

$$\dot{\boldsymbol{r}}_2=\frac{1}{f_3g_1-f_1g_3}(f_3\boldsymbol{r}_1-f_1\boldsymbol{r}_3).\tag{8.47}$$

2. 奥伯斯方法(Olber's method)(适用于抛物线轨道)

由式(8.35),注意 $\boldsymbol{r}_{si}\equiv\boldsymbol{s}_i$,以 $\hat{\rho}_2\times\boldsymbol{s}_2$ 点乘式(8.35)消去 $\hat{\rho}_2,\boldsymbol{s}_2$,可解

$$\rho_3=-\frac{c_1\hat{\rho}_1\cdot(\hat{\rho}_2\times\boldsymbol{s}_2)}{c_3\hat{\rho}_3\cdot(\hat{\rho}_2\times\boldsymbol{s}_2)}\rho_1-\frac{(c_1\boldsymbol{s}_1+c_3\boldsymbol{s}_3)\cdot(\hat{\rho}_2\times\boldsymbol{s}_2)}{c_3\hat{\rho}_3\cdot(\hat{\rho}_2\times\boldsymbol{s}_2)}\tag{8.48}$$

其中,$c_1\approx\dfrac{\Delta t_3}{\Delta t_2},c_2\approx-\dfrac{\Delta t_1}{\Delta t_2}$.

动力学约束(欧拉方程)为

$$F\equiv6\sqrt{\mu}(t_3-t_1)-(r_1+r_3+s)^{3/2}+(r_1+r_3-s)^{3/2}=0.$$

具体算法见《天体测量和天体力学基础》①.

3. 拉普拉斯方法

我们知道

$$\boldsymbol{r}=\rho\hat{\rho}+\boldsymbol{s},\dot{\boldsymbol{r}}=\dot{\rho}\hat{\rho}+\rho\dot{\hat{\rho}}+\dot{\boldsymbol{s}},\tag{8.49}$$

由上,只要知道 $\rho,\dot{\rho}$,则可求 $\boldsymbol{r}$,从而得到 $\dot{\boldsymbol{r}}$. 下面来求 $\rho,\dot{\rho}$.

---

① 李广宇. 天体测量和天体力学基础[M]. 北京:科学出版社,2015:238.

对式(8.49)中的第 2 式关于时间求导,得

$$\ddot{\boldsymbol{r}} = \ddot{\rho}\hat{\rho} + 2\dot{\rho}\dot{\hat{\rho}} + \rho\ddot{\hat{\rho}} + \ddot{s}, \tag{8.50}$$

而又有动力学方程(基本方程)

$$\ddot{\boldsymbol{r}} = -\frac{\mu}{r^3}\boldsymbol{r}, \tag{8.51}$$

$$\Rightarrow \left(\ddot{\rho} + \frac{\mu}{r^3}\rho\right)\hat{\rho} + 2\dot{\rho}\dot{\hat{\rho}} + \rho\ddot{\hat{\rho}} = -\ddot{s} - \frac{\mu}{r^3}\boldsymbol{s}, \tag{8.52}$$

以 $\dot{\hat{\rho}}$ 叉乘,再以 $\hat{\rho}$ 点乘之,得

$$\rho = -\frac{\hat{\rho}\cdot(\dot{\hat{\rho}}\times\ddot{s})}{\hat{\rho}\cdot(\dot{\hat{\rho}}\times\ddot{\hat{\rho}})} - \frac{\mu}{r^3}\frac{\hat{\rho}\cdot(\dot{\hat{\rho}}\times\boldsymbol{s})}{\hat{\rho}\cdot(\dot{\hat{\rho}}\times\ddot{\hat{\rho}})}, \tag{8.53}$$

再将式(8.52)以 $\dot{\hat{\rho}}$ 叉乘,再以 $\hat{\rho}$ 点乘之,有

$$\dot{\rho} = -\frac{\hat{\rho}\cdot(\ddot{\hat{\rho}}\times\ddot{s})}{2\hat{\rho}\cdot(\ddot{\hat{\rho}}\times\dot{\hat{\rho}})} - \frac{\mu}{r^3}\frac{\hat{\rho}\cdot(\ddot{\hat{\rho}}\times\boldsymbol{s})}{2\hat{\rho}\cdot(\ddot{\hat{\rho}}\times\dot{\hat{\rho}})}, \tag{8.54}$$

注意:式(8.53)和式(8.54)除 r 外均为已知量,若知道 r, 则可求出 $\rho,\dot{\rho}$,进而推导出 $\boldsymbol{r}$,从而得到 $\dot{\boldsymbol{r}}$.

由式(8.31),有

$$\boldsymbol{r}\cdot\boldsymbol{r} = (\rho\hat{\rho} + \boldsymbol{s})\cdot(\rho\hat{\rho} + \boldsymbol{s}), \tag{8.55}$$

$$\Rightarrow r^2 = \rho^2 + 2\rho(\hat{\rho}\cdot\boldsymbol{s}) + s^2. \tag{8.56}$$

将式(8.53)和式(8.56)联立消去 ρ, 则得关于 r 的方程

$$r^8 - \left\{\left[\frac{\hat{\rho}\cdot(\dot{\hat{\rho}}\times\ddot{s})}{\hat{\rho}\cdot(\hat{\rho}\times\ddot{\hat{\rho}})}\right]^2 - \frac{2\hat{\rho}\cdot(\dot{\hat{\rho}}\times\ddot{s})(\hat{\rho}\cdot\boldsymbol{s})}{\hat{\rho}\cdot(\dot{\hat{\rho}}\times\ddot{\hat{\rho}})} + s^2\right\}r^6$$

$$-\left[\frac{2\mu\hat{\rho}\cdot(\dot{\hat{\rho}}\times\ddot{s})\hat{\rho}\cdot(\hat{\rho}\times\boldsymbol{s})}{\hat{\rho}\cdot(\dot{\hat{\rho}}\times\ddot{\hat{\rho}})\hat{\rho}\cdot(\dot{\hat{\rho}}\times\ddot{\hat{\rho}})} - \frac{2\mu\hat{\rho}\cdot(\dot{\hat{\rho}}\times\boldsymbol{s})(\hat{\rho}\times\boldsymbol{s})}{\hat{\rho}\cdot(\dot{\hat{\rho}}\times\ddot{\hat{\rho}})}\right]r^3 - \mu^2\left[\frac{\hat{\rho}\cdot(\dot{\hat{\rho}}\times\boldsymbol{s})}{\hat{\rho}\cdot(\dot{\hat{\rho}}\times\ddot{\hat{\rho}})}\right]^2 = 0, \tag{8.57}$$

详见《天体测量和天体力学基础》①,上式为关于 r 次代数方程 $\Rightarrow r \Rightarrow (\rho,\dot{\rho}) \Rightarrow (\boldsymbol{r},\dot{\boldsymbol{r}})$.

4.张家祥方法

目标为由 $(\delta_i,\alpha_i,i=1,2,\cdots,m)$,$(m\geqslant 3)$ 求出 t_0 时刻的基本物理量 $\boldsymbol{r}$,从而得到 $\dot{\boldsymbol{r}}$. 几

① 李广宇. 天体测量和天体力学基础[M]. 北京:科学出版社,2015:239.

何约束为

$$\boldsymbol{r}_i = \rho_i \hat{\boldsymbol{\rho}}_i + \boldsymbol{s}_i. \tag{8.58}$$

改进方法:采用的动力学约束为(由基本方程或动力学方程求得)

$$\boldsymbol{r}_i = f_i \boldsymbol{r} + g_i \dot{\boldsymbol{r}}, \tag{8.59}$$

其中,f_i, g_i 中含有 $\boldsymbol{r}, \dot{\boldsymbol{r}}$.

将 $\hat{\boldsymbol{\rho}}_i$ 叉乘式(8.58),有

$$\hat{\boldsymbol{\rho}}_i \times \boldsymbol{r}_i = \hat{\boldsymbol{\rho}}_i \times \boldsymbol{s}_i, \tag{8.60}$$

再将式(8.59)代入上式,得

$$f_i \hat{\boldsymbol{\rho}}_i \times \boldsymbol{r} + g_i \hat{\boldsymbol{\rho}}_i \times \dot{\boldsymbol{r}} = \hat{\boldsymbol{\rho}}_i \times \boldsymbol{s}_i, \tag{8.61}$$

即有①

$$\begin{pmatrix} 0 & -fa_3 & fa_2 & 0 & -ga_3 & ga_2 \\ fa_3 & 0 & -fa_1 & ga_3 & 0 & -ga_1 \\ -fa_2 & fa_1 & 0 & -ga_2 & ga_1 & 0 \end{pmatrix} \begin{pmatrix} x \\ y \\ z \\ \dot{x} \\ \dot{y} \\ \dot{z} \end{pmatrix} = \begin{pmatrix} a_2 s_3 - a_3 s_2 \\ a_3 s_1 - a_1 s_3 \\ a_1 s_2 - a_2 s_1 \end{pmatrix}, \tag{8.62}$$

当式(8.62)和式(8.59)联立,且观测数等于3时,方程有唯一解,当观测数大于3时,方程为矛盾方程组(稍后介绍解法),需要用最小二乘法(method of least squares 或 least squares method)求解.

注意:式(8.62)不能完全解出,这是因为f_i, g_i 中含有变量$(x, y, z, \dot{x}, \dot{y}, \dot{z})$.

故可采用迭代法(iteration method 或 iterative method),构成一近似解序列

$$\{\boldsymbol{r}^{(k)}, \dot{\boldsymbol{r}}^{(k)}, k = 1, 2, 3, \cdots\}, \quad \boldsymbol{r} = \lim \boldsymbol{r}^{(k)}, \dot{\boldsymbol{r}} = \lim \dot{\boldsymbol{r}}^{(k)}.$$

(1)合理选择天体中心距 r_0(已知 t_0),可求

$$\begin{cases} f_i = 1 - \dfrac{\mu}{2r_0^3}(t_i - t_0)^2, \\ g_i = t_i - t_0 - \dfrac{\mu}{6r_0^3}(t_i - t_0)^3, \end{cases} \tag{8.63}$$

代入基本方程 $\Rightarrow \boldsymbol{r}^{(1)}, \dot{\boldsymbol{r}}^{(1)}$.

(2)对 $k > 1$,由已算出的 $\boldsymbol{r}^{(k-1)}, \dot{\boldsymbol{r}}^{(k-1)}$ 进行迭代.用式

$$\begin{cases} f_i = 1 - \dfrac{a}{r_0}(1 - \cos\Delta E_i), \\ g_i = t_i - t_0 - \dfrac{1}{n}(\Delta E_i - \sin\Delta E_i) \end{cases} \tag{8.64}$$

① 李广宇. 天体测量和天体力学基础[M]. 北京:科学出版社,2015:240.

求出 f_i, g_i.

注意, ΔE_i 可用牛顿迭代法求出.代入式(8.26)得 $\boldsymbol{r}^{(k)}, \dot{\boldsymbol{r}}^{(k)}$.

(3)算出 $\boldsymbol{r}^{(k)}$, 要对各观测 t_i 作光行差改正.

迭代到 $|\boldsymbol{r}^{(k)} - \boldsymbol{r}^{(k-1)}| < \varepsilon$($\varepsilon > 0$ 为精度),得 $\boldsymbol{r}, \dot{\boldsymbol{r}}$.

5. 张家祥方法中矛盾方程组求解——最小二乘法

(1)镜像映射和特性

①引入: n 维矢量 Z 可沿平面 Q 及其法向分解

$$\boldsymbol{z} = \boldsymbol{x} + \boldsymbol{w} = \boldsymbol{x} + w\hat{w} \quad (\boldsymbol{w}^{\mathrm{T}}\boldsymbol{x} = 0). \tag{8.65}$$

定义镜像映射 $\boldsymbol{H}$ 为

$$\boldsymbol{H}\boldsymbol{z} = \boldsymbol{x} - \boldsymbol{w}. \tag{8.66}$$

下面求 $\boldsymbol{H}$.

由 $$\boldsymbol{H}\boldsymbol{z} = \boldsymbol{x} - w\hat{w} = \boldsymbol{x} + w\hat{w} - 2w\hat{w} = \boldsymbol{x} + w\hat{w} - 2\hat{w}[\hat{w}^{\mathrm{T}}(\boldsymbol{x} + w\hat{w})] = \boldsymbol{z} - 2\hat{w}\hat{w}^{\mathrm{T}}\boldsymbol{z} \tag{8.67}$$

得

$$\boldsymbol{H} = \boldsymbol{U} - \frac{2}{w^2}\boldsymbol{w}\boldsymbol{w} = \boldsymbol{U} - 2\hat{w}\hat{w},$$

其中, $\boldsymbol{U}$ 为单位矩阵(unit matrix).

②特性: $\boldsymbol{H}$ 为对称矩阵(symmetric matrix).

由

$$\boldsymbol{H}^{\mathrm{T}}\boldsymbol{H} = (\boldsymbol{U} - 2\hat{w}\hat{w})^{\mathrm{T}}(\boldsymbol{U} - 2\hat{w}\hat{w}) = \boldsymbol{U} - 4\hat{w}\hat{w}^{\mathrm{T}} + 4\hat{w}(\hat{w}^{\mathrm{T}}\hat{w})\hat{w}^{\mathrm{T}} = \boldsymbol{U}, \tag{8.68}$$

得 $\boldsymbol{H}$ 为正交矩阵(orthogonal matrix).

而

$$\boldsymbol{H}\boldsymbol{b} = \left(\boldsymbol{U} - \frac{2}{w^2}\boldsymbol{w}\boldsymbol{w}^{\mathrm{T}}\right)\boldsymbol{b} = \boldsymbol{b} - \frac{2\boldsymbol{w}^{\mathrm{T}}\boldsymbol{b}}{w^2}\boldsymbol{w}. \tag{8.69}$$

取矢量

$$\boldsymbol{a} = (a_1 \quad a_2 \quad \cdots \quad a_n)^{\mathrm{T}}, \hat{e} = (1 \quad 0 \quad \cdots \quad 0)^{\mathrm{T}},$$

设 $\boldsymbol{w} = \boldsymbol{a} - \zeta\hat{e}$, 其中, $\zeta^2 = \boldsymbol{a}^{\mathrm{T}}\boldsymbol{a} = a^2$, a 为 $\boldsymbol{a}$ 的长度,即 ζ 有两种选择,可选

$$\zeta = -\operatorname{sign}(\boldsymbol{a}^{\mathrm{T}}\hat{e})a. \tag{8.70}$$

而

$$\boldsymbol{H}\boldsymbol{a} = \boldsymbol{a} - \frac{2}{w^2}(\boldsymbol{w}^{\mathrm{T}}\boldsymbol{a})\boldsymbol{w}, \tag{8.71}$$

又

$$w^2 = (\boldsymbol{a} - \zeta\hat{e})^{\mathrm{T}}(\boldsymbol{a} - \zeta\hat{e}) = 2(a^2 - \zeta\boldsymbol{a}^{\mathrm{T}}\hat{e}), \tag{8.72}$$

$$\boldsymbol{w}^{\mathrm{T}}\boldsymbol{a} = \boldsymbol{a}^{\mathrm{T}}\boldsymbol{w} = a^2 - \zeta\boldsymbol{a}^{\mathrm{T}}\hat{e}, w^2 = 2\boldsymbol{w}^{\mathrm{T}}\boldsymbol{a}, \boldsymbol{H}\boldsymbol{a} = \boldsymbol{a} - \boldsymbol{w} = \zeta\hat{e}, \tag{8.73}$$

有

$$\boldsymbol{H}\boldsymbol{a} = \zeta\hat{e} = -\operatorname{sign}(a_1)a\hat{e} = (-\operatorname{sign}(a_1)a \quad 0 \quad \cdots \quad 0)^{\mathrm{T}}, \tag{8.74}$$

又

$$\boldsymbol{w} = \boldsymbol{a} - \zeta\hat{e} = \boldsymbol{a} + \operatorname{sign}(a_1)a\hat{e} = (a_1 + \operatorname{sign}(a_1)a \quad a_2 \quad \cdots \quad a_n)^{\mathrm{T}}, \tag{8.75}$$

故

$$\frac{w^2}{2} = a^2 + |a_1|a. \tag{8.76}$$

(2)方阵三角化

由前文可知,对于一般的 $\boldsymbol{b}$, 有

$$\boldsymbol{Hb} = \boldsymbol{b} - \sigma\boldsymbol{w}, \tag{8.77}$$

其中,

$$\sigma = \frac{2}{w^2}(\boldsymbol{w}^{\mathrm{T}}\boldsymbol{b}) = \frac{\boldsymbol{w}^{\mathrm{T}}\boldsymbol{b}}{a^2 + |a_1|a}.$$

对于

$$\boldsymbol{A} \equiv \boldsymbol{A}^{(1)} = \begin{pmatrix} a_{11} & a_{12} & \cdots & a_{1n} \\ a_{21} & a_{22} & \cdots & a_{2n} \\ \cdots & \cdots & \cdots & \cdots \\ a_{n1} & a_{n2} & \cdots & a_{nn} \end{pmatrix}, \tag{8.78}$$

$$\boldsymbol{a} = (a_{11} \quad a_{21} \quad \cdots \quad a_{n1})^{\mathrm{T}}, \tag{8.79}$$

有

$$\boldsymbol{HA}^{(1)} = \begin{pmatrix} -\operatorname{sign}(a_{11})a & a_{12}^{(2)} & \cdots & a_{1n}^{(2)} \\ 0 & a_{22}^{(2)} & \cdots & a_{2n}^{(2)} \\ \cdots & \cdots & \cdots & \cdots \\ 0 & a_{n2}^{(2)} & \cdots & a_{nn}^{(2)} \end{pmatrix}, \tag{8.80}$$

$$\boldsymbol{HA} = \boldsymbol{H}_n\boldsymbol{H}_{n-1}\cdots\boldsymbol{H}_1\boldsymbol{A} = \begin{pmatrix} R \\ 0 \end{pmatrix}_{m\times n}, \tag{8.81}$$

其中,$\boldsymbol{R}$ 为 $n \times n$ 阶上三角矩阵.

(3)求解矛盾方程组 $\boldsymbol{Ax} = \boldsymbol{b}$.

已知

$$\boldsymbol{Hb} = \begin{pmatrix} \boldsymbol{f} \\ \boldsymbol{g} \end{pmatrix}_{m\times 1}, \tag{8.82}$$

$$\boldsymbol{H}(\boldsymbol{Ax} - \boldsymbol{b}) = \begin{pmatrix} R \\ 0 \end{pmatrix}\boldsymbol{x} - \begin{pmatrix} \boldsymbol{f} \\ \boldsymbol{g} \end{pmatrix} = \begin{pmatrix} R\boldsymbol{x} - \boldsymbol{f} \\ -\boldsymbol{g} \end{pmatrix}, \tag{8.83}$$

又由于 $\boldsymbol{H}$ 为正交矩阵,故

$$\begin{aligned}(\boldsymbol{Ax} - \boldsymbol{b})^{\mathrm{T}}(\boldsymbol{Ax} - \boldsymbol{b}) &= [\boldsymbol{H}(\boldsymbol{Ax} - \boldsymbol{b})]^{\mathrm{T}}[\boldsymbol{H}(\boldsymbol{Ax} - \boldsymbol{b})] \\ &= (R\boldsymbol{x} - \boldsymbol{f})^{\mathrm{T}}(R\boldsymbol{x} - \boldsymbol{f}) + \boldsymbol{g}^{\mathrm{T}}\boldsymbol{g},\end{aligned} \tag{8.84}$$

当 $\boldsymbol{x} = R^{-1}\boldsymbol{f}$ 时, $|\boldsymbol{Ax} - \boldsymbol{b}|$ 取极小值(minimum).

第 9 章　地球、月亮和太阳系统的研究
——地球动力学初步、岁差与章动

本章给出地球、月亮、太阳和引力场系统的物理模型、数学模型(运动方程),并求解(形状极运动).

9.1　概　　述

1. 物理模型

将月亮和太阳分别看成一个质点,而将地球近似地看成球形刚体(rigid body)(地球其实并不是刚体,而是一个滞弹性体(elastic solid),存在潮汐(tide)以及自转引起的弹性和耗散形变,系统还含有引力势.

2. 运动状态的描写

摄动体(月亮、太阳)的矢径 $\boldsymbol{s}$、地球质心平动(三个坐标)和绕质心的转动(三个角度即欧拉角(Euler angle)),引力场 Φ.

3. 引入角速度矢量

设 $\hat{e}_1,\hat{e}_2,\hat{e}_3$ 为与刚体地球固结的任一标架(正交),则

$$\hat{e}_i^{\mathrm{T}}\hat{e}_i = 1, \Rightarrow \dot{\hat{e}}_i^{\mathrm{T}}\hat{e}_i = \dot{\hat{e}}_i^{\mathrm{T}}\hat{e}_i = 0, (i = 1,2,3) \tag{9.1}$$

其中, i 相同,不表示求和.

由

$$\hat{e}_j^{\mathrm{T}}\hat{e}_k = 0 \Rightarrow \dot{\hat{e}}_j^{\mathrm{T}}\hat{e}_k + \dot{\hat{e}}_k^{\mathrm{T}}\hat{e}_j = 0, \tag{9.2}$$

$$\dot{\hat{e}}_j^{\mathrm{T}}\hat{e}_k = -\dot{\hat{e}}_k^{\mathrm{T}}\hat{e}_i = \hat{e}_k^{\mathrm{T}}\dot{\hat{e}}_j = \hat{e}_j^{\mathrm{T}}\dot{\hat{e}}_k = \Omega_i, \tag{9.3}$$

可证明

$$\boldsymbol{\Omega} = (\hat{e}_1 \quad \hat{e}_2 \quad \hat{e}_3)\begin{pmatrix}\Omega_1\\ \Omega_2\\ \Omega_3\end{pmatrix} \tag{9.4}$$

为角速度矢量.地球内任一固定点

$$\boldsymbol{r} = (\hat{e}_1 \quad \hat{e}_2 \quad \hat{e}_3)\begin{pmatrix} x \\ y \\ z \end{pmatrix}, \tag{9.5}$$

其中，x,y,z 与时间 t 无关.

因此

$$\dot{\boldsymbol{r}} = (\dot{\hat{e}}_1 \quad \hat{e}_2 \quad \dot{\hat{e}}_3)\begin{pmatrix} x \\ y \\ z \end{pmatrix} = x\dot{\hat{e}}_1 + y\dot{\hat{e}}_2 + z\dot{\hat{e}}_3, \tag{9.6}$$

从而

$$\boldsymbol{e}_1^{\mathrm{T}}\dot{\boldsymbol{r}} = x\boldsymbol{e}_1^{\mathrm{T}}\dot{\boldsymbol{e}}_1 + y\boldsymbol{e}_1^{\mathrm{T}}\dot{\boldsymbol{e}}_2 + z\boldsymbol{e}_1^{\mathrm{T}}\dot{\boldsymbol{e}}_3 = \Omega_2 z - \Omega_3 y, \tag{9.7}$$

同理

$$\boldsymbol{e}_2^{\mathrm{T}}\dot{\boldsymbol{r}} = \Omega_3 x - \Omega_1 z, \boldsymbol{e}_3^{\mathrm{T}}\dot{\boldsymbol{r}} = \Omega_1 y - \Omega_2 x, \tag{9.8}$$

故

$$\dot{\boldsymbol{r}} = (\boldsymbol{e}_1 \quad \boldsymbol{e}_2 \quad \boldsymbol{e}_3)\begin{pmatrix} \Omega_2 z - \Omega_3 y \\ \Omega_3 x - \Omega_1 z \\ \Omega_1 y - \Omega_2 x \end{pmatrix} = \boldsymbol{\Omega} \times \boldsymbol{r}, \tag{9.9}$$

即上面引入的 $\boldsymbol{\Omega}$ 为角速度矢量，当然对任意矢量也适用.

关于质心角动量矢量 $\boldsymbol{H}$ 与 $\boldsymbol{\Omega}$ 的关系，如图 9.1 所示.

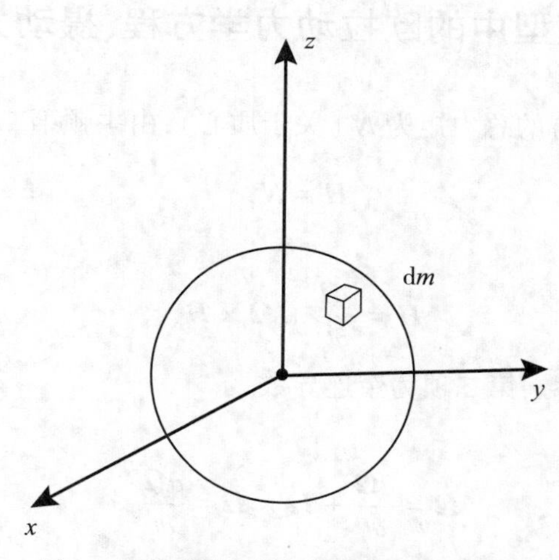

图 9.1 角动量矢量与角速度矢量的关系

$$\mathrm{d}\boldsymbol{H} = \boldsymbol{r} \times \dot{\boldsymbol{r}}\mathrm{d}m = \boldsymbol{r} \times (\boldsymbol{\Omega} \times \boldsymbol{r})\mathrm{d}m. \tag{9.10}$$

由

$$\boldsymbol{a} \times (\boldsymbol{b} \times \boldsymbol{c}) = (\boldsymbol{a} \cdot \boldsymbol{c})\boldsymbol{b} - (\boldsymbol{a} \cdot \boldsymbol{b})\boldsymbol{c}, \tag{9.11}$$

得

$$\mathrm{d}\boldsymbol{H} = (\boldsymbol{r}^{\mathrm{T}}\boldsymbol{r} - \boldsymbol{r}\boldsymbol{r}^{\mathrm{T}})\boldsymbol{\Omega}\mathrm{d}m = (r^2 U - \boldsymbol{r}\boldsymbol{r}^{\mathrm{T}})\boldsymbol{\Omega}\mathrm{d}m, \tag{9.12}$$

其中，$\boldsymbol{U}$ 为单位矩阵.

又

$$\boldsymbol{H} = \int (r^2 \boldsymbol{U} - \boldsymbol{r}\boldsymbol{r}^{\mathrm{T}})\boldsymbol{\Omega}\mathrm{d}m \equiv \boldsymbol{I}\boldsymbol{\Omega}, \tag{9.13}$$

其中，

$$\begin{aligned} I &= \int (r^2 \boldsymbol{U} - \boldsymbol{r}\boldsymbol{r}^{\mathrm{T}})\,\mathrm{d}m \\ &= \int \begin{pmatrix} y^2 + z^2 & -xy & -xz \\ -yx & z^2 + x^2 & -yz \\ -zx & -zy & x^2 + y^2 \end{pmatrix} \mathrm{d}m \end{aligned} \tag{9.14}$$

称为惯性矩或惯量张量.根据地球的对称性，适当选取 $\hat{e}_1, \hat{e}_2, \hat{e}_3$，可使其对角化.

$$I = \begin{pmatrix} A & 0 & 0 \\ 0 & A & 0 \\ 0 & 0 & C \end{pmatrix} = AU + (C - A)\boldsymbol{T}\boldsymbol{T}^{\mathrm{T}}, \tag{9.15}$$

此时，$\boldsymbol{e}_3 \equiv \boldsymbol{T}$，称为地球形状轴.将式(9.15)代入式(9.13)中，有

$$\boldsymbol{H} = A\boldsymbol{\Omega} + (C - A)\boldsymbol{T}^{\mathrm{T}}\boldsymbol{\Omega}\boldsymbol{T}, \tag{9.16}$$

它反映 $\boldsymbol{H}, \boldsymbol{\Omega}, \boldsymbol{T}$ 共面，即有

$$\boldsymbol{T}^{\mathrm{T}}\boldsymbol{\Omega} \times \boldsymbol{H} = 0. \tag{9.17}$$

9.2　数学模型中的欧拉动力学方程、摄动力矩和推论

设地球受(太阳、月亮)的总力矩为 $\boldsymbol{N}$(关于质心)，由牛顿第二定律得

$$\dot{\boldsymbol{H}} = \boldsymbol{N}, \tag{9.18}$$

又

$$\dot{\boldsymbol{H}} = \frac{\partial \boldsymbol{H}}{\partial t} + \boldsymbol{\Omega} \times \boldsymbol{H}, \tag{9.19}$$

上式右边第一项为相对导数，第二项为牵连导数.

由

$$\dot{\boldsymbol{\Omega}} = \frac{\partial \boldsymbol{\Omega}}{\partial t} + \boldsymbol{\Omega} \times \boldsymbol{\Omega} = \frac{\partial \boldsymbol{\Omega}}{\partial t}, \tag{9.20}$$

$$\Rightarrow \frac{\partial \boldsymbol{H}}{\partial t} = \frac{\partial}{\partial t}(\boldsymbol{I}\boldsymbol{\Omega}) = I\frac{\partial \boldsymbol{\Omega}}{\partial t} = \boldsymbol{I}\dot{\boldsymbol{\Omega}}, \tag{9.21}$$

得

$$\boldsymbol{I}\dot{\boldsymbol{\Omega}} + \boldsymbol{\Omega} \times \boldsymbol{H} = \boldsymbol{N}. \tag{9.22}$$

下面求摄动力矩，如图 9.2 所示.其中，$\mathrm{d}m$ 受到摄动体引力为

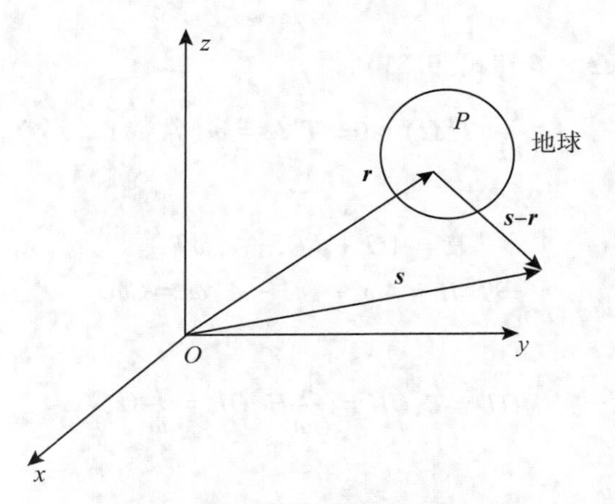

图 9.2 摄动体对地球自转的影响

$$\frac{\mu(\boldsymbol{s}-\boldsymbol{r})\mathrm{d}m}{|\boldsymbol{s}-\boldsymbol{r}|^3}\approx\mu(\boldsymbol{s}-\boldsymbol{r})s^{-3}(1+3\hat{s}^{\mathrm{T}}\boldsymbol{r}s^{-1})\mathrm{d}m$$
$$=\mu s^{-2}(\hat{s}-\boldsymbol{r}s^{-1})(1+3\hat{s}^{\mathrm{T}}\boldsymbol{r}s^{-1})\mathrm{d}m\approx\mu s^{-2}[\hat{s}-s^{-1}(U-3\hat{s}\hat{s}^{\mathrm{T}})\boldsymbol{r}]\mathrm{d}m. \tag{9.23}$$

总力矩为

$$\begin{aligned}\boldsymbol{N}&=\int\boldsymbol{r}\times\frac{\mu(\boldsymbol{s}-\boldsymbol{r})}{|\boldsymbol{s}-\boldsymbol{r}|^3}\mathrm{d}m=-\mu s^{-2}\hat{s}\times\left[\int\boldsymbol{r}\mathrm{d}m+3s^{-1}\left(\int\boldsymbol{r}\boldsymbol{r}^{\mathrm{T}}\mathrm{d}m\right)\hat{s}\right]\\&=-3\mu s^{-3}\left[\hat{s}\times\left(\int r^2U\mathrm{d}m-I\right)\hat{s}\right]=-3\mu s^{-3}\hat{s}\times I\hat{s}=3\mu s^{-3}(C-A)\hat{s}\times\boldsymbol{T}\boldsymbol{T}^{\mathrm{T}}\hat{s}.\end{aligned} \tag{9.24}$$

下面根据力矩得到一些推论,用 $\boldsymbol{T}$ 点乘上式,注意混合积

$$\boldsymbol{T}^{\mathrm{T}}\hat{s}\times\boldsymbol{T}(\boldsymbol{T}^{\mathrm{T}}\hat{s})=0, \tag{9.25}$$

有

$$\boldsymbol{T}^{\mathrm{T}}\boldsymbol{N}=0. \tag{9.26}$$

由式(9.22)有

$$\boldsymbol{T}^{\mathrm{T}}I\dot{\boldsymbol{\Omega}}+\boldsymbol{T}^{\mathrm{T}}(\boldsymbol{\Omega}\times\boldsymbol{H})=\boldsymbol{T}^{\mathrm{T}}\boldsymbol{N}, \tag{9.27}$$

再由式(9.18)、式(9.22)和式(9.26),得

$$\boldsymbol{T}^{\mathrm{T}}I\dot{\boldsymbol{\Omega}}=0. \tag{9.28}$$

将式(9.15)代入,有

$$\boldsymbol{T}^{\mathrm{T}}\dot{\boldsymbol{\Omega}}=0. \tag{9.29}$$

利用普安索定理(Poinsot theorem),先证明

$$\boldsymbol{T}^{\mathrm{T}}\boldsymbol{\Omega}=\omega, \tag{9.30}$$

为此

$$\frac{\mathrm{d}}{\mathrm{d}t}(\boldsymbol{T}^{\mathrm{T}}\boldsymbol{\Omega})=\dot{\boldsymbol{T}}^{\mathrm{T}}\boldsymbol{\Omega}+\boldsymbol{T}^{\mathrm{T}}\dot{\boldsymbol{\Omega}}. \tag{9.31}$$

由式(9.29)，$\dot{\boldsymbol{T}}=\boldsymbol{\Omega}\times\boldsymbol{T}$ 和式(9.31)，得

$$\frac{\mathrm{d}}{\mathrm{d}t}(\boldsymbol{T}^{\mathrm{T}}\boldsymbol{\Omega})=0\Rightarrow\boldsymbol{T}^{\mathrm{T}}\boldsymbol{\Omega}=\omega(\text{常数}).\tag{9.32}$$

而

$$\boldsymbol{H}=A\boldsymbol{\Omega}+(C-A)\omega\boldsymbol{T},\tag{9.33}$$

$$\Rightarrow\boldsymbol{T}^{\mathrm{T}}\boldsymbol{H}=A\omega+(C-A)\omega=C\omega.\tag{9.34}$$

取

$$OT=\boldsymbol{T},OH=\frac{1}{C\omega}\boldsymbol{H},OR=\frac{1}{\omega}\boldsymbol{\Omega},$$

有

$$TH=OH-OT=\frac{1}{C\omega}\boldsymbol{H}-\boldsymbol{T},\tag{9.35}$$

将式(9.33)代入上式得

$$\begin{aligned}TH&=\frac{1}{C\omega}[A\boldsymbol{\Omega}+(C-A)\omega\boldsymbol{T}]-\boldsymbol{T}\\&=\frac{A}{C}\left(\frac{1}{\omega}\boldsymbol{\Omega}-\boldsymbol{T}\right)=\frac{A}{C}(OR-OT)=\frac{A}{C}TR.\end{aligned}\tag{9.36}$$

故 T,H,R 三点共线，即

$$\frac{TH}{HR}=\frac{TH}{TR-TH}=\frac{\frac{A}{C}}{1-\frac{A}{C}}=\frac{A}{C-A}.\tag{9.37}$$

9.3　形状极运动

1. 运动的描述

用

$$\boldsymbol{\rho}=TH=\frac{1}{C\omega}\boldsymbol{H}-\boldsymbol{T}\tag{9.38}$$

来描述形状极的运动，因为点 H 在地心参考系中的位置是可以确定的，故若知道 $\boldsymbol{\rho}$ 的变化，则可知形状极的运动.

2. 极移方程

(1)地心天球参考系极移方程

对式(9.38)两边关于时间求导，即

$$\dot{\boldsymbol{\rho}}=\frac{1}{C\omega}\dot{\boldsymbol{H}}-\dot{\boldsymbol{T}}.\tag{9.39}$$

又

$$\dot{\boldsymbol{T}} = \frac{\partial \boldsymbol{T}}{\partial t} + \boldsymbol{\Omega} \times \boldsymbol{T} = \boldsymbol{\Omega} \times \boldsymbol{T}, \tag{9.40}$$

$$\dot{\boldsymbol{H}} = \boldsymbol{N}, \tag{9.41}$$

故

$$\dot{\boldsymbol{\rho}} = \frac{1}{C\omega}\boldsymbol{N} - \boldsymbol{\Omega} \times \boldsymbol{T}. \tag{9.42}$$

将

$$\boldsymbol{H} = A\boldsymbol{\Omega} + (C - A)\omega\boldsymbol{T}, \tag{9.43}$$

代入式(9.38)，有

$$\boldsymbol{\rho} = \frac{1}{C\omega}[A\boldsymbol{\Omega} + (C - A)\omega\boldsymbol{T}] - \boldsymbol{T} = \frac{A}{C}\left(\frac{\boldsymbol{\Omega}}{\omega} - \boldsymbol{T}\right), \tag{9.44}$$

将上式两边叉乘 $\boldsymbol{T}$，得

$$\boldsymbol{\rho} \times \boldsymbol{T} = \frac{A}{C}\frac{\boldsymbol{\Omega}}{\omega} \times \boldsymbol{T}, \tag{9.45}$$

代入式(9.42)，即有

$$\dot{\boldsymbol{\rho}} - \frac{C\omega}{A}\boldsymbol{T} \times \boldsymbol{\rho} = \frac{1}{C\omega}\boldsymbol{N}. \tag{9.46}$$

(2)地球参考系极移方程

我们知道

$$\dot{\boldsymbol{\rho}} = \frac{\partial \boldsymbol{\rho}}{\partial t} + \boldsymbol{\Omega} \times \boldsymbol{\rho}, \tag{9.47}$$

用 $\boldsymbol{\rho}$ 叉乘式(9.44)两边，得

$$\boldsymbol{\Omega} \times \boldsymbol{\rho} = \omega\boldsymbol{T} \times \boldsymbol{\rho}, \tag{9.48}$$

由上面可知

$$\frac{\partial \boldsymbol{\rho}}{\partial t} - \frac{C - A}{A}\omega\boldsymbol{T} \times \boldsymbol{\rho} = \frac{1}{C\omega}\boldsymbol{N}. \tag{9.49}$$

通解 $\boldsymbol{\rho}_E$ 和特解 $\boldsymbol{\rho}_F$ 如下：

式(9.49)的解为

$$\boldsymbol{\rho} = \boldsymbol{\rho}_E + \boldsymbol{\rho}_F, \tag{9.50}$$

其中，$\boldsymbol{\rho}_E$ 为式(9.49)相应齐次方程的通解，即

$$\frac{\partial \boldsymbol{\rho}_E}{\partial t} - \frac{C - A}{A}\omega\boldsymbol{T} \times \boldsymbol{\rho}_E = 0, \tag{9.51}$$

上式说明 $\boldsymbol{\rho}_E$ 在与极轴 $\boldsymbol{T}$ 正交的平面内绕极点 T 旋转，旋转角速度为 $\frac{C - A}{A}\omega\boldsymbol{T}$.

下面讨论特解(particular solution)(近似).

用 $\boldsymbol{T}$ 叉乘式(9.43)两边，得

$$\boldsymbol{H} \times \boldsymbol{T} = A\boldsymbol{\Omega} \times \boldsymbol{T}, \tag{9.52}$$

而

$$\dot{\boldsymbol{T}} = \boldsymbol{\Omega} \times \boldsymbol{T}, \tag{9.53}$$

故

$$A\dot{\boldsymbol{T}} = \boldsymbol{H} \times \boldsymbol{T}, \tag{9.54}$$

因此

$$A\boldsymbol{T} \times \dot{\boldsymbol{T}} = \boldsymbol{T} \times (\boldsymbol{H} \times \boldsymbol{T}) = \boldsymbol{H}(\boldsymbol{T} \cdot \boldsymbol{T}) - \boldsymbol{T}(\boldsymbol{T} \cdot \boldsymbol{H}) = \boldsymbol{H} - C\omega\boldsymbol{T}, \tag{9.55}$$

可写成

$$\frac{1}{C\omega}\boldsymbol{H} - \boldsymbol{T} = \frac{A}{C\omega}\boldsymbol{T} \times \dot{\boldsymbol{T}}, \tag{9.56}$$

对上式两边关于时间求导，注意 $\boldsymbol{N} = \dot{\boldsymbol{H}}$，得

$$\dot{\boldsymbol{T}} = \frac{1}{C\omega}\boldsymbol{N} - \frac{A}{C\omega}(\boldsymbol{T} \times \ddot{\boldsymbol{T}}). \tag{9.57}$$

对上式用 $\boldsymbol{T}$ 叉乘两边，得

$$\frac{A}{C\omega}\boldsymbol{T} \times \dot{\boldsymbol{T}} = \frac{A}{(C\omega)^2}\boldsymbol{T} \times \boldsymbol{N} - \left(\frac{A}{C\omega}\right)^2 \boldsymbol{T} \times (\boldsymbol{T} \times \ddot{\boldsymbol{T}}). \tag{9.58}$$

由 $\boldsymbol{\rho} = \frac{1}{C\omega}\boldsymbol{H} - \boldsymbol{T}$ 和式(9.56)得

$$\boldsymbol{\rho} = \frac{A}{(C\omega)^2}\boldsymbol{T} \times \boldsymbol{N} - \left(\frac{A}{C\omega}\right)^2 \boldsymbol{T} \times (\boldsymbol{T} \times \ddot{\boldsymbol{T}}), \tag{9.59}$$

用迭代法，取近似 $\dot{\boldsymbol{T}} = \frac{1}{C\omega}\boldsymbol{N}$，可得

$$\boldsymbol{\rho} = \frac{A}{(C\omega)^2}\boldsymbol{T} \times \boldsymbol{N} - \frac{A^2}{(C\omega)^3}\boldsymbol{T} \times (\boldsymbol{T} \times \dot{\boldsymbol{N}}). \tag{9.60}$$

9.4　岁差与章动的研究

本小节进一步研究地球、月亮、太阳和引力场系统的物理模型和数学模型，并求解之.

具体说来，先求出月球、太阳对地球的摄动力矩，给出中介极方程并求解，再研究岁差(precession of equinoxes 或 precession)和章动(nodding 或 nutation).

9.4.1　月亮和太阳对地球的摄动力矩

设摄动体绕地球做椭圆运动，下面给出矢径 $\boldsymbol{s}$，轨道方程为

$$s = \frac{a(1 - e^2)}{1 + e\cos f}, \tag{9.61}$$

又

$$s^2\dot{f}=na^2\sqrt{1-e^2}, \tag{9.62}$$

即

$$\frac{a^2}{s^2}=\frac{\dot{f}}{n\sqrt{1-e^2}}, \tag{9.63}$$

$$\frac{a^3}{s^3}=\frac{1+e\cos f}{n(1-e^2)^{\frac{3}{2}}}\dot{f}, \tag{9.64}$$

单位矢径为

$$\hat{s}=\frac{\boldsymbol{s}}{s}=(\hat{p}\quad\hat{q}\quad\hat{h})\begin{pmatrix}\cos f\\ \sin f\\ 0\end{pmatrix}, \tag{9.65}$$

其中，$(\hat{p}\quad\hat{q}\quad\hat{h})$ 为轨道标架.

显然，

$$\hat{s}^{\mathrm{T}}=(\cos f\quad\sin f\quad 0)\begin{pmatrix}\hat{p}\\ \hat{q}\\ \hat{h}\end{pmatrix}, \tag{9.66}$$

故

$$\begin{aligned}\hat{s}\hat{s}^{\mathrm{T}}&=(\hat{p}\quad\hat{q}\quad\hat{h})\begin{pmatrix}\cos f\\ \sin f\\ 0\end{pmatrix}(\cos f\quad\sin f\quad 0)\begin{pmatrix}\hat{p}\\ \hat{q}\\ \hat{h}\end{pmatrix}\\&=(\hat{p}\quad\hat{q}\quad\hat{h})\begin{pmatrix}\cos^2 f & \cos f\sin f & 0\\ \cos f\sin f & \sin^2 f & 0\\ 0 & 0 & 0\end{pmatrix}\begin{pmatrix}\hat{p}\\ \hat{q}\\ \hat{h}\end{pmatrix},\end{aligned} \tag{9.67}$$

上式进一步写成

$$\begin{aligned}\hat{s}\hat{s}^{\mathrm{T}}&=\cos^2 f\hat{p}\hat{p}^{\mathrm{T}}+\sin^2 f\hat{q}\hat{q}^{\mathrm{T}}+\cos f\sin f(\hat{p}\hat{q}^{\mathrm{T}}+\hat{q}\hat{p}^{\mathrm{T}})\\&=\frac{1}{2}[U-\hat{h}\hat{h}^{\mathrm{T}}+\cos 2f(\hat{p}\hat{p}^{\mathrm{T}}-\hat{q}\hat{q}^{\mathrm{T}})+\sin 2f(\hat{p}\hat{q}^{\mathrm{T}}+\hat{q}\hat{p}^{\mathrm{T}})],\end{aligned} \tag{9.68}$$

由式(9.24)有

$$\frac{\boldsymbol{N}}{C\omega}=-\frac{3\mu(C-A)}{C\omega}\frac{1}{s^3}\boldsymbol{T}\times\hat{s}\hat{s}^{\mathrm{T}}\boldsymbol{T}. \tag{9.69}$$

又令

$$K=-\frac{3\mu(C-A)}{C\omega a^3},\overleftrightarrow{\boldsymbol{P}}=\frac{a^3}{s^3}\hat{s}\hat{s}^{\mathrm{T}}, \tag{9.70}$$

其中，$\overleftrightarrow{\boldsymbol{P}}$ 为二阶张量，则有

$$\frac{1}{C\omega}\boldsymbol{N}=-K\boldsymbol{T}\times\overleftrightarrow{\boldsymbol{P}}\boldsymbol{T}. \tag{9.71}$$

下面将上式分成平均值(mean 或 average)和周期项之和，注意：$\overleftrightarrow{\boldsymbol{P}}$ 的周期为 $2\pi/n$，即

$$\overline{\overleftrightarrow{\boldsymbol{P}}}=\frac{n}{2\pi}\int_0^{2\pi/n}\frac{a^3}{s^3}\hat{s}\hat{s}^{\mathrm{T}}\mathrm{d}t, \tag{9.72}$$

将式(9.64)代入上式，并注意到周期项积分为零，得

$$\overline{\overleftrightarrow{\boldsymbol{P}}}=\frac{1}{2\pi(1-e^2)^{\frac{3}{2}}}\int_0^{2\pi}(1+e\cos f)\hat{s}\hat{s}^{\mathrm{T}}\mathrm{d}f=\frac{1}{2(1-e^2)^{\frac{3}{2}}}(U-\hat{h}\hat{h}^{\mathrm{T}}), \tag{9.73}$$

故

$$\overleftrightarrow{\boldsymbol{P}}=\frac{1}{2(1-e^2)^{\frac{3}{2}}}(U-\hat{h}\hat{h}^{\mathrm{T}}+V), \tag{9.74}$$

其中，V 为周期部分.

将上式代入式(9.71)，有

$$\frac{1}{C\omega}\boldsymbol{N}=-K\left[\boldsymbol{T}\times\frac{1}{2(1-e^2)^{\frac{3}{2}}}(U-\hat{h}\hat{h}^{\mathrm{T}}+V)\boldsymbol{T}\right]=\frac{K}{2(1-e^2)^{\frac{3}{2}}}(\boldsymbol{T}\times\hat{h}\hat{h}^{\mathrm{T}}\boldsymbol{T}-\boldsymbol{T}\times V\boldsymbol{T}). \tag{9.75}$$

记 $\hat{I},\hat{j},\hat{k}$ 为黄道标架，$\hat{k}$ 为黄极方向单位矢，即

$$\hat{k}\times\hat{h}=\sin i\hat{d}, \tag{9.76}$$

其中，$\hat{d}$ 为交线单位矢.于是

$$\hat{k}\times(\hat{k}\times\hat{h})=\sin i\hat{k}\times\hat{d}=\hat{k}(\hat{k}\cdot\hat{h})-\hat{h}, \tag{9.77}$$

$$\Rightarrow\hat{h}=\cos i\hat{k}+\sin i\hat{d}\times\hat{k}, \tag{9.78}$$

由

$$\begin{aligned}\hat{h}\hat{h}^{\mathrm{T}}&=(\cos i\hat{k}+\sin i\hat{d}\times\hat{k})(\cos i\hat{k}^{\mathrm{T}}+\sin i\,(\hat{d}\times\hat{k})^{\mathrm{T}})\\&=\cos^2 i\hat{k}\hat{k}^{\mathrm{T}}+\sin i(\hat{d}\times\hat{k})(\hat{d}\times\hat{k})^{\mathrm{T}}+\frac{1}{2}\sin 2i[\hat{k}\,(\hat{d}\times\hat{k})^{\mathrm{T}}+(\hat{d}\times\hat{k})\hat{k}^{\mathrm{T}}].\end{aligned} \tag{9.79}$$

可求出

$$\hat{d}=\cos\Omega\hat{I}+\sin\Omega\hat{j}, \tag{9.80}$$

则有

$$\hat{d}\times\hat{k}=\sin\Omega\hat{I}-\cos\Omega\hat{j}, \tag{9.81}$$

同求 $\hat{s}\hat{s}^{\mathrm{T}}$，类似可得

$$(\hat{d}\times\hat{k})\,(\hat{d}\times\hat{k})^{\mathrm{T}}=\frac{1}{2}[U-\hat{k}\hat{k}^{\mathrm{T}}-\cos 2\Omega(\hat{I}\hat{I}^{\mathrm{T}}-\hat{j}\hat{j}^{\mathrm{T}})-\sin 2\Omega(\hat{I}\hat{j}^{\mathrm{T}}+\hat{j}\hat{I}^{\mathrm{T}})], \tag{9.82}$$

$$\Rightarrow \hat{h}\hat{h}^{\mathrm{T}} = \cos^2 i\hat{k}\hat{k}^{\mathrm{T}} + \frac{1}{2}\sin^2 i[U - \hat{k}\hat{k}^{\mathrm{T}} - \cos 2\Omega(\hat{I}\hat{I}^{\mathrm{T}} - \hat{j}\hat{j}^{\mathrm{T}}) - \sin 2\Omega(\hat{I}\hat{j}^{\mathrm{T}} + \hat{j}\hat{I}^{\mathrm{T}})]$$

$$+ \frac{1}{2}\sin 2i[\hat{k}(\sin\Omega\hat{I}^{\mathrm{T}} - \cos\Omega\hat{j}^{\mathrm{T}}) + (\sin\Omega\hat{I} - \cos\Omega\hat{j})\hat{k}^{\mathrm{T}}] \tag{9.83}$$

$$= \frac{1}{2}\sin^2 iU + \left(1 - \frac{3}{2}\sin^2 i\right)\hat{k}\hat{k}^{\mathrm{T}} + \overleftrightarrow{\boldsymbol{D}},$$

其中，

$$\overleftrightarrow{\boldsymbol{D}} = \frac{1}{2}\sin 2i[\sin\Omega(\hat{k}\hat{I}^{\mathrm{T}} + \hat{I}\hat{k}^{\mathrm{T}}) - \cos\Omega(\hat{k}\hat{j}^{\mathrm{T}} + \hat{j}\hat{k}^{\mathrm{T}})]$$

$$- \frac{1}{2}\sin^2 i[\cos 2\Omega(\hat{I}\hat{I}^{\mathrm{T}} - \hat{j}\hat{j}^{\mathrm{T}}) + \sin 2\Omega(\hat{I}\hat{j}^{\mathrm{T}} + \hat{j}\hat{I}^{\mathrm{T}})]. \tag{9.84}$$

注意，$\sin 2i$ 的平均值为零.

将式(9.83)代入式(9.75)中，有

$$\frac{1}{C\omega}\boldsymbol{N} = Q\left[\left(1 - \frac{3}{2}\sin^2 i\right)\boldsymbol{T} \times \hat{k}\hat{k}^{\mathrm{T}}\boldsymbol{T} + \boldsymbol{T} \times (\overleftrightarrow{\boldsymbol{D}} - \overleftrightarrow{\boldsymbol{V}})\boldsymbol{T}\right], \tag{9.85}$$

其中，

$$Q = \frac{K}{2(1 - e^2)^{\frac{3}{2}}}.$$

于是，月亮和太阳产生的总力矩为

$$\frac{1}{C\omega}\boldsymbol{N} = \frac{1}{C\omega}(\boldsymbol{N}_{\mathrm{m}} + \boldsymbol{N}_{\mathrm{s}}) = P\boldsymbol{T} \times \hat{k}\hat{k}^{\mathrm{T}}\boldsymbol{T} + Q_{\mathrm{m}}\boldsymbol{T} \times \overleftrightarrow{\boldsymbol{D}}_{\mathrm{m}}\boldsymbol{T} - \boldsymbol{T} \times (Q_{\mathrm{m}}\overleftrightarrow{\boldsymbol{V}}_{\mathrm{m}} - Q_{\mathrm{s}}\overleftrightarrow{\boldsymbol{V}}_{\mathrm{s}})\boldsymbol{T}, \tag{9.86}$$

其中，岁差常数

$$P = Q_{\mathrm{m}}\left(1 - \frac{3}{2}\sin^2 i_{\mathrm{m}}\right) + Q_{\mathrm{s}},$$

上式角标 m，s 分别代表月亮和太阳.

9.4.2　中介极的运动方程

中介极 $\boldsymbol{n}$ (N 的位置)与 $\boldsymbol{\rho}_F$ 有关，故 $\boldsymbol{n}$ 为方程(9.57)的特解，即有

$$\dot{\boldsymbol{n}} = \frac{1}{C\omega}\boldsymbol{N} - \frac{A}{C\omega}\boldsymbol{n} \times \ddot{\boldsymbol{n}}, \tag{9.87}$$

注意，上式右边第二项为小量，有

$$\dot{\boldsymbol{n}} = \frac{1}{C\omega}\boldsymbol{N}, \tag{9.88}$$

于是

$$\dot{\boldsymbol{n}} = \frac{1}{C\omega}\boldsymbol{N} - \frac{A}{(C\omega)^2}\boldsymbol{n} \times \dot{\boldsymbol{N}}. \tag{9.89}$$

我们回到太阳质心系(center-of-mass frame)(惯性系)，加上岁差测地修正项 $P_g\hat{k} \times$

$\boldsymbol{n}$，则有

$$\dot{\boldsymbol{n}} = P_g \hat{k} \times \boldsymbol{n} + \frac{1}{C\omega}\boldsymbol{N} - \frac{A}{(C\omega)^2}\boldsymbol{n} \times \dot{\boldsymbol{N}}. \tag{9.90}$$

又

$$\frac{1}{C\omega}\boldsymbol{N} = \overleftrightarrow{P}\boldsymbol{n} \times \hat{k}\hat{k}^{\mathrm{T}}\boldsymbol{n} + \boldsymbol{B}, \tag{9.91}$$

其中，$\boldsymbol{B}$ 为所有周期项.

设 $\dot{\hat{k}} \approx 0$(小量)，有

$$\frac{1}{C\omega}\dot{\boldsymbol{N}} = P(\dot{\boldsymbol{n}} \times \hat{k}\hat{k}^{\mathrm{T}}\boldsymbol{n} + \boldsymbol{n} \times \hat{k}\hat{k}^{\mathrm{T}}\dot{\boldsymbol{n}} + \dot{\boldsymbol{B}}).$$

其中，$P = Q_m\left(1 - \frac{3}{2}\sin^2 i_m\right)$ 为小量.

故

$$\begin{aligned}\frac{A}{(C\omega)^2}\boldsymbol{n} \times \dot{\boldsymbol{N}} &= \frac{A}{C\omega}P[\boldsymbol{n} \times (\dot{\boldsymbol{n}} \times \hat{k}\hat{k}^{\mathrm{T}}\boldsymbol{n}) + \boldsymbol{n} \times (\boldsymbol{n} \times \hat{k}\hat{k}^{\mathrm{T}}\dot{\boldsymbol{n}})] + \frac{A}{C\omega}\boldsymbol{n} \times \dot{\boldsymbol{B}} \\ &= \nu[\dot{\boldsymbol{n}}(\hat{k}^{\mathrm{T}}\boldsymbol{n})^2 U - (\hat{k}\hat{k}^{\mathrm{T}}\boldsymbol{n})(\dot{\boldsymbol{n}}^{\mathrm{T}}\boldsymbol{n}) + \boldsymbol{n} \times (\boldsymbol{n} \times \hat{k})\hat{k}^{\mathrm{T}}\dot{\boldsymbol{n}}] + \frac{A}{C\omega}\boldsymbol{n} \times \dot{\boldsymbol{B}},\end{aligned} \tag{9.92}$$

而 $\boldsymbol{N} \cdot \boldsymbol{n} = 0$，$\dot{\boldsymbol{n}} \cdot \boldsymbol{n} = 0$，注意 $\nu = \frac{A}{C\omega}P$，得

$$\frac{A}{(C\omega)^2}\boldsymbol{n} \times \dot{\boldsymbol{N}} = \nu[(\hat{k}^{\mathrm{T}}\boldsymbol{n})^2 U + \boldsymbol{n} \times (\boldsymbol{n} \times \hat{k})\hat{k}^{\mathrm{T}}]\dot{\boldsymbol{n}} + \frac{A}{C\omega}\boldsymbol{n} \times \dot{\boldsymbol{B}}, \tag{9.93}$$

由式(9.88)和式(9.91)有

$$\dot{\boldsymbol{n}} = \overleftrightarrow{P}\boldsymbol{n} \times \hat{k}\hat{k}^{\mathrm{T}}\boldsymbol{n} + \boldsymbol{B}. \tag{9.94}$$

$$\begin{aligned}\frac{A}{(C\omega)^2}\boldsymbol{n} \times \dot{\boldsymbol{N}} &= \nu[(\hat{k}^{\mathrm{T}}\boldsymbol{n})^2 U + \boldsymbol{n} \times (\boldsymbol{n} \times \hat{k})\hat{k}^{\mathrm{T}}](\overleftrightarrow{P}\boldsymbol{n} \times \hat{k}\hat{k}^{\mathrm{T}}\boldsymbol{n} + \boldsymbol{B}) + \frac{A}{C\omega}\boldsymbol{n} \times \dot{\boldsymbol{B}} \\ &= P\nu(\hat{k}^{\mathrm{T}}\boldsymbol{n})^2\boldsymbol{n} \times \hat{k}\hat{k}^{\mathrm{T}}\boldsymbol{n} + \nu[(\hat{k}^{\mathrm{T}}\boldsymbol{n})^2 U + \boldsymbol{n} \times (\boldsymbol{n} \times \hat{k})\hat{k}^{\mathrm{T}}]\boldsymbol{B} + \frac{A}{C\omega}\boldsymbol{n} \times \dot{\boldsymbol{B}}.\end{aligned} \tag{9.95}$$

将式(9.91)和式(9.95)代入式(9.90)中，得

$$\begin{aligned}\dot{\boldsymbol{n}} = &P_g\hat{k} \times \boldsymbol{n} + P\boldsymbol{n} \times \hat{k}\hat{k}^{\mathrm{T}}\boldsymbol{n} + \boldsymbol{B} - P\nu(\hat{k}^{\mathrm{T}}\boldsymbol{n})^3\boldsymbol{n} \times \hat{k} \\ &- \nu[(\hat{k}^{\mathrm{T}}\boldsymbol{n})^2 U + \boldsymbol{n} \times (\boldsymbol{n} \times \hat{k})\hat{k}^{\mathrm{T}}]\boldsymbol{B} - \frac{A}{C\omega}\boldsymbol{n} \times \dot{\boldsymbol{B}},\end{aligned} \tag{9.96}$$

最后得到

$$\dot{\boldsymbol{n}} = \{P[1-\nu(\hat{k}^{\mathrm{T}}\boldsymbol{n})^2]\hat{k}^{\mathrm{T}}\boldsymbol{n} - P_g\}(\boldsymbol{n}\times\hat{k}) + \{[1-\nu(\hat{k}^{\mathrm{T}}\boldsymbol{n})^2]U - \nu\boldsymbol{n}\times(\boldsymbol{n}\times\hat{k})\hat{k}^{\mathrm{T}}\}\boldsymbol{B} - \frac{A}{C\omega}\boldsymbol{n}\times\dot{\boldsymbol{B}}. \tag{9.97}$$

9.4.3 方程的解——平极的进动

下面求解关于 $\boldsymbol{n}$ 的方程(9.97)，为简单起见，略去周期项 $\boldsymbol{B}$，$\dot{\boldsymbol{B}}$，将 $\boldsymbol{n}\to\bar{\boldsymbol{n}}$（平极），有

$$\dot{\bar{\boldsymbol{n}}} = \{P[1-\nu(\hat{k}^{\mathrm{T}}\bar{\boldsymbol{n}})^2]\hat{k}^{\mathrm{T}}\bar{\boldsymbol{n}} - P_g\}\bar{\boldsymbol{n}}\times\hat{k}, \tag{9.98}$$

或

$$\dot{\bar{\boldsymbol{n}}} = -(P_1 - P_g)\hat{k}\times\bar{\boldsymbol{n}}, \tag{9.99}$$

其中，

$$P_1 = P(1-\nu\cos^2\varepsilon_A)\cos\varepsilon_A,\ \cos\varepsilon_A = \hat{k}^{\mathrm{T}}\bar{\boldsymbol{n}}, \tag{9.100}$$

式(9.99)的意义在于，平极(mean pole) $\bar{\boldsymbol{n}}$ 围绕黄极(ecliptic pole) $\hat{k}$ 顺时针进动(岁差)，其角速度为 $-(P_1-P_g)\hat{k}$，P_1 为日月摄动引起的日月岁差速率，P_g 为测地岁差.

9.4.4 几种坐标基矢之间的关系(特性)

如前，定义 $(\hat{I},\hat{j},\hat{k})$ 为黄道(ecliptic)标架，此处，$(\bar{I},\bar{m},\bar{n})$ 为平赤道(mean equator)标架，其中，$\bar{n}$ 为中介极方向的单位矢，$\bar{I}=\langle\bar{n}\times\hat{k}\rangle$，$\bar{m}=\bar{n}\times\bar{I}$.

设基矢 $(\bar{I},\bar{m},\bar{n})$ 的转动角速度为 $\boldsymbol{\gamma}$，即有

$$\dot{\bar{n}} = \boldsymbol{\gamma}\times\bar{n}, \tag{9.101}$$

又

$$\dot{\bar{n}} = -\dot{\psi}\hat{k}\times\bar{n}, \tag{9.102}$$

于是

$$\boldsymbol{\gamma}\times\bar{n} = -\dot{\psi}\hat{k}\times\bar{n}, \tag{9.103}$$

由上式得

$$(\boldsymbol{\gamma}\times\bar{n})\cdot\hat{k} = 0. \tag{9.104}$$

故 $\boldsymbol{\gamma}$，$\bar{n}$，$\hat{k}$ 共面，即

$$\boldsymbol{\gamma} = -\dot{\psi}\hat{k} + \dot{\chi}\bar{n}, \tag{9.105}$$

其中，分量 $\dot{\chi}\bar{n}$ 表示黄道面和平春分点 $\bar{I}$ 沿赤道逆时针方向转动(行星岁差)的角速度.

而

$$\dot{\hat{k}} = \frac{\partial \hat{k}}{\partial t} + \boldsymbol{\gamma} \times \hat{k}, \tag{9.106}$$

表示 $\hat{k}$ 的转动角速度为 $\boldsymbol{\gamma}$.

又

$$\bar{I} = \langle \bar{n} \times \hat{k} \rangle,\ \bar{n}^{\mathrm{T}}\hat{k} = \cos\varepsilon_A,\ \bar{n} \times \hat{k} = \sin\varepsilon_A \bar{I},\ \bar{n} \times \frac{\partial \hat{k}}{\partial t} = \dot{\varepsilon}_A \cos\varepsilon_A \bar{I}, \tag{9.107}$$

$$\Rightarrow \hat{k} \times \left(\bar{n} \times \frac{\partial \hat{k}}{\partial t}\right) = \dot{\varepsilon}_A \cos\varepsilon_A \hat{k} \times \bar{I} = \bar{n}\left(\hat{k} \cdot \frac{\partial \hat{k}}{\partial t}\right) - \frac{\partial \hat{k}}{\partial t}\cos\varepsilon_A = -\frac{\partial \hat{k}}{\partial t}\cos\varepsilon_A, \tag{9.108}$$

故

$$\frac{\partial \hat{k}}{\partial t} = \dot{\varepsilon}_A \bar{I} \times \hat{k}, \tag{9.109}$$

将上式代入式(9.106)中，并注意 $\hat{k} \times \bar{I} = -\bar{j}$($\bar{j}$ 为平黄道标架第二矢量)，即

$$\boldsymbol{\gamma} = -\dot{\psi}\hat{k} + \dot{\chi}\bar{n},\ \bar{n} \times \hat{k} = \sin\varepsilon_A \bar{I},$$

可得

$$\dot{\hat{k}} = -\dot{\varepsilon}_A \bar{j} + \dot{\chi}\sin\varepsilon_A \bar{I}, \tag{9.110}$$

其中，$\dot{\varepsilon}_A$ 为平黄赤交角变化率，$\dot{\chi}$ 为行星岁差变化率.

又由 ($\bar{I}$，$\bar{m}$，$\bar{n}$) 知，转动角速度为 $\boldsymbol{\gamma}$，我们注意到 $\boldsymbol{\gamma} = -\dot{\psi}\hat{k} + \dot{\chi}\bar{n}$，$\hat{k} \times \bar{I} = \bar{j}$，$\bar{m} = \bar{n} \times \bar{I}$，有

$$\dot{\bar{I}} = \boldsymbol{\gamma} \times \bar{I} = -\dot{\psi}\hat{k} \times \bar{I} + \dot{\chi}\bar{n} \times \bar{I} = -\dot{\psi}\bar{j} + \dot{\chi}\bar{m}. \tag{9.111}$$

$$\begin{aligned} P &= -\bar{j}^{\mathrm{T}}\bar{I} = (\dot{\hat{k}} \times \bar{I} + \hat{k} \times \dot{\bar{I}}) \cdot \bar{I} = \hat{k} \times (-\dot{\psi}\,\bar{j} + \dot{\chi}\bar{m}) \cdot I \\ &= \dot{\psi} + \dot{\chi}\bar{I} \cdot [\hat{k} \times (\bar{n} \times \bar{I})] = \dot{\psi} - \dot{\chi}\cos\varepsilon_A, \end{aligned} \tag{9.112}$$

$$\begin{aligned} m &= -\bar{I}^{\mathrm{T}}\bar{m} = -(-\dot{\psi}\,\bar{j} + \dot{\chi}\bar{m}) \cdot \bar{m} = \dot{\psi}\bar{j} \cdot (\bar{n} \times \bar{I}) - \dot{\chi} = \dot{\psi}\bar{n} \cdot (\bar{I} \times \bar{j}) - \dot{\chi} \\ &= \dot{\psi}\cos\varepsilon_A - \dot{\chi}, \end{aligned} \tag{9.113}$$

$$n = -\dot{\bar{I}}^{\mathrm{T}}\bar{n} = (\dot{\psi}\,\bar{j} - \dot{\chi}\bar{m}) \cdot \bar{n} = \dot{\psi}(-\hat{k} \times \bar{I})\bar{n} - \dot{\chi}(\bar{n} \times \bar{I})\bar{n} = \dot{\psi}\sin\varepsilon_A, \tag{9.114}$$

$$\bar{\gamma}^{\mathrm{T}}\bar{m} = (-\dot{\psi}\hat{k} + \dot{\chi}\bar{n}) \cdot \bar{m} = -\dot{\psi}\hat{k} \cdot (\bar{n} \times \bar{I}) + \dot{\chi}\bar{n} \cdot (\bar{n} \times \bar{I}) = \dot{\psi}\sin\varepsilon_A = n, \tag{9.115}$$

$$\bar{\gamma}^{\mathrm{T}}\boldsymbol{n} = (-\dot{\psi}\hat{k} + \dot{\chi}\bar{n}) \cdot \bar{n} = -\dot{\psi}\cos\varepsilon_A + \dot{\chi} = -m, \tag{9.116}$$

$$\bar{\gamma}^{\mathrm{T}}\bar{I} = (-\dot{\psi}\hat{k} + \dot{\chi}\bar{n}) \cdot \bar{I} = (-\dot{\psi}\hat{k} + \dot{\chi}\bar{n}) \cdot (\bar{n} \times \hat{k}) = 0, \tag{9.117}$$

故

$$\boldsymbol{\gamma}=(\boldsymbol{\gamma}^{\mathrm{T}}\overline{m})\overline{m}+(\boldsymbol{\gamma}^{\mathrm{T}}\overline{n})\overline{n}+(\boldsymbol{\gamma}^{\mathrm{T}}\overline{I})\overline{I}=n\overline{m}-m\overline{n}. \tag{9.118}$$

9.4.5 方程的解——真天极相对平天极的运动(章动)

考虑式(9.97)，略去小量 $\boldsymbol{\nu}$，并用 $\frac{\partial \boldsymbol{B}}{\partial t}$ 代替 $\dot{\boldsymbol{B}}$，有

$$\boldsymbol{n}=P\hat{k}^{\mathrm{T}}\boldsymbol{n}\boldsymbol{n}\times\hat{k}-P_{g}\boldsymbol{n}\times\hat{k}+\boldsymbol{B}-\frac{A}{C\omega}\boldsymbol{n}\times\frac{\partial \boldsymbol{B}}{\partial t}, \tag{9.119}$$

又

$$\boldsymbol{n}=\frac{\partial \boldsymbol{n}}{\partial t}+\boldsymbol{\gamma}\times\boldsymbol{n}, \tag{9.120}$$

再将式(9.105)代入以上两式，联立有

$$\frac{\partial \boldsymbol{n}}{\partial t}=(P\boldsymbol{k}^{\mathrm{T}}\boldsymbol{n}-P_{g}-\dot{\psi})\boldsymbol{n}\times\hat{k}-\dot{\chi}\overline{n}\times\boldsymbol{n}+B-\frac{A}{C\omega}\boldsymbol{n}\times\frac{\partial \boldsymbol{B}}{\partial t}. \tag{9.121}$$

注意 $\overline{n}$ 和 $\boldsymbol{n}$ 的区别.

又由平极运动方程(9.98)，略去 $\boldsymbol{\nu}$，有

$$\dot{\overline{n}}=(P\hat{k}^{\mathrm{T}}\overline{n}-P_{g})\overline{n}\times\hat{k}, \tag{9.122}$$

而

$$\dot{\overline{n}}=\boldsymbol{\gamma}\times\overline{n}=(-\dot{\psi}\hat{k}+\dot{\chi}\overline{n})\times\overline{n}=-\dot{\psi}\hat{k}\times\overline{n}, \tag{9.123}$$

比较式(9.122)和式(9.123)，易知

$$\dot{\psi}=P\hat{k}^{\mathrm{T}}\overline{n}-P_{g}, \tag{9.124}$$

将上式代入式(9.121)中，并且 $\boldsymbol{n}=\overline{n}$，故有

$$\frac{\partial \boldsymbol{n}}{\partial t}=\boldsymbol{B}-\frac{A}{C\omega}\overline{n}\times\frac{\partial \boldsymbol{B}}{\partial t}, \tag{9.125}$$

积分得

$$\boldsymbol{n}-\overline{n}=\int\boldsymbol{B}\mathrm{d}t-\frac{A}{C\omega}\overline{n}\times\boldsymbol{B}, \tag{9.126}$$

其中，

$$\boldsymbol{B}=Q_{m}\overline{n}\times\boldsymbol{D}_{m}\overline{n}-\overline{n}\times(Q_{m}\boldsymbol{V}_{m}-Q_{s}\boldsymbol{V}_{s})\overline{n}\approx Q_{m}\overline{n}\times\boldsymbol{D}_{m}\overline{n}, \tag{9.127}$$

注意：上式第三项为短周期项，$\boldsymbol{D}\overline{n}$ 由下式给出

$$\begin{aligned}\boldsymbol{D}\overline{n}=&\frac{1}{2}\sin2i[\sin\Omega(\hat{k}\overline{I}^{\mathrm{T}}\overline{n}+\overline{I}\hat{k}^{\mathrm{T}}\overline{n})-\cos\Omega(\hat{k}\overline{j}^{\mathrm{T}}\overline{n}+\overline{j}\hat{k}^{\mathrm{T}}\overline{n})]\\&-\frac{1}{2}\sin^{2}i[\cos2\Omega(\overline{I}\,\overline{I}^{\mathrm{T}}\overline{n}-\overline{j}\,\overline{j}^{\mathrm{T}}\overline{n})+\sin2\Omega(\overline{I}\,\overline{j}^{\mathrm{T}}\overline{n}+\overline{j}\,\overline{I}^{\mathrm{T}}\overline{n})],\end{aligned} \tag{9.128}$$

我们注意到

$$\overline{j}^{\mathrm{T}}\overline{n}=\overline{j}\cdot\overline{n}=\overline{n}\cdot(\overline{I}\times\hat{k})=\overline{I}\cdot(\hat{k}\times\overline{n})=\sin\varepsilon_{A},\ \overline{I}\cdot\overline{n}=0,$$

有

$$
\begin{aligned}
\boldsymbol{D}\bar{n} = & \frac{1}{2}\sin2i[\sin\Omega\cos\varepsilon_A\bar{I} - \cos\Omega(\sin\varepsilon_A\hat{k} + \cos\varepsilon_A\bar{j})] \\
& - \frac{1}{2}\sin^2 i[-\cos2\Omega\sin\varepsilon_A\bar{j} + \sin2\Omega\sin\varepsilon_A\bar{I}],
\end{aligned} \tag{9.129}
$$

由

$$
\bar{n}\times\bar{I} = \bar{m},\ \bar{n}\times\hat{k} = -\bar{I}\sin\varepsilon_A,\ \bar{n}\times\bar{j} = \bar{n}\times(\bar{I}\times\bar{k}) = \bar{I}\cos\varepsilon_A,
$$

得

$$
\begin{aligned}
\bar{n}\times\boldsymbol{D}\bar{n} = & \frac{1}{2}\sin2i(\sin\Omega\cos\varepsilon_A\bar{m} + \cos\Omega\cos2\varepsilon_A\bar{I}) \\
& - \frac{1}{2}\sin^2 i\left(\frac{1}{2}\cos2\Omega\sin2\varepsilon_A\bar{I} + \sin2\Omega\sin\varepsilon_A\bar{m}\right),
\end{aligned} \tag{9.130}
$$

故

$$
\boldsymbol{B} = Q_m\bar{n}\times\boldsymbol{D}\bar{n}, \tag{9.131}
$$

其中，$\bar{n}\times\boldsymbol{D}\bar{n}$ 见上式，

$$
Q_m = \frac{K}{2(1-e^2)^{\frac{3}{2}}},\quad K = -\frac{3\mu(C-A)}{C\omega a^3},
$$

Q_m 依赖月球轨道根数和地球扁率，并可算出

$$
\frac{1}{2}Q_m\sin2i = 339.521,\ \frac{1}{2}Q_m\sin^2 i = 15.286.
$$

第 10 章　天体力学理论的应用——人造地球卫星

本章研究人造地球卫星的摄动理论，按以下方法分别给出地球、卫星和引力场的物理模型、基本物理量、基本方程和推论.

10.1　物 理 模 型

地球不是球对称的，而是一个扁球体，地球的赤道直径比两极大. 此外，地球由多个壳构成，各壳层密度在径向、方位角和极间三个方向不均匀. 但地球可近似地看成刚体.

卫星可看作质点，当然存在引力场.

描述地球、卫星和引力场的运动状态的基本物理量如下：

地球的运动状态由质量密度(mass density)分布 $\boldsymbol{\rho}(\boldsymbol{r})$（地球各质点的质量和位矢）描述，卫星(质点)可选地心真赤道(true equator)系，基本物理量为倾角 i、交点角 Ω、轨道偏心率 e、半长轴 a 和近地点角距 $\boldsymbol{\omega}$（图 10.1）或位矢 $\boldsymbol{r}(t)$，引力场的运动状态由引力势 $\boldsymbol{\Phi}(\boldsymbol{r})$ 描述.

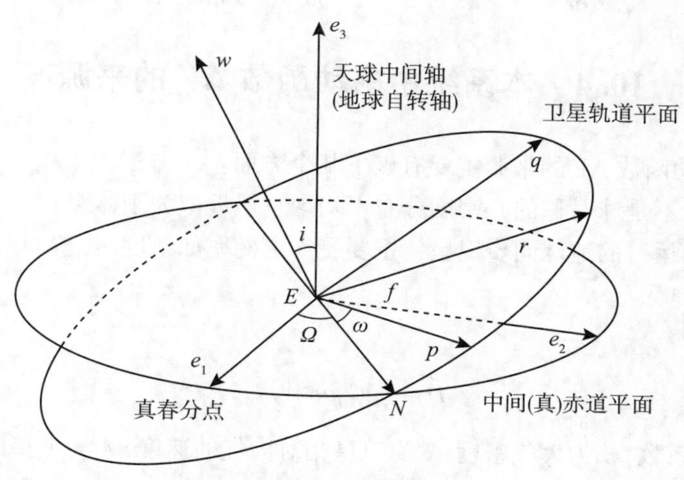

图 10.1　轨道平面的方位图

10.2　摄动理论的基本方程

摄动理论及其基本方程如下：

设一质点除了受主体的引力外还受一个摄动函数 R 作用，可得

$$\ddot{\boldsymbol{r}} + \frac{\mu}{r^3}\boldsymbol{r} = \frac{\mathrm{d}R}{\mathrm{d}\boldsymbol{r}} \tag{10.1}$$

注意，R 为小量，$\mu = G(M_E + M_s)$，用常数变易法可求出卫星的基本物理量 i，Ω，ω，e，a，M 与时间 t 的关系，称为拉格朗日行星运动方程. 详见第 7 章.

10.3　本系统(地球、卫星和引力场)的基本方程

地球、卫星和引力场是相互作用、相互运动的，地球激发引力场，其基本方程可表示为

$$\nabla^2 V(\boldsymbol{r}) = 4\pi G\rho(\boldsymbol{r}), \tag{10.2}$$

或积分形式为

$$V = \int \frac{G\rho(\boldsymbol{r}')}{|\boldsymbol{r} - \boldsymbol{r}'|}\mathrm{d}V'. \tag{10.3}$$

此处忽略卫星产生的引力场. 地球引力反过来对卫星有作用，即

$$\ddot{\boldsymbol{r}}(t) = \frac{\mathrm{d}V}{\mathrm{d}\boldsymbol{r}}, \tag{10.4}$$

其中，

$$V = V_0(\boldsymbol{r}) + \Delta V(\boldsymbol{r}), \tag{10.5}$$

$$\frac{\mathrm{d}}{\mathrm{d}\boldsymbol{r}} \equiv \nabla = \hat{r}\frac{\partial}{\partial r} + \hat{\theta}\frac{1}{r}\frac{\partial}{\partial \theta} + \hat{\phi}\frac{1}{r\sin\theta}\frac{\partial}{\partial \phi}. \tag{10.6}$$

10.4　本系统中摄动函数 ΔV 的来源

本系统中摄动函数 ΔV 的来源主要有以下几个方面：

(1) 地球形状不是球对称的，密度分布不均匀，但近似为刚体.

(2) 在赤道上运行的地球同步卫星，主要受赤道椭率如经度(位置)以及太阳、月球摄动的影响.

(3) 大气阻力

$$D = \frac{1}{2}C_D\rho v^2 A, \tag{10.7}$$

其中，C_D 为阻力系数，ρ 为大气密度，v 为卫星相对大气的速度，A 为卫星的有效面积.

(4) 太阳辐射.

(5) 地球磁场以及带电和非带电粒子的碰撞对卫星轨道的影响很小.

10.5　基本方程的解

本节研究基本方程的解. 首先，建立坐标系，如图 10.2 所示.

(1)对于地球外，在一般情况下，参考第2章有

$$V=\frac{\mu}{r}\left\{1-\sum_{l=2}^{\infty}\left(\frac{a}{r}\right)^{l}J_{l}P_{l}(\sin\varphi)\right\}+\frac{\mu}{r}\left\{\sum_{l=2}^{\infty}\left(\frac{a}{r}\right)^{l}\sum_{m=1}^{l}P_{l}^{m}(\sin\varphi)(C_{lm}\cos m\lambda+S_{lm}\sin m\lambda)\right\},\tag{10.8}$$

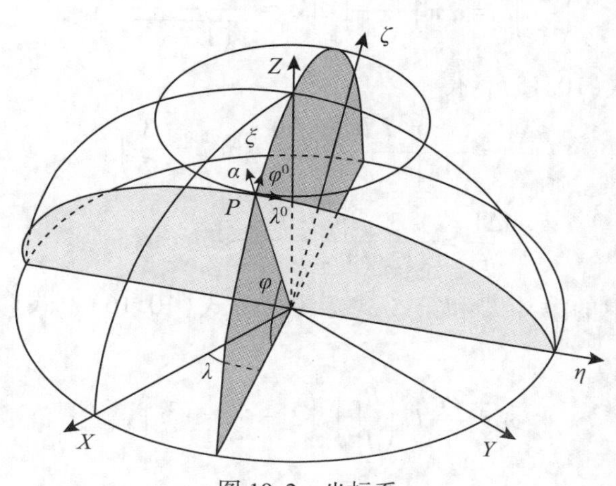

图 10.2　坐标系

其中，J_l，C_{lm}，S_{lm} 为待定常数，取决于地球密度分布.

特别地，如果地球的质量分布是轴对称的，且关于 θ (即关于赤道面)对称，则地球外引力势

$$V=\frac{GM_E}{r}\left[1-\sum_{l=1}^{\infty}J_l\left(\frac{R_E}{r}\right)^{l}P_l(\cos\theta)\right],\tag{10.9}$$

注意，式(10.8)中的 $a=R_E$，当 l 为奇数时，$J_l=0$.

因此

$$V(r)\approx\frac{GM_E}{r}\left[1-J_2\left(\frac{R_E}{r}\right)^2\left(\frac{3}{2}\cos^2\theta-\frac{1}{2}\right)\right]\equiv V_0(r)+\Delta V(r),\tag{10.10}$$

式中，

$$V_0(r)=\frac{GM_E}{r},\tag{10.11}$$

$$V(r,\ \theta)\approx-\frac{GM_EJ_2}{r}\left(\frac{R_E}{r}\right)^2\left(\frac{3}{2}\cos^2\theta-\frac{1}{2}\right),\tag{10.12}$$

其中，$J_2=1.0826\times10^{-3}$.

(2)为了解前面的拉格朗日行星运动方程(关于基本物理量 i，Ω，ω，e，a，M 的方程)，将 $\Delta V(r,\ \theta)$ 用轨道根数表示，由 $\cos\theta=\sin(\omega+f)\sin i$，可得

$$\Delta V(r,\ \theta)=-\frac{GM_EJ_2}{r}\left(\frac{R_E}{r}\right)^2\left(\frac{3}{4}\sin^2 i-\frac{3}{4}\sin^2 i\cos2(\omega+f)-\frac{1}{2}\right).\tag{10.13}$$

假定用长周期来求，则有

$$\Delta V(r,\ \theta)=-\frac{GM_E J_2}{r}\left(\frac{R_E}{r}\right)^2\left(\frac{3}{4}\sin^2 i-\frac{1}{2}\right), \tag{10.14}$$

又

$$\left(\frac{a}{r}\right)^3=2\pi\int\left(\frac{a}{r}\right)^3\mathrm{d}M=\frac{1}{\sqrt{(1-e^2)^{3/2}}}, \tag{10.15}$$

由式(10.14)和式(10.15)，得

$$\frac{\partial\Delta V}{\partial e}=-\frac{n^2 J_2 R_E^2 e}{(1-e^2)^{5/2}}\left(\frac{9}{4}\sin^2 i-\frac{3}{2}\right), \tag{10.16}$$

$$\frac{\partial\Delta V}{\partial i}=-\frac{3}{2}\frac{n^2 J_2 R_E^2}{(1-e^2)^{3/2}}\sin i\cos i, \tag{10.17}$$

根据式(7.158)中的第 4 式和第 5 式，注意，式(10.16)、式(10.17)中 $\Delta V\equiv R$，则有

$$\dot{\omega}=\frac{2\pi}{T}J_2\left(\frac{R_E}{P}\right)^2\left(3-\frac{15}{4}\sin^2 i\right), \tag{10.18}$$

$$\dot{\Omega}=-\frac{3}{2}\frac{2\pi}{T}J_2\left(\frac{R_E}{P}\right)^2\cos i, \tag{10.19}$$

其中，

$$T=\frac{2\pi}{n},\ P=a(1-e^2)=\frac{h^2}{GM_E},$$

在一个周期内的变化量为

$$\Delta\omega=3\pi J_2\left(\frac{R_E}{P}\right)^2\left(2-\frac{5}{2}\sin^2 i\right), \tag{10.20}$$

$$\Delta\Omega=-3\pi J_2\left(\frac{R_E}{P}\right)^2\cos i. \tag{10.21}$$

第 11 章　天体与周围介质系统的研究
——行星环的形成和双星中的磁流体

本章研究天体(有大小)、周围介质、电磁场和引力场组成的系统的物理模型、数学模型、求解方法和推论. 我们分成两大部分——行星环的形成和双星中的磁流体来讨论.

注意：具体研究办法为先将每一个有大小的物体看成一个质点，研究其运动，在其上选择一个旋转系 K(非惯性系)，其转动角速度由天体力学方面的知识来确定. 然后在惯性系中求解系统的基本物理量，如位矢和速度矢量与时间的函数的关系. 于是由以上两坐标系的变换关系求出旋转系的基本物理量. 当然，有时可直接写出 K 系中的基本方程，求解此非惯性系中的基本物理量. 我们可分别用这两种办法来求解所感兴趣的物理量.

11.1　物理模型 1——非热平衡介质模型

行星环系统的物理模型由非热平衡介质(质点组、多体)和引力场组成. 前者用分布函数 $f(\boldsymbol{r}, \boldsymbol{v}, t)$ 描述，后者用引力势 ψ_G 描述.

其基本方程如下：

(1)在旋转系中，角速度为 $\boldsymbol{\Omega}$ (由天体力学知识确定)，基本方程为 Boltzmann 方程，即

$$\frac{\partial f}{\partial t} + \left(\boldsymbol{v} \cdot \frac{\partial f}{\partial \boldsymbol{r}}\right) + \left(\{\boldsymbol{E} + [\boldsymbol{v} \times \boldsymbol{h}]\} \cdot \frac{\partial f}{\partial \boldsymbol{v}}\right) = \hat{C}, \tag{11.1}$$

其中，

$$\boldsymbol{E} \equiv -\nabla\left(\psi_G - \frac{1}{2}W^2\right), \quad h \equiv \nabla \times \boldsymbol{W}, \quad \boldsymbol{W} \equiv [\boldsymbol{\Omega} \times \boldsymbol{r}], \tag{11.2}$$

$\hat{C}$ 为碰撞积分(collision integral), $\boldsymbol{r}$ 和 $\boldsymbol{v}$ 分别为粒子的位矢和速度.

(2)同样在旋转系中，可由上式导出(r, ϕ, ν_r, ν_ϕ 为极坐标)

$$\begin{aligned}&\frac{\partial F}{\partial t_1} + \nu_{r1}\frac{\partial F}{\partial r_1} + \left[\frac{\nu_{\phi 1}}{r_1} - \nu_{r1}\Omega' t\right]\frac{\partial F}{\partial \phi_1} + \left[\frac{\nu_{\phi 1}^2}{r_1} + 2\Omega(r_1)\nu_{\phi 1} + \Omega^2(r_1)r_1 - \frac{\partial \Psi}{\partial r_1}\right]\frac{\partial F}{\partial \nu_{r1}}\\&-\left[\frac{\nu_{r1}\nu_{\phi 1}}{r_1} + 2\nu_{r1}\Omega(r_1) + r_1\Omega'(r_1)\nu_{r1} - \frac{1}{r_1}\frac{\partial \Psi}{\partial \phi_1}\right]\frac{\partial F}{\partial \nu_{\phi 1}} = \hat{C}(f, f),\end{aligned} \tag{11.3}$$

式中, $\hat{C}$ 可包含非弹性碰撞(inelastic collisions)项,

$$\Omega' = \frac{\mathrm{d}\Omega}{\mathrm{d}r}, \; t_1 = t, \; r_1 = r, \; \phi_1 = \phi - \Omega(r)t, \; \nu_{r1} = \nu_r, \; \nu_{\phi 1} = \nu_\phi - \Omega(r)r. \tag{11.4}$$

$F = F(t_1, r_1, \phi_1, \nu_{r1}, \nu_{\phi 1})$ 为分布函数，即为 f.

如果保持空间坐标固定，速度空间旋转则在此系中

$$t_1 = t,\ r_1 = r,\ \phi_1 = \phi,\ \nu_{r1} = \nu_r,\ \nu_{\phi 1} = \nu_\phi - \Omega(r)r. \tag{11.5}$$

$$\begin{aligned} &\frac{\partial F}{\partial t_1} + \nu_{r1}\frac{\partial F}{\partial r_1} + \left[\frac{\nu_{\phi 1}}{r_1} + \Omega\right]\frac{\partial F}{\partial \phi_1} + \left[\frac{\nu_{\phi 1}^2}{r_1} + 2\Omega(r_1)\nu_{\phi 1} + \Omega^2(r_1)r_1 - \frac{\partial \Psi}{\partial r_1}\right]\frac{\partial F}{\partial \nu_{r1}} \\ &- \left[\frac{\nu_{r1}\nu_{\phi 1}}{r_1} + 2\nu_{r1}\Omega(r_1) + r_1\Omega'(r_1)\nu_{r1} - \frac{1}{r_1}\frac{\partial \Psi}{\partial \phi_1}\right]\frac{\partial F}{\partial \nu_{\phi 1}} = \hat{C}(f, f). \end{aligned} \tag{11.6}$$

推论 1　由式(11.2)前两式易知

$$\nabla \times \boldsymbol{E} = 0,\ \nabla \cdot \boldsymbol{h} = 0. \tag{11.7}$$

我们写出动理学方程(kinetic equation)如下：

$$\hat{D}f = \frac{1}{\varepsilon}\hat{K}f, \tag{11.8}$$

其中，ε 为形式上的小参数，f 为分布函数(distribution function).

设

$$t_1 = t,\quad \boldsymbol{r}_1 = \boldsymbol{r},\quad \boldsymbol{v}_1(\boldsymbol{r}, t) = \boldsymbol{v} - \boldsymbol{V}(\boldsymbol{r}, t), \tag{11.9}$$

和

$$\frac{\mathrm{d}}{\mathrm{d}t} = \frac{\partial}{\partial t} + (\boldsymbol{V} \cdot \nabla),\quad \boldsymbol{V} = \frac{1}{n}\int \boldsymbol{v} f^{(0)}\mathrm{d}^3\boldsymbol{v},\quad n = \int f^{(0)}\mathrm{d}^3\boldsymbol{v}, \tag{11.10}$$

由 $\frac{\mathrm{d}\boldsymbol{v}}{\mathrm{d}t} = \boldsymbol{E} + [\boldsymbol{v} \times \boldsymbol{h}]$ 和 $v_1 = \boldsymbol{v} - \boldsymbol{V}$，可得(Braginskii，1965)

$$\begin{aligned} &\frac{\mathrm{d}f}{\mathrm{d}t} + (\boldsymbol{v}_1 \cdot \nabla)f - \left(\left[\nabla\left(\psi_G - \frac{1}{2}W^2\right) + [(\nabla \times \boldsymbol{W}) \times \boldsymbol{V}] + \frac{\mathrm{d}\boldsymbol{V}}{\mathrm{d}t}\right] \cdot \nabla_{\boldsymbol{v}_1} f\right) \\ &- ((\boldsymbol{v}_1 \cdot \nabla)\boldsymbol{V} \cdot \nabla_{\boldsymbol{v}_1})f + ([\boldsymbol{v}_1 \times (\nabla \times W)] \cdot \nabla_{\boldsymbol{v}_1} f) = \hat{C}, \end{aligned} \tag{11.11}$$

定义 $\hat{D}$ 可写出

$$\hat{D}f = \hat{C} - ([\nu_1 \times (\nabla \times \boldsymbol{W}) \cdot \nabla_{\bar{\nu}_1} f]),$$

事实上，当 $f^{(0)}$ 为速度的球对称函数时，Coriolis 项 $([\nu_1 \times (\nabla \times \boldsymbol{W}) \cdot \nabla_{\boldsymbol{\nu}_1} f])$ 为零，且当 $f^{(0)}$ 为 Maxwell 分布时，碰撞积分项为零.

令

$$f = f^{(0)}(1 + \psi),\quad \psi \ll 1, \tag{11.12}$$

有

$$\hat{C}(\psi) - f^{(0)}([\boldsymbol{v}_1 \times (\nabla \times \boldsymbol{W})] \cdot \nabla_{\boldsymbol{v}_1}\psi) = (\hat{D}f)^{(0)}. \tag{11.13}$$

推论 2　进一步讨论见 Fridman A. M.，Gorkavyi N. N.（1999)的书第 7 章.

11.2　物理模型 2——流体模型

行星环系统的物理模型由流体(连续介质)和引力场组成. 前者用数密度分布 n、速度分布 $\boldsymbol{V}$、压强分布 p 和温度分布 T 描述，后者由引力势 ψ_G 描述.

基本方程：由前面的动理学方程，设 $\hat{C}$ 为弹性碰撞项，可得(旋转系角速度 $\boldsymbol{\Omega}$ 由天体力学知识求出)

$$\frac{\partial n}{\partial t}+\nabla\cdot(n\boldsymbol{V})=0, \tag{11.14}$$

$$mn\frac{\mathrm{d}V_i}{\mathrm{d}t}=-\frac{\partial p}{\partial x_i}-\frac{\partial \pi_{ik}}{\partial x_k}+mn\left[-\nabla\left\{\psi_G-\frac{1}{2}W^2\right\}+[V\times(\nabla\times\boldsymbol{W})]\right]_i, \tag{11.15}$$

$$\frac{3}{2}n\frac{\mathrm{d}T}{\mathrm{d}t}+p\nabla\cdot\boldsymbol{V}=-\nabla\cdot\boldsymbol{q}-\boldsymbol{\pi}_{ik}\frac{\partial V_i}{\partial x_k}. \tag{11.16}$$

其中，$\boldsymbol{q}$ 为热通量矢量(heat flux vector)，$\boldsymbol{\pi}_{ik}$ 为黏滞张量(viscous stress tensor).

$$\begin{aligned}&\frac{\mathrm{d}}{\mathrm{d}t}=\frac{\partial}{\partial t}+(\boldsymbol{V}\cdot\nabla),\ \boldsymbol{q}=mn\langle\frac{1}{2}\boldsymbol{\nu}_1^2\boldsymbol{\nu}_1\rangle,\\&\boldsymbol{\pi}_{ik}=mn\langle\boldsymbol{\nu}_{1i}\boldsymbol{\nu}_{1k}-\frac{1}{3}\boldsymbol{\nu}_1^2\delta_{ik}\rangle,\\&p=nT,\ n=\int f^{(0)}\mathrm{d}^3\boldsymbol{\nu},\ \boldsymbol{V}=\frac{1}{n}\int\boldsymbol{\nu}f^{(0)}\mathrm{d}^3\boldsymbol{\nu},\\&T=\frac{1}{n}\int\frac{1}{3}m\boldsymbol{\nu}_1^2f^{(0)}\mathrm{d}^3\boldsymbol{\nu},\end{aligned} \tag{11.17}$$

式中，$\langle\rangle$ 表示取平均.

推论 1 在零级近似(zeroth approximation)下，当我们忽略对分布函数的所有非平衡修正(non-equilibrium corrections)，此时黏滞张量和热流矢量均为零，即 $\boldsymbol{q}=0$，$\pi_{ik}=0$，于是有

$$\begin{aligned}&\frac{\mathrm{d}n}{\mathrm{d}t}=-n(\nabla\cdot\boldsymbol{V}),\\&\frac{\mathrm{d}\boldsymbol{V}}{\mathrm{d}t}=\frac{\boldsymbol{F}}{m}-\frac{1}{mn}\nabla(nT),\\&\frac{\mathrm{d}T}{\mathrm{d}t}=-\frac{2}{3}T(\nabla\cdot\boldsymbol{V}).\end{aligned} \tag{11.18}$$

其中，$\boldsymbol{F}$ 是作用在流体元上的总力.

推论 2 由式(11.14)~式(11.16)，设 $\sigma=\rho_r h$，h 为吸积盘(accretion disc)的厚度，$\boldsymbol{\nu}$ 为黏滞系数(kinematic viscosity coefficient)，在均匀旋转系中，有

$$\begin{cases}\dfrac{\partial\sigma}{\partial t}+\dfrac{1}{r}\dfrac{\partial}{\partial r}(r\sigma V_r)=0,\\[2mm]\dfrac{\partial V_r}{\partial t}+V_r\dfrac{\partial}{\partial r}V_r-\dfrac{V_\phi^2}{r}=-\dfrac{1}{\sigma}\dfrac{\partial P}{\partial r}-\dfrac{\partial\psi_G}{\partial r}+\dfrac{4}{3}\nu\dfrac{\partial}{\partial r}\left(\dfrac{1}{r}\dfrac{\partial}{\partial r}(rV_r)\right)+\dfrac{2}{3\sigma}\dfrac{\partial\nu\sigma}{\partial r}\left[2\dfrac{\partial V_r}{\partial r}-\dfrac{V_r}{r}\right],\\[2mm]\dfrac{\partial V_\phi}{\partial t}+V_r\dfrac{\partial V_\phi}{\partial r}+\dfrac{V_rV_\phi}{r}=\dfrac{1}{\sigma r^2}\dfrac{\partial}{\partial r}\left[r^3\nu\sigma\dfrac{\partial}{\partial r}\left(\dfrac{V_\phi}{r}\right)\right],\\[2mm]\dfrac{3}{2}\left[\dfrac{\partial T}{\partial t}+V_r\dfrac{\partial T}{\partial r}\right]+T\dfrac{1}{r}\dfrac{\partial}{\partial r}(rV_r)=\dfrac{1}{\sigma r}\dfrac{\partial}{\partial r}\left(\chi_T r\dfrac{\partial T}{\partial r}\right)+\nu\left[r\dfrac{\partial}{\partial r}\left(\dfrac{V_\phi}{r}\right)\right]^2+\dfrac{4}{3}\nu\left\{\left(\dfrac{\partial V_r}{\partial r}\right)^2+\dfrac{V_r^2}{r^2}-\left(\dfrac{\partial}{\partial r}V_r\right)\dfrac{V_r}{r}\right\},\end{cases} \tag{11.19}$$

其中，V_ϕ 中含有 Ω，即有 Ω 项，而 Ω 由下式(天体力学)确定：

$$\Omega^2 r = \frac{GM}{r^2}. \tag{11.20}$$

将下列方程

$$\begin{aligned} &\sigma = \sigma_0 + \hat{\sigma} e^{\gamma t + ikr}, \ V_r = \hat{V}_r e^{\gamma t + ikr}, \\ &V_\phi = \Omega r + \hat{V}_\phi e^{\gamma t + ikr}, \ T = T_0 + \hat{T} e^{\gamma t + ikr}, \end{aligned} \tag{11.21}$$

代入式(11.19)中，注意：$\dfrac{\partial \hat{\psi}_G}{\partial r} = -2\pi i G\hat{\sigma}$ (Fridman，1975；Fridman et al.，1984)，可得

$$\gamma \hat{\sigma} + ik\sigma_0 \hat{V}_r = 0, \tag{11.22}$$

$$\gamma \hat{V}_r - 2\hat{V}_\phi \Omega = i\frac{2\pi G\sigma_0 - kc^2}{\sigma_0}\hat{\sigma} - ik\hat{T} - \frac{4}{3}\nu k^2 \hat{V}_r, \tag{11.23}$$

$$\gamma \hat{V}_\phi + \frac{k^2}{2\Omega}\hat{V}_r = -\nu k^2 \hat{V}_\phi, \tag{11.24}$$

$$\frac{3}{2}\gamma \hat{T} + ikc^2 \hat{V}_r = -\chi k^2 \hat{T}, \tag{11.25}$$

其中，$k^2 = 4\Omega^2\left[1 + \dfrac{1}{2}r(\Omega'/\Omega)\right]$，对于 Kepler 盘，$k^2 = \Omega^2$.

由式(11.22)~式(11.25)可得色散关系(dispersion relation)

$$\begin{aligned} &\gamma^4 + \left[\frac{7}{3}\nu k^2 + \frac{2}{3}\chi k^2\right]\gamma^3 + \left[\omega_0^2 + \nu k^2\left(\frac{4}{3}\nu k^2 + \frac{14}{9}\chi k^2\right)\right]\gamma^2 \\ &+ \left[\nu k^2\left(\frac{5}{3}k^2c^2 - 2\pi G\sigma_0 k\right) + \frac{2}{3}\chi k^2\left(\omega_*^2 - \frac{4}{3}\nu^2 k^4\right)\right]\gamma \\ &+ \frac{2}{3}\chi k^2 \nu k^2 (k^2c^2 - 2\pi G\sigma_0 k) = 0, \end{aligned} \tag{11.26}$$

其中，

$$\omega_0^2 = \frac{5}{3}k^2c^2 - 2\pi G\sigma_0 k + k^2, \tag{11.27}$$

$$\omega_*^2 = k^2c^2 - 2\pi G\sigma_0 k + k^2. \tag{11.28}$$

11.3　物理模型 3——双星中的磁流体

双星中的磁流体系统包括两个有大小带磁场的星体(主、次)(刚体)、电磁场(electromagnetic field)、星系介质(吸积盘(accretion disk 或 accretion disc)、冕、星风)(磁流体(magneto-fluid))和引力场. 星体由它的质心坐标 $\boldsymbol{r}(t)$ 和转动 Euler 角(Euler angles)描述，电磁场由 $\boldsymbol{E}(\boldsymbol{r},\ t)$，$\boldsymbol{B}(\boldsymbol{r},\ t)$ 描述，磁流体由压强分布 $P(\boldsymbol{r},\ t)$、密度分布 $P(\boldsymbol{r},\ t)$ 和温度分布 $T(\boldsymbol{r},\ t)$ 描述，对于处于非热平衡的介质，则由分布函数 $f(\boldsymbol{r},\ \boldsymbol{v},\ t)$ 描述，引

力场由引力势描述.

注意：正如绪论所说，有两种求所考虑参考系(一般为非惯性系)中的基本物理量的方法，一种是先求解惯性系的基本方程，得到基本物理量，然后由坐标变换求所考虑参考系的基本物理量；另一种是直接在所考虑参考系中写出基本方程来求解.

基本方程如下：

Boltzmann 方程

$$\frac{\partial f}{\partial t}+\frac{1}{m}\boldsymbol{p}\cdot\nabla_{R}f+\boldsymbol{F}\cdot\nabla_{p}f=\Gamma, \tag{11.29}$$

其中，f 为粒子的分布函数(particle distribution function)，$\boldsymbol{F}$ 为短程力(short-range interactive forces)以外的力，Γ 为碰撞的效应(effect of collisions)，∇_p 为动量空间(momentum space)的梯度算子(gradient operator).

Maxwell 方程组(Maxwell's equations)

$$\nabla\cdot\boldsymbol{E}=\frac{\rho_c}{\varepsilon_0}, \tag{11.30}$$

$$\nabla\times\boldsymbol{E}=-\frac{\partial\boldsymbol{B}}{\partial t}, \tag{11.31}$$

$$\nabla\cdot\boldsymbol{B}=0, \tag{11.32}$$

$$\nabla\times\boldsymbol{B}=\mu_0\boldsymbol{J}+\frac{1}{c^2}\frac{\partial\boldsymbol{E}}{\partial t}, \tag{11.33}$$

式中，ρ_c 为电荷密度(charge density)，$\boldsymbol{J}$ 为电流密度(current density)，ε_0 为电容率(permittivity)，μ_0 为磁导率(permeability)，$c=1/(\varepsilon_0\mu_0)^{1/2}$ 为光速(speed of light).

两质点位矢满足 Newton 定律和万有引力定律. 对于刚体，有

$$\dot{\boldsymbol{L}}+\boldsymbol{\omega}\times\boldsymbol{L}=\boldsymbol{T}, \tag{11.34}$$

其中，$\boldsymbol{L}$ 为刚体角动量，$\boldsymbol{\omega}$ 为角动量，$\boldsymbol{T}$ 为扭矩(torque)，上式来源于 Newton 定律，具体形式可由 Euler 方程描述，即有

$$\frac{\mathrm{d}L_p}{\mathrm{d}t}=\boldsymbol{T}_a+\boldsymbol{T}_{\mathrm{mp}}+\boldsymbol{T}_{\mathrm{dp}}+\boldsymbol{T}_g, \tag{11.35}$$

$$\frac{\mathrm{d}L_s}{\mathrm{d}t}=\boldsymbol{T}_{\mathrm{br}}+\boldsymbol{T}_{\mathrm{ms}}+\boldsymbol{T}_{\mathrm{ds}}+\boldsymbol{T}_{\mathrm{tid}}, \tag{11.36}$$

$$\frac{\mathrm{d}L_{\mathrm{orb}}}{\mathrm{d}t}=\boldsymbol{T}_{\mathrm{gr}}-\boldsymbol{T}_a+\boldsymbol{T}_{\mathrm{mo}}+\boldsymbol{T}_{\mathrm{do}}-\boldsymbol{T}_g-\boldsymbol{T}_{\mathrm{tid}}, \tag{11.37}$$

式(11.35)~式(11.37)右边为各种力矩①.

对于热平衡(至少为局部热平衡)下的磁流体，其流体运动方程(magneto-fluid equations)为

---

① Campbell C G. Magnetohydrodynamics in Binary Stars[M]. Kluwer Academic Publishers, 1997: 152-153.

$$\nabla\cdot(\rho\boldsymbol{v})=-\frac{\partial\rho}{\partial t},\tag{11.38}$$

$$\frac{\partial\boldsymbol{v}}{\partial t}+(\boldsymbol{v}\cdot\nabla)\boldsymbol{v}=-\frac{1}{\rho}\nabla P-\nabla\psi_G+\frac{1}{\mu_0\rho}(\nabla\times\boldsymbol{B})\times\boldsymbol{B}+\frac{1}{\rho}\boldsymbol{F}_\nu,\tag{11.39}$$

其中，P 是压强(pressure)，ψ_G 为引力势(gravitational potential)，基本方程为

$$\boldsymbol{F}_\nu=\rho\nu\nabla^2\boldsymbol{v}-[\nabla^2(\rho\nu)]\boldsymbol{v}+\nabla\left(\nabla\cdot(\rho\nu\boldsymbol{v})-\frac{2}{3}\rho\nu\nabla\cdot\boldsymbol{v}\right)+\nabla\times[\boldsymbol{v}\times\nabla(\rho\nu)].\tag{11.40}$$

$$\frac{\partial P}{\partial t}-\frac{\Gamma_1P}{\rho}\frac{\partial\rho}{\partial t}+\boldsymbol{v}\cdot\left(\nabla P-\frac{\Gamma_1P}{\rho}\nabla\rho\right)=(\Gamma_3-1)\boldsymbol{J},\tag{11.41}$$

$$\boldsymbol{J}=\rho\varepsilon+\mu_0\eta J^2+Q_\nu-\nabla\cdot\boldsymbol{F},\tag{11.42}$$

$$\Gamma_1=\left(\frac{d\ln P}{d\ln\rho}\right)_{\mathrm{ad}}=\frac{\gamma\rho}{P}\left(\frac{\partial P}{\partial\rho}\right)_T,\tag{11.43}$$

$$\Gamma_3-1=\left(\frac{d\ln T}{d\ln\rho}\right)_{\mathrm{ad}}=\frac{1}{\rho c_\nu}\left(\frac{\partial P}{\partial T}\right)_\rho,\tag{11.44}$$

$$\boldsymbol{F}_R=-\frac{16\sigma_BT^3}{3\kappa\rho}\nabla T,\tag{11.45}$$

$$\boldsymbol{F}_c=\rho c_p\nu_T\lambda_T\Delta\nabla T\boldsymbol{e},\tag{11.46}$$

其中，σ_B 为 Stefan-Boltzmann 常数(Stefan-Boltzmann constant)，κ 为 Rosseland 平均不透明度(Rosseland mean opacity)，ν_T 为湍流速度(turbulent velocity)，λ_T 为混合程(mixing length)，单位矢量(unit vector) $\boldsymbol{e}$ 与垂直引力(vertical gravity)反平行(antiparallel).

特例：绝热关系(adiabatic relation).

$$P=K\rho^{\Gamma_1},\tag{11.47}$$

对于非简并气体(non-degenerate gas)，有

$$P=\frac{\boldsymbol{R}}{\mu}\rho T+\frac{4\sigma_B}{3c}T^4,\tag{11.48}$$

这里 $\boldsymbol{R}$，μ 分别为气体常数(gas constant)和平均分子量(mean molecular weight).

推论 1　经典电动力学知识.

令

$$\boldsymbol{B}=\nabla\times\boldsymbol{A},\ \boldsymbol{E}=-\nabla\psi-\frac{\partial\boldsymbol{A}}{\partial t},\tag{11.49}$$

选择 Lorentz 规范条件(Lorentz gauge)

$$\nabla\cdot\boldsymbol{A}=-\frac{1}{c^2}\frac{\partial\psi}{\partial t},\tag{11.50}$$

有

$$\nabla^2\boldsymbol{A}-\frac{1}{c^2}\frac{\partial^2\boldsymbol{A}}{\partial t^2}=-\mu_0\boldsymbol{J},\tag{11.51}$$

$$\nabla^2\psi - \frac{1}{c^2}\frac{\partial^2\psi}{\partial t^2} = -\frac{\rho_c}{\varepsilon_0}，其中\ \psi\ 和\ \boldsymbol{A}\ 分别为电磁标势和矢势. \tag{11.52}$$

考虑相对速度为 $\boldsymbol{v}$ 的惯性系，$(\boldsymbol{E}', \boldsymbol{B}')$ 与 $(\boldsymbol{E}, \boldsymbol{B})$ 的变换由 Lorentz 变换(Lorentz transformation)给出：

$$\boldsymbol{E}' = (1-\gamma)\frac{(\boldsymbol{v}\cdot\boldsymbol{E})}{v^2}\boldsymbol{v} + \gamma(\boldsymbol{E} + \boldsymbol{v}\times\boldsymbol{B}), \tag{11.53}$$

$$\boldsymbol{B}' = (1-\gamma)\frac{(\boldsymbol{v}\cdot\boldsymbol{B})}{v^2}\boldsymbol{v} + \gamma\left(\boldsymbol{B} - \frac{1}{c^2}\boldsymbol{v}\times\boldsymbol{E}\right), \tag{11.54}$$

其中

$$\gamma = \left(1 - \frac{v^2}{c^2}\right)^{-\frac{1}{2}}. \tag{11.55}$$

当速度 $v \ll c$ (非相对论情形)时，由式(11.53)、式(11.54)，得

$$\boldsymbol{E}' = \boldsymbol{E} + \boldsymbol{v}\times\boldsymbol{B}, \tag{11.56}$$

$$\boldsymbol{B}' = \boldsymbol{B}, \tag{11.57}$$

又

$$\boldsymbol{J} = \sigma E' = \sigma(\boldsymbol{E} + \boldsymbol{v}\times\boldsymbol{B}). \tag{11.58}$$

忽略位移电流(displacement current)，有

$$\nabla\times\boldsymbol{B} = \mu_0\boldsymbol{J}, \tag{11.59}$$

有感应方程(induction equation)

$$\nabla\times(\boldsymbol{v}\times\boldsymbol{B}) - \nabla\times(\eta\nabla\times\boldsymbol{B}) = \frac{\partial\boldsymbol{B}}{\partial t}, \tag{11.60}$$

其中，$\eta = \dfrac{1}{\mu_0\sigma}$. 定义磁 Reynolds 数(magnetic Reynolds number)

$$R_m = \frac{\ell v}{\eta} \sim \frac{|\nabla\times(\boldsymbol{v}\times\boldsymbol{B})|}{|\nabla\times(\eta\nabla\times\boldsymbol{B})|},$$

式中，$v \sim \ell/\tau$ 为典型流体速度(typical fluid velocity). 当 $R_m \gg 1$ 时，有

$$\nabla\times(\boldsymbol{v}\times\boldsymbol{B}) = \frac{\partial\boldsymbol{B}}{\partial t}. \tag{11.61}$$

可证明，在此情形下，定义 Euler 势(Euler potentials) α, β 得

$$\boldsymbol{B} = \nabla\alpha\times\nabla\beta = \nabla\times(\alpha\nabla\beta), \tag{11.62}$$

有

$$\frac{\mathrm{d}\alpha}{\mathrm{d}t} = \frac{\mathrm{d}\beta}{\mathrm{d}t} = 0, \tag{11.63}$$

即流体沿着磁场线(field lines)运动.

当 $R_m \ll 1$ 时，感应方程(11.60)变为

$$\nabla\times(\eta\nabla\times\boldsymbol{B}) = -\frac{\partial\boldsymbol{B}}{\partial t}, \tag{11.64}$$

对于 η 为常数，有

$$\eta \nabla^2 \boldsymbol{B} = \frac{\partial \boldsymbol{B}}{\partial t}. \tag{11.65}$$

它为标准的扩散方程(standard diffusion equation)．可以证明

$$\frac{\partial}{\partial t}\left(\frac{B^2}{2\mu_0}\right) = -\nabla \cdot (\boldsymbol{E} \times \boldsymbol{H}) - \boldsymbol{E} \cdot \boldsymbol{J}, \tag{11.66}$$

其中, $\boldsymbol{H} = \boldsymbol{B}/\mu_0$, 由式(11.58)得

$$\boldsymbol{E} \cdot \boldsymbol{J} = \mu_0 \eta J^2 - (\boldsymbol{v} \times \boldsymbol{B}) \cdot \boldsymbol{J} = \mu_0 \eta J^2 + \boldsymbol{v} \cdot (\boldsymbol{J} \times \boldsymbol{B}). \tag{11.67}$$

故

$$\frac{\partial}{\partial t}\left(\frac{B^2}{2\mu_0}\right) = -\nabla \cdot (\boldsymbol{E} \times \boldsymbol{H}) - \mu_0 \eta J^2 - \boldsymbol{v} \cdot \boldsymbol{F}_m, \tag{11.68}$$

其中, $\boldsymbol{F}_m = \boldsymbol{J} \times \boldsymbol{B}$ 为磁力密度(magnetic force density)．由式(11.59)得

$$\boldsymbol{F}_m = \frac{1}{\mu_0}(\nabla \times \boldsymbol{B}) \times \boldsymbol{B} = \frac{1}{\mu_0}(\boldsymbol{B} \cdot \nabla)\boldsymbol{B} - \nabla\left(\frac{B^2}{2\mu_0}\right), \tag{11.69}$$

不难得到

$$F_{mi} = \frac{\partial M_{ij}}{\partial x_j}, \tag{11.70}$$

其中

$$M_{ij} = \frac{1}{\mu_0} B_i B_j - \frac{B^2}{2\mu_0}\delta_{ij}, \tag{11.71}$$

为 Maxwell 压力张量(Maxwell stress tensor)．又 $\boldsymbol{B} = B\hat{s}$ 和 $\hat{s} \cdot \nabla = \mathrm{d}/\mathrm{d}s$, 则

$$\begin{aligned}(\boldsymbol{B} \cdot \nabla)\boldsymbol{B} &= (B\hat{s} \cdot \nabla)\boldsymbol{B} = B\frac{\mathrm{d}}{\mathrm{d}s}(B\hat{s}) \\ &= B^2 \frac{\mathrm{d}}{\mathrm{d}s}(\hat{s}) + \hat{s}\frac{\mathrm{d}}{\mathrm{d}s}\left(\frac{B^2}{2}\right) = \frac{B^2}{R_c}\hat{n} + \nabla_{\parallel}\left(\frac{B^2}{2}\right),\end{aligned} \tag{11.72}$$

其中, R_c 为场线的局部曲率半径(local radius of curvature)．故有

$$\boldsymbol{F}_m = \frac{B^2}{\mu_0 R_c}\hat{n} - \nabla_{\perp}\left(\frac{B^2}{2\mu_0}\right). \tag{11.73}$$

推论 2　磁流体波(hydromagnetic waves)．

设引力和黏滞力(gravitational and viscous force)可忽略，考虑绝热运动(adiabatic motion)，由式(11.39)、式(11.41)和式(11.42)，有

$$\frac{\partial \boldsymbol{v}}{\partial t} + (\boldsymbol{v} \cdot \nabla)\boldsymbol{v} = -\frac{1}{\rho}\nabla P + \frac{1}{\mu_0 \rho}(\nabla \times \boldsymbol{B}) \times \boldsymbol{B}, \tag{11.74}$$

$$\frac{\partial P}{\partial t} - \frac{\gamma P}{\rho}\frac{\partial \rho}{\partial t} + \boldsymbol{v} \cdot \left(\nabla P - \frac{\gamma P}{\rho}\nabla \rho\right) = 0, \tag{11.75}$$

此处，对于理想气体 $\Gamma_1 = \gamma$.

还有连续性方程

$$\nabla \cdot (\rho \boldsymbol{v}) = -\frac{\partial \rho}{\partial t}, \tag{11.76}$$

物态方程(绝热关系)

$$P = K\rho^{\Gamma_1},$$

其中，K 为常数. 对于理想导体，电导率 $\sigma \to \infty$，由欧姆定律，有

$$\boldsymbol{E} = -\boldsymbol{v} \times \boldsymbol{B}, \tag{11.77}$$

故

$$\nabla \times (\boldsymbol{v} \times \boldsymbol{B}) = \frac{\partial \boldsymbol{B}}{\partial t}. \tag{11.78}$$

其中

$$\boldsymbol{v} = \boldsymbol{v}(\boldsymbol{r},\ t),\ \boldsymbol{B} = \boldsymbol{B}_0 + \boldsymbol{B}_1(\boldsymbol{r},\ t),\ \rho = \rho_0 + \rho_1(\boldsymbol{r},\ t),\ P = P_0 + P_1(\boldsymbol{r},\ t). \tag{11.79}$$

注意：$\boldsymbol{v}$，$\boldsymbol{B}_1$，ρ_1，P_1 均为小量.

将式(11.79)代入式(11.74)、式(11.76)、式(11.78)和 $P = K\rho^{\Gamma_1}$，分别有

$$\frac{\partial \boldsymbol{v}}{\partial t} = -\frac{1}{\rho_0}\nabla P_1 + \frac{1}{\mu_0\rho_0}(\nabla \times \boldsymbol{B}_1) \times \boldsymbol{B}_0, \tag{11.80}$$

$$\frac{\partial \boldsymbol{B}_1}{\partial t} = \nabla \times (\boldsymbol{v} \times \boldsymbol{B}_0), \tag{11.81}$$

$$\frac{\partial \rho_1}{\partial t} = -\rho_0 \nabla \cdot \boldsymbol{v}, \tag{11.82}$$

$$\frac{\partial P_1}{\partial t} = c_s^2 \frac{\partial \rho_1}{\partial t}, \tag{11.83}$$

$$c_s^2 = \frac{\gamma P_0}{\rho_0}. \tag{11.84}$$

对式(11.80)关于时间 t 求导，再由式(11.81)~式(11.83)，得

$$\frac{\partial^2 \boldsymbol{v}}{\partial t^2} = c_s^2 \nabla(\nabla \cdot \boldsymbol{v}) + \frac{1}{\mu_0\rho_0}(\nabla \times [\nabla \times (\boldsymbol{v} \times \boldsymbol{B}_0)]) \times \boldsymbol{B}_0. \tag{11.85}$$

令

$$\boldsymbol{v} = \boldsymbol{u}\exp(i\boldsymbol{k} \cdot \boldsymbol{r} - i\omega t). \tag{11.86}$$

代入上式，得

$$\omega^2 \boldsymbol{u} = c_s^2(\boldsymbol{k} \cdot \boldsymbol{u})\boldsymbol{k} + \frac{1}{\mu_0\rho_0}(\boldsymbol{k} \times [\boldsymbol{k} \times (\boldsymbol{u} \times \boldsymbol{B}_0)]) \times \boldsymbol{B}_0, \tag{11.87}$$

用公式

$$\boldsymbol{E} \times (\boldsymbol{F} \times \boldsymbol{G}) = (\boldsymbol{E} \cdot \boldsymbol{G})\boldsymbol{F} - (\boldsymbol{E} \cdot \boldsymbol{F})\boldsymbol{G},$$

可将式(11.87)化为

$$\omega^2 \boldsymbol{u} = v_A^2[(\boldsymbol{k} \cdot \hat{B}_0)^2\boldsymbol{u} - (\boldsymbol{k} \cdot \boldsymbol{u})(\boldsymbol{k} \cdot \hat{B}_0)\hat{B}_0 + \{(1 + c_s^2/c_A^2)(\boldsymbol{k} \cdot \boldsymbol{u}) - (\boldsymbol{k} \cdot \hat{B}_0)(\hat{B}_0 \cdot \boldsymbol{u})\}\boldsymbol{k}], \tag{11.88}$$

其中

$$\hat{B}_0 = \boldsymbol{B}_0 / |\boldsymbol{B}_0|,\ v_A = \frac{\boldsymbol{B}_0}{(\mu_0 \rho)^{\frac{1}{2}}}. \tag{11.89}$$

用式(11.88)分别对 $\boldsymbol{k}$ 和 $\hat{B}_0$ 取标积，则得

$$(-\omega^2 + k^2 c_s^2 + k^2 c_A^2)(\boldsymbol{k} \cdot \boldsymbol{u}) = k^3 v_A^2 \cos\theta_B (\hat{B}_0 \cdot \boldsymbol{u}), \tag{11.90}$$

$$k c_s^2 \cos\theta_B (\boldsymbol{k} \cdot \boldsymbol{u}) = \omega^2 (\hat{B}_0 \cdot \boldsymbol{u}), \tag{11.91}$$

其中

$$\cos\theta_B = \hat{k} \cdot \hat{B}_0. \tag{11.92}$$

特例：对于不可压缩流体(incompressible fluid)情形，即

$$\nabla \cdot \boldsymbol{v} = 0, \tag{11.93}$$

有

$$\boldsymbol{k} \cdot \boldsymbol{u} = 0, \tag{11.94}$$

代入式(11.90)和式(11.91)有

$$\hat{B}_0 \cdot \boldsymbol{u} = 0, \tag{11.95}$$

将式(11.95)代入式(11.88)得

$$\omega = \pm v_A \hat{B}_0 \cdot \boldsymbol{k} = \pm k v_A \cos\theta_B. \tag{11.96}$$

由以上色散关系可求出相速度(phase speed)

$$v_p = \frac{\omega}{k} = \pm v_A \cos\theta_B, \tag{11.97}$$

和群速度(group velocity)

$$\boldsymbol{v}_g = \frac{\partial \omega}{\partial \boldsymbol{k}} = \pm \boldsymbol{v}_A \hat{B}_0. \tag{11.98}$$

将式(11.86)代入式(11.81)中，得

$$-\omega \boldsymbol{B}_1 = \boldsymbol{k} \times (\boldsymbol{v} \times \boldsymbol{B}_0) = (\boldsymbol{k} \cdot \boldsymbol{B}_0) \boldsymbol{v}, \tag{11.99}$$

此处用到 $\boldsymbol{k} \cdot \boldsymbol{v} = 0$.

再将式(11.96)代入上式，有

$$\boldsymbol{v} = \mp \frac{\boldsymbol{B}_1}{(\mu_0 \rho_0)^{\frac{1}{2}}}. \tag{11.100}$$

由式(11.95)、式(11.100)得

$$\boldsymbol{B}_0 \cdot \boldsymbol{B}_1 = 0, \tag{11.101}$$

故此模的一级磁力为

$$\boldsymbol{J}_1 \times \boldsymbol{B}_0 = \frac{1}{\mu_0} (\boldsymbol{B}_0 \cdot \nabla) \boldsymbol{B}_1 = \frac{i}{\mu_0} (\boldsymbol{B}_0 \cdot \boldsymbol{k}) \boldsymbol{B}_1. \tag{11.102}$$

下面让我们看另一种情形，即可压缩流体(compressible fluid)情形，此时 $\boldsymbol{k} \cdot \boldsymbol{u} \neq 0$，根据式(11.90)和式(11.91)，有

$$\omega^4-(c_s^2+v_A^2)k^2\omega^2+c_s^2v_A^2k^4\cos^2\theta_B=0,\tag{11.103}$$

ω^2 的两个解为

$$v_f=\left[\frac{1}{2}(c_s^2+v_A^2)+\frac{1}{2}(c_s^4+v_A^4-2c_s^2v_A^2\cos2\theta_B)^{\frac{1}{2}}\right]^{\frac{1}{2}},\tag{11.104}$$

$$v_f=\left[\frac{1}{2}(c_s^2+v_A^2)-\frac{1}{2}(c_s^4+v_A^4-2c_s^2v_A^2\cos2\theta_B)^{\frac{1}{2}}\right]^{\frac{1}{2}},\tag{11.105}$$

分别称为快和慢磁声模(fast and slow magnetosonic modes).

推论 3 导体内部衰减模.

由于磁场散度为零，可把它分为极向和环向部分(poloidal and toroidal parts)，即

$$\boldsymbol{B}=\boldsymbol{B}_p+\boldsymbol{B}_T=\nabla\times[\nabla\times(\Phi_P\hat{r})]+\nabla\times(\Phi_T\hat{r}),\tag{11.106}$$

当 $R_m\ll1$ 和 η 为常数时，有

$$\eta\nabla^2\boldsymbol{B}=\frac{\partial\boldsymbol{B}}{\partial t},\tag{11.107}$$

我们可方便地将 Φ_p，Φ_T 按径向函数(radial functions)和球谐函数(spherical harmonics)展开，即

$$\Phi_p=\sum_{l=1}^{\infty}\sum_{m=-l}^{l}U_{lm}(r)Y_l^m(\theta,\phi)f_{lm}(t),\tag{11.108}$$

$$\Phi_p=\sum_{l=1}^{\infty}\sum_{m=-l}^{l}V_{lm}(r)Y_l^m(\theta,\phi)g_{lm}(t),\tag{11.109}$$

其中，$f_{lm}(t)$ 和 $g_{lm}(t)$ 为适合某具体问题的时间函数.

按球坐标 (r,θ,ϕ) 和极向标量形式表达，式(11.108)可表示为

$$\Phi_p=U_l(r)Y_l^m(\theta,\phi)\exp(-\lambda^2t).\tag{11.110}$$

其中，λ^2 待定.

又

$$\boldsymbol{B}_p=\nabla\times[\nabla\times(\Phi_P\hat{r})],\tag{11.111}$$

将式(11.110)和式(11.111)代入式(11.107)中，可证明 $U_l(r)$ 满足

$$\frac{\mathrm{d}^2U_l}{\mathrm{d}r^2}+\left[\frac{\lambda^2}{\eta}-\frac{l(l+1)}{r^2}\right]U_l=0.\tag{11.112}$$

考虑边界条件，在星体内部 $r=0$，U_l 有限，则有

$$U_l(r)=r^{\frac{1}{2}}J_{l+\frac{1}{2}}\left(\frac{\lambda}{\eta^{\frac{1}{2}}}r\right),\tag{11.113}$$

其中，$J_{l+1/2}$ 为 $l+1/2$ 阶第一种 Bessel 函数. 在星体外部，设当 $r\to\infty$，$U_l=0$ 时，式(11.112)的解为

$$U_l(r)=\frac{A}{r^l},\tag{11.114}$$

其中，A 为常数. 由星体内外衔接条件，即 U_l，$\dfrac{\mathrm{d}U_l}{\mathrm{d}r}$ 在球面 $r=R_s$ 处连续，可求出 A，并有

$$R_s J'_{l+\frac{1}{2}}\left(\frac{\lambda}{\eta^{\frac{1}{2}}}R_s\right)+\left(l+\frac{1}{2}\right)J_{l+\frac{1}{2}}\left(\frac{\lambda}{\eta^{\frac{1}{2}}}R_s\right)=0, \tag{11.115}$$

其中，上撇表示对 r 求导. 由类推关系得

$$x\frac{\mathrm{d}J_\nu}{\mathrm{d}x}+\nu J_\nu(x)=xJ_{\nu-1}(x). \tag{11.116}$$

式中，$x=(\lambda/\eta^{1/2})r$. 由上可得

$$J_{l+\frac{1}{2}}\left(\frac{\lambda}{\eta^{\frac{1}{2}}}R_s\right)=0. \tag{11.117}$$

故

$$U_{lj}(r)=r^{\frac{1}{2}}J_{l+\frac{1}{2}}\left(\alpha_{lj}\frac{r}{R_s}\right), \tag{11.118}$$

其中，α_{lj} 为 $J_{l+\frac{1}{2}}$ 的第 j 个零点.

由式(11.118)可求出基本物理量 $\boldsymbol{B}$.

推论 4　基本发电机理论(dynamo theory).

考虑轴对称情形 (axisymmetric situation) (在柱坐标系 (cylindrical coordinate system) $(\bar{\omega},\ \phi,\ z)$ 下，物理量与 ϕ 无关)，有

$$\boldsymbol{B}=\boldsymbol{B}_p+B_\phi\hat{\phi}. \tag{11.119}$$

对于 $\boldsymbol{v}$ 也有类似的公式. 因为

$$\nabla\cdot\boldsymbol{B}=0, \tag{11.120}$$

可写出

$$\boldsymbol{B}_p=\nabla\times(A\hat{\phi}), \tag{11.121}$$

方程(11.60)两边点乘 $\hat{\phi}/\bar{\omega}$，运用 $\nabla\times\left(\frac{1}{\bar{\omega}}\hat{\phi}\right)=0$，得

$$\frac{\partial B_\phi}{\partial t}+\bar{\omega}\boldsymbol{v}_p\cdot\nabla\left(\frac{B_\phi}{\bar{\omega}}\right)=\bar{\omega}\boldsymbol{B}_\phi\cdot\nabla\Omega-B_\phi\nabla\cdot\boldsymbol{v}_p+\eta\left(\nabla^2B_\phi-\frac{B_\phi}{\bar{\omega}^2}\right), \tag{11.122}$$

其中，$\Omega=v_\phi/\bar{\omega}$，$\eta$ 为常数. $\boldsymbol{v}_p$ 取代 $\boldsymbol{v}$ (轴对称情形)，将式(11.121)代入感应方程有

$$\frac{\partial A}{\partial t}+\frac{1}{\bar{\omega}}\boldsymbol{v}_p\cdot\nabla(\bar{\omega}A)=\eta\left(\nabla^2A-\frac{A}{\bar{\omega}^2}\right). \tag{11.123}$$

对此可作进一步讨论.①

推论 5　吸积盘理论(accretion disk theory).

不考虑电磁场，基本方程分两种情况，即稳态和动态，当稳态时，由式(11.39)，令 $\frac{\partial}{\partial t}=0$，在柱坐标 $(\bar{\omega},\ \phi,\ z)$ 下，得

$$\frac{\partial}{\partial\bar{\omega}}\left(\frac{v_{\bar{\omega}}^2}{2}\right)+v_z\frac{\partial v_{\bar{\omega}}}{\partial z}-\frac{v_\phi^2}{\bar{\omega}}=-\frac{1}{\rho}\frac{\partial P}{\partial\bar{\omega}}-\frac{\partial\psi_G}{\partial\bar{\omega}}, \tag{11.124}$$

① Campbell C G. 1997. Magnetohydrodynamics in Binary Stars[M]. Kluwer Academic Publishers, 1997: 46.

$$\frac{v_{\varpi}}{\bar{\omega}}\frac{\partial}{\partial\bar{\omega}}(\bar{\omega}^2\Omega)+\frac{v_z}{\bar{\omega}}\frac{\partial}{\partial z}(\bar{\omega}^2\Omega)=\frac{1}{\bar{\omega}^2\rho}\frac{\partial}{\partial\bar{\omega}}\left(\rho v\bar{\omega}^3\frac{\partial\Omega}{\partial\bar{\omega}}\right),\tag{11.125}$$

$$\frac{\partial}{\partial z}\left(\frac{v_z^2}{2}\right)+v_{\varpi}\frac{\partial v_z}{\partial\bar{\omega}}=-\frac{1}{\rho}\frac{\partial P}{\partial z}-\frac{\partial\psi_G}{\partial z},\tag{11.126}$$

其中，$\Omega=v_\phi/\bar{\omega}$，$v$ 为黏滞系数(viscosity coefficient)，ψ_G 为引力势，若忽略自引力，有

$$\psi_G=-\frac{GM_p}{(\bar{\omega}^2+z^2)^{\frac{1}{2}}}.\tag{11.127}$$

当然还有连续性方程(continuity equation)

$$\frac{1}{\bar{\omega}}\frac{\partial}{\partial\bar{\omega}}(\bar{\omega}\rho v_{\varpi})+\frac{\partial}{\partial z}(\rho v_z)=0.\tag{11.128}$$

物态方程为

$$c_s=\left(\frac{P}{\rho}\right)^{\frac{1}{2}}=\left(\frac{\boldsymbol{R}}{\mu}T\right)^{\frac{1}{2}}.\tag{11.129}$$

设吸积盘为光学厚，通过辐射传递热能，则有

$$F_z=-\frac{16\sigma_BT^3}{3\kappa\rho}\frac{\partial T}{\partial z}.\tag{11.130}$$

对于动态情形，$\frac{\partial}{\partial t}\neq 0$，与上述稳态情形类似，只是有环向方程，且连续性方程有变化

$$\frac{\partial}{\partial t}(\bar{\omega}^2\Omega)+v_{\varpi}\frac{\partial}{\partial\bar{\omega}}(\bar{\omega}^2\Omega)+v_z\frac{\partial}{\partial z}(\bar{\omega}^2\Omega)=\frac{1}{\bar{\omega}\rho}\frac{\partial}{\partial\bar{\omega}}\left(\rho v\bar{\omega}^3\frac{\partial\Omega}{\partial\bar{\omega}}\right).\tag{11.131}$$

$$-\frac{\partial\rho}{\partial t}=\frac{1}{\bar{\omega}}\frac{\partial}{\partial\bar{\omega}}(\bar{\omega}\rho v_{\varpi})+\frac{\partial}{\partial z}(\rho v_z).\tag{11.132}$$

上面给出了吸积盘的基本方程，在给定一些近似和定解条件下，可解析和数值求得基本物理量，从而求出所有相关的物理量.

推论 6　刚体(主，次星)旋转系统(图 11.1)基本方程的具体形式.

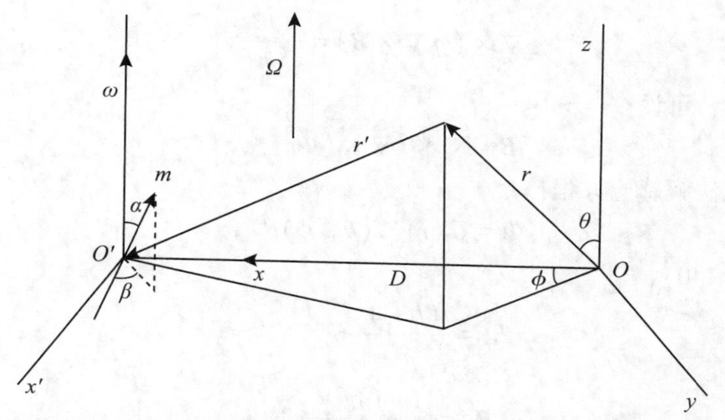

图 11.1　轨道标架、主星和次星的质心分别在 O' 和 O 点

取坐标系 $O\text{-}XYZ$ 于刚体主轴上，固定惯性系为 $O\text{-}xyz$，刚体转动由 $O\text{-}XYZ$ 相对 $O\text{-}xyz$ 的 Euler 角 α，ϕ，ψ 描写.（$\boldsymbol{e}_1$，$\boldsymbol{e}_2$，$\boldsymbol{e}_3$）为 $O\text{-}XYZ$ 的基矢，与时间 t 有关，而转动惯量矩为

$$I=\begin{pmatrix} I_1 & 0 & 0 \\ 0 & I_2 & 0 \\ 0 & 0 & I_3 \end{pmatrix}, \tag{11.133}$$

与时间 t 无关. 设转动角速度为

$$\boldsymbol{\omega}=\omega_1\boldsymbol{e}_1+\omega_2\boldsymbol{e}_2+\omega_3\boldsymbol{e}_3, \tag{11.134}$$

又

$$\frac{\mathrm{d}\boldsymbol{e}_i}{\mathrm{d}t}=\boldsymbol{\omega}\times\boldsymbol{e}_i(i=1,\ 2,\ 3) \tag{11.135}$$

故

$$\frac{\mathrm{d}\boldsymbol{L}}{\mathrm{d}t}=\frac{\mathrm{d}}{\mathrm{d}t}(L_i\boldsymbol{e}_i)=\dot{L}_i\boldsymbol{e}_i+L_i\boldsymbol{\omega}\times\boldsymbol{e}_i=\dot{\bar{L}}+\boldsymbol{\omega}\times\boldsymbol{L}, \tag{11.136}$$

注意：指标 i 相同表示求和. 由角动量定律(牛顿第二定律)有

$$\dot{\bar{\boldsymbol{L}}}+\boldsymbol{\omega}\times\boldsymbol{L}=\boldsymbol{T}, \tag{11.137}$$

其中，$\boldsymbol{T}$ 为刚体受到的力矩，式(11.137)为刚体转动的基本方程，此式为关于 Euler 角的方程，这是因为

$$\begin{aligned}\boldsymbol{\omega}&=\omega_1\boldsymbol{e}_1+\omega_2\boldsymbol{e}_2+\omega_3\boldsymbol{e}_3=\dot{\alpha}\hat{\alpha}+\dot{\phi}\hat{\phi}+\dot{\psi}\hat{\psi}\\ &=(\dot{\alpha}\sin\psi-\dot{\phi}\sin\alpha\cos\psi)\boldsymbol{e}_1+(\dot{\alpha}\cos\psi+\dot{\phi}\sin\alpha\sin\psi)\boldsymbol{e}_2+(\dot{\phi}\cos\alpha+\dot{\psi})\bar{\boldsymbol{e}}_3,\end{aligned} \tag{11.138}$$

注意：方程(11.137)中力矩 $\boldsymbol{T}$ 是 α，ϕ，ψ 的函数，故其分量方程为一组耦合方程.

推论 7 伴星内部极向标量(poloidal scalar)和伴星对主星的力矩.

设这双星外部为真空，下面的结论来自扩散感应方程(diffusive induction equation)

$$\nabla\times(\eta\nabla\times\boldsymbol{B})=-\frac{\partial\boldsymbol{B}}{\partial t}, \tag{11.139}$$

由于外磁场极向，可设

$$\boldsymbol{B}=\nabla\times[\nabla\times(\Phi\hat{r})], \tag{11.140}$$

下面用分离变数法解感应方程，令

$$\Phi=G_l(r)Y_l^m(\theta,\ \phi)e^{i\omega t}, \tag{11.141}$$

由上式和式(11.140)，得

$$B_r=\frac{l(l+1)}{r^2}G_lY_l^me^{i\omega t}, \tag{11.142}$$

$$B_\theta=\frac{1}{r}\frac{\mathrm{d}G_l}{\mathrm{d}r}\frac{\partial Y_l^m}{\partial\theta}e^{i\omega t}, \tag{11.143}$$

$$B_\phi = \frac{1}{r\sin\theta}\frac{\mathrm{d}G_l}{\mathrm{d}r}\frac{\partial Y_l^m}{\partial\phi}e^{i\omega t}. \tag{11.144}$$

将式(11.142)~式(11.144)代入感应方程中，有

$$\frac{\mathrm{d}^2G_l}{\mathrm{d}r^2} - \left[\frac{i\omega}{\eta} + \frac{l(l+1)}{r^2}\right]G_l = 0. \tag{11.145}$$

设伴星表面方程为 $r = R_s$，外部为真空，$\eta \to \infty$，有

$$\frac{\mathrm{d}^2G_l}{\mathrm{d}r^2} - \frac{l(l+1)}{r^2}G_l = 0, \tag{11.146}$$

不难求出外部解

$$G_l = ar^{l+1} + \frac{b}{r^l}, \tag{11.147}$$

其中，a 和 b 为常数. 内部解如下，设 η 为常数，将

$$G_l = \left(\frac{i\omega}{\eta}\right)^{-\frac{1}{4}} u^{\frac{1}{2}}F_l(u), \quad u = i^{3/2}(\omega/\eta)^{1/2}r, \tag{11.148}$$

代入式(11.145)中，得

$$\frac{\mathrm{d}^2F_l}{\mathrm{d}u^2} + \frac{1}{u}\frac{\mathrm{d}F_l}{\mathrm{d}u} + \left[1 - \frac{\left(l+\frac{1}{2}\right)^2}{u^2}\right]F_l = 0. \tag{11.149}$$

考虑内部解在 $r \to 0$ 时有限，有

$$G_l = i^{\frac{1}{2}}r^{\frac{1}{2}}J_{l+\frac{1}{2}}(i^{\frac{3}{2}}(\omega/\eta)^{\frac{1}{2}}r), \tag{11.150}$$

其中，$J_{l+\frac{1}{2}}$ 为第一种 $l+\frac{1}{2}$ 阶 Bessel 函数，由下式给出

$$J_{l+\frac{1}{2}}(u) = (-1)^l\left(\frac{2}{\pi}\right)^{\frac{1}{2}}u^{l+\frac{1}{2}}\frac{\mathrm{d}^l}{(u\mathrm{d}u)^l}\left(\frac{\sin u}{u}\right). \tag{11.151}$$

将 G_l 写成

$$G_l(r) = C_l(r)\exp[i\delta_l(r)], \tag{11.152}$$

有

$$\Phi = C_lY_l^m\exp[i(\omega t + \delta_l)], \tag{11.153}$$

又由衔接条件 G_l 和 $\frac{\mathrm{d}G_l}{\mathrm{d}r}$ 在 $r = R_s$ 连续，可定出一些参数.

下面再用一些条件求出另一组参数，为此，设主星存在单位偶极磁矩(unit dipole moment)

$$\hat{m}(t) = \sin\alpha\cos\omega t\hat{i}' + \sin\alpha\sin\omega t\hat{j}' + \cos\alpha\hat{k}, \tag{11.154}$$

故有磁标势

$$\Psi_m = \frac{\mu_0 m}{4\pi r'^3}\boldsymbol{r}' \cdot \hat{m}(t), \tag{11.155}$$

又

$$\begin{aligned} r' &= (r^2 + D^2 - 2rD\sin\theta\cos\phi)^{\frac{1}{2}}, \\ x' &= r\sin\theta\sin\phi, \\ y' &= D - r\sin\theta\cos\phi, \\ z &= r\cos\theta. \end{aligned} \tag{11.156}$$

展开到 r/D 二级项，由上式可知磁标势 Ψ_m 与时间相关的部分为

$$\begin{aligned} \Psi_m &= \frac{\mu_0 m\sin\alpha}{4\pi D^3} r P_1^1(2\cos\phi\sin\omega t + \sin\phi\cos\omega t) \\ &- \frac{3\mu_0 m\sin\alpha}{8\pi D^4} r^2 \left[P_2^0 \sin\omega t - P_2^2\left(\frac{1}{2}\cos 2\phi\sin\omega t + \frac{1}{3}\sin 2\phi\cos\omega t\right)\right], \end{aligned} \tag{11.157}$$

其中，$P_l^{|m|}$ 为连带 Legendre 函数(associated Legendre functions)，由

$$\begin{aligned} P_1^1 &= \sin\theta, \\ P_2^0 &= \frac{1}{2}(3\cos^2\theta - 1), \\ P_2^2 &= 3\sin^2\theta. \end{aligned} \tag{11.158}$$

可以证明

$$\Psi_m = -\frac{\partial \Phi}{\partial r}, \tag{11.159}$$

又

$$\Phi = \sum_{l=0}^{\infty}\sum_{m=-l}^{l} G_l(r) Y_l^m(\theta, \phi) e^{i\omega t}, \tag{11.160}$$

故由上式，得

$$\begin{aligned} \Phi &= C_1 P_1^1 \cos\phi[A_1\sin(\omega t + \delta_1 - \delta_{1s}) + A_2\cos(\omega t + \delta_1 - \delta_{1s})] \\ &- \frac{1}{2}C_1 P_1^1 \sin\phi[A_2\sin(\omega t + \delta_1 - \delta_{1s}) - A_1\cos(\omega t + \delta_1 - \delta_{1s})] \\ &+ C_2 P_2^0 [B_1\sin(\omega t + \delta_2 - \delta_{2s}) + B_2\cos(\omega t + \delta_2 - \delta_{2s})] \\ &- \frac{1}{2}C_2 P_2^2 \cos 2\phi[B_1\sin(\omega t + \delta_2 - \delta_{2s}) + B_2\cos(\omega t + \delta_2 - \delta_{2s})] \\ &+ \frac{1}{3}C_2 P_2^2 \sin 2\phi[B_2\sin(\omega t + \delta_2 - \delta_{2s}) - B_1\cos(\omega t + \delta_2 - \delta_{2s})], \end{aligned} \tag{11.161}$$

此处，与 ω 有关的系数 A_i 和 B_i 分别为

$$A_1 = -\frac{3\mu_0 m R_s^2 \sin\alpha}{4\pi D^3}(C_1 + R_s C'_1)_s [(C_1 + R_s C'_1)_s^2 + (R_s C_1 \delta'_1)_s^2]^{-1}, \tag{11.162}$$

$$A_2 = -\frac{R_s C_{1s} \delta'_{1s}}{(C_1 + R_s C'_1)_s} A_1, \tag{11.163}$$

$$B_1=\frac{5\mu_0 mR_s^3\sin\alpha}{16\pi D^4}\left(C_2+\frac{R_s}{2}C'_2\right)_s\left[\left(C_2+\frac{R_s}{2}C'_2\right)_s^2+\left(\frac{R_s}{2}C_2\delta'_2\right)_s^2\right]^{-1},\tag{11.164}$$

$$B_2=-\frac{R_sC_{2s}\delta'_{2s}}{\left(C_2+\frac{1}{2}R_sC'_2\right)_s}B_1,\tag{11.165}$$

其中，带撇表示对 r 求导，角标 s 表示表面上的值，又由式(11.150)和式(11.151)，得

$$G_1=-\left(\frac{2ir}{\pi}\right)^{\frac{1}{2}}\frac{1}{u^{\frac{1}{2}}}\left[\cos u-\frac{\sin u}{u}\right],\tag{11.166}$$

$$G_2=\left(\frac{2ir}{\pi}\right)^{\frac{1}{2}}\frac{1}{u^{\frac{1}{2}}}\left[\left(\frac{3}{u^2}-1\right)\sin u-\frac{3\cos u}{u}\right].\tag{11.167}$$

因此，式(11.162)~式(11.165)中的 C_l 和 δ_l 来自式(11.152)、式(11.166)和式(11.167).

关于式(11.161)，r^{-l} 部分为对于外部 $\boldsymbol{B}_s$ 的极向标量 Φ_s.

力矩

$$\boldsymbol{T}=\boldsymbol{m}\times\boldsymbol{B}_s(\boldsymbol{r}_p).\tag{11.168}$$

其中，$\boldsymbol{r}_p=D\hat{i}$ 和 $\boldsymbol{B}_s(\boldsymbol{r}_p)=\left[\nabla\left(\frac{\partial\Phi_s}{\partial r}\right)\right]_{r'=r_p}$，可以计算力矩①

$$\langle\boldsymbol{T}\rangle=\boldsymbol{T}_D=-\frac{5\mu_0 m^2R_s^3\sin^2\alpha}{4\pi D^6}f(\omega,\ \eta)\hat{k},\tag{11.169}$$

其中

$$f(\omega,\ \eta)=\frac{3}{4}(C_1^2\delta'_1)_sF_1+\left(\frac{R_s}{D}\right)^2(C_2^2\delta'_2)_sF_2,\tag{11.170}$$

这里

$$F_1=RC_{1s}^2[(C_1^2+R_sC_1C'_1)_s^2+R_s^2(C_1^2\delta'_1)_s^2]^{-1},\tag{11.171}$$

$$F_2=RC_{2s}^2\left[\left(C_2^2+\frac{1}{2}R_sC_2C'_2\right)_s^2+\frac{1}{4}R_s^2(C_2^2\delta'_2)_s^2\right]^{-1},\tag{11.172}$$

注意：C_i 和 δ_i 的意义同式(11.162)~式(11.165)相应的量. 一些证据表明，在主星中存在四极磁场，对力矩有较小的贡献.

推论8 同步条件和特征方程.

$\boldsymbol{m}_s$ 在主星中产生的磁场为

$$(B_{sp})_x=-\frac{\mu_0 m_s}{4\pi D^3}\sin\gamma\sin\delta,\tag{11.173}$$

$$(B_{sp})_y=-\frac{\mu_0 m_s}{2\pi D^3}\sin\gamma\cos\delta,\tag{11.174}$$

① Campbell C G. Magnetohydrodynamics in Binary Stars[M]. Kluwer Academic Publishers, 1997: 99.

$$(B_{sp})_z = -\frac{\mu_0 m_s}{4\pi D^3}\cos\gamma. \tag{11.175}$$

单位磁矩矢量为

$$\hat{m}_p = \sin\alpha\cos\beta\hat{i} + \sin\alpha\sin\beta\hat{j} + \cos\alpha\hat{k}, \tag{11.176}$$

故磁力矩(magnetic torque)

$$\boldsymbol{T}_m = \boldsymbol{m}_p \times \boldsymbol{B}_{sp}, \tag{11.177}$$

即

$$T_{mx} = \frac{\mu_0 m_p m_s}{4\pi D^3}(2\sin\gamma\cos\delta\cos\alpha - \cos\gamma\sin\alpha\sin\beta), \tag{11.178}$$

$$T_{my} = \frac{\mu_0 m_p m_s}{4\pi D^3}(\cos\gamma\sin\alpha\cos\beta - \sin\gamma\sin\delta\cos\alpha), \tag{11.179}$$

$$T_{mz} = \frac{\mu_0 m_p m_s}{4\pi D^3}(\sin\delta\sin\beta - 2\cos\delta\cos\beta)\sin\alpha\sin\gamma, \tag{11.180}$$

而吸积矩(accretion torque)为

$$T_{ax} = A^2\Omega\dot{M}_p N_x\cos\alpha, \tag{11.181}$$

$$T_{ay} = A^2\Omega\dot{M}_p N_y\cos\alpha, \tag{11.182}$$

$$T_{az} = A^2\Omega\dot{M}_p, \tag{11.183}$$

见相关文献①.

设在 α_s 和 β_s 处同步，即此处合力矩为零. 则由

$$\boldsymbol{T}_a + \boldsymbol{T}_m = 0, \tag{11.184}$$

可得

$$\hat{m}_{px} = \sin\alpha_s\cos\beta_s = \frac{QN_y - \sin\gamma\sin\delta}{\sin\gamma(N_x\sin\delta + 2N_y\cos\delta)}, \tag{11.185}$$

$$\hat{m}_{py} = \sin\alpha_s\sin\beta_s = -\frac{QN_x + 2\sin\gamma\cos\delta}{\sin\gamma(N_x\sin\delta + 2N_y\cos\delta)}, \tag{11.186}$$

$$\hat{m}_{pz} = \cos\alpha_s = \frac{1}{\tan\gamma(N_x\sin\delta + 2N_y\cos\delta)}, \tag{11.187}$$

其中，吸积矩和磁力矩之比为

$$Q = \frac{4\pi D^3 A^2\Omega\dot{M}_p}{\mu_0 m_p m_s}. \tag{11.188}$$

下面导出色散关系. 设平衡位置有扰动，一般情形下，由式(11.178)~式(11.183)，总力矩为

$$T_x = -C_m\cos\gamma\sin\alpha\sin\beta + (C_a N_x + 2C_m\sin\gamma\cos\delta)\cos\alpha, \tag{11.189}$$

① Campbell C G. Magnetohydrodynamics in Binary Stars[M]. Kluwer Academic Publishers, 1997: 133.

$$T_y = C_m\cos\gamma\sin\alpha\cos\beta + (C_a N_y - C_m\sin\gamma\sin\delta)\cos\alpha, \tag{11.190}$$

$$T_z = C_m\sin\gamma\sin\alpha(\sin\delta\sin\beta - 2\cos\delta\cos\beta) + C_a, \tag{11.191}$$

其中

$$C_m = \frac{\mu_0 m_p m_s}{4\pi D^3},\ C_a = A^2\Omega\dot{M}_p. \tag{11.192}$$

由 Newton 第二定律(角动量定律)有

$$I(\dot{\boldsymbol{\omega}}' + \Omega\hat{k}\times\boldsymbol{\omega}') = \boldsymbol{T}', \tag{11.193}$$

其中，带撇的为扰动量. 注意 Euler 角公式为

$$\omega_x = -\dot{\alpha}\sin\beta + \dot{\psi}\sin\alpha\cos\beta, \tag{11.194}$$

$$\omega_y = \dot{\alpha}\cos\beta + \dot{\psi}\sin\alpha\sin\beta, \tag{11.195}$$

$$\omega_z = \dot{\beta} + \dot{\psi}\cos\alpha. \tag{11.196}$$

再令

$$\alpha' = a_1\exp(i\sigma t),\ \beta' = a_2\exp(i\sigma t),\ \psi' = a_3\exp(i\sigma t), \tag{11.197}$$

代入式(11.193)，经过复杂但直接的计算，得到关于 σ 的特征方程(characteristic equation)

$$\sigma^6 + C_1\sigma^4 + C_2\sigma^2 + C_3\sigma = 0, \tag{11.198}$$

其中

$$\begin{aligned} C_1 = {} & \bar{C}_m\sin\gamma\sin\alpha_s(2\cos\delta\sin\beta_s + \sin\delta\cos\beta_s) \\ & + \bar{C}_m\frac{\cos\gamma}{\cos\alpha_s}(1+\cos^2\alpha_s) - \Omega^2, \end{aligned} \tag{11.199}$$

$$\begin{aligned} C_2 = {} & \bar{C}_m^2\frac{\sin\gamma\cos\gamma\sin\alpha_s}{\cos\alpha_s}(2\cos\delta\sin\beta_s + \sin\delta\cos\beta_s) + \bar{C}_m^2\cos^2\gamma \\ & - \bar{C}_m\Omega^2\sin\gamma\sin\alpha_s(2\cos\delta\sin\beta_s + \sin\delta\cos\beta_s), \end{aligned} \tag{11.200}$$

$$C_3 = -i\Omega\bar{C}_m^2 Q\cos\gamma\cos\alpha_s, \tag{11.201}$$

还有 $\bar{C}_m = C_m/I$，$\bar{C}_a = C_a/I$，I 为转动惯量. σ 值反映系统的稳定性. 一般说来，总力矩为磁、引力、吸积盘和耗散力矩之和，但由于吸积矩在 $\hat{e}_3$ 方向有有限分量，所以同步条件为

$$\boldsymbol{T}_m + \boldsymbol{T}_g = 0, \tag{11.202}$$

扰动方程为

$$\dot{\boldsymbol{L}}' + \boldsymbol{\Omega}\times\dot{\boldsymbol{L}}' = \boldsymbol{T}'_m + \boldsymbol{T}'_g, \tag{11.203}$$

其中，$\boldsymbol{L}' = I_\perp(\omega'_1\hat{e}_1 + \omega'_2\hat{e}_2) + I_3\omega'_3 e'_3$.

我们可采用刚才的办法进行类似的讨论，见相关文献①.

推论 9　稳态带磁场吸积盘的基本方程(magnetic disc equation).

由一般情形下的基本方程，在稳态情形(steady state)下有动量方程(equations of momentum)

$$(\boldsymbol{v}\cdot\nabla)\boldsymbol{v}=-\frac{1}{\rho}\nabla P-\nabla\psi+\frac{1}{\mu_0\rho}(\nabla\times\boldsymbol{B})\times\boldsymbol{B}+\frac{1}{\rho}\boldsymbol{F}_\nu,\tag{11.204}$$

感应方程

$$\nabla\times(\boldsymbol{v}\times\boldsymbol{B})-\nabla\times(\eta\nabla\times\boldsymbol{B})=0,\tag{11.205}$$

连续性方程

$$\nabla\cdot(\rho\boldsymbol{v})=0,\tag{11.206}$$

当然还有物态方程. 采用柱坐标 $(\bar{\omega},\ \phi,\ z)$，则动量方程 $\bar{\omega}$，ϕ 和 z 分量分别为

$$\frac{v_\phi^2}{\bar{\omega}}=\frac{\partial\psi}{\partial\bar{\omega}}+\frac{\partial}{\partial\bar{\omega}}\left(\frac{v_{\bar{\omega}}^2}{2}\right)+v_z\frac{\partial v_{\bar{\omega}}}{\partial z}+\frac{1}{\rho}\frac{\partial P}{\partial\bar{\omega}}+\frac{1}{\bar{\omega}^2\rho}\frac{\partial}{\partial\bar{\omega}}\left(\frac{\bar{\omega}^2B_\phi^2}{2\mu_0}\right)-\frac{B_zJ_\phi}{\rho},\tag{11.207}$$

$$\frac{v_{\bar{\omega}}}{\bar{\omega}}\frac{\partial}{\partial\bar{\omega}}(\bar{\omega}^2\Omega)+\frac{v_z}{\bar{\omega}}\frac{\partial}{\partial z}(\bar{\omega}^2\Omega)=\frac{B_{\bar{\omega}}}{\mu_0\bar{\omega}\rho}\frac{\partial}{\partial\bar{\omega}}(\bar{\omega}B_\phi)+\frac{B_z}{\mu_0\rho}\frac{\partial B_z}{\partial z}+\frac{1}{\bar{\omega}^2\rho}\frac{\partial}{\partial\bar{\omega}}\left(\rho\nu\bar{\omega}^3\frac{\partial\Omega}{\partial\bar{\omega}}\right),\tag{11.208}$$

$$\frac{\partial\psi}{\partial z}+v_{\bar{\omega}}\frac{\partial v_z}{\partial\bar{\omega}}+\frac{\partial}{\partial z}\left(\frac{v_z^2}{2}\right)+\frac{1}{\rho}\frac{\partial}{\partial z}\left(P+\frac{B_\phi^2}{2\mu_0}\right)+\frac{B_{\bar{\omega}}J_\phi}{\rho}=0,\tag{11.209}$$

其中，ν 为黏滞系数，$\Omega=v_\phi/\bar{\omega}$，环向电流密度为

$$J_\phi=\frac{1}{\mu_0}\left(\frac{\partial B_{\bar{\omega}}}{\partial z}-\frac{\partial B_z}{\partial\bar{\omega}}\right),\tag{11.210}$$

忽略吸积盘的自引力，则有

$$\psi_G=-\frac{GM_p}{(\bar{\omega}^2+z^2)^{\frac{1}{2}}},\tag{11.211}$$

感应方程极向和环向分量为

$$v_{\bar{\omega}}B_z-v_zB_{\bar{\omega}}+\mu_0\eta J_\phi=0,\tag{11.212}$$

$$\frac{\eta}{\bar{\omega}}\left(\nabla^2B_\phi-\frac{B_\phi}{\bar{\omega}^2}\right)+\frac{1}{\bar{\omega}^2}\frac{\mathrm{d}\eta}{\mathrm{d}\bar{\omega}}\frac{\partial}{\partial\bar{\omega}}(\bar{\omega}B_\phi)=-\boldsymbol{B}_p\cdot\nabla\Omega+\nabla\cdot\left(\frac{B_\phi}{\bar{\omega}}\boldsymbol{v}_p\right),\tag{11.213}$$

其中，带角标 p 表示极向分量.

连续性方程为

$$\frac{1}{\bar{\omega}}\frac{\partial}{\partial\bar{\omega}}(\bar{\omega}\rho v_{\bar{\omega}})+\frac{\partial}{\partial z}(\rho v_z)=0.\tag{11.214}$$

这样，我们可解析或数值求解各种定解条件下的基本方程，得基本物理量与时间空间的函

---

① Campbell C G. Magnetohydrodynamics in Binary Stars[M]. Kluwer Academic Publishers, 1997: 145.

数，从而得到所有相关的物理量，比如研究星风，参见相关文献①.

11.4　物理模型3——双星中的磁流体(续)

基本方程：设有一惯性系 K，它的原点为主星质心 p，y 轴由 p 指向次星，两星体绕共同质心做转动，角速度为 $\boldsymbol{\Omega}$，且 $\boldsymbol{\Omega}$ 与 z 轴方向一致. 选 x 轴，使 xyz 轴为右手，$\boldsymbol{\Omega}$ 可由天体力学确定，三轴基矢为 $\hat{x}_i$，$(x,\ y,\ z,\ i=1,\ 2,\ 3)$，它们与时间 t 有关. 又易知

$$\frac{\mathrm{d}}{\mathrm{d}t}(\hat{x}_i)=\boldsymbol{\Omega}\times\boldsymbol{x}_i, \tag{11.215}$$

惯性空间中粒子速度

$$\frac{\mathrm{d}\boldsymbol{r}}{\mathrm{d}t}=\frac{\mathrm{d}}{\mathrm{d}t}(x_i\hat{x}_i)=v_i\hat{x}_i+x_i\boldsymbol{\Omega}\times\hat{x}_i, \tag{11.216}$$

其中，$v_i=\dot{x}_i$ 为相对于旋转轴(rotating axes)的速度分量，将上式再对时间 t 求导，惯性加速度(inertial acceleration)为

$$\frac{\mathrm{d}^2\boldsymbol{r}}{\mathrm{d}t^2}=\ddot{\boldsymbol{r}}+2\boldsymbol{\Omega}\times\boldsymbol{v}+\boldsymbol{\Omega}\times(\boldsymbol{\Omega}\times\boldsymbol{r})+\frac{\mathrm{d}\boldsymbol{\Omega}}{\mathrm{d}t}\times\boldsymbol{r}, \tag{11.217}$$

在双星轨道标架下，$\boldsymbol{\Omega}$ 的变化时标远大于任何流动时标，$\boldsymbol{\Omega}$ 近似保持不变，又不难证明

$$\begin{aligned}\nabla(|\boldsymbol{\Omega}\times\boldsymbol{r}|^2)&=2\Omega^2r\nabla r-2(\boldsymbol{\Omega}\cdot\boldsymbol{r})\nabla(\boldsymbol{\Omega}\cdot\boldsymbol{r})\\&=2\Omega^2\boldsymbol{r}-2(\boldsymbol{\Omega}\cdot\boldsymbol{r})\boldsymbol{\Omega}\\&=-2\boldsymbol{\Omega}\times(\boldsymbol{\Omega}\times\boldsymbol{r}),\end{aligned} \tag{11.218}$$

因此

$$\frac{\mathrm{d}^2\boldsymbol{r}}{\mathrm{d}t^2}=\ddot{\boldsymbol{r}}+2\boldsymbol{\Omega}\times\boldsymbol{v}-\nabla\left(\frac{1}{2}|\boldsymbol{\Omega}\times\boldsymbol{r}|^2\right), \tag{11.219}$$

其中，这里 $\boldsymbol{v}=\dot{x}_i\hat{x}_i$ 惯性系方程(见式(11.39))为

$$\frac{\partial\boldsymbol{v}}{\partial t}+(\boldsymbol{v}\cdot\nabla)\boldsymbol{v}=-\frac{1}{\rho}\nabla P-\nabla\psi+\frac{1}{\mu_0\rho}(\nabla\times\boldsymbol{B})\times\boldsymbol{B}+\frac{1}{\rho}\boldsymbol{F}_\nu,$$

故得到非惯性系方程

$$\begin{aligned}\frac{\partial\boldsymbol{v}}{\partial t}+(\boldsymbol{v}\cdot\nabla)\boldsymbol{v}=&-\frac{1}{\rho}\nabla P-\nabla\left(\psi_G-\frac{1}{2}|\boldsymbol{\Omega}\times\boldsymbol{r}|^2\right)-2\boldsymbol{\Omega}\times\boldsymbol{v}\\&+\frac{1}{\mu_0\rho}(\nabla\times\boldsymbol{B})\times\boldsymbol{B}+\frac{1}{\rho}\boldsymbol{F}_\nu,\end{aligned} \tag{11.220}$$

其中，$\boldsymbol{v}$ 为相对于 K 系的速度矢量，ψ_G 为引力势.

推论1　流体元在内 Lagrange 点 L_1 附近的振荡研究.

设不考虑磁场，无压力梯度，无黏滞，不考虑自引力，由式(11.220)，得

① Campbell C G. Magnetohydrodynamics in Binary Stars[M]. Kluwer Academic Publishers, 1997: 251.

$$\ddot{\boldsymbol{r}} = -\nabla\psi - 2\boldsymbol{\Omega}\times\dot{\boldsymbol{r}}, \tag{11.221}$$

其中

$$\psi = -\frac{GM_s}{|\boldsymbol{r}-\boldsymbol{r}_s|} - \frac{GM_p}{|\boldsymbol{r}-\boldsymbol{r}_p|} - \frac{1}{2}|\boldsymbol{\Omega}\times\boldsymbol{r}|^2, \tag{11.222}$$

式中，M_p 和 M_s 分别为主星(primary star)和次星(secondary star)的质量.

设流体元偏离 L_1 的坐标为 $(\Delta x, \Delta y, \Delta z)$，由式(11.221)得

$$\Delta\ddot{x} + \omega_x^2\Delta x = 2\Omega\Delta\dot{y}, \tag{11.223}$$

$$\Delta\ddot{y} - \omega_y^2\Delta y = -2\Omega\Delta\dot{x}, \tag{11.224}$$

$$\Delta\ddot{z} + \omega_z^2\Delta z = 0, \tag{11.225}$$

其中

$$\omega_x^2 = \left(\frac{\partial^2\psi}{\partial x^2}\right)_{L_1} = -\Omega^2 + \frac{GM_s}{r_{1s}^3} + \frac{GM_p}{r_{1p}^3}, \tag{11.226}$$

$$\omega_y^2 = -\left(\frac{\partial^2\psi}{\partial y^2}\right)_{L_1} = \Omega^2 + \frac{2GM_s}{r_{1s}^3} + \frac{2GM_p}{r_{1p}^3}, \tag{11.227}$$

$$\omega_z^2 = \left(\frac{\partial^2\psi}{\partial z^2}\right)_{L_1} = \frac{GM_s}{r_{1s}^3} + \frac{GM_p}{r_{1p}^3}. \tag{11.228}$$

式中，r_{1s} 和 r_{1p} 分别为次星和主星到 L_1 点的距离. 将

$$\Delta x = Ae^{i\omega t},\ \Delta y = Be^{i\omega t}, \tag{11.229}$$

代入式(11.223)和式(11.224)中，由于 A 和 B 的系数行列式为零，有

$$\omega^4 - (\omega_x^2 - \omega_y^2 + 4\Omega^2)\omega^2 - \omega_x^2\omega_y^2 = 0, \tag{11.230}$$

其根

$$\omega^2 = \frac{1}{2}(\omega_x^2 - \omega_y^2 + 4\Omega^2) \pm \frac{1}{2}[(\omega_x^2 - \omega_y^2 + 4\Omega^2)^2 + 4\omega_x^2\omega_y^2]^{\frac{1}{2}}, \tag{11.231}$$

又由天体力学知识，可知

$$\Omega^2 = \frac{G(M_s + M_p)}{D^3}, \tag{11.232}$$

此处 $D = r_{1s} + r_{1p}$，不难证明 $\omega_x^2\omega_y^2 > 0$，式(11.231)中的 ω^2 可为正也可为负. 不稳定情形为

$$\omega^2 = \frac{1}{2}(\omega_x^2 - \omega_y^2 + 4\Omega^2) - \frac{1}{2}[(\omega_x^2 - \omega_y^2 + 4\Omega^2)^2 + 4\omega_x^2\omega_y^2]^{\frac{1}{2}}, \tag{11.233}$$

可得水平位移(horizontal displacement)

$$\Delta\boldsymbol{r}_h = \Delta x\hat{x} + \Delta y\hat{y} = B\left[-\mathrm{i}\frac{(\omega^2 + \omega_y^2)}{2\omega\Omega}\hat{x} + \hat{y}\right]e^{i\omega t}, \tag{11.234}$$

因此，对于不稳定本征值(unstable eigenvalue)情形，有

$$\Delta\boldsymbol{r}_h = B\left[\frac{(\omega^2 + \omega_y^2)}{2\Omega\sqrt{Q}}\hat{x} + \hat{y}\right]e^{i\omega t}, \tag{11.235}$$

$$Q=\frac{1}{2}\left[(\omega_x^2-\omega_y^2+4\Omega^2)^2+4\omega_x^2\omega_y^2\right]^{\frac{1}{2}}-\frac{1}{2}(\omega_x^2-\omega_y^2+4\Omega^2),\tag{11.236}$$

故运动方向为

$$\frac{\Delta x}{\Delta y}=\frac{\omega^2+\omega_y^2}{2\Omega\sqrt{Q}}.\tag{11.237}$$

在 $z=0$ 的平面内，有

$$\Delta\psi=\frac{1}{2}\omega_x^2(\Delta x)^2-\frac{1}{2}\omega_y^2(\Delta y)^2.\tag{11.238}$$

沿着临界瓣(critical lobe)，$\Delta\psi=0$，即有

$$\left(\frac{\Delta x}{\Delta y}\right)_c=\pm\left(\frac{\omega_y^2}{\omega_x^2}\right)^{\frac{1}{2}}.\tag{11.239}$$

定义

$$\delta=\frac{\varepsilon_s\varepsilon_p}{\varepsilon_s+\varepsilon_p},\tag{11.240}$$

其中

$$\varepsilon_s=\frac{M}{M_s}\left(\frac{r_{1s}}{D}\right)^3,\ \varepsilon_p=\frac{M}{M_p}\left(\frac{r_{1p}}{D}\right)^3,\ M=M_s+M_p,\tag{11.241}$$

一般 δ 为小量，故可得

$$\frac{\Delta x}{\Delta y}=\frac{4}{3}\left(\frac{\delta}{2}\right)^{\frac{1}{2}}\left(1+\frac{17}{36}\delta\right),\tag{11.242}$$

和

$$\left|\left(\frac{\Delta x}{\Delta y}\right)_c\right|=\sqrt{2}\left(1+\frac{3}{4}\delta\right),\tag{11.243}$$

注意：$(\Delta x,\ \Delta y,\ \Delta z)$ 为基本物理量.

设 L_1 与致密主星中心的距离为 γ_{1p}，由 $(\partial\psi/\partial y)_{L_1}=0$ 和 $y_s=(M_p/M)D$，得

$$\frac{M_s}{M}-\frac{r_{1p}}{D}+\frac{M_p}{M}\left(\frac{D}{r_{1p}}\right)^2-\frac{M_s}{M}\left(1-\frac{r_{1p}}{D}\right)^{-2}=0,\tag{11.244}$$

注意：γ_{1p} 可由以下公式较好地给出：$\frac{r_{1p}}{D}=0.500-0.227\log\left(\frac{M_s}{M_p}\right)$. 参考相关文献①.

推论2 密度分布 ρ.

不考虑电磁场，无黏滞，不考虑自引力，系统为稳态，则由式(11.220)有

$$-\frac{1}{\rho}\nabla P=\nabla\psi_{eff},\tag{11.245}$$

其中，ψ_{eff} 为引力势和旋转势(rotational potentials)之和.

① Plavec M, Kratochvil P. Table for the Roche Model of Close Binaries[M]. Bulletin of the Astronomical Institutes of Czechoslovakia, 1964.

设理想气体物态方程为

$$P = c_s^2 \rho, \tag{11.246}$$

其中，$c_s^2 = \frac{R}{\mu} T$ 考虑 z 分量方程，则由式(11.245)得

$$\frac{c_s^2}{\rho} \frac{\partial \rho}{\partial z} = - \frac{\partial \Psi_{eff}}{\partial z}, \tag{11.247}$$

设 $x = 0$，$y = y_{L_1} + \Delta y$，且 $\Delta y \ll y$，可得 $\frac{\partial \Psi_{eff}}{\partial z} = \left(\frac{GM_s}{r_{1s}^3} + \frac{GM_p}{r_{1p}^3} \right) z$，其中 $r_{1s} = y_s - y_{L_1}$，$r_{1p} = y_{L_1} - y_p$. 式(11.247)有解，即

$$\rho = \rho_c e^{-z^2/H^2}, \tag{11.248}$$

其中，ρ 为系统的一个基本物理量，

$$H = \sqrt{2} c_s \left(\frac{GM_s}{r_{1s}^3} + \frac{GM_p}{r_{1p}^3} \right)^{-\frac{1}{2}}, \tag{11.249}$$

下面用到天体力学知识，与 Ω 有关，轨道角动量为

$$\boldsymbol{L}_{\text{orb}} = \left(\frac{GD}{M} \right)^{\frac{1}{2}} M_s M_p \hat{z}, \tag{11.250}$$

设 M 和 $\boldsymbol{L}_{\text{orb}}$ 守恒，

$$\frac{\dot{D}}{D} = - 2 \left(1 - \frac{M_s}{M_p} \right) \frac{\dot{M}_s}{M_s}, \tag{11.251}$$

注意

$$\frac{M}{M_s} \left(\frac{R_L}{D} \right)^3 = 0.1, \tag{11.252}$$

其中，R_L 为平均半径(mean radius). 由以上两式得

$$\frac{\dot{R}_L}{R_L} = - \frac{5}{3} \left(1 - \frac{6}{5} \frac{M_s}{M_p} \right) \frac{\dot{M}_s}{M_s}. \tag{11.253}$$

引力波带走角动量率

$$\frac{\mathrm{d}L_{\text{orb}}}{\mathrm{d}t} = - \frac{32G}{5c^5} \left(\frac{M_s M_p}{M} \right)^2 D^4 \Omega^5. \tag{11.254}$$

上面推导的详细情况见 Landau 和 Lifshitz (1951).

推论 3　角动量转移(angular momentum transfer).

不考虑自引力、黏滞、压力梯度，但考虑磁场，由式(11.220)，则有

$$\ddot{\boldsymbol{r}} = - \nabla \Psi - 2\boldsymbol{\Omega} \times \dot{\boldsymbol{r}} + \boldsymbol{F}, \tag{11.255}$$

其中

$$\boldsymbol{F} = \frac{1}{\mu_0 \rho} (\nabla \times \boldsymbol{B}') \times \boldsymbol{B}. \tag{11.256}$$

$$\Psi = -\frac{GM_p}{r} - \frac{GM_s}{D}\left[1 - 2\frac{r}{D}Q_1 + \left(\frac{r}{D}\right)^2\right]^{-\frac{1}{2}} + \frac{GM_s}{D^2}rQ_1 - \frac{1}{2}\Omega^2 r^2 Q_2, \tag{11.257}$$

式中

$$Q_1 = \sin\theta\sin\phi = \sin\alpha\sin\beta\cos\psi + \sin\psi(\cos\beta\sin\chi + \cos\alpha\sin\beta\cos\chi), \tag{11.258}$$

$$Q_2 = \sin^2\theta = 1 - (\cos\alpha\cos\psi - \sin\alpha\sin\psi\cos\chi)^2. \tag{11.259}$$

用 $\boldsymbol{r}$ 叉乘(11.255)两边，有

$$\frac{\mathrm{d}}{\mathrm{d}t}(r^2\dot{\psi})\hat{\chi} = -\boldsymbol{r}\times\nabla\Psi - 2\boldsymbol{r}\times(\boldsymbol{\Omega}\times\dot{\boldsymbol{r}}) + \boldsymbol{r}\times\boldsymbol{F}, \tag{11.260}$$

设 $\boldsymbol{\Omega} = \Omega_\chi\hat{\chi} + \boldsymbol{\Omega}_\parallel$，由式(11.260)得

$$\frac{1}{\sin\psi}\frac{\partial\Psi}{\partial\chi}\hat{\psi} - 2\boldsymbol{r}\times(\boldsymbol{\Omega}_\parallel\times\dot{\boldsymbol{r}}) - rF_\chi\hat{\psi} = 0, \tag{11.261}$$

$$\frac{\mathrm{d}}{\mathrm{d}t}(r^2\dot{\psi}) = -\frac{\partial\Psi}{\partial\psi} - \frac{\mathrm{d}}{\mathrm{d}t}(r^2\Omega_\chi) + rF_\psi. \tag{11.262}$$

由角动量定律(基本方程：Newton 定律)

$$rF_\psi\hat{\chi} - rF_\chi\hat{\psi} = -\frac{\mathrm{d}\boldsymbol{L}}{\mathrm{d}t}. \tag{11.263}$$

因此，式(11.261)和式(11.262)变为

$$\left(\frac{\mathrm{d}\boldsymbol{L}}{\mathrm{d}\psi}\right)_\psi\hat{\psi} = \left[2r\left(r\Omega_r - \frac{\mathrm{d}r}{\mathrm{d}\psi}\Omega_\psi\right) + \frac{1}{\dot{\psi}\sin\psi}\frac{\partial\Psi}{\partial\chi}\right]\hat{\psi}, \tag{11.264}$$

$$\frac{\mathrm{d}}{\mathrm{d}\psi}(r^2\dot{\psi}) + \frac{\mathrm{d}L_\chi}{\mathrm{d}\psi} = -\frac{\mathrm{d}}{\mathrm{d}\psi}(r^2\Omega_\chi) - \frac{1}{\dot{\psi}}\frac{\partial\Psi}{\partial\chi}. \tag{11.265}$$

将上式沿流线(stream)积分，可导出角动量转移的表达式为

$$\Delta\boldsymbol{L}_\parallel = \int_{\psi_1}^{\psi_a}\left[2r\left(r\Omega_r - \frac{\mathrm{d}r}{\mathrm{d}\psi}\Omega_\psi\right) + \frac{1}{\dot{\psi}\sin\psi}\frac{\partial\Psi}{\partial\chi}\right]\hat{\psi}\,\mathrm{d}\psi, \tag{11.266}$$

$$R_p^2\dot{\psi}_a + \Delta L_\chi = (A^2 - R_p^2)\Omega_\chi - \int_{\psi_1}^{\psi_a}\frac{1}{\dot{\psi}}\frac{\partial\Psi}{\partial\psi}\mathrm{d}\psi. \tag{11.267}$$

第 12 章　在牛顿引力理论近似下椭球星体的研究

本章研究的系统组分为流体和引力场(弱，牛顿(Newton)引力)，当然也可引入标量场，此时星体称为玻色星，系统的基本方程为泊松方程(牛顿万有引力定律)、流体动力学方程(牛顿第二定律，包括连续性方程)和物态方程. 本章涉及星体角速度，学习时需要掌握一定的天体力学和天体测量知识. 本章给出由以上基本方程构成的数学模型的求解方法和推论①.

12.1　引入密度、压力和速度的矩

定义

$$I_i = \int_V \rho(\boldsymbol{x}) x_i \mathrm{d}\boldsymbol{x} = 0, \tag{12.1}$$

设坐标原点位于系统的质心上，质量(mass)为

$$M = \int_V \rho(\boldsymbol{x}) \mathrm{d}\boldsymbol{x}, \tag{12.2}$$

惯性矩(moment of inertia)为

$$I = \int_V \rho(\boldsymbol{x}) |\boldsymbol{x}|^2 \mathrm{d}\boldsymbol{x} = \frac{3}{5} Mk^2, \tag{12.3}$$

惯性张量矩(moment of inertia tensor)为

$$I_{ij} = \int_V \rho x_i x_j \mathrm{d}\boldsymbol{x}, \tag{12.4}$$

由上，惯性标量矩(scalar moment of inertia)为

$$I_{ii} = I, \tag{12.5}$$

此处脚标相同表示求和.

高阶张量第三和第四级矩(the third and the fourth moment defined by the higher-order tensors)分别为

$$I_{ijk} = \int_V \rho x_i x_j x_k \mathrm{d}\boldsymbol{x},\ I_{ijkl} = \int_V \rho x_i x_j x_k x_l \mathrm{d}\boldsymbol{x}, \tag{12.6}$$

与压强有关的矩(moments)分别为

$$\Pi = \int_V p \mathrm{d}\boldsymbol{x},\ \Pi_i = \int_V p x_i \mathrm{d}\boldsymbol{x},\ \Pi_{ij} = \int_V p x_i x_j \mathrm{d}\boldsymbol{x}. \tag{12.7}$$

---

① Chandrasekhar S. Ellipsoidal Figures of Equilibrium[M]. Yale University Press, 1969.

等等.

此外，总动能(total kinetic energy)为

$$E=\frac{1}{2}\int_{V}\rho|u|^{2}\mathrm{d}\boldsymbol{x},\tag{12.8}$$

动能张量(kinetic-energy tensor)为

$$E_{ij}=\frac{1}{2}\int_{V}\rho u_{i}u_{j}\mathrm{d}\boldsymbol{x},\tag{12.9}$$

高阶矩(moments of higher order)为

$$E_{ij;\,k}=\frac{1}{2}\int_{V}\rho u_{i}u_{j}x_{k}\mathrm{d}\boldsymbol{x},\quad E_{ij;\,kl}=\frac{1}{2}\int_{V}\rho u_{i}u_{j}x_{k}x_{l}\mathrm{d}\boldsymbol{x}.\tag{12.10}$$

12.2　引入势张量和势能张量

牛顿势(Newtonian potential)

$$V(\boldsymbol{x})=G\int_{V}\frac{\rho(\boldsymbol{x}')}{|\boldsymbol{x}-\boldsymbol{x}'|}\mathrm{d}\boldsymbol{x}'.\tag{12.11}$$

势能(potential energy)

$$\overline{P}=-\frac{1}{2}\int_{V}\rho V(\boldsymbol{x})\mathrm{d}\boldsymbol{x}.\tag{12.12}$$

正如惯性矩 I 和动能，我们需要推广到高阶张量，有

$$V=V_{ii},\ \overline{P}=P_{ii},\tag{12.13}$$

$$V_{ij}(\boldsymbol{x})=G\int_{V}\rho(\boldsymbol{x}')\frac{(x_{i}-x'_{i})(x_{j}-x'_{j})}{|\boldsymbol{x}-\boldsymbol{x}'|^{3}}\mathrm{d}\boldsymbol{x}',\tag{12.14}$$

$$P_{ij}=-\frac{1}{2}\int_{V}\rho V_{ij}\mathrm{d}\boldsymbol{x},\tag{12.15}$$

由 V_{ij} 定义，得

$$\overline{P}=\int_{V}\rho x_{i}\frac{\partial V(\boldsymbol{x})}{\partial x_{i}}\mathrm{d}\boldsymbol{x},\tag{12.16}$$

其中，

$$\begin{aligned}P_{ij}&=-\frac{1}{2}\int_{V}\rho V_{ij}\mathrm{d}\boldsymbol{x}\\&=-\frac{1}{2}G\int_{V}\int_{V}\rho(\boldsymbol{x})\rho(\boldsymbol{x}')\frac{(x_{i}-x'_{i})(x_{j}-x'_{j})}{|\boldsymbol{x}-\boldsymbol{x}'|^{3}}\mathrm{d}\boldsymbol{x}\mathrm{d}\boldsymbol{x}'\\&=-G\int_{V}\int_{V}\rho(\boldsymbol{x})\rho(\boldsymbol{x}')\frac{x_{i}(x_{j}-x'_{j})}{|\boldsymbol{x}-\boldsymbol{x}'|^{3}}\mathrm{d}\boldsymbol{x}\mathrm{d}\boldsymbol{x}'\\&=G\iint_{V}\mathrm{d}\boldsymbol{x}\rho(\boldsymbol{x})x_{i}\frac{\partial}{\partial x_{j}}\int\frac{\rho(\boldsymbol{x}')}{|\boldsymbol{x}-\boldsymbol{x}'|}\mathrm{d}\boldsymbol{x}',\end{aligned}\tag{12.17}$$

即

$$P_{ij}=\int_V \rho x_i \frac{\partial V}{\partial x_j}\mathrm{d}\boldsymbol{x}, \tag{12.18}$$

仿照 $E_{ij;k}$ 和 $E_{ij;kl}$，定义 V_{ij} 的矩为

$$P_{ij;k}=-\frac{1}{2}\int_V \rho V_{ij}x_k\mathrm{d}\boldsymbol{x}, \tag{12.19}$$

$$P_{ij;kl}=-\frac{1}{2}\int_V \rho V_{ij}x_k x_l\mathrm{d}\boldsymbol{x}, \tag{12.20}$$

又定义

$$P_{ij;k;l}=-\frac{1}{2}\int_V \rho D_{ij;k}x_l\mathrm{d}\boldsymbol{x}, \tag{12.21}$$

其中,

$$D_{ij;k}(\boldsymbol{x})=G\int_V \rho(\boldsymbol{x}')x'_k\frac{(x_i-x'_i)(x_j-x'_j)}{|\boldsymbol{x}-\boldsymbol{x}'|^3}\mathrm{d}\boldsymbol{x}', \tag{12.22}$$

由上可得, $P_{ij;k;l}$、$P_{ij;kl}$ 和 $E_{ij;kl}$ 中的指标 k 和 l 是对称的. 现定义

$$D_i(\boldsymbol{x})=G\int_V \frac{\rho(\boldsymbol{x}')x'_i}{|\boldsymbol{x}-\boldsymbol{x}'|}\mathrm{d}\boldsymbol{x}',\ D_{ij}(\boldsymbol{x})=G\int_V \frac{\rho(\boldsymbol{x}')x'_i x'_j}{|\boldsymbol{x}-\boldsymbol{x}'|}\mathrm{d}\boldsymbol{x}', \tag{12.23}$$

等等.

由此，可以证明

$$V_{ij}=-x_i\frac{\partial V}{\partial x_j}+\frac{\partial D_i}{\partial x_j}, \tag{12.24}$$

$$D_{ij;k}=-x_i\frac{\partial D_k}{\partial x_j}+\frac{\partial D_{ik}}{\partial x_j}, \tag{12.25}$$

$$D_{ij;kl}=-x_i\frac{\partial D_{kl}}{\partial x_j}+\frac{\partial D_{ikl}}{\partial x_j}. \tag{12.26}$$

又定义

$$\chi(\boldsymbol{x})=-G\int_V \rho(\boldsymbol{x}')|\boldsymbol{x}-\boldsymbol{x}'|\mathrm{d}\boldsymbol{x}', \tag{12.27}$$

我们有

$$V_{ij}=\delta_{ij}V+\frac{\partial^2\chi}{\partial x_i\partial x_j}. \tag{12.28}$$

缩并上式，得

$$\nabla^2\chi=-2V, \tag{12.29}$$

将算子 ∇^2 作用到上式两边，我们发现

$$\nabla^4\chi=8\pi G\rho. \tag{12.30}$$

我们不考虑各级牛顿势 D_i，D_{ij} 等，而是考虑各级标量势 V, χ，Φ 等，它们由下列方程决定

$$\nabla^2 V=-4\pi G\rho,\ \nabla^4\chi=8\pi G\rho,\ \nabla^6\Phi=-32\pi G\rho, \tag{12.31}$$

等等.

12.3 流体力学方程之一——Euler 动力学方程的推论

Euler 动力学方程(Newton 第二定律)为

$$\rho \frac{\mathrm{d}u_i}{\mathrm{d}t}=-\frac{\partial p}{\partial x_i}+\rho \frac{\partial V}{\partial x_i}, \tag{12.32}$$

其中,

$$\frac{\mathrm{d}}{\mathrm{d}t}=\frac{\partial}{\partial t}+u_j \frac{\partial}{\partial x_j}. \tag{12.33}$$

设 $Q(\boldsymbol{x}, t)$ 为流体元的物理量, 有

$$\frac{\mathrm{d}}{\mathrm{d}t}\int_V \rho(\boldsymbol{x}, t) Q(\boldsymbol{x}, t) \mathrm{d}\boldsymbol{x}=\int_V \rho(\boldsymbol{x}, t) \frac{\mathrm{d}Q}{\mathrm{d}t} \mathrm{d}\boldsymbol{x}. \tag{12.34}$$

由式(12.32), 不难有(一级)

$$\begin{aligned}\frac{\mathrm{d}}{\mathrm{d}t}\int_V \rho u_i \mathrm{d}\boldsymbol{x} &=-\int_V \frac{\partial p}{\partial x_i} \mathrm{d}\boldsymbol{x}+\int_V \rho(\boldsymbol{x}) \frac{\partial V}{\partial x_i} \mathrm{d}\boldsymbol{x} \\ &=-\int_S p \mathrm{d}S_i-G\int_V\int_V \rho(\boldsymbol{x}) \rho(\boldsymbol{x}') \frac{x_i-x'_i}{|\boldsymbol{x}-\boldsymbol{x}'|^3} \mathrm{d}\boldsymbol{x} \mathrm{d}\boldsymbol{x}',\end{aligned} \tag{12.35}$$

此处用到 V 的定义, 上式最右边积分均为零. 又有

$$\frac{\mathrm{d}}{\mathrm{d}t}\int_V \rho u_i \mathrm{d}\boldsymbol{x}=\frac{\mathrm{d}^2}{\mathrm{d}t^2}\int_V \rho x_i \mathrm{d}\boldsymbol{x}=\frac{\mathrm{d}^2 I_i}{\mathrm{d}t^2}=0, \tag{12.36}$$

由式(12.32)两边乘以 x_j 积分, 有(二级)

$$\frac{\mathrm{d}}{\mathrm{d}t}\int_V \rho u_i x_j \mathrm{d}\boldsymbol{x}=2E_{ij}+P_{ij}+\delta_{ij}\Pi, \tag{12.37}$$

上式一共有 9 个矩方程. 由右边对称性, 不难有

$$\frac{\mathrm{d}}{\mathrm{d}t}\int_V \rho(u_i x_j-u_j x_i) \mathrm{d}\boldsymbol{x}=0. \tag{12.38}$$

对于静态情形, 有

$$2E_{ij}+P_{ij}=-\delta_{ij}\Pi, \tag{12.39}$$

上式一共有 6 个积分方程. 由此可得

$$\frac{1}{2} \frac{\mathrm{d}^2 I_{ij}}{\mathrm{d}t^2}=2E_{ij}+P_{ij}+\delta_{ij}\Pi, \tag{12.40}$$

将式(12.32)两边同乘以 $x_j x_k$, 对体积 V 积分, 经过一系列计算, 有

$$\frac{\mathrm{d}}{\mathrm{d}t}\int_V \rho u_i x_j x_k \mathrm{d}\boldsymbol{x}=2(E_{ij;\,k}+E_{ik;\,j})+P_{ij;\,k}+P_{ik;\,j}+\delta_{ij}\Pi_k+\delta_{ik}\Pi_j. \tag{12.41}$$

对于静态情形, 有

$$2(E_{ij;\,k}+E_{ik;\,j})+P_{ij;\,k}+P_{ik;\,j}=-\delta_{ij}\Pi_k-\delta_{ik}\Pi_j. \tag{12.42}$$

由此可得

$$\frac{1}{6}\frac{\mathrm{d}^2 I_{ijk}}{\mathrm{d}t^2}=2(E_{ij;\,k}+E_{jk;\,i}+E_{ki;\,j})+P_{ij;\,k}+P_{jk;\,i}+P_{ki;\,j} \\ +\delta_{ij}\Pi_k+\delta_{jk}\Pi_i+\delta_{ki}\Pi_j. \tag{12.43}$$

将式(12.32)两边同乘以 $x_j x_k x_l$，对体积 V 积分，可得

$$\frac{\mathrm{d}}{\mathrm{d}t}\int_V \rho u_i x_j x_k x_l \mathrm{d}\boldsymbol{x}=2(E_{ij;\,kl}+E_{ik;\,lj}+E_{il;\,jk}) \\ +\frac{1}{3}(2P_{ij;\,kl}+2P_{ik;\,lj}+2P_{il;\,jk}+P_{ij;\,k;\,l}+P_{ik;\,l;\,j}+P_{il;\,j;\,k}) \\ +\delta_{ij}\Pi_{kl}+\delta_{ik}\Pi_{lj}+\delta_{il}\Pi_{jk}. \tag{12.44}$$

在旋转参考系(rotating frame of reference)(非惯性系)中，根据旋转系 Newton 第二定律，可得此处的 Euler 动力学方程.(当然，也可先求解惯性系中的基本方程，然后由天体力学和天体测量知识通过坐标变换得到非惯性系方程的解.)

由

$$\rho\frac{\mathrm{d}u_i}{\mathrm{d}t}=-\frac{\partial p}{\partial x_i}+\rho\frac{\partial V}{\partial x_i}+\frac{1}{2}\rho\frac{\partial}{\partial x_i}|\boldsymbol{\Omega}\times\boldsymbol{x}|^2+2\rho\varepsilon_{ilm}u_l\Omega_m, \tag{12.45}$$

不难得到(第二级方程(equations of the second order))

$$\frac{\mathrm{d}}{\mathrm{d}t}\int_V \rho u_i x_j \mathrm{d}\boldsymbol{x}=2E_{ij}+P_{ij}+\Omega^2 I_{ij}-\Omega_i\Omega_k I_{kj}+\delta_{ij}\Pi+2\varepsilon_{ilm}\Omega_m\int_V\rho u_l x_j\mathrm{d}\boldsymbol{x}. \tag{12.46}$$

注意：以下除非特别声明，脚标相同表示求和.

如果系统是静态的，上式变为

$$2E_{ij}+P_{ij}+\Omega^2 I_{ij}-\Omega_i\Omega_k I_{kj}+\delta_{ij}\Pi+2\varepsilon_{ilm}\Omega_m\int_V\rho u_l x_j\mathrm{d}\boldsymbol{x}=0. \tag{12.47}$$

设星体内部在旋转系中没有相对运动，且选 $\boldsymbol{\Omega}$ 沿着 x_3 轴方向，由上式有

$$P_{ij}+\Omega^2(I_{ij}-\delta_{i3}I_{3j})=-\delta_{ij}\Pi, \tag{12.48}$$

以分量的形式写出

$$P_{11}+\Omega^2 I_{11}=P_{22}+\Omega^2 I_{22}=P_{33}=-\Pi, \tag{12.49}$$

$$P_{12}+\Omega^2 I_{12}=P_{21}+\Omega^2 I_{21}=0, \tag{12.50}$$

$$P_{13}+\Omega^2 I_{13}=0,\ P_{31}=0, \tag{12.51}$$

$$P_{23}+\Omega^2 I_{23}=0,\ P_{32}=0. \tag{12.52}$$

按照张量 P_{ij} 和 I_{ij} 的对称性，由式(12.51)和式(12.52)，有

$$P_{13}=P_{23}=0,\ I_{13}=I_{23}=0. \tag{12.53}$$

又由式(12.49)消去 Π，得

$$P_{11}-P_{22}+\Omega^2(I_{11}-I_{22})=0, \tag{12.54}$$

$$P_{11}+P_{22}-2P_{33}+\Omega^2(I_{11}+I_{22})=0. \tag{12.55}$$

由式(12.53)，有

$$P_{ij}=\begin{vmatrix}P_{11} & P_{12} & 0\\ P_{21} & P_{22} & 0\\ 0 & 0 & P_{33}\end{vmatrix},\quad I_{ij}=\begin{vmatrix}I_{11} & I_{12} & 0\\ I_{21} & I_{22} & 0\\ 0 & 0 & I_{33}\end{vmatrix}. \tag{12.56}$$

然而，当 $\boldsymbol{\Omega}$ 沿 x_3 轴时，有可能 $P_{12}=0$，$I_{12}=0$. P_{ij} 和 I_{ij} 变成对角矩阵. 又由式(12.45)可得三阶矩方程(equations of the third order)

$$\begin{aligned}\frac{\mathrm{d}}{\mathrm{d}t}\int_V \rho u_i x_j x_k \mathrm{d}\boldsymbol{x} &= 2(E_{ij;\,k}+E_{ik;\,j})+P_{ij;\,k}+P_{ik;\,j}\\ &+\Omega^2 I_{ijk}-\Omega_i\Omega_l I_{ljk}+\delta_{ij}\Pi_k+\delta_{ik}\Pi_j+2\varepsilon_{ilm}\Omega_m\int_V \rho u_l x_j x_k \mathrm{d}\boldsymbol{x}.\end{aligned} \tag{12.57}$$

对于稳态情形，上式变为

$$\begin{aligned}&2(E_{ij;\,k}+E_{ik;\,j})+P_{ij;\,k}+P_{ik,\,j}+\Omega^2 I_{ijk}-\Omega_i\Omega_l I_{jjk}+2\varepsilon_{ilm}\Omega_m\int_V \rho u_l x_j x_k \mathrm{d}\boldsymbol{x}\\ &=-\delta_{ij}\Pi_k-\delta_{ik}\Pi_j.\end{aligned} \tag{12.58}$$

当流体元在旋转系没有相对运动时，设 $\boldsymbol{\Omega}$ 指向第三轴，有

$$P_{ij;\,k}+P_{ik;\,j}+\Omega^2(I_{ijk}-\delta_{i3}I_{3jk})=-\delta_{ij}\Pi_k-\delta_{ik}\Pi_j. \tag{12.59}$$

取消求和惯例，让 $i\neq j\neq k$ 表示不同的指标，由上式给出 18 个关系如下

$$2P_{ii;\,i}+\Omega^2(I_{iii}-\delta_{i3}I_{3ii})=-2\Pi_i, \tag{12.60}$$

$$P_{jj;\,i}+P_{ij;\,j}+\Omega^2(I_{ijj}-\delta_{j3}I_{3ij})=-\Pi_i, \tag{12.61}$$

$$2P_{ij;\,j}+\Omega^2(I_{ijj}-\delta_{i3}I_{3jj})=0, \tag{12.62}$$

$$P_{ij;\,k}+P_{ik;\,j}+\Omega^2(I_{ijk}-\delta_{i3}I_{3jk})=0 \tag{12.63}$$

($i\neq j\neq k$，重复指标不表示求和.)

写下式(12.63)的三个方程，由此可得

$$P_{23;\,1}=P_{13;\,2}=0,\ P_{12;\,3}+\Omega^2 I_{123}=0. \tag{12.64}$$

我们也可以注意到，在方程(12.62)中，令 $i=3$ 和 $j=1$ 或 2，可得

$$P_{31;\,1}=P_{32;\,2}=0. \tag{12.65}$$

分别用因子 1、−2、−1 对式(12.60)、式(12.61)、式(12.62)进行求和，得

$$S_{ij}+\Omega^2[I_{iii}-3I_{ijj}-\delta_{i3}(I_{3ii}-I_{3jj})+2\delta_{j3}I_{3ij}]=0, \tag{12.66}$$

其中，

$$S_{ijj}=-4P_{ij;\,j}-2P_{jj;\,i}+2P_{ii;\,i} \tag{12.67}$$

($i\neq j\neq k$，重复指标不表示求和).

当然，也可考虑四级矩方程(equations of the fourth order).

12.4 完整基本方程的推论——支配偏离给定初始流的方程

12.4.1 引入 Lagrange 变化 ΔQ 和 Euler 变化 δQ

Lagrange 变化(Lagrangian change) ΔQ 和 Euler 变化(Eulerian change) δQ 分别表示为

$$\Delta Q=Q(\boldsymbol{x}+\boldsymbol{\xi}(\boldsymbol{x},t),t)-Q_0(\boldsymbol{x},t), \tag{12.68}$$

$$\delta Q=Q(\boldsymbol{x},t)-Q_0(\boldsymbol{x},t), \tag{12.69}$$

其中，$\boldsymbol{x}+\boldsymbol{\xi}(\boldsymbol{x},t)$ 为 t 时刻流体元位矢，$\boldsymbol{\xi}(\boldsymbol{x},t)$ 为小量. 由此有

$$\Delta Q = \delta Q + \xi_j \frac{\partial Q}{\partial x_j}. \tag{12.70}$$

既然上式对任意 Q 有效，我们可写出算子 Δ 和 δ 之间的关系

$$\Delta = \delta + \xi_j \frac{\partial}{\partial x_j}. \tag{12.71}$$

由连续性方程

$$\Delta\rho = -\rho \mathrm{div}\boldsymbol{\xi} \tag{12.72}$$

和式(12.71)，有

$$\delta\rho = -\rho \mathrm{div}\boldsymbol{\xi} - \boldsymbol{\xi}\cdot \mathrm{grad}\rho = -\mathrm{div}(\rho\boldsymbol{\xi}). \tag{12.73}$$

设物态方程为

$$\frac{\Delta p}{p} = \gamma \frac{\Delta\rho}{\rho}, \tag{12.74}$$

由式(12.71)~式(12.74)，易得

$$\Delta p = -\gamma p \mathrm{div}\boldsymbol{\xi},\ \delta p = -\gamma p \mathrm{div}\boldsymbol{\xi} - \boldsymbol{\xi}\cdot \mathrm{grad}p. \tag{12.75}$$

12.4.2　Δ 和 δ 的特性

δ 和偏导数算子对易，即

$$\delta \frac{\partial Q}{\partial t} = \frac{\partial}{\partial t}\delta Q,\ \delta \frac{\partial Q}{\partial x_j} = \frac{\partial}{\partial x_j}\delta Q. \tag{12.76}$$

注意：Δ 和偏导数算子不对易，则

$$\Delta\left(\frac{\partial Q}{\partial x_j}\right) = \frac{\partial}{\partial x_j}(\Delta Q) - \frac{\partial \xi_k}{\partial x_j}\frac{\partial Q}{\partial x_k}. \tag{12.77}$$

类似地有，

$$\Delta\left(\frac{\partial Q}{\partial t}\right) = \frac{\partial}{\partial t}(\Delta Q) - \frac{\partial \xi_k}{\partial t}\frac{\partial Q}{\partial x_k}. \tag{12.78}$$

另一个重要的特性是：Δ 和

$$\frac{\mathrm{d}}{\mathrm{d}t} = \frac{\partial}{\partial t} + u_j \frac{\partial}{\partial x_j} \tag{12.79}$$

对易.

由上可得

$$\delta\left(\frac{\mathrm{d}Q}{\mathrm{d}t}\right) = \frac{\mathrm{d}}{\mathrm{d}t}(\Delta Q) - \xi_j \frac{\partial}{\partial x_j}\left(\frac{\mathrm{d}Q}{\mathrm{d}t}\right). \tag{12.80}$$

12.4.3　Euler 方程

在旋转系中，引入惯性力后，Euler 方程为

$$\frac{\mathrm{d}u_i}{\mathrm{d}t} = -\frac{1}{\rho}\frac{\partial p}{\partial x_i} + \frac{\partial U}{\partial x_i} + 2\varepsilon_{ilm} u_l \Omega_m, \tag{12.81}$$

其中，

$$U = V + \frac{1}{2}|\boldsymbol{\Omega} \times \boldsymbol{x}|^2. \tag{12.82}$$

由式(12.80)，有

$$\begin{aligned}\delta\left(\frac{\mathrm{d}u_i}{\mathrm{d}t}\right) &= \Delta\left(\frac{\mathrm{d}u_i}{\mathrm{d}t}\right) - \xi_j \frac{\partial}{\partial x_j}\left(\frac{\mathrm{d}u_i}{\mathrm{d}t}\right) = \frac{\mathrm{d}}{\mathrm{d}t}(\Delta u_i) - \xi_j \frac{\partial}{\partial x_j}\left(\frac{\mathrm{d}u_i}{\mathrm{d}t}\right) \\ &= \frac{\mathrm{d}^2\xi_i}{\mathrm{d}t^2} - \xi_j \frac{\partial}{\partial x_j}\left(\frac{\mathrm{d}u_i}{\mathrm{d}t}\right).\end{aligned} \tag{12.83}$$

可以得到

$$\frac{\partial^2 \xi_i}{\partial t^2} = \frac{\delta\rho}{\rho^2}\frac{\partial p}{\partial x_i} - \frac{1}{\rho}\frac{\partial \delta p}{\partial x_i} + \frac{\partial \delta U}{\partial x_i} + 2\varepsilon_{ilm}\frac{\partial \xi_l}{\partial t}\Omega_m, \tag{12.84}$$

和

$$\frac{\partial^2 \xi_i}{\partial t^2} = \frac{\Delta\rho}{\rho^2}\frac{\partial p}{\partial x_i} - \frac{1}{\rho}\frac{\partial \Delta p}{\partial x_i} + \frac{\partial \Delta U}{\partial x_i} + 2\varepsilon_{ilm}\frac{\partial \xi_l}{\partial t}\Omega_m. \tag{12.85}$$

12.4.4 关于积分量的变分

考虑积分(integral)

$$J = \int_V Q_0(\boldsymbol{x}, t)\,\mathrm{d}\boldsymbol{x}. \tag{12.86}$$

当流体元运动时，变换(transformation)关系为

$$\boldsymbol{x} - \boldsymbol{\xi}(\boldsymbol{x}, t) = \boldsymbol{x}', \tag{12.87}$$

定义变分

$$\delta J = \int_{V+\Delta V} Q(\boldsymbol{x}, t)\,\mathrm{d}\boldsymbol{x} - \int_V Q_0(\boldsymbol{x}, t)\,\mathrm{d}\boldsymbol{x}, \tag{12.88}$$

不难得到

$$\delta J = \int_V (\Delta Q + Q\mathrm{div}\boldsymbol{\xi})\,\mathrm{d}\boldsymbol{x}, \tag{12.89}$$

由此有

$$\delta\int_V \rho\,\mathrm{d}\boldsymbol{x} = \int_V (\Delta\rho + \rho\,\mathrm{div}\boldsymbol{\xi})\,\mathrm{d}\boldsymbol{x} = 0, \tag{12.90}$$

和

$$\delta\int_V \rho Q\,\mathrm{d}\boldsymbol{x} = \int_V \rho\Delta Q\,\mathrm{d}\boldsymbol{x}. \tag{12.91}$$

如果 $F(\boldsymbol{x})$ 是外部变量，那么

$$\delta F = 0,\ \Delta F = \xi_j\frac{\partial F}{\partial x_j}. \tag{12.92}$$

故由式(12.91)，有

$$\delta\int_V \rho F\,\mathrm{d}\boldsymbol{x} = \int_V \rho\xi_j\frac{\partial F}{\partial x_j}\mathrm{d}\boldsymbol{x}, \tag{12.93}$$

将上式推广，则有

$$\delta\int_V\int_V\rho(\boldsymbol{x})\rho(\boldsymbol{x}')F(\boldsymbol{x},\ \boldsymbol{x}')\mathrm{d}\boldsymbol{x}\mathrm{d}\boldsymbol{x}' = \int_V\int_V\rho(\boldsymbol{x})\rho(\boldsymbol{x}')\left[\xi_j(\boldsymbol{x})\frac{\partial}{\partial x_j}+\xi_j(\boldsymbol{x}')\frac{\partial}{\partial x'_j}\right]F(\boldsymbol{x},\ \boldsymbol{x}')\mathrm{d}\boldsymbol{x}\mathrm{d}x'. \tag{12.94}$$

由以上变分式不难得到

$$\delta I_{ij}=\delta\int_V\rho x_ix_j\mathrm{d}\boldsymbol{x}=\int_V\rho(\xi_ix_j+\xi_jx_i)\mathrm{d}\boldsymbol{x}, \tag{12.95}$$

类似地，有

$$\delta I_{ijk}=\delta\int_V\rho x_ix_jx_k\mathrm{d}\boldsymbol{x}=\int_V\rho(\xi_ix_jx_k+\xi_jx_kx_i+\xi_kx_ix_j)\mathrm{d}\boldsymbol{x}, \tag{12.96}$$

定义

$$V_{ij}=\delta I_{ij},\quad V_{ijk}=\delta I_{ijk}, \tag{12.97}$$

相应不对称的量由下式表示

$$V_{i;\,j}=\int_V\rho\xi_ix_j\mathrm{d}\boldsymbol{x},\qquad V_{i,\,jk}=\int_V\rho\xi_ix_jx_k\mathrm{d}\boldsymbol{x}. \tag{12.98}$$

注意：上式指标 i, j 不对称.

由 P_{ij} 的定义式和式(12.94)，有

$$\delta P_{ij}=-\int_V\rho\xi_l\frac{\partial V_{ij}}{\partial x_l}\mathrm{d}\boldsymbol{x}. \tag{12.99}$$

缩并 i, j, 有

$$\delta\overline{P}=-\int_V\rho\xi_l\frac{\partial V}{\partial x_l}\mathrm{d}\boldsymbol{x}. \tag{12.100}$$

根据上面的变分关系和 $P_{ij;\,k}$, V_{ij} 的定义式，有

$$-2\delta P_{ij;\,k}=\int_V\rho\xi_l\frac{\partial}{\partial x_l}(x_kV_{ij}+D_{ij;\,k})\mathrm{d}\boldsymbol{x}. \tag{12.101}$$

其中，

$$D_{ij;\,k}(\boldsymbol{x})=G\int_V\rho(\boldsymbol{x}')x'_k\frac{(x_i-x'_i)(x_j-x'_j)}{|\boldsymbol{x}-\boldsymbol{x}'|^3}\mathrm{d}\boldsymbol{x}', \tag{12.102}$$

又

$$2\delta E_{ij}=\delta\int_V\rho u_iu_j\mathrm{d}\boldsymbol{x}=\int_V(\rho u_j\Delta u_i+\rho u_i\Delta u_j)\mathrm{d}x=\int_V\rho\left(u_j\frac{\mathrm{d}\xi_i}{\mathrm{d}t}+u_i\frac{\mathrm{d}\xi_j}{\mathrm{d}t}\right)\mathrm{d}\boldsymbol{x}. \tag{12.103}$$

同时，

$$2\delta E_{ij;\,k}=\int_V\rho[x_k(u_j\Delta u_i+u_i\Delta u_j)+u_iu_j\xi_k]\mathrm{d}\boldsymbol{x}. \tag{12.104}$$

由此可证明以下两等式

$$\delta\frac{\mathrm{d}}{\mathrm{d}t}\int_V\rho u_ix_j\mathrm{d}\boldsymbol{x}=\frac{\mathrm{d}^2V_{i,\,j}}{\mathrm{d}t^2}+\frac{\mathrm{d}}{\mathrm{d}t}\int_V\rho(\xi_ju_i-\xi_iu_j)\mathrm{d}\boldsymbol{x} \tag{12.105}$$

和

$$\delta\frac{\mathrm{d}}{\mathrm{d}t}\int_V\rho u_i x_j x_k \mathrm{d}\boldsymbol{x}=\frac{\mathrm{d}^2 V_{i;\,jk}}{\mathrm{d}t^2}+\frac{\mathrm{d}}{\mathrm{d}t}\int_V\rho[(\xi_j x_k+\xi_k x_j)u_i-(u_j x_k+u_k x_j)\xi_i]\mathrm{d}\boldsymbol{x}. \tag{12.106}$$

取第一种特殊情形(Riemann 椭球(Riemann ellipsoids)), 则有

$$u_i=Q_{ij}x_j, \tag{12.107}$$

其中, Q_{ij} 是常矩阵(constant matrix). 在这种特殊情形下, 将 u_i 代入式(12.103)~式(12.106), 可把其中的 u_i 部分消去, 注意:

$$\delta\Pi=\int_V(\Delta p+p\mathrm{div}\boldsymbol{\xi})\mathrm{d}\boldsymbol{x}=-\int_V(\gamma-1)p\mathrm{div}\boldsymbol{\xi}\mathrm{d}\boldsymbol{x}, \tag{12.108}$$

$$\delta\Pi_i=\int_V(p\xi_i+x_i\Delta p+x_i p\mathrm{div}\boldsymbol{\xi})\mathrm{d}\boldsymbol{x}=\int_V p[\xi_i-x_i(\gamma-1)\mathrm{div}\boldsymbol{\xi}]\mathrm{d}\boldsymbol{x}. \tag{12.109}$$

将式(12.46)和式(12.57)两边求变分, 有矩方程

$$\delta\frac{\mathrm{d}}{\mathrm{d}t}\int_V\rho u_i x_j\mathrm{d}\boldsymbol{x}=2\delta E_{ij}+\delta P_{ij}+\Omega^2 V_{ij}-\Omega_i\Omega_k V_{kj}+\delta_{ij}\delta\Pi+2\varepsilon_{ilm}\Omega_m\delta\int_V\rho u_l x_j\mathrm{d}\boldsymbol{x} \tag{12.110}$$

和

$$\begin{aligned}\delta\frac{\mathrm{d}}{\mathrm{d}t}\int_V\rho u_i x_j x_k\mathrm{d}\boldsymbol{x}&=2(\delta E_{ij;\,k}+\delta E_{ik;\,j})+\delta P_{ij;\,k}+\delta P_{ik,\,j}\\&+\Omega^2 V_{ijk}-\Omega_i\Omega_l V_{ljk}+\delta_{ij}\delta\Pi_k+\delta_{ik}\delta\Pi_j+2\varepsilon_{ilm}\Omega_m\delta\int_V\rho u_l x_j x_k\mathrm{d}\boldsymbol{x}.\end{aligned} \tag{12.111}$$

12.5 Euler 方程的另一种形式

设 $\boldsymbol{x}$ 和 $\boldsymbol{X}$ 为两正交直角系流元位矢, 有

$$\boldsymbol{x}=\overleftrightarrow{\boldsymbol{T}}\boldsymbol{X} \tag{12.112}$$

显然 T 满足正交条件

$$\overleftrightarrow{\boldsymbol{T}}\overleftrightarrow{\boldsymbol{T}}^+=\overleftrightarrow{\boldsymbol{1}} \tag{12.113}$$

定义矩阵

$$\overleftrightarrow{\boldsymbol{\Omega}}^*=\frac{\mathrm{d}\overleftrightarrow{\boldsymbol{T}}}{\mathrm{d}t}\overleftrightarrow{\boldsymbol{T}}^+, \tag{12.114}$$

又

$$\overleftrightarrow{\boldsymbol{\Omega}}^*+\overleftrightarrow{\boldsymbol{\Omega}}^{*+}=\frac{\mathrm{d}\overleftrightarrow{\boldsymbol{T}}}{\mathrm{d}t}\overleftrightarrow{T}^++\overleftrightarrow{T}\frac{\mathrm{d}T^+}{\mathrm{d}t}=\frac{\mathrm{d}}{\mathrm{d}t}(\overleftrightarrow{\boldsymbol{T}}\overleftrightarrow{\boldsymbol{T}}^+)=0. \tag{12.115}$$

定义

$$\Omega_{ij}^*=\varepsilon_{ijk}\Omega_k,\ \Omega_i=\frac{1}{2}\varepsilon_{ijk}\Omega_{jk}^*. \tag{12.116}$$

显然, $\boldsymbol{\Omega}(t)$ 表示标架 $(x_1,\ x_2,\ x_3)$ 相对于惯性系一般的与时间相关的转动.
不难写出, Euler 方程的另一种形式为

$$\rho\frac{\partial U_i}{\partial t}+\rho u_k\frac{\partial U_i}{\partial x_k}=\rho\Omega_{im}^*U_m-\frac{\partial p}{\partial x_i}+\rho\frac{\partial V}{\partial x_i},\tag{12.117}$$

其中，

$$U_i=u_i-\Omega_{ik}^*x_k=u_i+\varepsilon_{ijk}\Omega_jx_k.\tag{12.118}$$

下面导出式(12.117)的推论——运动系中二级 Virial 方程(second-order virial equations).

由前面，不难有

$$\frac{\mathrm{d}}{\mathrm{d}t}\int_V\rho U_ix_j\mathrm{d}\boldsymbol{x}=\int_V\rho U_iu_j\mathrm{d}\boldsymbol{x}+\int_V\rho\Omega_{im}^*U_mx_j\mathrm{d}\boldsymbol{x}+\Pi\delta_{ij}+P_{ij},\tag{12.119}$$

将上面的 U_i 代入上式，有

$$\frac{\mathrm{d}}{\mathrm{d}t}\int_V\rho u_ix_j\mathrm{d}\boldsymbol{x}-\frac{\mathrm{d}}{\mathrm{d}t}(\Omega_{im}^*I_{mj})=2E_{ij}+\Pi\delta_{ij}+P_{ij}-\Omega_{il}^{*2}I_{lj}+\int_V\rho\Omega_{im}^*(u_mx_j-u_jx_m)\mathrm{d}\boldsymbol{x}\tag{12.120}$$

再将

$$u_i=Q_{il}x_l\tag{12.121}$$

代入上式，式(12.120)变为矩阵方程

$$\frac{\mathrm{d}}{\mathrm{d}t}(\overleftrightarrow{\boldsymbol{Q}}\overleftrightarrow{\boldsymbol{I}}-\overleftrightarrow{\boldsymbol{\Omega}}^*\overleftrightarrow{\boldsymbol{I}})=\overleftrightarrow{\boldsymbol{Q}}\overleftrightarrow{\boldsymbol{I}}\overleftrightarrow{\boldsymbol{Q}}^++\overleftrightarrow{\boldsymbol{\Omega}}^*(\overleftrightarrow{\boldsymbol{Q}}\overleftrightarrow{\boldsymbol{I}}-\overleftrightarrow{\boldsymbol{I}}\overleftrightarrow{\boldsymbol{Q}}^+)-\overleftrightarrow{\boldsymbol{\Omega}}^{*2}\overleftrightarrow{\boldsymbol{I}}+\overleftrightarrow{\boldsymbol{P}}+\Pi\overleftrightarrow{\boldsymbol{I}},\tag{12.122}$$

其中，

$$\overleftrightarrow{\boldsymbol{P}}=(P_{ij}),\ \overleftrightarrow{\boldsymbol{I}}=(I_{ij}).$$

12.6　二阶振动方程

由上小节可知

$$\frac{\mathrm{d}^2V_{i;j}}{\mathrm{d}t^2}=\delta P_{ij}+\Omega^2(V_{ij}-\delta_{i3}V_{3j})+2\Omega\varepsilon_{il3}\int_V\rho\frac{\partial\xi_l}{\partial t}x_j\mathrm{d}\boldsymbol{x}+\delta_{ij}\delta\Pi.\tag{12.123}$$

令振动形式

$$\boldsymbol{\xi}(\boldsymbol{x},t)=e^{\lambda t}\boldsymbol{\xi}(\boldsymbol{x}),\tag{12.124}$$

有

$$\lambda^2V_{i;j}-2\lambda\Omega\varepsilon_{il3}V_{l,j}=\delta P_{ij}+\Omega^2(V_{ij}-\delta_{i3}V_{3j})+\delta_{ij}\delta\Pi,\tag{12.125}$$

其中，$V_{i;j}=\int_V\rho\xi_ix_j\mathrm{d}\boldsymbol{x}$.

12.7　二阶黏滞阻尼 Virial 方程

在惯性系中，有

$$\frac{\mathrm{d}}{\mathrm{d}t}\int_V\rho u_ix_j\mathrm{d}\boldsymbol{x}=2E_{ij}+P_{ij}+\delta_{ij}\Pi-V_{\nu ij},\tag{12.126}$$

这里我们已经令

$$V_{\nu ij}=\int_V P_{\nu ij}\mathrm{d}\boldsymbol{x},\tag{12.127}$$

其中,

$$P_{\nu ik}=\rho\nu\left(\frac{\partial u_i}{\partial x_k}+\frac{\partial u_k}{\partial x_i}-\frac{2}{3}\frac{\partial u_l}{\partial x_l}\delta_{ik}\right).\tag{12.128}$$

在非惯性系中，有

$$\frac{\mathrm{d}}{\mathrm{d}t}\int_V\rho u_i x_j\mathrm{d}\boldsymbol{x}=2E_{ij}+P_{ij}+\Omega^2(I_{ij}-\delta_{i3}I_{3j})+2\varepsilon_{il3}\Omega\int_V\rho u_l x_j\mathrm{d}\boldsymbol{x}+\delta_{ij}\Pi-V_{ijj},\tag{12.129}$$

此处我们已假定 Ω 沿 x_3 轴方向.

扰动方程为

$$\begin{aligned}\frac{\mathrm{d}^2V_{i;j}}{\mathrm{d}t^2}=&\delta P_{ij}+\Omega^2(V_{ij}-\delta_{i3}V_{3j})+2\Omega\varepsilon_{il3}\int_V\rho\frac{\partial\xi_l}{\partial t}x_j\mathrm{d}\boldsymbol{x}\\&+\delta_{ij}\delta\Pi-\int_V\rho\nu\frac{\partial}{\partial t}\left(\frac{\partial\xi_i}{\partial x_j}+\frac{\partial\xi_j}{\partial x_i}-\frac{2}{3}\frac{\partial\xi_l}{\partial x_l}\delta_{ij}\right)\mathrm{d}\boldsymbol{x}.\end{aligned}\tag{12.130}$$

12.8　三阶振动方程

对于三阶振动方程，有

$$\frac{\mathrm{d}^2V_{i;jk}}{\mathrm{d}t^2}=\delta P_{ij;k}+\delta P_{ik;j}+\Omega^2(V_{ijk}-\delta_{i3}V_{3jk})+2\varepsilon_{il3}\Omega\int_V\rho\frac{\partial\xi_l}{\partial t}x_jx_k\mathrm{d}\boldsymbol{x}+\delta_{ij}\delta\Pi_k+\delta_{ik}\delta\Pi_j.\tag{12.131}$$

令

$$\boldsymbol{\xi}(\boldsymbol{x},t)=\boldsymbol{\xi}(\boldsymbol{x})\mathrm{e}^{\lambda t},\tag{12.132}$$

得

$$\lambda^2V_{i;jk}-2\lambda\Omega\varepsilon_{il3}V_{l;jk}=\delta P_{ij;k}+\delta P_{ik;j}+\Omega^2(V_{ijk}-\delta_{i3}V_{3jk})+\delta_{ij}\delta\Pi_k+\delta_{ik}\delta\Pi_j.\tag{12.133}$$

12.9　椭球边界条件

为了保持椭球边界(ellipsoidal boundary)条件，有①

① Chandrasekhar S. Ellipsoidal Figures of Equilibrium[M]. Yale University Press，1969：130，第7章.

$$\begin{cases} u_1 = -\dfrac{a_1^2}{a_1^2 + a_2^2}\zeta_3 x_2 + \dfrac{a_1^2}{a_1^2 + a_3^2}\zeta_2 x_3, \\ u_2 = -\dfrac{a_2^2}{a_2^2 + a_3^2}\zeta_1 x_3 + \dfrac{a_2^2}{a_2^2 + a_1^2}\zeta_3 x_1, \\ u_3 = -\dfrac{a_3^2}{a_3^2 + a_1^2}\zeta_2 x_1 + \dfrac{a_3^2}{a_3^2 + a_2^2}\zeta_1 x_2, \end{cases} \tag{12.134}$$

方程(12.47)的推论为

$$2E_{ij} + P_{ij} + \Omega^2 I_{ij} - \Omega_i \Omega_k I_{kj} + 2\varepsilon_{ilm}\Omega_m \int_V \rho u_l x_j \mathrm{d}\boldsymbol{x} = -\delta_{ij}\Pi. \tag{12.135}$$

既然 I_{ij} 和 P_{ij} 为对角矩阵，由式(12.134)可知，如果 $i=j$，那么

$$\int_V \rho u_i x_j \mathrm{d}\boldsymbol{x} = 0. \tag{12.136}$$

由式(12.135)可得

$$4E_{23} - \Omega_2\Omega_3(I_{22} + I_{33}) + 2\int_V \rho u_1(\Omega_2 x_2 - \Omega_3 x_3)\mathrm{d}\boldsymbol{x} = 0, \tag{12.137}$$

$$\Omega_2\Omega_3(I_{22} - I_{33}) - 2\int_V \rho u_1(\Omega_2 x_2 + \Omega_3 x_3)\mathrm{d}\boldsymbol{x} = 0. \tag{12.138}$$

不难得到

$$2E_{23} = -\frac{a_2^2 a_3^2}{(a_1^2 + a_2^2)(a_1^2 + a_3^2)}\zeta_2\zeta_3 I_{11}, \tag{12.139}$$

和

$$\int_V \rho u_1 x_2 \mathrm{d}\boldsymbol{x} = -\frac{a_1^2}{a_1^2 + a_2^2}\zeta_3 I_{22}, \quad \int_V \rho u_1 x_3 \mathrm{d}\boldsymbol{x} = -\frac{a_1^2}{a_1^2 + a_3^2}\zeta_2 I_{33}. \tag{12.140}$$

将上述关系代入式(12.137)和式(12.138)中，得到关于 I_{11} 的方程. 下面考虑特例，令

$$u_1 = Q_1 x_2, \quad u_2 = Q_2 x_1, \quad u_3 = 0, \tag{12.141}$$

其中，

$$Q_1 = -\frac{a_1^2}{a_1^2 + a_2^2}\zeta, \quad Q_2 = +\frac{a_2^2}{a_1^2 + a_2^2}\zeta. \tag{12.142}$$

设 $\boldsymbol{\Omega}$ 和 $\boldsymbol{\zeta}$ 指向第三轴，由式(12.135)可知(取对角部分，消去 Π)

$$2E_{11} + \Omega^2 I_{11} + P_{11} + 2\Omega\int_V \rho u_2 x_1 \mathrm{d}\boldsymbol{x} = 2E_{22} + \Omega^2 I_{22} + P_{22} - 2\Omega\int_V \rho u_1 x_2 \mathrm{d}\boldsymbol{x} = P_{33}. \tag{12.143}$$

类似前面，可得关于 I_{11} 等的方程.

另外，关于 Roche 椭球(Roche ellipsoids)一些方程的另一种情况详见第 13 章. 人们可以用以上结论详细地研究均匀密度的星体，具体情况详见相关文献①.

---

① Chandrasekhar S. Ellipsoidal Figures of Equilibrium[M]. Yale University Press, 1969.

第 13 章　玻色双星的研究

本章用标量场和流体场来描述包含有实物粒子的椭球玻色星. 从广义相对论框架下的基本方程出发，分别讨论决定两种场分布运动的方程，在牛顿近似下推导出两种场同时存在时，仅由引力势将二者耦合在一起的流体守恒方程，并根据经典流体的各阶维里方程，从流体守恒方程出发，得到新的满足耦合方程的关系. 本章不介绍这些知识，只用这些知识来研究玻色双星，即将不含标量场和含标量场的结论对比，看看有什么不同. 研究玻色双星时，设想玻色星与小质量粒子发生碰撞，内部引力势将影响粒子的轨道. 通过实验测定轨道参数，可对引力势进行限制，从而检验玻色星理论. 此外，利用得到的方程研究不同构型的引力势，以及星体的平衡和旋转，可以发现：在引力作用下，标量的存在将会改变原有实物粒子的分布，使得星体引力势发生变化，并进一步影响其平衡与旋转. 我们研究不含标量和含标量的两类物理模型、基本方程和推论(双星情形). 本章是我们的研究体会.

注意：本章中的 Ω 涉及一些天体力学方面的知识;

本章大多数符号的物理意义见第 12 章. 又 ϕ 为标量场，标量场密度 $\rho_\phi = M^2\phi^*\phi$，矩 $I_{\phi_{ij}} = \int_V \rho_\phi\, x_i\, x_j \mathrm{d}\boldsymbol{x}$，$\rho_f$ 为流体的密度.

13.1　运动方程(基本方程之一)

设 $T_{\mu r} = T_{\mu r}^{(B)} + T_{\mu r}^{(F)}$，$T^{\mu r}_{;\mu} = 0$，在牛顿近似下，有：

1. 不含标量场

$$\rho\frac{\mathrm{d}u_i}{\mathrm{d}t} = -\frac{\partial p}{\partial x_i} + \rho\frac{\partial}{\partial x_i}\left\{V + \frac{GM'}{R}\left(1 + \frac{x_1}{R} + \frac{x_1^2 - \frac{1}{2}x_2^2 - \frac{1}{2}x_3^2}{R^2}\right) + \frac{1}{2}\Omega^2\left[\left(x_1 - \frac{M'R}{M+M'}\right)^2 + x_2^2\right]\right\} + 2\rho\Omega\varepsilon_{il3}u_l. \tag{13.1}$$

2. 含标量场

$$\rho_f\frac{\mathrm{d}u_i}{\mathrm{d}t} = -\frac{\partial p}{\partial x_i} + (\rho_f + \rho_\phi)\frac{\partial}{\partial x_i}\left\{V + \frac{GM'}{R}\left(1 + \frac{x_1}{R} + \frac{x_1^2 - \frac{1}{2}x_2^2 - \frac{1}{2}x_3^2}{R^2}\right) + V_\phi\right\} + \frac{1}{2}\rho_f\Omega^2\frac{\partial}{\partial x_i}\left[\left(x_1 - \frac{M'R}{M+M'}\right)^2 + x_2^2\right] + 2\rho_f\Omega\varepsilon_{il3}u_l + 2\frac{\partial\rho_\phi}{\partial x_i} + 6m\rho_\phi u_i. \tag{13.2}$$

13.2　Roche 问题——二阶 Virial 方程

在第 12 章，我们由式(12.32)导出了式(12.37)．在此，采用类似的方法，由式(13.1)、式(13.2)可分别得到式(13.3)、式(13.4)．

1．不含标量场

$$\frac{\mathrm{d}}{\mathrm{d}t}\int_V \rho u_i x_j \mathrm{d}\boldsymbol{x} = 2E_{ij} + V_{ij} + (\Omega^2 - \mu) I_{ij} - \Omega^2 \delta_{i3} I_{3j} + 3\mu\delta_{i1} I_{1j} + 2\Omega\varepsilon_{il3}\int_V \rho u_l x_j \mathrm{d}\boldsymbol{x} + \delta_{ij}\Pi. \tag{13.3}$$

2．含标量场

$$\frac{\mathrm{d}}{\mathrm{d}t}\int_V \rho_f u_i x_j \mathrm{d}\boldsymbol{x} = 2E_{ij} + P_{Tij} + (\Omega^2 - \mu) I_{ij} - \Omega^2 \delta_{i3} I_{3j} + 3\mu\delta_{i1} I_{1j} + 2\Omega\varepsilon_{il3}\int_V \rho u_l x_j \mathrm{d}\boldsymbol{x} + \delta_{ij}\Pi$$
$$- \mu I_{\phi ij} + 3\mu\delta_{il} I_{\phi lj} - 2\delta_{ij} M_\phi + 6m\left(\frac{\mathrm{d}}{\mathrm{d}t} I_{\phi ij} - \int_V \rho_\phi u_j x_i \mathrm{d}\boldsymbol{x}\right). \tag{13.4}$$

13.3　Roche 椭球——平衡情形

设在考虑的坐标系中没有流体运动，即 $u_i = 0$. 同时达到静力学平衡(hydrostatic equilibrium)．

1．不含标量场

$$V_{ij} + (\Omega^2 - \mu) I_{ij} - \Omega^2 \delta_{i3} I_{3j} + 3\mu\delta_{i1} I_{1j} = -\delta_{ij}\Pi, \tag{13.5}$$

对角元方程给出

$$V_{11} + (\Omega^2 + 2\mu) I_{11} = V_{22} + (\Omega^2 - \mu) I_{22} = V_{33} - \mu I_{33} = -\Pi, \tag{13.6}$$

非对角方程给出

$$\begin{aligned} &V_{12} + (\Omega^2 - \mu) I_{12} + 3\mu I_{12} = 0,\ V_{21} + (\Omega^2 - \mu) I_{21} = 0, \\ &V_{13} + (\Omega^2 - \mu) I_{13} + 3\mu I_{13} = 0,\ V_{31} + (\Omega^2 - \mu) I_{31} - \Omega^2 I_{31} = 0, \\ &V_{23} + (\Omega^2 - \mu) I_{23} = 0,\ V_{32} + (\Omega^2 - \mu) I_{32} - \Omega^2 I_{32} = 0. \end{aligned} \tag{13.7}$$

设 V_{ij}，I_{ij} 关于 i，j 对称，由上式可得

$$V_{ij} = 0,\ I_{ij} = 0 (i \neq j). \tag{13.8}$$

2．含标量场

$$P_{Tij} + \Omega^2 I_{ij} - \mu(I_{ij} + I_{\phi ij}) - \Omega^2 \delta_{i3} I_{3j} + 3\mu\delta_{i1}(I_{1j} + I_{\phi 1j}) - 2\delta_{ij} M_\phi = -\delta_{ij}\Pi, \tag{13.9}$$

对角元方程给出

$$\begin{aligned} P_{T11} + (\Omega^2 + 2\mu) I_{11} + 2\mu I_{\phi 11} - 2M_\phi &= P_{T22} + (\Omega^2 - \mu) I_{22} - \mu I_{\phi 22} - 2M_\phi \\ &= P_{T33} - \mu(I_{33} + I_{\phi 33}) - 2M_\phi = -\Pi, \end{aligned} \tag{13.10}$$

非对角元方程给出

$$P_{T12}+(\Omega^2+2\mu)I_{12}+2\mu I_{\phi12}=P_{T21}+(\Omega^2-\mu)I_{21}-\mu I_{\phi21}=0, \tag{13.11}$$

$$P_{T13}+(\Omega^2+2\mu)I_{13}+2\mu I_{\phi13}=P_{T31}-\mu I_{31}-\mu I_{\phi31}=0, \tag{13.12}$$

$$P_{T23}+(\Omega^2-\mu)I_{23}-\mu I_{\phi23}=P_{T32}-\mu I_{32}-\mu I_{\phi32}=0, \tag{13.13}$$

注意到 I_{ij} 和 P_{Tij} 的对称性(symmetry)，由式(13.11)~式(13.13)分别得

$$\begin{aligned} &I_{12}=-I_{\phi12},\ P_{T12}=\Omega^2 I_{\phi12};\\ &I_{13}=-\frac{3\mu I_{\phi13}}{\Omega^2+3\mu},\ P_{T13}=\frac{\mu\Omega^2 I_{\phi13}}{\Omega^2+3\mu};\\ &I_{23}=0,\ P_{T23}=\mu I_{\phi23}. \end{aligned} \tag{13.14}$$

假定 $\rho_\phi \ll \rho_f$，有

$$P_{Tij}\equiv\int\rho_T x_j\frac{\partial}{\partial x_i}V_T\approx\int\rho_f x_j\frac{\partial}{\partial x_j}V_f.$$

推论 13.1

令

$$p=M/M',\ \mu=\frac{GM'}{R^3},\ \Omega^2=(1+p)\mu, \tag{13.15}$$

设 p 为常数，有

$$P_{Tij}=\frac{V_{ij}}{\pi G\rho}=-2A_iI_{ij}, \tag{13.16}$$

其中，$I_{ij}=\frac{1}{5}Ma_i^2\delta_{ij}$，$M=\frac{4}{3}\pi a_1a_2a_3\rho$，矩阵 $I_{\phi ij}$ 有三个主轴，为对角矩阵，脚标 i 相同，不表示求和.

1. 不含标量场

将式(13.16)代入式(13.6)中，有

$$(3+p)\mu a_1^2-2A_1a_1^2=p\mu a_2^2-2A_2a_2^2=-\mu a_3^2-2A_3a_3^2. \tag{13.17}$$

2. 含标量场

将式(13.16)代入式(13.10)中，有

$$(3+p)\mu a_1^2-2A_1a_1^2+\frac{10\mu}{M}I_{\phi11}=p\mu a_2^2-2A_2a_2^2-\frac{5\mu}{M}I_{\phi22}=-\mu a_3^2-2A_3a_3^2-\frac{5\mu}{M}I_{\phi33}. \tag{13.18}$$

推论 13.2

1. 不含标量场

$$\frac{(3+p)a_1^2+a_3^2}{pa_2^2+a_3^2}=\frac{(a_1^2-a_3^2)B_{13}}{(a_2^2-a_3^2)B_{23}}, \tag{13.19}$$

2. 含标量场

$$
\begin{aligned}
&[(3+p)a_1^2+a_3^2]\mu=2(a_1^2-a_3^2)B_{13}-\frac{5\mu}{M}(2I_{\phi 11}+I_{\phi 33}),\\
&(pa_2^2+a_3^2)\mu=2(a_2^2-a_3^2)B_{23}+\frac{5\mu}{M}(I_{\phi 22}-I_{\phi 33}),
\end{aligned}
\tag{13.20}
$$

由上式，得

$$
\frac{(3+p)a_1^2+a_3^2+\dfrac{5}{M}(2I_{\phi 11}+I_{\phi 33})}{pa_2^2+a_3^2-\dfrac{5}{M}(I_{\phi 22}-I_{\phi 33})}=\frac{(a_1^2-a_3^2)B_{13}}{(a_2^2-a_3^2)B_{23}}.
\tag{13.21}
$$

13.4 Jeans 回转椭球和潮汐问题

1. 不含标量场

在惯性系中，$\Omega=0$，运动方程为

$$
\rho\frac{\mathrm{d}u_i}{\mathrm{d}t}=-\frac{\partial p}{\partial x_i}+\rho\frac{\partial}{\partial x_i}\left[V+\mu\left(x_1^2-\frac{1}{2}x_2^2-\frac{1}{2}x_3^2\right)\right]+\rho\frac{GM'}{R^2}\delta_{i1},
\tag{13.22}
$$

在加速系中，运动方程为

$$
\rho\frac{\mathrm{d}u_i}{\mathrm{d}t}=-\frac{\partial p}{\partial x_i}+\rho\frac{\partial}{\partial x_i}\left[V+\mu\left(x_1^2-\frac{1}{2}x_2^2-\frac{1}{2}x_3^2\right)\right],
\tag{13.23}
$$

即为前面特殊情形 $p=1$.

在此情形下，由式(13.17)有

$$
\begin{aligned}
&(2a_1^2+a_3^2)\mu=2(a_1^2-a_3^2)B_{13},\\
&(a_3^2-a_2^2)\mu=2(a_2^2-a_3^2)B_{23}.
\end{aligned}
\tag{13.24}
$$

2. 含标量场

由式(13.18)，有

$$
\begin{aligned}
&(2a_1^2+a_3^2)\mu=2(a_1^2-a_3^2)B_{13}-\frac{5\mu}{M}(2I_{\phi 11}+I_{\phi 33}),\\
&(a_3^2-a_2^2)\mu=2(a_2^2-a_3^2)B_{23}+\frac{5\mu}{M}(I_{\phi 22}-I_{\phi 33}).
\end{aligned}
\tag{13.25}
$$

13.5 一级变分方程

1. 不含标量场

Roche 椭球的结构唯一由式(13.5)和式(13.8)决定，当 Ω^2 和 μ 达到最大值时，它的

一级变分满足

$$
\begin{aligned}
&(\Omega^2+2\mu)W_{11}-(\Omega^2-\mu)W_{22}=\delta V_{22}-\delta V_{11},\\
&(\Omega^2+2\mu)W_{11}+(\Omega^2-\mu)W_{22}+2\mu W_{33}=-(\delta V_{11}+\delta V_{22}-2\delta V_{33}).
\end{aligned}
\tag{13.26}
$$

注意：$P_{Tij}\approx V_{ij}$，$W_{ij}=\delta I_{ij}$，$W_{\phi ij}=\delta I_{\phi ij}$.

2. 含标量场

一级变分方程

$$
\begin{aligned}
\delta V_{11}+(\Omega^2+2\mu)W_{11}+2\mu W_{\phi 11}&=\delta V_{22}+(\Omega^2-\mu)W_{22}-\mu W_{\phi 22}\\
&=\delta V_{33}-\mu W_{33}-\mu W_{\phi 33}.
\end{aligned}
\tag{13.27}
$$

上面方程(13.26)和(13.27)分别等效下面的方程①

$$
\begin{aligned}
&(\Omega^2+2\mu)W_{11}-(\Omega^2-\mu)W_{22}+2\mu W_{\phi 11}+\mu W_{\phi 22}=\delta V_{22}-\delta V_{11},\\
&(\Omega^2+2\mu)W_{11}+(\Omega^2-\mu)W_{22}+2\mu W_{33}+2\mu W_{\phi 11}-\mu W_{\phi 22}+2\mu W_{\phi 33}\\
&=-(\delta V_{11}+\delta V_{22}-2\delta V_{33}).
\end{aligned}
\tag{13.28}
$$

注意：$\dfrac{W_{11}}{a_1^2}+\dfrac{W_{22}}{a_2^2}+\dfrac{W_{33}}{a_3^2}=0$，而$\delta V_{22}-\delta V_{11}$，$\delta V_{11}+\delta V_{22}-2\delta V_{33}$见参考文献①.

推论 13.3

1. 不含标量场

$$
\begin{aligned}
&(\Omega^2+2\mu-3B_{11}+B_{12})W_{11}+(-\Omega^2+\mu+3B_{22}-B_{12})W_{22}+(B_{23}-B_{13})W_{33}=0,\\
&[\Omega^2+2\mu-(3B_{11}+B_{12}-2B_{13})]W_{11}+[\Omega^2-\mu-(3B_{22}+B_{12}-2B_{23})]W_{22}\\
&+(2\mu+6B_{33}-B_{13}-2B_{23})W_{33}=0.
\end{aligned}
\tag{13.29}
$$

2. 含标量场

$$
\begin{aligned}
&(\Omega^2+2\mu-3B_{11}+B_{12})W_{11}+(-\Omega^2+\mu+3B_{22}-B_{12})W_{22}+(B_{23}-B_{13})W_{33}\\
&+2\mu W_{\phi 11}+\mu W_{\phi 22}=0,\\
&[\Omega^2+2\mu-(3B_{11}+B_{12}-2B_{13})]W_{11}+[\Omega^2-\mu-(3B_{22}+B_{12}-2B_{23})]W_{22}\\
&+(2\mu+6B_{33}-B_{13}-B_{23})W_{33}+2\mu W_{\phi 11}-\mu W_{\phi 22}+2\mu W_{\phi 33}=0,
\end{aligned}
\tag{13.30}
$$

还有

$$
\frac{W_{11}}{a_1^2}+\frac{W_{22}}{a_2^2}+\frac{W_{33}}{a_3^2}=0,
$$

以上给出了（W_{11}，W_{22}，W_{33}）和（$W_{\phi 11}$，$W_{\phi 22}$，$W_{\phi 33}$）的关系.

① 见 Chandrasekhar S.（1969）第 3 章的方程(149)和方程(150)，提示：为方便，采用的符号不同.

13.6　Roche 椭球关于二阶谐振稳定性的基本方程

由方程(13.3)和(13.4)，分别给出以下方程(13.31)和(13.32).

1. 不含标量场

$$\lambda^2 W_{i;j} - 2\lambda\Omega\varepsilon_{il3}W_{l;j} = \delta V_{ij} + (\Omega^2 - \mu)W_{ij} - \Omega^2\delta_{i3}W_{3j} + 3\mu\delta_{i1}W_{1j} + \delta_{ij}\delta\Pi. \tag{13.31}$$

2. 含标量场

$$\begin{aligned}\lambda^2 W_{i;j} - 2\lambda\Omega\varepsilon_{il3}W_{l;j} = {} & \delta P_{Tij} + (\Omega^2 - \mu)W_{ij} - \Omega^2\delta_{i3}W_{3j} + 3\mu\delta_{i1}W_{1j} + \delta_{ij}\delta\Pi \\ & - \mu W_{\phi ij} + 3\mu\delta_{i1}W_{\phi 1j},\end{aligned} \tag{13.32}$$

其中，$\delta P_{Tij} \approx \delta V_{ij}$，$W_{i;j} \equiv \int_V \rho\zeta_i x_j \mathrm{d}x$. $W_{i;j} \propto \mathrm{e}^{\lambda t}$.

13.7　两个方程的具体分析

下面对方程(13.31)和(13.32)进行具体分析.

1. 不含标量场

方程(13.31)指标 3 为奇数个的方程分别为

$$\begin{cases}\lambda^2 W_{3;1} = \delta V_{31} - \mu W_{13} = -(2B_{13} + \mu)W_{13}, \\ \lambda^2 W_{3;2} = \delta V_{32} - \mu W_{23} = -(2B_{23} + \mu)W_{23}, \\ \lambda^2 W_{1;3} - 2\lambda\Omega W_{2;3} = \delta V_{13} + (\Omega^2 + 2\mu)W_{13} = -(2B_{13} - \Omega^2 - 2\mu)W_{13}, \\ \lambda^2 W_{2;3} + 2\lambda\Omega W_{1;3} = \delta V_{23} + (\Omega^2 - \mu)W_{23} = -(2B_{23} - \Omega^2 + \mu)W_{23}.\end{cases} \tag{13.33}$$

方程(13.31)指标 3 为偶数个的方程分别为

$$\begin{cases}\lambda^2 W_{3;3} = \delta V_{33} - \mu W_{33} + \delta\Pi, \\ \lambda^2 W_{1;1} - 2\lambda\Omega W_{2;1} = \delta V_{11} + (\Omega^2 + 2\mu)W_{11} + \delta\Pi, \\ \lambda^2 W_{2;2} + 2\lambda\Omega W_{1;2} = \delta V_{22} + (\Omega^2 - \mu)W_{22} + \delta\Pi, \\ \lambda^2 W_{1;2} - 2\lambda\Omega W_{2;2} = \delta V_{12} + (\Omega^2 + 2\mu)W_{12} = -(2B_{12} - \Omega^2 - 2\mu)W_{12}, \\ \lambda^2 W_{2;1} + 2\lambda\Omega W_{1;1} = \delta V_{21} + (\Omega^2 - \mu)W_{12} = -(2B_{12} - \Omega^2 + \mu)W_{12}.\end{cases} \tag{13.34}$$

2. 含标量场

方程(13.32)指标 3 为奇数个的方程分别为

$$
\begin{cases}
\lambda^2 W_{3;\,1} = \delta V_{31} - \mu W_{13} - \mu W_{\phi 13} = -(2B_{13} + \mu) W_{13} - \mu W_{\phi 13}, \\
\lambda^2 W_{3;\,2} = \delta V_{32} - \mu W_{23} - \mu W_{\phi 23} = -(2B_{23} + \mu) W_{23} - \mu W_{\phi 23}, \\
\lambda^2 W_{1;\,3} - 2\lambda \Omega W_{2;\,3} = \delta V_{13} + (\Omega^2 + 2\mu) W_{13} + 2\mu W_{\phi 13} \\
\qquad = -(2B_{13} - \Omega^2 - 2\mu) W_{13} + 2\mu W_{\phi 13}, \\
\lambda^2 W_{2;\,3} + 2\lambda \Omega W_{1;\,3} = \delta V_{23} + (\Omega^2 - \mu) W_{23} - \mu W_{\phi 23} \\
\qquad = -(2B_{23} - \Omega^2 + \mu) W_{23} - \mu W_{\phi 23}.
\end{cases}
\tag{13.35}
$$

方程(13.32)指标3为偶数个的方程分别为

$$
\begin{cases}
\lambda^2 W_{3;\,3} = \delta V_{33} - \mu W_{33} + \delta \Pi - \mu W_{\phi 33}, \\
\lambda^2 W_{1;\,1} - 2\lambda \Omega W_{2;\,1} = \delta V_{11} + (\Omega^2 + 2\mu) W_{11} + \delta \Pi + 2\mu W_{\phi 11}, \\
\lambda^2 W_{2;\,2} + 2\lambda \Omega W_{1;\,2} = \delta V_{22} + (\Omega^2 - \mu) W_{22} + \delta \Pi - \mu W_{\phi 22}, \\
\lambda^2 W_{1;\,2} - 2\lambda \Omega W_{2;\,2} = \delta V_{12} + (\Omega^2 + 2\mu) W_{12} + 2\mu W_{\phi 12} \\
\qquad = -(2B_{12} - \Omega^2 - 2\mu) W_{12} + 2\mu W_{\phi 12}, \\
\lambda^2 W_{2;\,1} + 2\lambda \Omega W_{1;\,1} = \delta V_{21} + (\Omega^2 - \mu) W_{21} - \mu W_{\phi 21} = -(2B_{12} - \Omega^2 + \mu) W_{12} - \mu W_{\phi 21}.
\end{cases}
\tag{13.36}
$$

推论 13.4

1. 不含标量场

由式(13.33)，令 $W_{i;\,j} \equiv \delta I_{ij} = \int_V \rho_f (\zeta_i x_j + \zeta_j x_i) \mathrm{d}\boldsymbol{x} = W_{i;\,j} + W_{j;\,i}$，

有

$$
\begin{cases}
(\lambda^2 + 4B_{13} - \Omega^2 - \mu) W_{13} - 2\lambda \Omega W_{23} + 2\lambda \Omega W_{3;\,2} = 0, \\
(\lambda^2 + 4B_{23} - \Omega^2 + 2\mu) W_{23} + 2\lambda \Omega W_{13} - 2\lambda \Omega W_{3;\,1} = 0.
\end{cases}
\tag{13.37}
$$

2. 含标量场

由式(13.35)，得

$$
\begin{aligned}
&(\lambda^2 + 4B_{13} - \Omega^2 - \mu) W_{13} - 2\lambda \Omega W_{23} + 2\lambda \Omega W_{3;\,2} = \mu W_{\phi 13}, \\
&(\lambda^2 + 4B_{23} - \Omega^2 + 2\mu) W_{23} + 2\lambda \Omega W_{13} - 2\lambda \Omega W_{3;\,1} = -2\mu W_{\phi 23}.
\end{aligned}
\tag{13.38}
$$

推论 13.5

1. 不含标量场

由式(13.37)，得

$$
\begin{aligned}
&\lambda(\lambda^2 + 4B_{13} - \Omega^2 - \mu) W_{13} - 2\Omega(\lambda^2 + 2B_{23} + \mu) W_{23} = 0, \\
&\lambda(\lambda^2 + 4B_{23} - \Omega^2 + 2\mu) W_{23} + 2\Omega(\lambda^2 + 2B_{13} + \mu) W_{13} = 0.
\end{aligned}
\tag{13.39}
$$

2. 含标量场

由式(13.38)，得

$$\lambda(\lambda^2+4B_{13}-\Omega^2-\mu)W_{13}-2\Omega(\lambda^2+2B_{23}+\mu)W_{23}=\mu\lambda W_{\phi13}+2\Omega\mu W_{\phi23},$$
$$\lambda(\lambda^2+4B_{23}-\Omega^2+2\mu)W_{23}+2\Omega(\lambda^2+2B_{13}+\mu)W_{13}=-2\mu\lambda W_{\phi23}-2\Omega\mu W_{\phi13}. \tag{13.40}$$

推论 13.6

1. 不含标量场

由式(13.34)，有

$$\begin{cases}(\lambda^2+4B_{12}-2\Omega^2-\mu)W_{12}+\lambda\Omega(W_{11}-W_{22})=0,\\ \lambda^2(W_{1;2}-W_{2:1})=\lambda\Omega(W_{11}+W_{22})+3\mu W_{12},\\ \dfrac{1}{2}\lambda^2(W_{11}-W_{22})-2\lambda\Omega W_{12}=\delta V_{11}-\delta V_{22}+(\Omega^2+2\mu)W_{11}-(\Omega^2-\mu)W_{22},\\ \dfrac{1}{2}\lambda^2(W_{11}+W_{22})+2\lambda\Omega(W_{1;2}-W_{2:1})-\lambda^2W_{33}=\delta V_{11}+\delta V_{22}-2\delta V_{33}\\ \qquad+(\Omega^2+2\mu)W_{11}+(\Omega^2-\mu)W_{22}+2\mu W_{33}.\end{cases} \tag{13.41}$$

2. 含标量场

由式(13.36)，有

$$(\lambda^2+4B_{12}-2\Omega^2-\mu)W_{12}+\lambda\Omega(W_{11}-W_{22})=\mu W_{\phi12},$$
$$\lambda^2(W_{1;2}-W_{2:1})=\lambda\Omega(W_{11}+W_{22})+3\mu W_{12}+3\mu W_{\phi12},$$
$$\frac{1}{2}\lambda^2(W_{11}-W_{22})-2\lambda\Omega W_{12}=\delta V_{11}-\delta V_{22}+(\Omega^2+2\mu)W_{11}-(\Omega^2-\mu)W_{22}+2\mu W_{\phi11}+\mu W_{\phi22},$$
$$\frac{1}{2}\lambda^2(W_{11}+W_{22})+2\lambda\Omega(W_{1;2}-W_{2:1})-\lambda^2W_{33}=\delta V_{11}+\delta V_{22}-2\delta V_{33}$$
$$+(\Omega^2+2\mu)W_{11}+(\Omega^2-\mu)W_{22}+2\mu W_{33}+2\mu W_{\phi11}-\mu W_{\phi22}+2\mu W_{\phi33}. \tag{13.42}$$

推论 13.7

1. 不含标量场

由式(13.41)，有

$$\left(\frac{1}{2}\lambda^2-\Omega^2-2\mu\right)W_{11}-\left(\frac{1}{2}\lambda^2-\Omega^2+\mu\right)W_{22}-2\lambda\Omega W_{12}=\delta V_{11}-\delta V_{22},$$
$$\left(\frac{1}{2}\lambda^2+\Omega^2-2\mu\right)W_{11}+\left(\frac{1}{2}\lambda^2+\Omega^2+\mu\right)W_{22}-(\lambda^2+2\mu)W_{33}+\frac{6\Omega\mu}{\lambda}W_{12}$$
$$=\delta V_{11}+\delta V_{22}-2\delta V_{33}, \tag{13.43}$$

2. 含标量场

由式(13.42)，有

$$\left(\frac{1}{2}\lambda^2-\Omega^2-2\mu\right)W_{11}-\left(\frac{1}{2}\lambda^2-\Omega^2+\mu\right)W_{22}-2\lambda\Omega W_{12}$$
$$=\delta V_{11}-\delta V_{22}+2\mu W_{\phi 11}+W_{\phi 22},$$
$$\left(\frac{1}{2}\lambda^2+\Omega^2-2\mu\right)W_{11}+\left(\frac{1}{2}\lambda^2+\Omega^2+\mu\right)W_{22}-(\lambda^2+2\mu)W_{33}+\frac{6\Omega\mu}{\lambda}W_{12}$$
$$=\delta V_{11}+\delta V_{22}-2\delta V_{33}+2\mu W_{\phi 11}-\mu W_{\phi 22}+2\mu W_{\phi 33}. \tag{13.44}$$

13.8 三阶 Virial 方程——一般情形

第12章中，我们由式(12.32)导出了式(12.41)．采用类似的方法，我们可由式(13.1)和式(13.2)分别得到以下式(13.45)、式(13.46)．

1. 不含标量场

$$\frac{\mathrm{d}}{\mathrm{d}t}\int_V \rho u_i x_j x_k \mathrm{d}\boldsymbol{x}=2(E_{ij;\,k}+E_{ik;\,j})+V_{ij;\,k}+V_{ik;\,j}$$
$$+(\Omega^2-\mu)I_{ijk}-\Omega^2\delta_{i3}I_{3jk}+3\mu\delta_{i1}I_{1jk}+2\Omega\varepsilon_{il3}\int_V\rho u_l x_j x_k\mathrm{d}\boldsymbol{x}+\delta_{ij}\Pi_k+\delta_{ik}\Pi_j, \tag{13.45}$$

其中，

$$I_{ijk}=\int_V \rho x_i x_j x_k \mathrm{d}\boldsymbol{x},\ \Pi_i=\int_V P x_i\mathrm{d}\boldsymbol{x},\ V_{ij;\,k}=-\frac{1}{2}\int_V\rho V_{ij}x_k\mathrm{d}\boldsymbol{x},\ E_{ij;\,k}=\frac{1}{2}\int_V\rho u_i u_j x_k\mathrm{d}\boldsymbol{x}. \tag{13.46}$$

2. 含标量场

$$\frac{\mathrm{d}}{\mathrm{d}t}\int_V \rho u_i x_j x_k \mathrm{d}\boldsymbol{x}=2(E_{ij;\,k}+E_{ik;\,j})+V_{ij;\,k}+V_{ik;\,j}$$
$$+(\Omega^2-\mu)I_{ijk}-\Omega^2\delta_{i3}I_{3jk}+3\mu\delta_{i1}I_{1jk}+2\Omega\varepsilon_{il3}\int_V\rho u_l x_j x_k\mathrm{d}\boldsymbol{x}+\delta_{ij}\Pi_k+\delta_{ik}\Pi_j$$
$$+2\int_V\frac{\partial\rho_\phi}{\partial x_i}x_j x_k\mathrm{d}\boldsymbol{x}+6m\int_V\rho_\phi u_i x_j x_k\mathrm{d}\boldsymbol{x}, \tag{13.47}$$

其中，

$$V_{ij;\,k}=\int_V\rho_T\frac{\partial V_T}{\partial x_i}x_j x_k\mathrm{d}\boldsymbol{x}.$$

13.9 三阶 Virial 方程——静态且无内部运动情形

在静态且无内部运动的情形，$u_i=0$ 有如下结论：

1. 不含标量场

由式(13.45)，有

$$V_{ij;\,k}+V_{ik;\,j}+(\Omega^2-\mu)I_{ijk}-\Omega^2\delta_{i3}I_{3jk}+3\mu\delta_{i1}I_{1jk}=-\delta_{ij}\Pi_k-\delta_{ik}\Pi_j, \tag{13.48}$$

2. 含标量场

由式(13.47)，有

$$V_{ij;\,k}+V_{ik;\,j}+(\Omega^2-\mu)I_{ijk}-\Omega^2\delta_{i3}I_{3jk}+3\mu\delta_{i1}I_{1jk}+2\int_V\frac{\partial\rho_\phi}{\partial x_i}x_jx_k\mathrm{d}x=-\delta_{ij}\Pi_k-\delta_{ik}\Pi_j. \tag{13.49}$$

13.10　一阶变分

1. 不含标量场

对式(13.48)取变分，得

$$\delta V_{ij;\,k}+\delta V_{ik;\,j}+(\Omega^2-\mu)W_{ijk}-\Omega^2\delta_{i3}W_{3jk}+3\mu\delta_{i1}W_{1jk}=-\delta_{ij}\delta\Pi_k-\delta_{ik}\delta\Pi_j, \tag{13.50}$$

其中，

$$W_{ijk}\equiv\delta I_{ijk},\ I_{ijk}\equiv\int_V\rho x_ix_jx_k\mathrm{d}\boldsymbol{x},$$

2. 含标量场

对式(13.49)取变分，得

$$\begin{aligned}&\delta V_{ij;\,k}+\delta V_{ik;\,j}+(\Omega^2-\mu)W_{ijk}-\Omega^2\delta_{i3}W_{3jk}+3\mu\delta_{i1}W_{1jk}\\&=-\delta_{ij}\Pi_k-\delta_{ik}\Pi_j+2\delta_{ij}\delta\Phi_k+2\delta_{ik}\delta\Phi_j,\end{aligned} \tag{13.51}$$

其中，$\Phi_k\equiv\int_V\rho_\phi x_k\mathrm{d}\boldsymbol{x}$.

推论 13.8

1. 不含标量场

对于式(13.50)，取指标 1 为奇数个，指标 2 和 3 为偶数个，则有

$$\begin{aligned}&2\delta V_{11;\,1}+(\Omega^2+2\mu)W_{111}=-2\delta\Pi_1,\\&\delta V_{22;\,1}+\delta V_{21;\,2}+(\Omega^2-\mu)W_{221}=-\delta\Pi_1,\\&\delta V_{33;\,1}+\delta V_{31;\,3}-\mu W_{331}=-\delta\Pi_1,\\&2\delta V_{12;\,2}+(\Omega^2+2\mu)W_{122}=0,\\&2\delta V_{13;\,3}+(\Omega^2+2\mu)W_{133}=0.\end{aligned} \tag{13.52}$$

2. 含标量场

对于式(13.51)，同上，也取指标1为奇数个，指标2和3为偶数个，则有

$$\begin{cases}2\delta V_{11;1}+(\Omega^2+2\mu)W_{111}=-2\delta\Pi_1+4\delta\Phi_1,\\ \delta V_{22;1}+\delta V_{21;2}+(\Omega^2-\mu)W_{221}=-\delta\Pi_1+2\delta\Phi_1,\\ \delta V_{33;1}+\delta V_{31;3}-\mu W_{331}=-\delta\Pi_1+2\delta\Phi_1,\\ 2\delta V_{12;2}+(\Omega^2+2\mu)W_{122}=0,\\ 2\delta V_{13;3}+(\Omega^2+2\mu)W_{133}=0.\end{cases}\tag{13.53}$$

推论 13.9

由上可得

$$\begin{aligned}&\delta S_{122}+(\Omega^2+2\mu)W_{111}-3\Omega^2W_{122}=0,\\ &\delta S_{133}+(\Omega^2+2\mu)W_{111}-\Omega^2W_{133}=0,\end{aligned}\tag{13.54}$$

其中，$S_{ijj}=-4V_{ij;j}-2V_{jj;i}+2V_{ii;i}$，$j$ 相同不表示求和.

将 Chandrasekhar(1969)第三章的方程(153)和方程(157)代入上式，得到关于 W_{111}，W_{122} 和 W_{133} 的线性齐次方程. 注意：$\dfrac{W_{111}}{a_1^2}+\dfrac{W_{122}}{a_2^2}+\dfrac{W_{133}}{a_3^2}=0.$

13.11 黏滞系数对 Roche 椭球的影响(二阶谐振)

1. 不含标量场

令

$$\zeta(\boldsymbol{x},t)=\zeta(\boldsymbol{x})e^{\lambda t},\quad I_{ij}=\int_V\rho x_ix_j\mathrm{d}\boldsymbol{x},$$

$$W_{i;j}=\int_V\rho\zeta_ix_j\mathrm{d}\boldsymbol{x},\quad W_{i;jk}=\int_V\rho\zeta_ix_jx_k\mathrm{d}\boldsymbol{x},$$

参考式(13.31)，有

$$\lambda^2W_{i;j}-2\lambda\Omega\varepsilon_{il3}W_{l;j}=\delta V_{ij}+(\Omega^2-\mu)W_{ij}-\Omega^2\delta_{i3}W_{3j}+3\mu\delta_{i1}W_{1j}+\delta_{ij}\delta\Pi-\delta V_{\nu ij},\tag{13.55}$$

其中，$\delta V_{\nu ij}=5\lambda\nu\left(\dfrac{W_{i;j}}{a_j^2}-\dfrac{W_{j;i}}{a_i^2}\right)$.

2. 含标量场

同样，参考式(13.32)，得

$$\begin{aligned}\lambda^2W_{i;j}-2\lambda\Omega\varepsilon_{il3}W_{l;j}=&\,\delta V_{ij}+(\Omega^2-\mu)W_{ij}\\ &-\Omega^2\delta_{i3}W_{3j}+3\mu\delta_{i1}W_{1j}+\delta_{ij}\delta\Pi-\delta V_{\nu ij}-\mu W_{\phi ij}+3\mu\delta_{i1}W_{\phi 1j}.\end{aligned}\tag{13.56}$$

推论 13.10

1. 不含标量场

由方程(13.36)最后一式，以及它的第一、第二式，有

$$\begin{cases}\left(\dfrac{1}{2}\lambda^2-\Omega^2-2\mu+\dfrac{5\lambda\nu}{a_1^2}\right)W_{11}-\left(\dfrac{1}{2}\lambda^2-\Omega^2+\mu+\dfrac{5\lambda\nu}{a_2^2}\right)W_{22}-2\lambda\Omega W_{12}=\delta V_{11}-\delta V_{22}\\ \left(\dfrac{1}{2}\lambda^2-\Omega^2-2\mu\right)W_{11}+\left(\dfrac{1}{2}\lambda^2-\Omega^2+\mu\right)W_{22}-\left(\lambda^2+2\mu+\dfrac{15\lambda\nu}{a_3^2}\right)W_{33}\\ \qquad +2\lambda\Omega(W_{1;2}-W_{2;1})=\delta V_{11}+\delta V_{22}-2\delta V_{33},\\ (\lambda^2+4B_{12}-2\Omega^2-\mu)W_{12}+\lambda\Omega(W_{11}-W_{22})+10\lambda\nu\left(\dfrac{W_{1;2}}{a_2^2}+\dfrac{W_{2;1}}{a_1^2}\right)=0,\\ \lambda^2(W_{1;2}-W_{2;1})-\lambda\Omega(W_{11}+W_{22})-3\mu W_{12}=0.\end{cases}\tag{13.57}$$

2. 含标量场

$$\begin{cases}\left(\dfrac{1}{2}\lambda^2-\Omega^2-2\mu+\dfrac{5\lambda\nu}{a_1^2}\right)W_{11}-\left(\dfrac{1}{2}\lambda^2-\Omega^2+\mu+\dfrac{5\lambda\nu}{a_2^2}\right)W_{22}\\ \qquad -2\lambda\Omega W_{12}=\delta V_{11}-\delta V_{22}+2\mu W_{\phi11}+\mu W_{\phi22},\\ \left(\dfrac{1}{2}\lambda^2-\Omega^2-2\mu\right)W_{11}+\left(\dfrac{1}{2}\lambda^2-\Omega^2+\mu\right)W_{22}-\left(\lambda^2+2\mu+\dfrac{15\lambda\nu}{a_3^2}\right)W_{33}\\ \qquad +2\lambda\Omega(W_{1;2}-W_{2;1})=\delta V_{11}+\delta V_{22}-2\delta V_{33}+2\mu W_{\phi11}-\mu W_{\phi22}+2\mu W_{\phi33},\\ (\lambda^2+4B_{12}-2\Omega^2-\mu)W_{12}+\lambda\Omega(W_{11}-W_{22})+10\lambda\nu\left(\dfrac{W_{1;2}}{a_2^2}+\dfrac{W_{2;1}}{a_1^2}\right)=\mu W_{\phi12},\\ \lambda^2(W_{1;2}-W_{2;1})-\lambda\Omega(W_{11}+W_{22})-3\mu W_{12}=3\mu W_{\phi12}.\end{cases}\tag{13.58}$$

13.12　单星情形(不含标量场，平衡)

由式(13.3)，得

$$\frac{\mathrm{d}}{\mathrm{d}t}\int_V\rho u_i x_j\mathrm{d}\boldsymbol{x}=2E_{ij}+P_{Tij}+\Omega^2 I_{ij}-\Omega^2\delta_{i3}I_{3j}+2\Omega\varepsilon_{il3}\int_V\rho u_l x_j\mathrm{d}\boldsymbol{x}+\delta_{ij}\Pi,\tag{13.59}$$

注意：$P_{Tij}\approx V_{ij}$.

又假定 $u_1=Q_1x_2$，$u_2=Q_2x_1$，$u_3=0$，而

$$E_{ij}\equiv\frac{1}{2}\int_V\rho u_i u_j\mathrm{d}\boldsymbol{x},\ E_{11}=\frac{1}{2}Q_1^2I_{22},\ E_{22}=\frac{1}{2}Q_2^2I_{11},\ E_{33}=0,$$

$$V_{ij}=-2A_iI_{ij},\ I_{ij}=\frac{1}{5}Ma_i^2\delta_{ij},$$

注意：脚标相同，不表示求和.

因此

$$a_2^2Q_1^2+a_1^2(\Omega^2+2Q_2\Omega)-2A_1a_1^2=a_1^2Q_2^2+a_2^2(\Omega^2-2Q_1\Omega)-2A_2a_2^2=-2A_2a_3^2. \quad (13.60)$$

13.13　双星情形(不含标量场，平衡)

上一节我们由式(13.59)导出了式(13.60)，同理，我们可由式(13.3)导出式(13.61)：

$$\begin{aligned}&a_2^2Q_1^2+a_1^2(\Omega^2+2Q_2\Omega)-2A_1a_1^2+2\mu a_1^2\\&=a_1^2Q_2^2+a_2^2(\Omega^2-2Q_1\Omega)-2A_2a_2^2-\mu a_2^2=-2A_2a_3^2-\mu a_3^2.\end{aligned} \quad (13.61)$$

13.14　双星情形(含标量场，平衡)

由式(13.4)，按上节的推导方法，有

$$\begin{aligned}&a_2^2Q_1^2+a_1^2(\Omega^2+2Q_2\Omega)+2\mu a_1^2-2A_1a_1^2+\frac{10\mu}{M}I_{\phi11}-\frac{30m}{M}Q_1I_{\phi12}\\&=a_1^2Q_2^2+a_2^2(\Omega^2-2Q_1\Omega)-\mu a_2^2-2A_2a_2^2-\frac{5\mu}{M}I_{\phi22}-\frac{30m}{M}Q_2I_{\phi12}\\&=-\mu a_3^2-2A_3a_3^2-\frac{5\mu}{M}I_{\phi33},\end{aligned} \quad (13.62)$$

其中，$Q_1=-\dfrac{a_1^2}{a_1^2+a_2^2}\zeta$，$Q_2=+\dfrac{a_2^2}{a_1^2+a_2^2}\zeta$.

推论 13.11(不含标量场)

将以上 Q_1 和 Q_2 插入式(13.61)可得如下一对方程(不含标量场)：

$$\begin{aligned}&\frac{a_1^2a_2^2}{(a_1^2+a_2^2)^2}\zeta^2+(\Omega^2+2\mu)+\frac{2a_2^2}{a_1^2+a_2^2}\zeta\Omega+\frac{a_3^2}{a_1^2}\mu=\frac{2}{a_1^2}(A_1a_1^2-A_3a_3^2),\\&\frac{a_1^2a_2^2}{(a_1^2+a_2^2)^2}\zeta^2+(\Omega^2-\mu)+\frac{2a_1^2}{a_1^2+a_2^2}\zeta\Omega+\frac{a_3^2}{a_2^2}\mu=\frac{2}{a_2^2}(A_2a_2^2-A_3a_3^2).\end{aligned} \quad (13.63)$$

推论 13.12(含标量场)

将以上 Q_1 和 Q_2 插入式(13.62)可得如下一对方程(含标量场)：

$$\begin{cases}\dfrac{a_1^2a_2^2}{(a_1^2+a_2^2)^2}\zeta^2+(\Omega^2+2\mu)+\dfrac{2a_2^2}{a_1^2+a_2^2}\zeta\Omega\\+\dfrac{a_3^2}{a_1^2}\mu+\dfrac{10\mu}{Ma_1^2}I_{\phi11}+\dfrac{30m}{M}\dfrac{\zeta}{a_1^2+a_2^2}I_{\phi12}=\dfrac{2}{a_1^2}(A_1a_1^2-A_3a_3^2)-\dfrac{5\mu}{Ma_1^2}I_{\phi33},\\\dfrac{a_1^2a_2^2}{(a_1^2+a_2^2)^2}\zeta^2+(\Omega^2-\mu)+\dfrac{2a_1^2}{a_1^2+a_2^2}\zeta\Omega+\dfrac{a_3^2}{a_2^2}\mu-\dfrac{5\mu}{Ma_2^2}I_{\phi22}-\dfrac{30m}{M}\dfrac{\zeta}{a_1^2+a_2^2}I_{\phi12}\\=\dfrac{2}{a_2^2}(A_2a_2^2-A_3a_3^2)-\dfrac{5\mu}{Ma_2^2}I_{\phi33}.\end{cases}$$

(13.64)

推论 13.13(不含标量场)

令 $x=\frac{a_1a_2}{a_1^2+a_2^2}\frac{\zeta}{\Omega}$，由方程(13.63)，有

$$
\begin{aligned}
& x^2+2\frac{a_2}{a_1}x+1+\frac{1}{1+p}\left(\frac{a_3^2}{a_1^2}+2\right)=\frac{2}{\Omega^2}\left[\frac{1}{a_1^2}(A_{12}a_1^2a_2^2-A_3a_3^2)+B_{12}\right], \\
& x^2+2\frac{a_1}{a_2}x+1+\frac{1}{1+p}\left(\frac{a_3^2}{a_2^2}-1\right)=\frac{2}{\Omega^2}\left[\frac{1}{a_2^2}(A_{12}a_1^2a_2^2-A_3a_3^2)+B_{12}\right].
\end{aligned}
\tag{13.65}
$$

推论 13.14(含标量场)

由方程(13.64)，有

$$
\begin{aligned}
& x^2+2\frac{a_2}{a_1}x+1+\frac{1}{1+p}\left(\frac{a_3^2}{a_1^2}+2\right)+\frac{10}{Ma_1^2(1+p)}I_{\phi11}+\frac{30mx}{Ma_1a_2\Omega}I_{\phi12} \\
& =\frac{2}{\Omega^2}\left[\frac{1}{a_1^2}(A_{12}a_1^2a_2^2-A_3a_3^2)+B_{12}\right]-\frac{5}{Ma_1^2(1+p)}I_{\phi33}, \\
& x^2+2\frac{a_1}{a_2}x+1+\frac{1}{1+p}\left(\frac{a_3^2}{a_2^2}-1\right)-\frac{5}{Ma_2^2(1+p)}I_{\phi22}-\frac{30mx}{Ma_1a_2\Omega}I_{\phi12} \\
& =\frac{2}{\Omega^2}\left[\frac{1}{a_2^2}(A_{12}a_1^2a_2^2-A_3a_3^2)+B_{12}\right]-\frac{5}{Ma_1^2(1+p)}I_{\phi33}.
\end{aligned}
\tag{13.66}
$$

推论 13.15(不含标量场)

将(13.65)两式相减，有

$$
\frac{2}{\Omega^2}=\frac{1}{a_3^2A_3-a_1^2a_2^2A_{12}}\left[\frac{1}{1+p}\left(\frac{3a_1^2a_2^2}{a_1^2-a_2^2}-a_3^2\right)-2a_1a_2x\right]. \tag{13.67}
$$

推论 13.16(含标量场)

将(13.66)两式相减，有

$$
\frac{2}{\Omega^2}=\frac{1}{a_3^2A_3-a_1^2a_2^2A_{12}}\left[\frac{1}{1+p}\left(\frac{3a_1^2a_2^2}{a_1^2-a_2^2}-a_3^2\right)-2a_1a_2x\right]-\frac{K(x,\ \Omega)a_1^2a_2^2}{a_3^2A_3-a_1^2a_2^2A_{12}}, \tag{13.68}
$$

其中，

$$
K(x,\ \Omega)\equiv\frac{10}{Ma_1^2(1+p)}I_{\phi11}+\frac{5}{Ma_2^2(1+p)}I_{\phi22}+\frac{5}{M(1+p)}\frac{a_2^2-a_1^2}{a_1^2a_2^2}I_{\phi33}+\frac{60mx}{Ma_1a_2\Omega}I_{\phi12}.
$$

总之，我们用这些推论与观测对比，限制玻色星物理模型.

第 14 章 宇宙学物理模型的研究

本章研究宇宙中三种主要的物理模型：最简单的物理模型；进一步接近实际情况的物理模型(度规有扰动的情形)和再进一步接近实际的典型物理模型(度规有扰动，物质处于非热平衡态，至少具有局部热平衡态).①如果宇宙中至少含有一种标量场，则为巨大玻色星. 如果宇宙是旋转的(与天体力学有关)或含磁场，则为椭球状.

14.1 最简单的模型

本节引入标量场(暗能量(dark energy)).

组分：流体(单流体为主)、引力场(度规张量).

基本方程：弯曲时空中流体力学方程、Einstein 场方程、物态方程.

Einstein 场方程表示为

$$G^{\mu}_{\nu} = 8\pi G T^{\mu}_{\nu}. \tag{14.1}$$

设宇宙中流体静止，即 $u^{\mu} = (-1, \quad 0, \quad 0, \quad 0)$，而

$$T^{\mu}_{\nu} = (\rho + P) u^{\mu} u_{\nu} + P\delta^{\mu}_{\nu}, \tag{14.2}$$

$$\mathrm{d}s^2 = g_{\mu\nu}\mathrm{d}x^{\mu}\mathrm{d}x^{\nu} = -\mathrm{d}t^2 + a^2(t)\mathrm{d}\sigma^2, \tag{14.3}$$

其中，$g_{\mu\nu}$ 是度规张量；$a(t)$ 是与宇宙时间 t 相关的标度因子(scale factor)；$\mathrm{d}\sigma^2$ 为常曲率(constant curvature) K 的三维空间中与时间无关的度规(time-independent metric).

$$\mathrm{d}\sigma^2 = \gamma_{ij}\mathrm{d}x^i\mathrm{d}x^j = \frac{\mathrm{d}r^2}{1 - Kr^2} + r^2(\mathrm{d}\theta^2 + \sin^2\theta\mathrm{d}\phi^2). \tag{14.4}$$

由 Einstein 场方程 00 和 $0i$ 分量，分别有

$$H^2 = \frac{8\pi G}{3}\rho - \frac{K}{a^2}, \tag{14.5}$$

$$3H^2 + 2\dot{H} = -8\pi G P - \frac{K}{a^2}. \tag{14.6}$$

消去 K/a^2 项，得

$$\frac{\ddot{a}}{a} = -\frac{4\pi G}{3}(\rho + 3P). \tag{14.7}$$

用 a^2 乘以式(14.5)，再根据式(14.7)，我们发现

① Amendola L, Tsujikawa S. Dark Energy[M]. Cambridge University Press, 2010.

$$\dot{\rho} + 3H(\rho + P) = 0. \tag{14.8}$$

由式(14.5)，有

$$\Omega_M + \Omega_K = 1, \tag{14.9}$$

其中，

$$\Omega_M \equiv \frac{8\pi G\rho}{3H^2},\ \Omega_K \equiv -\frac{K}{(aH)^2}. \tag{14.10}$$

设物态方程

$$w \equiv P/\rho, \tag{14.11}$$

如果 w 是一常数，我们就能得到平坦宇宙(flat universe)($K = 0$) ρ 和 a 的关于时间 t 的演化关系. 在此情形下，联立方程(14.5)、(14.8)，我们有下述解

$$\rho \propto a^{-3(1+\omega)},\ a \propto (t - t_i)^{2/(3(1+\omega))}, \tag{14.12}$$

其中，t_i 为常数.

注：对于辐射(radiation)(辐射为主(radiation-dominated))，$w = 1/3$，$\rho \propto a^{-4}$ 和 $a \propto (t - t_i)^{1/2}$；对于非相对论物质(non-relativistic matter)(物质为主(matter-dominated))，$w \approx 0$，$\rho \propto a^{-3}$ 和 $a \propto (t - t_i)^{2/3}$，若加速膨胀 $\ddot{a} > 0$，由式(14.7)，有

$$P < -\rho/3 \rightarrow w < -1/3. \tag{14.13}$$

设能量密度非负，有负压(negative pressure). 当 $w = -1$，即 $P = -\rho$ 时，由式(14.8)得 ρ 是一常数. 它对应所谓的宇宙常数(cosmological constant). 既然 H 为常数，当 $K = 0$ 时，$a \propto \exp(Ht)$. 现在的 Hubble 半径(Hubble radius)

$$D_H \equiv \frac{c}{H_0} = 2998\mathrm{h}^{-1}\mathrm{Mpc}, \tag{14.14}$$

我们很方便地引入临界密度

$$\rho_c^{(0)} \equiv \frac{3H_0^2}{8\pi G} = 1.88h^2 \times 10^{-29}\ \mathrm{g \cdot cm^{-3}}. \tag{14.15}$$

为了求解基本方程，人们需要给出物态方程. 对于一般流体，有

$$\rho = g_* \int \frac{\mathrm{d}^3 p}{(2\pi\hbar)^3} E(p) f(p) = \frac{g_*}{2\pi^2}\int_m^\infty \mathrm{d}E \frac{(E^2 - m^2)^{1/2}}{\exp[(E-\mu)/T] \pm 1} E^2, \tag{14.16}$$

$$\begin{aligned} P &= g_* \int \frac{\mathrm{d}^3 p}{(2\pi\hbar)^3} \frac{pv}{3} f(p) = g_* \int \frac{\mathrm{d}^3 p}{(2\pi\hbar)^3} \frac{p^2}{3E} f(p) \\ &= \frac{g_*}{6\pi^2}\int_m^\infty \mathrm{d}E \frac{(E^2 - m^2)^{3/2}}{\exp[(E-\mu)/T] \pm 1}. \end{aligned} \tag{14.17}$$

特例的介绍如下：

1. 相对论物质

对于非简并(non-degenerate)($T \gg \mu$)(光子、中微子)，有

$$\rho = \begin{cases} (\pi^2/30) g_* T^4 (\text{Bosons}) \\ (7/8)(\pi^2/30) g_* T^4 (\text{Fermions}) \end{cases} \tag{14.18}$$

$$P=\rho/3. \tag{14.19}$$

2. 非相对论物质

在非相对论情形下($T \ll m$),式(14.16)和式(14.17)可分别简化为

$$\rho=g_* m\left(\frac{mT}{2\pi}\right)^{3/2}\exp[-(m-\mu)/T], \tag{14.20}$$

$$P=g_* T\left(\frac{mT}{2\pi}\right)^{3/2}\exp[-(m-\mu)/T]=\frac{T}{m}\rho, \tag{14.21}$$

以上两式对玻色子和费米子均适用.

3. 暗能量

对于未知分量,文献 Amendola 等(2010)中第5章和第14章讨论了它的物态方程.

结论:

$$v\equiv\dot{\boldsymbol{r}}\cdot\boldsymbol{r}/r=Hr+\boldsymbol{v}_p\cdot\boldsymbol{r}/r, \tag{14.22}$$

其中,$r\equiv|\boldsymbol{r}|$. 在大多数情形下,星系的本动速度不超过10^6m/s,在这些条件下,第二项$\boldsymbol{v}_p\cdot\boldsymbol{r}/r$与第一项$Hr$相比可忽略. 于是,我们有

$$v\approx H_0 r. \tag{14.23}$$

定义 Hubble 时间(Hubble time)为

$$t_H\equiv 1/H_0=9.78\times10^9 h^{-1}\text{years}. \tag{14.24}$$

三维空间线元(3-dimensional space line-element)为

$$\mathrm{d}\sigma^2=\mathrm{d}\chi^2+(f_K(\chi))^2(\mathrm{d}\theta^2+\sin^2\theta\mathrm{d}\phi^2), \tag{14.25}$$

其中,

$$f_K(\chi)=\begin{cases}\sin\chi\,(K=+1),\\ \chi\,(K=0),\\ \sinh\chi\,(K=-1).\end{cases} \tag{14.26}$$

函数(14.26)可统一写成

$$f_K(\chi)=\frac{1}{\sqrt{-K}}\sinh(\sqrt{-K}\chi). \tag{14.27}$$

(1)引力共动距离(comoving distance)

$$d_c\equiv\chi_1=\int_0^{\chi_1}\mathrm{d}\chi=-\int_{t_0}^{t_1}\frac{c}{a(t)}\mathrm{d}t, \tag{14.28}$$

其中,$\chi=\chi_1$(对应红移z). 又由

$$z\equiv\frac{\lambda_0}{\lambda}-1=\frac{a_0}{a}-1, \tag{14.29}$$

有

$$\mathrm{d}t=-\mathrm{d}z/[H(1+z)],$$

可得

$$d_c = \frac{c}{a_0 H_0}\int_0^z \frac{d\tilde{z}}{E(\tilde{z})}, \tag{14.30}$$

其中,

$$E(z) \equiv H(z)/H_0. \tag{14.31}$$

不难得到，对于 $z \ll 1$，有

$$d_c \approx \frac{c}{a_0 H_0} z. \tag{14.32}$$

由关系 $z \approx v/c$，我们发现

$$v \approx (a_0 H_0) d_c. \tag{14.33}$$

(2)光度距离(luminosity distance)

$$d_L^2 \equiv \frac{L_s}{4\pi F}, \tag{14.34}$$

其中, L_s 是源的绝对光度(absolute luminosity), F 是观测通量(observed flux). 注意: F 定义为 $F = L_0/S$，式中, $S = 4\pi\ (a_0 f_K(\chi))^2$，$L_0$ 为在 $\chi = 0$，$z = 0$ 时的观测亮度，因此，得到

$$d_L^2 = (a_0 f_K(\chi))^2 \frac{L_s}{L_0}. \tag{14.35}$$

又 L_s 和 L_0 分别定义为 $L_s = \Delta E_1/\Delta t_1$ 和 $L_0 = \Delta E_0/\Delta t_0$，而光子能量又反比于光的波长

$$\Delta E_1/\Delta E_0 = \lambda_0/\lambda_1 = 1 + z,$$

而常数 $c = \lambda/\Delta t$，有

$$\lambda_1/\Delta t_1 = \lambda_0/\Delta t_0,\ \Delta t_0/\Delta t_1 = \lambda_0/\lambda_1 = 1 + z.$$

故

$$\frac{L_s}{L_0} = \frac{\Delta E_1}{\Delta E_0}\frac{\Delta t_0}{\Delta t_1} = (1 + z)^2. \tag{14.36}$$

将之代入式(14.35)中，得

$$d_L = a_0 f_K(\chi)(1 + z). \tag{14.37}$$

由前面，有

$$\chi = d_c = \frac{c}{a_0 H_0}\int_0^z \frac{d\tilde{z}}{E(\tilde{z})}. \tag{14.38}$$

将上式代入式(14.37)中，有

$$d_L = \frac{c(1 + z)}{H_0\sqrt{\Omega_K^{(0)}}}\sinh\left(\sqrt{\Omega_K^{(0)}}\int_0^z \frac{d\tilde{z}}{E(\tilde{z})}\right), \tag{14.39}$$

其中, $\Omega_K^{(0)} = -Kc^2/(a_0 H_0)^2$.

(3)角直径距离(angular diameter distance)

$$d_A \equiv \frac{\Delta x}{\Delta\theta}, \tag{14.40}$$

其中, $\Delta\theta$ 为垂直视线方向上实际尺度 Δx 的物体张角.

设源在半径为χ 的球面上，观测者在球心，由

$$ds^2 = g_{\mu\nu}\mathrm{d}x^\mu \mathrm{d}x^\nu = -\mathrm{d}t^2 + a^2(t)\mathrm{d}\sigma^2 \tag{14.41}$$

和式(14.25)，有

$$\Delta x = a(t_1) f_K(\chi)\Delta\theta. \tag{14.42}$$

因此，直径距离为

$$d_A = a(t_1) f_K(\chi) = \frac{a_0 f_K(\chi)}{1+z} = \frac{1}{1+z}\frac{c}{H_0\sqrt{\Omega_K^{(0)}}}\sinh\left(\sqrt{\Omega_K^{(0)}}\int_0^z \frac{\mathrm{d}\tilde{z}}{E(\tilde{z})}\right), \tag{14.43}$$

比较式(14.43)和式(14.39)，有

$$d_A = \frac{d_L}{(1+z)^2}. \tag{14.44}$$

(4)暗能量的物态方程与观测量的关系

物态方程一般不能完全由第一原理来确定，此处由观测来确定，是一个唯象的理论.

由连续性方程

$$\dot{\rho}_{DE} + 3H(\rho_{DE} + P_{DE}) = 0, \tag{14.45}$$

用关系 $\mathrm{d}t = -\mathrm{d}z/[H(1+z)]$ 积分上式，有

$$\rho_{DE} = \rho_{DE}^{(0)}\exp\left[\int_0^z \frac{3(1+w_{DE})}{1+\tilde{z}}\mathrm{d}\tilde{z}\right], \tag{14.46}$$

这里假定宇宙由辐射、非相对论物质和暗能量组成. 由式(14.5)，有

$$H^2 = \frac{8\pi G}{3}(\rho_r + \rho_m + \rho_{DE}) - \frac{K}{a^2}, \tag{14.47}$$

定义

$$\Omega_r^{(0)} = \frac{8\pi G\rho_r^{(0)}}{3H_0^2},\ \Omega_m^{(0)} = \frac{8\pi G\rho_m^{(0)}}{3H_0^2},\ \Omega_{DE}^{(0)} = \frac{8\pi G\rho_{DE}^{(0)}}{3H_0^2},\ \Omega_K^{(0)} = -\frac{K}{(a_0H_0)^2}, \tag{14.48}$$

根据式(14.47)，有

$$\Omega_r^{(0)} + \Omega_m^{(0)} + \Omega_{DE}^{(0)} + \Omega_K^{(0)} = 1. \tag{14.49}$$

式(14.47)可写成

$$H^2(z) = H_0^2\left[\Omega_r^{(0)}(1+z)^4 + \Omega_m^{(0)}(1+z)^3 + \Omega_{DE}^{(0)}\exp\left\{\int_0^z \frac{3(1+w_{DE})}{1+\tilde{z}}\mathrm{d}\tilde{z}\right\} + \Omega_K^{(0)}(1+z)^2\right]. \tag{14.50}$$

对此式关于 z 取微分，我们发现，暗能量的物态方程(equation of state of dark energy)可表达为

$$w_{DE}(z) = \frac{(1+z)(E^2(z))' - 3E^2(z) - \Omega_r^{(0)}(1+z)^4 + \Omega_K^{(0)}(1+z)^2}{3[E^2(z) - \Omega_r^{(0)}(1+z)^4 - \Omega_m^{(0)}(1+z)^3 - \Omega_K^{(0)}(1+z)^2]}, \tag{14.51}$$

由

$$E(z) \equiv H(z)/H_0, \tag{14.52}$$

和

$$d_L = \frac{c(1+z)}{H_0\sqrt{\Omega_K^{(0)}}}\sinh\left(\sqrt{\Omega_K^{(0)}}\int_0^z \frac{d\tilde{z}}{E(\tilde{z})}\right), \tag{14.53}$$

可得

$$E^2(z) = \frac{(1+z)^2[c^2(1+z)^2 + \Omega_K^{(0)}H_0^2 d_L(z)^2]}{[(1+z)H_0 d'_L(z) - H_0 d_L(z)]^2}, \tag{14.54}$$

代入式(14.51)可得暗能量物态方程与观测量 d_L 的关系.

(5)功率谱(power spectrum)

$$P_\delta(k) = A\,|\delta_k|^2, \tag{14.55}$$

$$P_\Phi = B\,|\Phi_k|^2. \tag{14.56}$$

14.2　接近实际情况的物理模型 1

本节研究进一步接近实际情况的物理模型——度规有扰动的情形.

组分：单流体或双流体(当然还有多流体，系统达到热平衡，至少为局部热平衡).

基本方程：引力场方程、物态方程.

基本方程的求解、推论和结果如下：

利用 Newton 或纵向或无切向规范(Newtonian or longitudinal shear-free gauge)，有

$$ds^2 = a^2(\eta)[-(1+2\Psi)d\eta^2 + (1+2\Phi)\delta_{ij}dx^i dx^j],$$

其中，Φ 和 Ψ 为小量，共形时 $\eta = \int a^{-1}dt$.

由上述度规，我们得到 Einstein 张量的扰动

$$\delta G_0^0 = 2a^{-2}[3H_c(H_c\Psi - \Phi') + \nabla^2\Phi], \tag{14.57}$$

$$\delta G_i^0 = 2a^{-2}(\Phi' - H_c\Psi)|_i, \tag{14.58}$$

$$\delta G_j^i = 2a^{-2}[(H_c^2 + 2H'_c)\Psi + H_c\Psi' - \Phi'' - 2H_c\Phi']\delta_{ij} + a^{-2}[\nabla^2(\Psi+\Phi)\delta_{ij} - (\Psi+\Phi)|_j^i], \tag{14.59}$$

注：“|”表示关于空间 3 维度规的协变异数和 $v^2 f \equiv f_{;\mu}^{;\mu}$.

其中，$H_c = aH$ 为共形 Hubble 参数. 定义 $u^\mu \equiv \dfrac{dx^\mu}{ds}$，忽略高于一阶小量，有

$$\begin{aligned} u^\mu &= \left[(1/a)(1-\Psi),\ \frac{v^i}{a}\right], \\ u_\mu &= g_{\mu\nu}u^\nu = [-a(1+\Psi),\ av_i], \\ u_\mu u^\mu &= -1, \end{aligned} \tag{14.60}$$

其中，$v^i = \dfrac{dx^i}{d\eta} = a\dfrac{dx^i}{dt}$ 为物质关于膨胀的本动速度(peculiar velocity).

1. 单流体(single-fluid)情形

设能动张量

$$T_{\mu\nu} = (\rho + P)u_\mu u_\nu + Pg_{\mu\nu} + [q_\mu u_\nu + q_\nu u_\mu + \pi_{\mu\nu}], \tag{14.61}$$

此处，除了我们熟知的描述能量密度(energy density)、压力和4-速度矢量的ρ, P, u_μ之外，还涉及热通量矢量(heat flux vector) q_μ 和黏滞剪切张量(viscous shear tensor) $\pi_{\mu\nu}$. 定义

$$\delta \equiv \frac{\delta\rho}{\rho}, \ \theta \equiv \nabla_i v^i, \tag{14.62}$$

其中，$\delta\rho/\rho \equiv (\rho(x) - \bar{\rho})/\bar{\rho}$ 为密度对比(density contrast)($\rho(x)$ 为密度场，$\bar{\rho}$ 为其空间平均)，θ 为速度散度(velocity divergence).

又由于

$$\delta T^\mu_\nu = \rho[\delta(1 + c_s^2)u_\nu u^\mu + (1 + w)(\delta u_\nu u^\mu + u_\nu \delta u^\mu) + c_s^2 \delta\delta^\mu_\nu], \tag{14.63}$$

其中，

$$c_s^2 \equiv \frac{\delta P}{\delta\rho} = \frac{\mathrm{d}P}{\mathrm{d}\rho} = \frac{\dot{P}}{\dot{\rho}} \tag{14.64}$$

和 $w = P/\rho$. 由此可得

$$c_s^2 = \frac{\delta P(\rho, s)}{\delta\rho} = \frac{\partial P}{\partial\rho} + \frac{\partial P}{\partial s}\frac{\partial s}{\partial\rho} = c_{s(a)}^2 + c_{s(na)}^2, \tag{14.65}$$

$$\delta T^0_0 = -\delta\rho, \tag{14.66}$$

$$\delta T^0_i = -\delta T^i_0 = (1 + w)\rho v_i, \tag{14.67}$$

$$\delta T^1_1 = \delta T^2_2 = \delta T^3_3 = c_s^2 \delta\rho. \tag{14.68}$$

这样，由式(14.57)~式(14.59)和式(14.66)~式(14.68)，得

$$3H_c(H_c\Psi - \Phi') + \nabla^2\Phi = -4\pi G a^2 \delta\rho, \tag{14.69}$$

$$\nabla^2(\Phi' - H_c\Psi) = 4\pi G a^2(1 + w)\rho\theta, \tag{14.70}$$

$$\Psi = -\Phi, \tag{14.71}$$

$$\Phi'' + 2H_c\Phi' - H_c\Psi' - (H_c^2 + 2H_c')\Psi = -4\pi G a^2 c_s^2 \delta\rho, \tag{14.72}$$

方程(14.69)~(14.72)来自 Einstein 场方程的 (00), (0i), (ij) 和 (ii) 分量，特别地方程(14.71)来自特性 $\delta T^i_{j;\,i} = 0$.

由方程 $\delta T^\mu_{0;\,\mu} = 0$(来自流体力学方程)，可得

$$(\delta\rho)' + 3H_c(\delta\rho + \delta P) = -(\rho + P)(\theta + 3\Phi'), \tag{14.73}$$

由上式也可推得

$$\delta' + 3H_c(c_s^2 - w)\delta = -(1 + w)(\theta + 3\Phi'). \tag{14.74}$$

上式称为扰动连续性方程(perturbed continuity equation).

对于非相对论物质 ($w = 0$) 和($c_s^2 = 0$)，有

$$\delta' = -\theta - 3\Phi', \tag{14.75}$$

由方程 $\delta T^\mu_{\nu;\,\mu} = 0$(设 $\nu = i$)，可得

$$\delta q' + 3H_c\delta q = -a\delta P - (\rho + P)a\Psi. \tag{14.76}$$

其中，$\delta q \equiv a(\rho + P)v$，$v$ 为速度势(velocity potential)(定义为 $v^i = \nabla^i v$).

由式(14.76)，有

$$\theta' + [H_c(1 - 3w) + w'(1 + w)^{-1}]\theta = -\nabla^2(c_s^2(1 + w)^{-1}\delta + \Psi), \tag{14.77}$$

对于非相对论物质，有

$$\theta' + H_c\theta = -\nabla^2\Psi - \nabla^2(c_s^2\delta), \tag{14.78}$$

对式(14.69)~式(14.72)作 Fourier 变换(Fourier transformation)，注意：扰动量中，有

$$\phi(x,\ \eta) \to e^{ik\cdot r}\phi(\eta), \tag{14.79}$$

$$\nabla\phi(x,\ \eta) \to ie^{ik\cdot r}\boldsymbol{k}\phi(\eta), \tag{14.80}$$

$$\nabla^2\phi(x,\ \eta) \equiv \nabla_i\nabla^i\phi(x,\ \eta) \to -e^{ik\cdot r}k^2\phi(\eta). \tag{14.81}$$

不难得到

$$k^2\Phi + 3H_c(\Phi' - H_c\Psi) = 4\pi Ga^2\rho\delta, \tag{14.82}$$

$$k^2(\Phi' - H_c\Psi) = -4\pi Ga^2(1 + w)\rho\theta, \tag{14.83}$$

$$\Psi = -\Phi, \tag{14.84}$$

$$\Phi'' + 2H_c\Phi' - H_c\Psi' - (H_c^2 + 2H'_c)\Psi = -4\pi Ga^2c_s^2\rho\delta, \tag{14.85}$$

$$\delta' + 3H_c(c_s^2 - w)\delta = -(1 + w)(\theta + 3\Phi'), \tag{14.86}$$

$$\theta' + [H_c(1 - 3w) + w'(1 + w)^{-1}]\theta = k^2(c_s^2(1 + w)^{-1}\delta + \Psi). \tag{14.87}$$

其中，

$$\theta = i\boldsymbol{k}\cdot\boldsymbol{v}. \tag{14.88}$$

从式(14.82)、式(14.83)可得相对论性 Poisson 方程(relativistic Poisson's equation)

$$k^2\Phi = 4\pi Ga^2\rho[\delta + 3H_c(w + 1)\theta/k^2] = 4\pi Ga^2\rho\delta^*, \tag{14.89}$$

其中，我们定义总物质变量(total-matter variable)

$$\delta^* \equiv \delta + 3H_c(w + 1)\theta/k^2. \tag{14.90}$$

联立式(14.82)、式(14.84)和式(14.85)，得

$$\Phi'' + 3H_c(1 + c_s^2)\Phi' + (c_s^2k^2 + 3H_c^2c_s^2 + 2H'_c + H_c^2)\Phi = 0. \tag{14.91}$$

类似地，根据式(14.89)，此方程变为

$$(\delta^*)'' + H_c(1 + 3c_s^2 - 6w)(\delta^*)' - [(3/2)H_c^2(1 - 6c_s^2 - 3w^2 + 8w) - c_s^2k^2]\delta^* = 0, \tag{14.92}$$

其中，c_s 和 w 是时间的任意函数，在此，我们用到有用的关系

$$H'_c = -\frac{1}{2}(1 + 3w)H_c^2. \tag{14.93}$$

2. 双流体(two-fluid)情形

双流体更加符合实际情况——物质($w_m = c_s^2 = 0$)和辐射($w_r = c_s^2 = 1/3$).

设物质量为 δ_m，θ_m，辐射为 δ_r，θ_r. 此处，我们假定物质和辐射的能动张量的协变导数的迹都为零，有

$$\delta'_m = -(\theta_m + 3\Phi'), \tag{14.94}$$

$$\theta'_m = -H_c\theta_m - k^2\Phi, \tag{14.95}$$

$$\delta'_r = -\frac{4}{3}(\theta_r + 3\Phi'). \tag{14.96}$$

$$\theta'_r = k^2((3/4)c_s^2\delta_r - \Phi), \tag{14.97}$$

$$k^2(\Phi' + H_c\Phi) = -4\pi G(1 + w_{eff})a^2\rho_t\theta_t, \tag{14.98}$$

$$k^2\Phi + 3H_c(\Phi' + H_c\Phi) = 4\pi Ga^2\rho_t\delta_t, \tag{14.99}$$

其中,

$$\rho_t = \rho_m + \rho_r, \tag{14.100}$$

$$w_{eff} = \Omega_r w_r + \Omega_m w_m = \frac{\rho_r/3}{\rho_m + \rho_r}, \tag{14.101}$$

$$\theta_t = \frac{(1 + w_m)\Omega_m\theta_m + (1 + w_r)\Omega_r\theta_r}{1 + w_{eff}}, \tag{14.102}$$

$$\delta_t = \Omega_m\delta_m + \Omega_r\delta_r, \tag{14.103}$$

这里, 总的有效物态方程(total effective equation of state) $w_{eff} = P_t/\rho_t$, 由

$$w_{eff} = -1 - \frac{2}{3}\frac{\dot{H}}{H^2} \tag{14.104}$$

给出.

式(14.104)来自方程(14.5)、(14.6)和 $K=0$. 由上述方程, 可得

$$\delta''_m + H_c\delta'_m - \frac{3}{2}H_c^2(\Omega_m\delta_m + \Omega_r\delta_r) = 0, \tag{14.105}$$

$$\delta''_r + \frac{k^2}{3}\delta'_r = 0. \tag{14.106}$$

3. 宇宙两流体情形

对于宇宙两流体情形, 设冷暗物质(cold dark matter)扰动为 δ_c, 而重子物质(baryonic matter)为 δ_b, 由式(14.105), 有

$$\delta''_c + H_c\delta'_c - \frac{3}{2}H_c^2(\Omega_c\delta_c + \Omega_b\delta_b) = 0, \tag{14.107}$$

$$\delta''_b + H_c\delta'_b - \frac{3}{2}H_c^2(\Omega_c\delta_c + \Omega_b\delta_b) = 0. \tag{14.108}$$

这里也可分析功率谱(略).

14.3 接近实际情况的典型物理模型 2

本节研究更进一步接近实际的典型物理模型——度规有扰动, 物质处于非热平衡态, 至少具有局部热平衡态.

组分：重子（baryon）、冷暗物质（cold dark matter）、光子（photon）、中微子（neutrino）、暗能量（dark energy）.

基本方程：Einstein 场方程（Einstein field equation），弯曲时空 Boltzmann 方程（Boltzmann equation）（对于光子情形称为辐射转移方程（equation of radiative transfer））.

基本方程的推论、求解和结果如下：

度规为

$$ds^2 = -(1+2\Psi)\mathrm{d}t^2 + a^2(t)(1+2\Phi)\delta_{ij}\mathrm{d}x^i\mathrm{d}x^j. \tag{14.109}$$

Einstein 场方程中的能动张量（energy-momentum tensor）为

$$T^{\mu}_{\nu}(\boldsymbol{x},\ t) = \frac{g_i}{(2\pi)^3}\int \mathrm{d}P_1\mathrm{d}P_2\mathrm{d}P_3\sqrt{-g}\,\frac{P^{\mu}P_{\nu}}{P^0}f(\boldsymbol{P},\ \boldsymbol{x},\ t), \tag{14.110}$$

其中，$P^0 \equiv \mathrm{d}t/\mathrm{d}\lambda_s$，$P^i \equiv \mathrm{d}x^i/\mathrm{d}\lambda_s$（$\lambda_s$ 是反映粒子路径的参量），g_i 为粒子内部自由度，$f(\boldsymbol{P},\ \boldsymbol{x},\ t)$ 为粒子分布函数（distribution function）.

下面设粒子速度为 ν^i，动量为 $\boldsymbol{p}_i$，$\hat{p}^i \equiv P^i/|P|$，p^2，则它们与 P^{μ} 的空间分量 $P_i(i=1,\ 2,\ 3)$ 的关系为

$$\frac{P^iP_j}{(P^0)^2} = \frac{\mathrm{d}x^i\mathrm{d}x_j}{\mathrm{d}t^2} = \boldsymbol{\nu}^i\boldsymbol{\nu}_j, \tag{14.111}$$

$$p^2 \equiv g_{ij}P^iP^j, \tag{14.112}$$

由上式不难有

$$\delta_{ij}\hat{p}^i\hat{p}^j = 1$$

和

$$p^2 = a^2(1+2\Phi)(\delta_{ij}\hat{p}^i\hat{p}^j)P^2 = a^2(1+2\Phi)P^2, \tag{14.113}$$

由上 $|P| = p(1-\Phi)/a$，因此

$$P^i = \frac{1-\Phi}{a}p\hat{p}^i. \tag{14.114}$$

又 $g_{\mu\nu}P^{\mu}P^{\nu} = 0$，即有

$$-(1+2\Psi)(P^0)^2 + p^2 = 0. \tag{14.115}$$

我们可以得到 P^{μ} 的时间分量（time-component）为

$$P^0 = p(1-\Psi). \tag{14.116}$$

方程（14.114）和（14.116）表示四动量与 $\hat{p}^i$ 的关系．设粒子分布函数 $f(\boldsymbol{P},\ \boldsymbol{x},\ t)$ 为 $f(p,\ \hat{p}^i,\ x^i,\ t)$，Boltzmann 方程为

$$\frac{\mathrm{d}f}{\mathrm{d}t} = \frac{\partial f}{\partial t} + \frac{\partial f}{\partial x^i}\frac{\mathrm{d}x^i}{\mathrm{d}t} + \frac{\partial f}{\partial p}\frac{\mathrm{d}p}{\mathrm{d}t} + \frac{\partial f}{\partial \hat{p}^i}\frac{\mathrm{d}\hat{p}^i}{\mathrm{d}t} \tag{14.117}$$

$$= C[f], \tag{14.118}$$

其中

$$\frac{\mathrm{d}x^i}{\mathrm{d}t} = \frac{P^i}{P^0} = \frac{1-\Phi+\Psi}{a}\hat{p}^i, \tag{14.119}$$

又由测地线方程（geodesic equation）$\mathrm{d}P^0/\mathrm{d}\lambda_s = -\Gamma^0_{\mu\nu}P^{\mu}P^{\nu}$，得

$$\mathrm{d}p/\mathrm{d}t = -p(H + \partial\Phi/\partial t + (\hat{p}^i/a)\partial\Psi/\partial x^i). \tag{14.120}$$

因此，式(14.117)变为

$$\mathrm{d}f/\mathrm{d}t = \partial f/\partial t + (\hat{p}^i/a)\partial f/\partial x^i - p(\partial f/\partial p)(H + \partial\Phi/\partial t + (\hat{p}^i/a)\partial\Psi/\partial x^i), \tag{14.121}$$

注意：上式中 $\partial f/\partial x^i$，Φ 和 Ψ 均为一级小量.

下面讨论光子情形. 对于未扰动背景，度规(温度为 T)为

$$f^{(0)}(t, p) = [\exp(p/T) - 1]^{-1}, \tag{14.122}$$

其中，$T \propto 1/a(t)$ 定义 $\Theta(t, \boldsymbol{x}, \hat{p}^i) \equiv \delta T/T$，我们假定，Compton 散射(Compton scattering) 过程动量近似守恒，Θ 与 p 无关，则分布函数为

$$f(t, p, \boldsymbol{x}, \hat{p}^i) = \{\exp[p/(T(t)[1+\Theta])] - 1\}^{-1}. \tag{14.123}$$

由式(14.122)，如果 $\Theta \ll 1$，那么用关系 $T\partial f^{(0)}/\partial T = -p\partial f^{(0)}/\partial p$ 可得 f 关于背景值 $f^{(0)}$ 的展开式为

$$f = f^{(0)} - p\frac{\partial f^{(0)}}{\partial p}\Theta, \tag{14.124}$$

在一级情形下，它是成立的. 将式(14.124)插入式(14.121)中，将一级项放在一起，我们可得

$$\mathrm{d}f^{(1)}/\mathrm{d}t = -p(\partial f^{(0)}/\partial p)[\partial\Theta/\partial t + (\hat{p}^i/a)\partial\Theta/\partial x^i + \partial\Phi/\partial t + (\hat{p}^i/a)\partial\Psi/\partial x^i] \tag{14.125}$$

将 $\Theta(\boldsymbol{r})$ 作 Fourier 展开，即

$$\Theta(\boldsymbol{r}) = \frac{1}{(2\pi)^3}\int \mathrm{d}^3k\,\Theta_{\boldsymbol{k}}e^{i\boldsymbol{k}\cdot\boldsymbol{r}}, \tag{14.126}$$

定义方向余弦(direction cosine)

$$\mu = \frac{\boldsymbol{k}\cdot\hat{p}}{k}, \tag{14.127}$$

和

$$\Theta_l \equiv \frac{1}{(-i)^l}\int_{-1}^{1}\frac{\mathrm{d}\mu}{2}P_l(\mu)\Theta(\mu), \tag{14.128}$$

对于光子与电子发生的 Compton 散射(Compton scattering)，可以证明碰撞项(collision term)为

$$C[f] = -p\frac{\partial f^{(0)}}{\partial p}n_e\sigma_T[\Theta_0 - \Theta(\hat{p}) + \hat{p}\cdot\boldsymbol{v}_b], \tag{14.129}$$

其中，n_e 为电子数密度(electron density)，σ_T 为 Thomson 散射截面(Thomson cross section)，v_b 为电子速度.

由式(14.125)和式(14.129)，得

$$\frac{\partial\Theta}{\partial t} + \frac{\hat{p}^i}{a}\frac{\partial\Theta}{\partial x^i} + \frac{\partial\Phi}{\partial t} + \frac{\hat{p}^i}{a}\frac{\partial\Psi}{\partial x^i} = n_e\sigma_T[\Theta_0 - \Theta(\hat{p}) + \hat{p}\cdot\boldsymbol{v}_b]. \tag{14.130}$$

对上式作 Fourier 变换，得

$$\partial\Theta/\partial x^j \to ik_j\Theta$$

和

$$v_b^i = v_b k^i/k, \tag{14.131}$$

这里假定流体是无旋的(irrotational).

$$\frac{\partial\Theta}{\partial t} + \frac{ik\mu}{a}\Theta + \frac{\partial\Phi}{\partial t} + \frac{ik\mu}{a}\Psi = n_e\sigma_T[\Theta_0 - \Theta(\hat{p}) + \mu v_b]. \tag{14.132}$$

按照共动时 μ，此方程化为

$$\Theta' + ik\mu\Theta + \Phi' + ik\mu\Psi = -\tau'_{op}[\Theta_0 - \Theta(\hat{p}) + \mu v_b], \tag{14.133}$$

其中，我们引进光深(optical depth) τ_{op}，并将其定义为

$$\tau_{op} \equiv \int_\eta^{\eta_0} n_e\sigma_T a\mathrm{d}\tilde{\eta}. \tag{14.134}$$

我们定义以下表达式

$$n_m \equiv \int\frac{\mathrm{d}^3p}{(2\pi)^3}f_m,\ v_m^i \equiv \frac{1}{n_m}\int\frac{\mathrm{d}^3p}{(2\pi)^3}\frac{p\hat{p}^i}{E}f_m, \tag{14.135}$$

因此，有

$$\Theta' = -\Phi' - ik\mu(\Theta + \Psi) - \tau'_{op}(\Theta_0 - \Theta + \mu v_b), \tag{14.136}$$

$$\delta'_b = -ikv_b - 3\Phi', \tag{14.137}$$

$$v'_b = -H_c v_b - ik\Psi + \frac{\tau'_{op}}{R_s}(3i\Theta_1 + v_b), \tag{14.138}$$

其中

$$R_s \equiv \frac{3}{4}\frac{\rho_b}{\rho_\gamma}. \tag{14.139}$$

在方程(14.137)和(4.138)中，用关系式 $\theta_b = ik_j v_b^j = ikv_b$ 将 θ_b 转化为 v_b.

注意：最后一项来自电子与光子的耦合，对于暗物质，它们与重子无非引力耦合. 将方程两边按 Legendre 多项式(Legendre polynomial)展开，有

$$\Theta'_0 + k\Theta_1 = -\Phi', \tag{14.140}$$

$$\Theta'_1 - (k/3)(\Theta_0 + \Psi) = \tau'_{op}(\Theta_1 - (i/3)v_b). \tag{14.141}$$

取式(14.138)的近似，得

$$v_b \approx -3i\Theta_1 - 3i(R_s/\tau'_{op})(\Theta'_1 + H_c\Theta_1 - (k/3)\Psi). \tag{14.142}$$

将式(14.142)插入式(14.141)中，取式(14.140)的 η 导数来消去 Ψ' 项，我们发现

$$\Theta''_0 + \frac{R_s}{1+R_s}H_c\Theta'_0 + k^2c_s^2\Theta_0 = -\frac{k^2}{3}\Psi - \frac{R_s}{1+R_s}H_c\Phi' - \Phi'', \tag{14.143}$$

其中

$$c_s^2 \equiv \frac{\delta P_\gamma}{\delta\rho_\nu + \delta\rho_b} = \frac{1}{3(1+R_s)}, \tag{14.144}$$

$$R_s \equiv \frac{3}{4}\frac{\rho_b}{\rho_\gamma}. \tag{14.145}$$

由 Einstein 场方程(14.82)，有

$$k^2\Phi + 3H_c(\Phi' - H_c\Psi) = 4\pi Ga^2(\rho_m\delta_m + 4\rho_r\Theta_{r,0}), \tag{14.146}$$

其中

$$\rho_m\delta_m \equiv \rho_b\delta_b + \rho_c\delta_c, \tag{14.147}$$

$$\rho_r\Theta_{r,i} \equiv \rho_\gamma\Theta_i + \rho_\nu N_i (i = 0, 1, 2, \cdots). \tag{14.148}$$

再根据式(14.83)和式(14.146)，有

$$k^2\Phi = 4\pi Ga^2[\rho_m\delta_m + 4\rho_r\Theta_{r,0} + (3H_c/k)(i\rho_m v_m + 4\rho_r\Theta_{r,1})], \tag{14.149}$$

也可得 Φ 和 ψ 与光子和中微子各向异性协强(anisotropic stress)关系为

$$k^2(\Phi + \Psi) = -12H_c^2 f_\nu N_2, \tag{14.150}$$

其中

$$f_\nu = \frac{\rho_\nu}{\rho_\nu + \rho_\gamma}. \tag{14.151}$$

由上面相关方程求解可以研究功率谱(power spectrum).

第15章　太阳和月亮历表、矩阵、矢量、坐标变换

本章采用唯象法，结合观测和理论给出月亮、太阳和火星等物理模型(质点组)的基本物理量——位矢 $\boldsymbol{r}_i(t)$ 以及相关的物理量速度 $\frac{\mathrm{d}\boldsymbol{r}_i}{\mathrm{d}t} \equiv \dot{\boldsymbol{r}}_i(t)$. 如前所述，如果知道基本物理量随时空的函数关系 $\boldsymbol{r}_i(t)$，那么由此就可求出所有相关的物理量(随时空的函数关系). 所以我们只对位矢随时间的变化关系 $\boldsymbol{r}_i(t)$ 感兴趣，有了它可求出速度关系 $\boldsymbol{r}_i(t)$. 但应注意，$\boldsymbol{r}_i(t)$ 和 $\dot{\boldsymbol{r}}_i(t)$ 与时间 t 的函数关系一般可用表格的形式表示，故称为历表. 本章引入矢量、矩阵和坐标变换知识，并通过计算机得到每一给定时刻的位矢和速度.

15.1　宇宙和太阳系的物理模型

宇宙(universe)由恒星(stars)、星系(galaxy)、星系团(cluster 或 galaxy cluster 或 cluster of galaxies)、行星、星系际介质(intergalactic medium)等组成，通常恒星、星系、星系团、行星可看成质点或有大小的物体，星际介质可看成流体(理想流体、磁流体、黏滞流体和湍流). 太阳系(solar system)由太阳、八大行星、卫星和行星际介质组成，通常不考虑星际介质，这些行星和卫星一般可看成质点. 本章研究月亮、太阳和火星这些质点的基本物理量——位矢和速度.

15.2　星　历　表

1. 定义

表格只是星历表最终产品的一种形式，它可以是一组公式、一组算法、一组程序、一组数据文件或它们的某种组合，只要所说的对象能够提供我们在某时刻(或任意时刻)所需要的天体位置和速度数据即可.

2. 数值历表

随着电子计算机和计算技术的发展，以及太阳系天体雷达测距和月球激光测距的实现，使得以运动方程数值积分为基本方法的精密行星历表成为可行，根据各种物理状态，研究比如太阳日冕、对流层、广义相对论和章动等已经得到一系列数值

历表①. 为了方便读者，我们摘录李广宇(2010)书中的部分内容(2001 年李广宇老师与倪维斗老师合作研究行星月球历表. 2002 年底完成并发表了 PMOE 2003 历表框架，2005 年又进行了改进. 框架所用的数学模型和积分方法吸取了张家祥模型和 CGC2 历表框架的优点并加以改进，更详尽地考虑了广义相对论、天体形状和地球潮汐引起的效应，框架所用天体初始数据和物理、天文常数都取自 DE 405 历表. 框架预报大行星的位置与 DE405 历表比较，从历元时刻 JD2440400. 5 开始，向后积分 1200 日和 36000 日以后的差值分别如表 15.1 和 15.2 所示.)，可列出 DE 系列表：列表名称、完成日期、时段区间、各种理论考虑.

表 15.1　**积分 1200 日 PMOE 2003 与 DE 405 差值的变化范围**

天体	日心距 Δr/m	日心经度 $\Delta\lambda$/m(″)	日心维度 $\Delta\delta$/m(″)
水星	−3.1~3.1	−0.3~0.2	−0.0~0.01
金星	−9.9~9.6	−0.03~0.04	−0.0~0.02
地球	−3.3~2.9	0~0.04	−0.1~0.0
月球	−0.13~0.13	−1.4~0.0	−0.6~0.5
地月质心	−3.3~2.8	0~0.04	−0.1~0.01
火星	−25.6~14.7	−0.02~0.08	−0.01~0.03
木星	−512.2~0	0~0.19	0.0~0.02
土星	−178.6~0	0~0.02	0~0.002
天王星	−62.8~0	0~0.0004	0~0.0002
海王星	−30.1~0	0~0.0004	0~−0.00002
冥王星	−26.8~0	0~0.0002	0~0.0002

表 15.2　**积分 36000 日 PMOE 2003 与 DE 405 差值的变化范围**

天体	日心距 Δr/m	日心经度 $\Delta\lambda$/m(″)	日心维度 $\Delta\delta$/m(″)
水星	167.6~69.1	−1.6~0.1	−0.5~0.4
金星	−20.9~20.5	−0.3~0.0	−0.1~0.1
地球	−26.5~19.6	0~0.7	−0.2~0.2
月球	−28.9~29.0	−302.8~0.0	−109.2~124.6
地月质心	−23.6~17.7	0.0~0.7	−0.2~0.2
火星	−1302~1347	0~10.2	−2.5~3.9

① 李广宇. 天球参考系变换及其应用[M]. 北京：科学出版社，2010：32-34.

续表

天体	日心距 Δr/m	日心经度 $\Delta\lambda$/m(″)	日心维度 $\Delta\delta$/m(″)
木星	−3765~2274	0~17.4	−5.6~6.3
土星	−1637~419	0~5.0	−1.7~1.6
天王星	−3797~549	0.0~1.7	−0.7~0.3
海王星	−5023~0	0.0~1.1	0.0~0.2
冥王星	−5628~0	0.0~0.5	0.0~0.2

15.3　天体(质点)基本物理量位矢 $r_i(t)$(历表)的求解

下面举两个简单的例子：

(1)物理模型：二体运动(两个质点)，它们的运动状态由两位矢 $\boldsymbol{r}_1(t)$ 和 $\boldsymbol{r}_2(t)$ 描述.

(2)数学模型：基本方程为万有引力定律和 Newton 第二定律(在广义相对论框架下为弱引力下的 Einstein 方程和测地线方程)；定解条件为初始条件.

(3)求解：求出基本物理量 $\boldsymbol{r}_1(t)$ 和 $\boldsymbol{r}_2(t)$.

又如在行星运动的轨道平面再增加一个质量可忽略的物体——一个小行星或飞船，让行星绕太阳做周期运动(平面限制性三体问题).

(1)物理模型：三体运动(三个质点)，它们的运动状态由三位矢 $\boldsymbol{r}_1(t)$，$\boldsymbol{r}_2(t)$ 和 $\boldsymbol{r}_3(t)$ 描述.

(2)数学模型：基本方程和定解条件同上，只是此处为三体问题.

(3)求解：求出 $\boldsymbol{r}_1(t)$，$\boldsymbol{r}_2(t)$ 和 $\boldsymbol{r}_3(t)$，从而求出 $\dot{\boldsymbol{r}}_1(t)$，$\dot{\boldsymbol{r}}_2(t)$ 和 $\dot{\boldsymbol{r}}_3(t)$.

上面分析了两种简单情况下的位置和速度与时间的函数关系. 如果系统的物理模型很复杂，怎么办?

15.4　切比雪夫(Chebyshev)多项式

递归定义

$$\begin{cases} T_0(x) = 1, \\ T_1(x) = x, \\ T_i(x) = 2xT_{i-1}(x) - T_{i-2}(x), \ (i = 2, 3, \cdots, N-1) \end{cases} \tag{15.1}$$

应用：求复杂情形下的基本物理量 $\boldsymbol{r}(t)$ 和 $\dot{\boldsymbol{r}}(t)$ (星历表).

$\boldsymbol{r}(t)$，$\dot{\boldsymbol{r}}(t)$ 的三个坐标和速度分量分别为 $(x(t), y(t), z(t))$ 和 $(\dot{x}(t), \dot{y}(t), \dot{z}(t))$. 在某些情况下，用下面的表达式可精确地求出这些基本物理量：

$$x(t)=a_{10}T_0(t_c)+a_{11}T_1(t_c)+\cdots+a_{1,N-1}T_{N-1}(t_c). \tag{15.2}$$

$$\dot{x}(t)=VFac(a_{10}\dot{T}_0(t_c)+a_{11}\dot{T}_1(t_c)+\cdots+a_{1,N-1}\dot{T}_{N-1}(t_c)). \tag{15.3}$$

下面来说明式(15.2)和式(15.3)：

(1) $N-1$ 是展开式 Chebyshev 多项式的最高次数，依赖于精度和天体运动的复杂性，如太阳火星运动(较简单)，$N=11$；地月质心与月亮(较为复杂)，$N=13$.

(2)设 $t=[t_0, t_0+\Delta]$，又令 $t_c=\dfrac{2(t-t_0)}{\Delta}-1$，它在 $[-1, 1]$ 中取值，为 Chebyshev 多项式的自变量.

(3)给出了 $x(t)$ 和 $\dot{x}(t)$ 的分析表达式.

注意：

$$\begin{cases}\dot{T}_0(x)=0,\\ \dot{T}_1(x)=1,\\ \dot{T}_i(x)=2T_{i-1}(x)+2x\dot{T}_{i-1}(x)-\dot{T}_{i-2}(x),\ (i=2, 3, \cdots, N-1).\end{cases} \tag{15.4}$$

又 $x(t)$ 和 $\dot{x}(t)$ 的展开系数 a_{1j} 是一样的，同样 a_{2j}，a_{3j} 分别对应于 $y(t)$，$z(t)$，$[\dot{y}(t), \dot{z}(t)]$.

Wannier 图：

子时段 $\Big\{$ 分量(1, 3) $\Big\{$ 系数(0, N-1).

15.5 采用计算机由历表文件 MSM. date 读取基本物理量的方法

采用计算机，可以从历表文件 MSM. date 读取基本物理量，即读取任意时刻 t，天体(月亮、太阳、火星)的位置和速度.

1. MSM. date 的数据结构

对月亮、太阳和火星，一般取 N (为方便，以下记 Ncf)等于 13，天体数为 3，每个坐标(或速度)有三个分量，一个时间段状态数据的组织和数据文件如下，即

时段 $\Big\{$ 天体(1, 3) $\Big\{$ 分量(1, 3) $\Big\{$ 系数(0, Ncf-1)

和

数据文件 $\Big\{$ 头记录 HeadF，空记录，数据记录(1, Nc)；

数据记录(1, Nc) $\Big\{$ Buf $\Big\{$ startJD，endJD，系数数据.

2. 基本物理量的读取

给出 t 时刻，可得天体(月亮、太阳、火星)的位置矢量和速度矢量. 我们可通过编一

个程序来达到我们的目的. 李广宇①在他的书的光盘中给出了月球、太阳和火星历表文件 MSM. data，这个文件给出 1900—2099 年内月球、太阳和火星的地心坐标和速度数据.

3. 问题 1 和 2 的具体讨论

类似 TEms 的过程，State 用于读取并计算月亮、太阳和火星在地心天球坐标系的坐标和速度，过程 State( ) 的 Wannier 图很复杂②，如图 15. 1 所示，其中包括过程 Inter( )，它有一个人口参数 i，表示待处理的天体系数，过程的任务有三：计算时段指针 L，规一化时间 t_C 和计算各 Chebyshev 多项式或导数在 t_C 的值. 若要画出整个 InterP( ) 过程的 Wannier 图，当然还要设计一个主程序③. 读者需要具有 Delphi 程序设计④的一些背景知识.

时间转换
- 处理时间越界 (0，1)？1
  - 提示；
  - exit；
- 计算记录指针和记录段时间
  - 转换时间 { tv = (t−HeadF. ss[1])/HeadF. ss[3]；
  - 计算指针 { Nr = Floor(tv) +2；
  - 修改指针 (0，1)？2 { Nr = Nr−1；
  - 记录段时间 { tv = Frac(tv)

读入数据 (0，1)？3
- 定位 { FStream. Seek(RecSz * Nr，SoFromBeginning)；
- 读入 { FStream. Read(Buf，RecSz)；
- 保存指针 { Nrb = Nr

处理一个天体 (1，N)？4
- 计算坐标速度 { InterP(i)
- 换算单位 { 处理一个分量 { Pv[i，j] = Pv[i，j]/AU；

？1/if t<HeadF. ss[1]ort>HeadF. ss[2]；　　？2/if t = HeadF. ss[2]；
？3/if Nr<>Nrb；　　？4/for I：1 to 3；
？5/for i：1 to 6

图 15. 1　过程 State( ) 的 Wannier 图

具体讨论包括：几种形式的 DE 系列历表；DE405/LE405 运动方程考虑的因素(我们强调，星历表是同时考虑观测和理论所得到的结果，是一个唯象的东西)；DE405/LE405 涉及的观测；行星月亮(内太阳系)历表的精度；行星月亮历表的位置误差. 注意：Wannier 图是写程序之前所画的简图，掌握了这些基础知识，我们可以很容易编程.

---

① 李广宇. 天球参考系变换及其应用[M]. 北京：科学出版社，2010：38-40.
② 李广宇. 天球参考系变换及其应用[M]. 北京：科学出版社，2010：41.
③ 李广宇. 天球参考系变换及其应用[M]. 北京：科学出版社，2010：43.
④ 李广宇. 天球参考系变换及其应用[M]. 北京：科学出版社，2010：第 2 章.

15.6　天体(质点)基本物理量的说明

基本物理量为位矢 $\boldsymbol{r}=\boldsymbol{r}(t)$，从而速度为 $\boldsymbol{v}=\frac{\mathrm{d}}{\mathrm{d}r}\boldsymbol{r}(t)$，对它们的观测需要选取不同的坐标系，而坐标系是主观选定的(视方便而定)，选定不同坐标系会得到不同的结果. 由于 $\boldsymbol{r}(t)$ 和 $\boldsymbol{v}(t)$ 与坐标系无关，这些结果之间存在着内在的联系，这便是坐标变换. 这些变换的处理，需要用到后面小节介绍的矩阵、矢量、旋转变换和编程等数学工具.

15.7　与矩阵相关的定义

(1)定义

$$\boldsymbol{A}=\begin{pmatrix} a_{11} & a_{12} & \cdots & a_{1n} \\ a_{21} & a_{22} & \cdots & a_{2n} \\ \vdots & \vdots & & \vdots \\ a_{m1} & a_{m2} & \cdots & a_{mn} \end{pmatrix}, \tag{15.5}$$

记为 $(a_{ij})_{m\times n}$ 或 (a_{ij})，a_{ij} 叫矩阵的元素. 当 $m=n$ 时，称之为 m 阶方阵. 将 $\boldsymbol{A}$ 行列互换，得到矩阵 $\boldsymbol{A}$ 的转置矩阵，记为

$$\boldsymbol{A}^{\mathrm{T}}=\begin{pmatrix} a_{11} & a_{21} & \cdots & a_{m1} \\ a_{12} & a_{22} & \cdots & a_{m2} \\ \vdots & \vdots & & \vdots \\ a_{1n} & a_{2n} & \cdots & a_{mn} \end{pmatrix}, \tag{15.6}$$

其中，T 为转置算符.

(2)两个 $m\times n$ 矩阵 $\boldsymbol{A}$ 和 $\boldsymbol{B}$ 相等(记为 $\boldsymbol{A}=\boldsymbol{B}$)

$$a_{ij}=b_{ij}(i=1,\ 2,\ \cdots,\ m;\ j=1,\ 2,\ \cdots,\ n). \tag{15.7}$$

(3)实数 λ 与矩阵 $\boldsymbol{A}$ 的乘积(记为 $\lambda\boldsymbol{A}$)

$$\lambda\boldsymbol{A}=(\lambda a_{ij}). \tag{15.8}$$

(4)矩阵 $\boldsymbol{A}$ 与 $\boldsymbol{B}$ 的和

$$\boldsymbol{A}+\boldsymbol{B}=(a_{ij}+b_{ij}). \tag{15.9}$$

(5) $\boldsymbol{A}$ 与 $\boldsymbol{B}$ 的线性组合(记为 $\lambda_1\boldsymbol{A}+\lambda_2\boldsymbol{B}$，$\lambda_1$ 和 λ_2 均为实数)

$$\lambda_1\boldsymbol{A}+\lambda_2\boldsymbol{B}=(\lambda_1 a_{ij}+\lambda_2 b_{ij}). \tag{15.10}$$

(6)矩阵 $\boldsymbol{A}=(a_{ij})_{m\times r}$ 和 $\boldsymbol{B}=(b_{ij})_{r\times n}$ 的乘积

定义一个 $m\times n$ 矩阵(记为 $\boldsymbol{AB}$)，则有

$$\boldsymbol{AB}=(a_{i1}b_{1j}+a_{i2}b_{2j}+\cdots+a_{ir}b_{ij})_{m\times n}. \tag{15.11}$$

(7)特殊矩阵

行矢量

$$\boldsymbol{v} = (v_1 \quad v_2 \quad \cdots \quad v_N), \tag{15.12}$$

列矢量

$$\boldsymbol{v}^{\mathrm{T}} = \begin{pmatrix} v_1 \\ v_2 \\ \vdots \\ v_N \end{pmatrix}, \tag{15.13}$$

由于矢量维数一般为 3 维，除非特别声明，一般 $N = 3$.

(8) 位置矢量(位矢)

在直角坐标系中，有 P 点，坐标为 (x, y, z)，原点为 O，定义 P 点位矢

$$\boldsymbol{r} = OP = (x \quad y \quad z)^{\mathrm{T}}, \tag{15.14}$$

此处涉及 3 个特别的矢量

$$\hat{e}_1 = \begin{pmatrix} 1 \\ 0 \\ 0 \end{pmatrix}, \ \hat{e}_2 = \begin{pmatrix} 0 \\ 1 \\ 0 \end{pmatrix}, \ \hat{e}_3 = \begin{pmatrix} 0 \\ 0 \\ 1 \end{pmatrix}, \tag{15.15}$$

方向为三个轴方向，长度为 1 的有向线段，$\hat{e}_1$，$\hat{e}_2$，$\hat{e}_3$ 成右手关系，坐标系记为 $\{O; \hat{e}_1\hat{e}_2\hat{e}_3\}$.

(9) 位矢的运算

设 $\boldsymbol{a} = (a_1 \quad a_2 \quad a_3)^{\mathrm{T}}$，$\boldsymbol{b} = (b_1 \quad b_2 \quad b_3)^{\mathrm{T}}$，注意它们为特殊矩阵，故

$$\boldsymbol{a} + \boldsymbol{b} = \begin{pmatrix} a_1 + b_1 \\ a_2 + b_2 \\ a_3 + b_3 \end{pmatrix}, \ \lambda \boldsymbol{a} = \begin{pmatrix} \lambda a_1 \\ \lambda a_2 \\ \lambda a_3 \end{pmatrix}, \tag{15.16}$$

由上可得

$$\boldsymbol{r} = \begin{pmatrix} x \\ y \\ z \end{pmatrix} = x\begin{pmatrix} 1 \\ 0 \\ 0 \end{pmatrix} + y\begin{pmatrix} 0 \\ 1 \\ 0 \end{pmatrix} + z\begin{pmatrix} 0 \\ 0 \\ 1 \end{pmatrix} = x\hat{e}_1 + y\hat{e}_2 + z\hat{e}_3, \tag{15.17}$$

(10) 位矢的长度

$$r = OP = \sqrt{x^2 + y^2 + z^2}, \tag{15.18}$$

长度为 1 的矢量为单位矢量，与 $\boldsymbol{r}$ 同方向的单位矢量 $\langle \boldsymbol{r} \rangle = \dfrac{\boldsymbol{r}}{r}$.

(11) 两矢量的数量积(标积、点积)

$$\boldsymbol{a} \cdot \boldsymbol{b} = \boldsymbol{a}^{\mathrm{T}}\boldsymbol{b} = a_1 b_1 + a_2 b_2 + a_3 b_3, \tag{15.19}$$

或

$$\boldsymbol{a} \cdot \boldsymbol{b} = ab\cos\boldsymbol{\theta}. \tag{15.20}$$

(12) 两矢量的矢量积(vector product)(矢积、叉积)

$$\boldsymbol{a}\times\boldsymbol{b}=\begin{pmatrix}a_1\\a_2\\a_3\end{pmatrix}\times\begin{pmatrix}b_1\\b_2\\b_3\end{pmatrix}=\begin{pmatrix}a_2b_3-a_3b_2\\a_3b_1-a_1b_3\\a_1b_2-a_2b_1\end{pmatrix}. \tag{15.21}$$

易证明以下等式：

$$\begin{aligned}&\boldsymbol{a}\times\boldsymbol{b}=-\boldsymbol{b}\times\boldsymbol{a},\ \boldsymbol{c}\times(\boldsymbol{a}+\boldsymbol{b})=\boldsymbol{c}\times\boldsymbol{a}+\boldsymbol{c}\times\boldsymbol{b},\\&\boldsymbol{e}_1\times\boldsymbol{e}_2=\boldsymbol{e}_3,\ \boldsymbol{e}_2\times\boldsymbol{e}_3=\boldsymbol{e}_1,\ \boldsymbol{e}_3\times\boldsymbol{e}_1=\boldsymbol{e}_2.\end{aligned} \tag{15.22}$$

(13)极坐标 $(r,\ \theta)$

对于二维情形，与 x 和 y (直角坐标)的关系为

$$x=r\cos\theta,\ y=\sin\theta, \tag{15.23}$$

或

$$\begin{aligned}&r=\sqrt{x^2+y^2},\\&\theta=\begin{cases}\arccos(x/r),\ y\geqslant 0,\\-\arccos(x/r),\ y<0.\end{cases}\end{aligned} \tag{15.24}$$

以上可推广到三维柱坐标.

(14)球坐标(spherical coordinate)$(r,\ \boldsymbol{\lambda},\ \theta)$

对于三维情形，与 x，y 和 z (直角坐标(rectangular coordinate 或 right-angled coordinate))的关系为：

$$\begin{cases}x=r\cos\theta\cos\lambda,\\y=r\cos\theta\sin\lambda,\\z=r\sin\theta.\end{cases} \tag{15.25}$$

或

$$\begin{cases}r=\sqrt{x^2+y^2+z^2},\\\lambda=\begin{cases}\arccos(x/\sqrt{x^2+y^2}),\ y\geqslant 0,\\-\arccos(x/\sqrt{x^2+y^2}),\ y<0,\end{cases}\\\theta=\begin{cases}\arccos(\sqrt{x^2+y^2}/r),\ z\geqslant 0,\\-\arccos(\sqrt{x^2+y^2}/r),\ z<0.\end{cases}\end{cases} \tag{15.26}$$

15.8 坐标变换

同一个物理量在不同坐标系中有不同的值，但它们之间有必然的联系，这些物理量分为标量、矢量和张量，它们与坐标变换之间有关系，如在四维情形下，坐标变换为

$$x^{\mu'}=x^{\mu'}(x^{\nu}).$$

二阶张量的变换关系为(以下如没有特别说明，指标相同表示求和)

$$T^{\mu\nu}=\frac{\partial x^{\mu}}{\partial x^{\mu'}}\frac{\partial x^{\nu}}{\partial x^{\nu'}}T^{\mu'\nu'}, \tag{15.27}$$

其中，指标取 0，1，2，3.

知道了坐标系，便可得物理量在此坐标系中的数值，从而可以与观测值做对比，限制物理模型，因此，坐标变换的关键是求坐标系变换下位置矢量(位矢)的变换关系.

特例 1　对于二维平面直角坐标系的旋转，时间变换为绝对时间.

如图 15.2 所示，设两个坐标系 $\{O,\ \boldsymbol{e}_1,\ \boldsymbol{e}_2\}$，$\{O,\ \boldsymbol{e}'_1,\ \boldsymbol{e}'_2\}$，$P$ 点在第一个坐标系中的坐标为 $(x,\ y)$，在第二个坐标系中的坐标为 $(x',\ y')$.

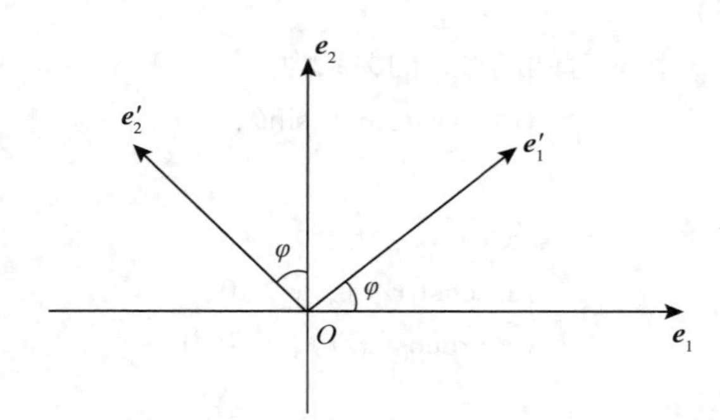

图 15.2　平面直角坐标系的旋转

下面研究坐标 $(x,\ y)$ 与 $(x',\ y')$ 的变换关系. 首先考察基矢的关系为

$$\boldsymbol{e}'_1 = \cos\varphi\boldsymbol{e}_1 + \sin\varphi\boldsymbol{e}_2,\ \boldsymbol{e}'_2 = -\sin\varphi\boldsymbol{e}_1 + \cos\varphi\boldsymbol{e}_2, \tag{15.28}$$

或

$$\boldsymbol{e}_1 = \cos\varphi\boldsymbol{e}'_1 - \sin\varphi\boldsymbol{e}'_2,\ \boldsymbol{e}_2 = \sin\varphi\boldsymbol{e}'_1 + \cos\varphi\boldsymbol{e}'_2, \tag{15.29}$$

矩阵

$$(\boldsymbol{e}_1 \quad \boldsymbol{e}_2) = (\boldsymbol{e}'_1 \quad \boldsymbol{e}'_2)\begin{pmatrix}\cos\varphi & \sin\varphi \\ -\sin\varphi & \cos\varphi\end{pmatrix}, \tag{15.30}$$

注意：$\boldsymbol{e}_1 = (1 \quad 0)^{\mathrm{T}}$，$\boldsymbol{e}_2 = (0 \quad 1)^{\mathrm{T}}$，即

$$(\boldsymbol{e}_1 \quad \boldsymbol{e}_2) = \begin{pmatrix}1 & 0 \\ 0 & 1\end{pmatrix} \equiv \boldsymbol{U}, \tag{15.31}$$

此处 $\boldsymbol{U}$ 为单位方阵. 性质 $\boldsymbol{UA}=\boldsymbol{AU}=\boldsymbol{A}$. 若 $\boldsymbol{AB}=\boldsymbol{BA}=\boldsymbol{U}$，有 $\boldsymbol{A}=\boldsymbol{B}^{-1}$.

令

$$R(\varphi) = \begin{pmatrix}\cos\varphi & \sin\varphi \\ -\sin\varphi & \cos\varphi\end{pmatrix}, \tag{15.32}$$

有

$$(\boldsymbol{e}'_1 \quad \boldsymbol{e}'_2) = (\boldsymbol{e}_1 \quad \boldsymbol{e}_2)R(-\varphi), \tag{15.33}$$

可证明 $R(\varphi)^{-1} = R(\varphi)^{\mathrm{T}} = R(-\varphi)$.

注意：

$$\boldsymbol{r} = (\boldsymbol{e}'_1 \quad \boldsymbol{e}'_2)\begin{pmatrix}x' \\ y'\end{pmatrix} = (\boldsymbol{e}_1 \quad \boldsymbol{e}_2)\begin{pmatrix}x \\ y\end{pmatrix} = (\boldsymbol{e}_1 \quad \boldsymbol{e}_2)R(-\varphi)\begin{pmatrix}x' \\ y'\end{pmatrix}. \tag{15.34}$$

故

$$\begin{pmatrix} x \\ y \end{pmatrix} = R(-\varphi)\begin{pmatrix} x' \\ y' \end{pmatrix}, \begin{pmatrix} x' \\ y' \end{pmatrix} = R(\varphi)\begin{pmatrix} x \\ y \end{pmatrix}. \tag{15.35}$$

特例 2 对于空间直角坐标系的旋转，时间为绝对时间. 空间转动由一些基本转动组成.

(1)基本转动

设 $\boldsymbol{e}_1$ 不动，$(\boldsymbol{e}_2\boldsymbol{e}_3)$ 以 $\boldsymbol{e}_1$ 为轴(逆向)在平面内逆时针(counter clockwise)转 φ 角到 $(\boldsymbol{e}'_2\boldsymbol{e}'_3)$ (见图 15.3). 注意：$\boldsymbol{e}'_2$，$\boldsymbol{e}'_3$ 在 $(\boldsymbol{e}_2\boldsymbol{e}_3)$ 平面内.

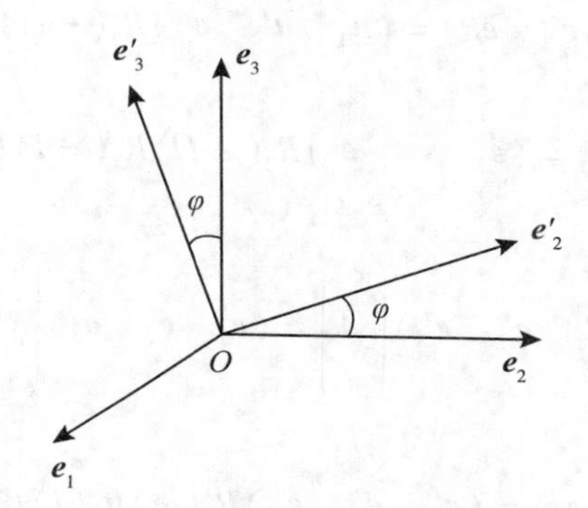

图 15.3 第一个基本转动

易知两坐标系基矢变换关系为

$$\begin{cases} \boldsymbol{e}'_1 = \boldsymbol{e}_1, \\ \boldsymbol{e}'_2 = \cos\varphi\boldsymbol{e}_2 + \sin\varphi\boldsymbol{e}_3, \\ \boldsymbol{e}'_3 = -\sin\varphi\boldsymbol{e}_2 + \cos\varphi\boldsymbol{e}_3, \end{cases} \tag{15.36}$$

用矩阵表示

$$(\boldsymbol{e}'_1 \quad \boldsymbol{e}'_2 \quad \boldsymbol{e}'_3) = (\boldsymbol{e}_1 \quad \boldsymbol{e}_2 \quad \boldsymbol{e}_3)\begin{pmatrix} 1 & 0 & 0 \\ 0 & \cos\varphi & -\sin\varphi \\ 0 & \sin\varphi & \cos\varphi \end{pmatrix} \equiv (\boldsymbol{e}_1 \quad \boldsymbol{e}_2 \quad \boldsymbol{e}_3)R_1(-\varphi). \tag{15.37}$$

同理可证：①$\boldsymbol{e}_2$ 不动，$(\boldsymbol{e}_3, \boldsymbol{e}_1)$ 以 $\boldsymbol{e}_2$ 为轴(以下除特别说明，均为逆向)在平面内逆时针转 φ 角到 $(\boldsymbol{e}'_3\boldsymbol{e}'_1)$，有

$$(\boldsymbol{e}'_1 \quad \boldsymbol{e}'_2 \quad \boldsymbol{e}'_3) = (\boldsymbol{e}_1 \quad \boldsymbol{e}_2 \quad \boldsymbol{e}_3)\begin{pmatrix} \cos\varphi & 0 & \sin\varphi \\ 0 & 1 & 0 \\ -\sin\varphi & 0 & \cos\varphi \end{pmatrix} \equiv (\boldsymbol{e}_1 \quad \boldsymbol{e}_2 \quad \boldsymbol{e}_3)R_2(-\varphi). \tag{15.38}$$

② $\boldsymbol{e}_3$ 不动，$(\boldsymbol{e}_2, \boldsymbol{e}_1)$ 以 $\boldsymbol{e}_3$ 为轴(逆向)在平面内逆时针转 φ 角到 $(\boldsymbol{e}'_1\boldsymbol{e}'_2)$，有

$$(\boldsymbol{e}'_1 \quad \boldsymbol{e}'_2 \quad \boldsymbol{e}'_3) = (\boldsymbol{e}_1 \quad \boldsymbol{e}_2 \quad \boldsymbol{e}_3)\begin{pmatrix} \cos\varphi & -\sin\varphi & 0 \\ \sin\varphi & \cos\varphi & 0 \\ 0 & 0 & 1 \end{pmatrix} \equiv (\boldsymbol{e}_1 \quad \boldsymbol{e}_2 \quad \boldsymbol{e}_3)R_3(-\varphi). \tag{15.39}$$

(2)最一般的转动(一)

设基矢 $(\boldsymbol{e}_1\boldsymbol{e}_2\boldsymbol{e}_3) \to (\boldsymbol{e}'_1\boldsymbol{e}'_2\boldsymbol{e}'_3)$ 经过三个 Euler 角得到如图 15.4 所示.

第一步：$\boldsymbol{e}_3$ 不动，$(\boldsymbol{e}_1\boldsymbol{e}_2)$ 绕第三轴 $\boldsymbol{e}_3$ 逆时针转 Ω 角到 $(\boldsymbol{u}_1,\ \boldsymbol{u}_2)$，$\langle \boldsymbol{e}_1,\ \boldsymbol{u}_1 \rangle = \Omega$，$\langle\rangle$ 表示夹角，有

$$(\boldsymbol{u}_1\quad \boldsymbol{u}_2\quad \boldsymbol{e}_3) = (\boldsymbol{e}_1\quad \boldsymbol{e}_2\quad \boldsymbol{e}_3)R_3(-\Omega). \tag{15.40}$$

第二步：$\boldsymbol{u}_1$ 不动，$(\boldsymbol{u}_2,\boldsymbol{e}_3)$ 绕第一轴 $\boldsymbol{u}_1$ 逆时针转 I 角到 $(\boldsymbol{u}'_2,\boldsymbol{e}'_3)$，$\langle \boldsymbol{e}_3,\boldsymbol{e}'_3 \rangle = I$，有

$$(\boldsymbol{u}_1\quad \boldsymbol{u}'_2\quad \boldsymbol{e}'_3) = (\boldsymbol{u}_1\quad \boldsymbol{u}_2\quad \boldsymbol{e}_3)R_1(-I). \tag{13.41}$$

第三步：$\boldsymbol{e}'_3$ 不动，$(\boldsymbol{u}_1,\boldsymbol{u}'_2)$ 绕第三轴 $\boldsymbol{e}'_3$ 逆时针转 ω 角到 $(\boldsymbol{e}'_1,\boldsymbol{e}'_2)$，$\langle \boldsymbol{u}_1,\boldsymbol{e}'_1 \rangle = \omega$，有

$$(\boldsymbol{e}'_1\quad \boldsymbol{e}'_2\quad \boldsymbol{e}'_3) = (\boldsymbol{u}_1\quad \boldsymbol{u}'_2\quad \boldsymbol{e}'_3)R_3(-\omega).$$

综上所述，可得

$$(\boldsymbol{e}'_1\quad \boldsymbol{e}'_2\quad \boldsymbol{e}'_3) = (\boldsymbol{e}_1\quad \boldsymbol{e}_2\quad \boldsymbol{e}_3)R_3(-\Omega)R_1(-I)R_3(-\omega). \tag{15.42}$$

又

$$\boldsymbol{r} = (\boldsymbol{e}'_1\quad \boldsymbol{e}'_2\quad \boldsymbol{e}'_3)\begin{pmatrix} x' \\ y' \\ z' \end{pmatrix} = (\boldsymbol{e}_1\quad \boldsymbol{e}_2\quad \boldsymbol{e}_3)\begin{pmatrix} x \\ y \\ z \end{pmatrix},$$

而由式(15.42)得

$$(\boldsymbol{e}_1\quad \boldsymbol{e}_2\quad \boldsymbol{e}_3) = (\boldsymbol{e}'_1\quad \boldsymbol{e}'_2\quad \boldsymbol{e}'_3)R_3(\omega)R_1(I)R_3(\Omega), \tag{15.43}$$

故

$$\begin{pmatrix} x' \\ y' \\ z' \end{pmatrix} = R_3(\omega)R_1(I)R_3(\Omega)\begin{pmatrix} x \\ y \\ z \end{pmatrix}. \tag{15.44}$$

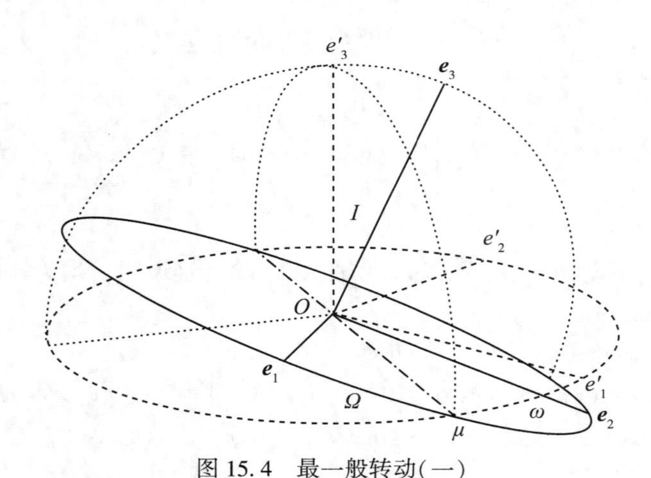

图 15.4　最一般转动(一)

注意：虚线为标架 $(\boldsymbol{e}'_1,\ \boldsymbol{e}'_2,\ \boldsymbol{e}'_3)$，黑实线为标架 $(\boldsymbol{e}_1,\ \boldsymbol{e}_2,\ \boldsymbol{e}_3)$.

(3)最一般的转动(二)

设 $(\boldsymbol{e}_1\boldsymbol{e}_2\boldsymbol{e}_3) \to (\boldsymbol{e}'_1\boldsymbol{e}'_2\boldsymbol{e}'_3)$ 经过以下三步完成，如图 15.5 所示.

第一步：$\boldsymbol{e}_3$ 不动，$(\boldsymbol{e}_1, \boldsymbol{e}_2)$ 在基本平面内绕第三轴 $\boldsymbol{e}_3$ 顺时针转 α 角到 $(\boldsymbol{u}_1, \boldsymbol{u}_2)$，使 $\boldsymbol{u}_1$ 落在 $(\boldsymbol{u}_3, \boldsymbol{e}'_1)$，有

$$(\boldsymbol{u}_1 \quad \boldsymbol{u}_2 \quad \boldsymbol{e}_3) = (\boldsymbol{e}_1 \quad \boldsymbol{e}_2 \quad \boldsymbol{e}_3) R_3(\alpha). \tag{15.45}$$

第二步：$\boldsymbol{u}_2$ 不动，$(\boldsymbol{e}_3, \boldsymbol{u}_1)$ 在基本平面内绕第二轴 $\boldsymbol{e}_3$ 顺时针转 ξ 角到 $(\boldsymbol{u}_3, \boldsymbol{e}'_1)$，有

$$(\boldsymbol{e}'_1 \quad \boldsymbol{u}_2 \quad \boldsymbol{u}_3) = (\boldsymbol{u}_1 \quad \boldsymbol{u}_2 \quad \boldsymbol{e}_3) R_2(\xi). \tag{15.46}$$

第三步：$\boldsymbol{e}'_1$ 不动，$(\boldsymbol{u}_2, \boldsymbol{u}_3)$ 在基本平面内绕第一轴 $\boldsymbol{e}'_1$ 逆时针转 η 角到 $(\boldsymbol{e}'_2, \boldsymbol{e}'_3)$，有

$$(\boldsymbol{e}'_1 \quad \boldsymbol{e}'_2 \quad \boldsymbol{e}'_3) = (\boldsymbol{e}'_1 \quad \boldsymbol{u}_2 \quad \boldsymbol{u}_3) R_1(-\eta). \tag{15.47}$$

由式(15.45)~式(15.47)，得

$$(\boldsymbol{e}'_1 \quad \boldsymbol{e}'_2 \quad \boldsymbol{e}'_3) = (\boldsymbol{e}_1 \quad \boldsymbol{e}_2 \quad \boldsymbol{e}_3) R_3(\alpha) R_2(\xi) R_1(-\eta), \tag{15.48}$$

或

$$(\boldsymbol{e}_1 \quad \boldsymbol{e}_2 \quad \boldsymbol{e}_3) = (\boldsymbol{e}'_1 \quad \boldsymbol{e}'_2 \quad \boldsymbol{e}'_3) R_1(\eta) R_2(-\xi) R_3(-\alpha), \tag{15.49}$$

因此

$$\begin{pmatrix} x' \\ y' \\ z' \end{pmatrix} = R_1(\eta) R_2(-\xi) R_3(-\alpha) \begin{pmatrix} x \\ y \\ z \end{pmatrix}. \tag{15.50}$$

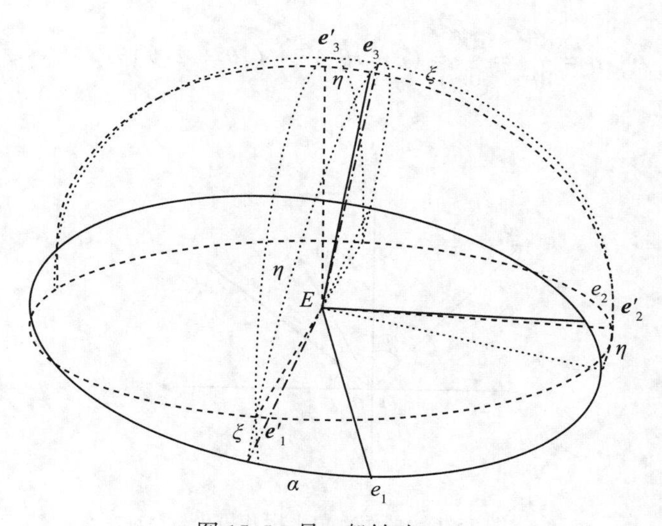

图 15.5 最一般转动(二)

注意：虚线为标架 $(\boldsymbol{e}'_1, \boldsymbol{e}'_2, \boldsymbol{e}'_3)$，黑实线为标架 $(\boldsymbol{e}_1, \boldsymbol{e}_2, \boldsymbol{e}_3)$.

15.9 求相关物理量与时空的函数关系——平面坐标系中的速度和加速度

前面所述的位矢为基本物理量，若知道它与时间的函数关系，则可求出所有相关的物理量. 设位矢为 $\boldsymbol{r}(t)$，为简单计，以下略去 t，如图 15.6 所示，选平面直角坐标系，

则有

$$\boldsymbol{r} = \begin{pmatrix} x \\ y \end{pmatrix} = \begin{pmatrix} r\cos\theta \\ r\sin\theta \end{pmatrix}, \ r = \sqrt{x^2 + y^2}, \tag{15.51}$$

径向(radial)单位矢为

$$\hat{r} = \begin{pmatrix} \cos\theta \\ \sin\theta \end{pmatrix}, \tag{15.52}$$

横向(transverse)单位矢为

$$\hat{\theta} = \frac{\mathrm{d}\hat{r}}{\mathrm{d}\theta} = \begin{pmatrix} -\sin\theta \\ \cos\theta \end{pmatrix},$$

单位矢量对时间的导数为

$$\frac{\mathrm{d}\hat{r}}{\mathrm{d}t} = \frac{\mathrm{d}\hat{r}}{\mathrm{d}\theta}\frac{\mathrm{d}\theta}{\mathrm{d}t} = \dot{\theta}\hat{\theta}, \ \frac{\mathrm{d}\hat{\theta}}{\mathrm{d}t} = \frac{\mathrm{d}\hat{\theta}}{\mathrm{d}\theta}\frac{\mathrm{d}\theta}{\mathrm{d}t} = -\dot{\theta}\hat{r}, \tag{15.53}$$

速度为

$$\dot{\boldsymbol{r}} = \frac{\mathrm{d}}{\mathrm{d}t}(r\hat{r}) = \dot{r}\hat{r} + r\frac{\mathrm{d}\hat{r}}{\mathrm{d}t} = \dot{r}\hat{r} + r\dot{\theta}\hat{\theta}, \tag{15.54}$$

加速度为

$$\boldsymbol{a} = \frac{\mathrm{d}^2\boldsymbol{r}}{\mathrm{d}t^2} = \frac{\mathrm{d}\dot{\boldsymbol{r}}}{\mathrm{d}t} = (\ddot{r} - r\dot{\theta}^2)\hat{r} + (r\ddot{\theta} + 2\dot{r}\dot{\theta})\hat{\theta}. \tag{15.55}$$

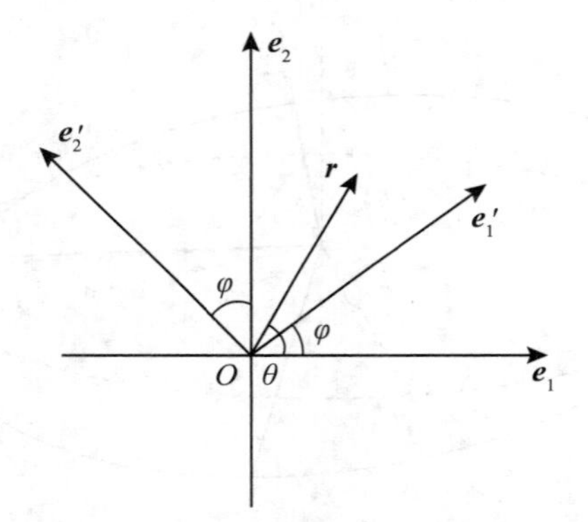

图 15.6 平面直角坐标和极坐标

第 16 章　天球参考系、岁差、章动和经典变换

要测量系统的物理量，必先选择坐标系，为了方便处理不同的问题，本章引入不同的坐标系. 这里有一个自然的问题，怎样求给定坐标系(一般为非惯性系)的基本物理量(位矢 $\boldsymbol{r}(t)$，速度 $\boldsymbol{v}(t)$)？答案是，先选择一惯性系(至少是近似的)，求出基本物理量，之后根据选定的坐标系与惯性系的变换关系，便可求出此选定的非惯性系的基本物理量，这里的惯性系可称为国际天球参考系. 因此，求坐标系之间的坐标变换关系至关重要. 本章以此为目标，具体实现需要计算机编程.

16.1　坐标系的几个要素

首先，选定坐标原点 O；其次，选定基本平面；第三标架矢量 $\boldsymbol{e}_3$ 垂直于基本平面；最后，在基本平面上选定基本方向($\boldsymbol{e}_1$ 的方向).

16.2　第一类坐标系及其选择的原因

1. 地平坐标系(horizontal coordinate system 或 horizon coordinate system)

观测点为原点，地平面(铅垂线(天极)相垂直的平面)为基本平面，正南为基本方向. 它为左手系. 天球方位由方位角 α 和高度角坐标 h 确定，此坐标系的选择是很自然的事. 注意：

$$0 \leqslant \alpha \leqslant 2\pi, \quad -\frac{\pi}{2} \leqslant h \leqslant \frac{\pi}{2}.$$

2. 赤道坐标系(equatorial coordinate system 或 equatorial system of coordinate 或 equatorial system)

测站地为原点，北天极为 $\boldsymbol{e}_3$，以 $\boldsymbol{e}_3$ 为法矢量的基本平面就是天球赤道(celestial equator 或 equinoctial). 此坐标系脱离地面而和天球(celestial sphere)挂钩. 在此系中，天体纬度 δ 不改变，经度 H 随时间成正比例变化. 天体的纬度叫赤纬(declination)，经度叫赤经(right ascension). 此坐标系为左手系，也称时角(hour angle)坐标系.

3. 站心(station)赤道坐标系

前面的基本方向仍然与地面连接，为了把经度固定下来，应使基本方向与地面脱钩而连接于某个天体，如太阳，可选春分点作为此系的基本方向. 原点还在测站.

4. 黄道坐标系(ecliptic system of coordinates)

黄道坐标系的原点和基本方向与赤道坐标系相同，但基本平面为黄道面(ecliptic plane)而非赤道面，黄道面法向为黄极(pole of the ecliptic)方向，是由地月质心在太阳质心惯性系的平均轨道角动量来定义的. 天体的方位由黄经(celestial longitude 或 ecliptic longitude)和黄纬(celestial latitude 或 ecliptic latitude)决定. 本坐标系用得不多，但很重要. 黄道面与赤道平面的夹角叫黄赤交角 ε，一般可由理论和观测唯象给出.

16.3　几种坐标系下的坐标变换 1

1. 地平坐标系与时角坐标系

$$\begin{pmatrix} \cos h\cos\alpha \\ \cos h\sin\alpha \\ \sin h \end{pmatrix} = R_2(-90^\circ + \phi)\begin{pmatrix} \cos\delta\cos H \\ \cos\delta\sin H \\ \sin\delta \end{pmatrix}, \tag{16.1}$$

其中，ϕ 为测站大地纬度. 上式左、右两边列矢量分别对应于地平和时角坐标.

2. 时角标架与赤道标架的变换

$$\begin{pmatrix} \cos\delta\cos\alpha \\ \cos\delta\sin\alpha \\ \sin\delta \end{pmatrix} = \begin{pmatrix} 1 & 0 & 0 \\ 0 & -1 & 0 \\ 0 & 0 & 1 \end{pmatrix} R_3(\mathrm{LST})\begin{pmatrix} \cos\delta\cos H \\ \cos\delta\sin H \\ \sin\delta \end{pmatrix}, \tag{16.2}$$

其中，LST 为春分点的时角.

注意：时角基本方向为正南，而赤道标架为春分点，由上式知 $H = \mathrm{LST} - \alpha$.

16.4　第二类坐标系及其选择的原因

1. 国际天球参考系(International Celestial Reference System 或 ICRS)

对于国际天球参考系，需要满足：第一，它应该接近一个惯性系，原点放在太阳系质心上；第二，它的标架不应该有转动；第三，按标架在理论上的方位测量归算出一批天体精确坐标. 此处是一种理想的惯性系或接近惯性系.

2. 真(true)赤道坐标系

在真赤道系中，作为基本面的天赤道和决定基本方向的春分点在运动，赤道坐标系框架随时间转动，对于日期 t，框架方向是确定的.

插入知识：为什么赤道面和春分点(equinox)在运动？从国际天球参考系(惯性系)来看，在惯性系中，Newton 定律适用. 地球不是一个正球体，而是一个赤道部分隆起，两极部分扁平的椭球体，它在空间中的运动类似于高速旋转的陀螺，除进动之外还有章动. 地球的运动是岁差和章动的叠加. 根据 Newton 定律，可以确定真赤道系在国际天球参考系(惯性系)中的运动.

3. 平(mean)赤道坐标系

平赤道坐标系是只考虑岁差不考虑章动的赤道坐标系，它仅仅代表真赤道坐标系在一段时间的平均方位. 相应的基本平面和基本方向分别叫平赤道(mean equator)和平春分点(mean equinox).

4. 国际天球参考系的规范定义

国际天球参考系的规范定义是指：原点为太阳系的质心，坐标轴的指向对于类星体固定；基本平面尽可能靠近 J2000.0 下平赤道面，而基本方向尽可能靠近 J2000.0 平春分点.

说明：国际天球参考系，历元(epoch)平赤道系和历元平黄道系不随时间变化；而平赤道系、平黄道系和真赤道系随时间变化.

16.5 几种坐标系下的坐标变换 2

为了方便起见，用 $\hat{e}_i$ 表示 $\boldsymbol{e}_i$，用 $\bar{e}_i$ 表示$\bar{\boldsymbol{e}}$.

1. 国际天球参考系$\{O;\ \hat{e}_1,\ \hat{e}_2,\ \hat{e}_3\}$和历元平赤道系$\{O;\ \bar{e}_1,\ \bar{e}_2,\ \bar{e}_3\}$

两坐标系之间的变换由以下三个量确定：ε_0，η_0 是历元平天极矢量 $\bar{e}_3$ 在国际天球参考系中的坐标，也是两个天极(celestial pole) p，$\bar{p}$ 在第一和第二坐标上的角距离，叫作历元平天极偏置(celestial pole offsets). $d\alpha_0$ 为历元平春分点在国际天球参考系中的赤经，叫作春分点偏置.

下面导出国际天球参考系 $\{O;\ \hat{e}_1,\ \hat{e}_2,\ \hat{e}_3\}$ 和历元平赤道系 $\{O;\ \bar{e}_1,\ \bar{e}_2,\ \bar{e}_3\}$ 之间的关系. 注意：$(\hat{e}_1,\ \hat{e}_2,\ \hat{e}_3) \to (\bar{e}_1,\ \bar{e}_2,\ \bar{e}_3)$ 按以下几步完成：

第一步，绕第三轴逆时针旋转 $d\alpha_0$ 角，基本平面仍为 $(\hat{e}_1,\ \hat{e}_2)$ 大圆，变换矩阵为 $R_3(-d\alpha_0)$.

第二步，绕第二轴逆时针旋转 ξ_0 角，基本平面转至 $(\bar{e}_1,\ e'_2)$ 大圆，变换矩阵为 $R_2(-\xi_0)$.

第三步，绕第一轴顺时针旋转 η_0 角，基本平面转至 $(\bar{e}_1, \bar{e}_2)$ 大圆，变换矩阵为 $R_1(\eta_0)$.

因此，总的变换为

$$(\bar{e}_1 \quad \bar{e}_2 \quad \bar{e}_3) = (\hat{e}_1 \quad \hat{e}_2 \quad \hat{e}_3)B, \tag{16.3}$$

其中

$$B = R_3(-d\alpha_0)R_2(-\xi_0)R_1(\eta_0), \tag{16.4}$$

称为历元偏置变换. $d\alpha_0$，ξ_0 和 η_0 由实测和理论(Newton 定律)唯象给出①.

2. 平赤道系 $\{O; e'_1, e'_2, e'_3\}$ 与国际天球参考系 $\{O; \hat{e}_1, \hat{e}_2, \hat{e}_3\}$ 的变换关系(四旋转法)

平赤道系为只考虑地球做岁差运动时的赤道坐标系. 天球坐标系 $(\hat{e}_1, \hat{e}_2, \hat{e}_3) \to$ 平赤道系(e'_1, e'_2, e'_3) 由以下四步得到②.

第一步：$(\hat{e}_2, \hat{e}_3)$ 绕第一轴 $\hat{e}_1$ 逆时针转 ε_0 (历元黄赤交角(obliquity))至 $(\hat{u}_2, \hat{u}_3)(\hat{e}_1, \hat{u}_1)$ 在历元黄道面上，$\hat{u}_3$ 指向历元黄极. 基矢变换为

$$(\hat{e}_1 \quad \hat{u}_2 \quad \hat{u}_3) = (\hat{e}_1 \quad \hat{e}_2 \quad \hat{e}_3)R_1(-\varepsilon_0); \tag{16.5}$$

第二步：$(\hat{e}_1, \hat{u}_2)$ 绕第三轴 $\hat{u}_3$ 在历元黄道面上顺时针转 ψ_A (黄经岁差). 基矢变换为

$$(u'_1 \quad u'_2 \quad \hat{u}_3) = (\hat{e}_1 \quad \hat{u}_2 \quad \hat{u}_3)R_3(\psi_A); \tag{16.6}$$

第三步：$(u'_1, \hat{u}_3)$ 绕第一轴 u'_1 顺时针转 ω_A 至 (u''_2, e'_3)，ω_A 为瞬时平赤道(mean equator)面与历元黄道面(ecliptic plane)的夹角. 基矢变换为

$$(u'_1 \quad u''_2 \quad e'_3) = (u'_1 \quad u'_2 \quad u_3)R_1(\omega_A); \tag{16.7}$$

第四步：(u'_1, u''_2) 绕第三轴 e'_3 逆时针转 χ_A 至 (e'_1, e'_2) (χ_A 为赤经岁差). 基矢变换为

$$(e'_1 \quad e'_2 \quad e'_3) = (u'_1 \quad u''_2 \quad e'_3)R_3(-\chi_A). \tag{16.8}$$

联立以上四步，总的基矢变换关系为

$$(e'_1 \quad e'_2 \quad e'_3) = (\hat{e}_1 \quad \hat{e}_2 \quad \hat{e}_3)R_1(-\varepsilon_0)R_3(\psi_A)R_1(\omega_A)R_3(-\chi_A) \equiv (\hat{e}_1 \quad \hat{e}_2 \quad \hat{e}_3)P(t), \tag{16.9}$$

其中，ψ_A，ω_A，ε_A 和 χ_A 由地球相当于国际天球参考系的岁差运动决定，即天极绕黄极进动. 这些参量为唯象值(理论和观测相结合)③.

坐标变换关系为

$$\begin{pmatrix} x \\ y \\ z \end{pmatrix} = P(t) \begin{pmatrix} x' \\ y' \\ z' \end{pmatrix}, \tag{16.10}$$

① 李广宇. 天球参考系变换及其应用[M]. 北京：科学出版社，2010：77.

② 李广宇. 天球参考系变换及其应用[M]. 北京：科学出版社，2010：78.

③ 李广宇. 天球参考系变换及其应用[M]. 北京：科学出版社，2010：79.

其中，左右两边坐标矢量分别为国际天球参考系和平赤道系的坐标.

3. 平赤道系 $\{O;\ e'_1,\ e'_2,\ e'_3\}$ 与国际天球坐标系 $\{O;\ \hat{e}_1,\ \hat{e}_2,\ \hat{e}_3\}$ 的变换关系（三旋转法）

由后者到前者可由以下三步完成：

第一步：$(\hat{e}_1,\ \hat{e}_2)$ 绕 $\hat{e}_3$ 在历元平赤道面内顺时针转 ζ_A 角至 $(\hat{u}_1,\ \hat{u}_2)$，基矢变换为

$$(\hat{u}_1 \quad \hat{u}_2 \quad \hat{e}_3) = (\hat{e}_1 \quad \hat{e}_2 \quad \hat{e}_3) R_3(\zeta_A);$$

第二步：$(\hat{e}_3,\ \hat{u}_1)$ 绕第二轴 $\hat{u}_2$ 逆时针转 θ_A 到 $(e'_3,\ u'_1)$，基矢变换为

$$(u'_1 \quad \hat{u}_2 \quad e'_3) = (\hat{u}_1 \quad \hat{u}_2 \quad \hat{e}_3) R_2(-\theta_A); \tag{16.11}$$

第三步：$(u'_1,\ \hat{u}_2)$ 绕第三轴 e'_3 在瞬时平赤道面内顺时针转 z_A 到 $(e'_1,\ e'_2)$，基矢变换为

$$(e'_1 \quad e'_2 \quad e'_3) = (u'_1 \quad \hat{u}_2 \quad e'_3) R_3(z_A);$$

因此，总的变换关系

$$(e'_1 \quad e'_2 \quad e'_3) = (\hat{e}_1 \quad \hat{e}_2 \quad \hat{e}_3) R_3(\zeta_A) R_2(-\theta_A) R_3(z_A) \equiv (\hat{e}_1 \quad \hat{e}_2 \quad \hat{e}_3) P(t), \tag{16.12}$$

其中，ζ_A，θ_A 和 z_A 叫作赤道岁差参数，它是唯象（理论与观测相结合）的参数值.①

4. 真赤道系 $\{O;\ e''_1,\ e''_2,\ e''_3\}$ 与平赤道系 $\{O;\ e'_1,\ e'_2,\ e'_3\}$ 的变换

此变换参见《天球参考系变化及其应用》②（由章动矩阵决定）. 注意：真赤道系为考虑所有运动包括岁差和章动瞬时坐标系. 由后者变到前者可由以下三步完成.

第一步：$(e'_2,\ e'_3)$ 绕第一轴 e'_1 逆时针旋转 ε_A 至 $(\hat{u}_2,\ \hat{u}_3)$，基本面为黄道面，基矢变换为

$$(e'_1 \quad \hat{u}_2 \quad \hat{u}_3) = (e'_1 \quad e'_2 \quad e'_3) R_1(-\varepsilon_A); \tag{16.13}$$

第二步：$(e'_1,\ \hat{u}_2)$ 绕第三轴 $\hat{u}_3$ 在黄道面内顺时针旋转 $\Delta\psi$ 到 $(e''_1,\ u'_2)$，基矢变换为

$$(e''_1 \quad u'_2 \quad \hat{u}_3) = (e'_1 \quad \hat{u}_2 \quad \hat{u}_3) R_3(\Delta\psi); \tag{16.14}$$

第三步：$(u'_2,\ \hat{u}_3)$ 绕第一轴 e''_1 顺时针旋转 $\varepsilon_A + \Delta\varepsilon$ 到 $(e''_2,\ e''_3)$，基矢变换为

$$(e''_1 \quad e''_2 \quad e''_3) = (e''_1 \quad u'_2 \quad \hat{u}_3) R_1(\varepsilon_A + \Delta\varepsilon)$$

因此总变换

$$(e''_1 \quad e''_2 \quad e''_3) = (e'_1 \quad e'_2 \quad e'_3) R_1(-\varepsilon_A) R_3(\Delta\psi) R_1(\varepsilon_A + \Delta\varepsilon) \equiv (e'_1 \quad e'_2 \quad e'_3) N(t), \tag{16.15}$$

其中 $N(t)$ 为章动矩阵. 由上式可得

---

① 李广宇. 天球参考系变换及其应用[M]. 北京：科学出版社，2010：80

② 李广宇. 天球参考系变换及其应用[M]. 北京：科学出版社，2010：82.

$$\begin{pmatrix} x' \\ y' \\ z' \end{pmatrix} = N(t) \begin{pmatrix} x'' \\ y'' \\ z'' \end{pmatrix}.$$

左、右的列矢量分别为平赤道系和真赤道系的坐标. 其中, ε_A 的意义见前, $\Delta\psi$ 和 $\Delta\varepsilon$ 分别表示黄经章动和倾角，具体数值见《天球参考系变换及其应用》.①

5. 真赤道系 $\{O;\ e''_1,\ e''_2,\ e''_3\}$ 和国际天球参考系 $\{O;\ \hat{e}_1,\ \hat{e}_2,\ \hat{e}_3\}$ 的变换

由后者转换为前者经过以下三步完成.

第一步：

$$(\bar{e}_1 \quad \bar{e}_2 \quad \bar{e}_3) = (\hat{e}_1 \quad \hat{e}_2 \quad \hat{e}_3)B, \tag{16.16}$$

左、右两边分别为历元平赤道系和国际天球参考系的基矢；

第二步：

$$(e'_1 \quad e'_2 \quad e'_3) = (\bar{e}_1 \quad \bar{e}_2 \quad \bar{e}_3)P(t), \tag{16.17}$$

左、右两边分别为平赤道系和历元平赤道系的基矢；

第三步：

$$(e''_1 \quad e''_2 \quad e''_3) = (e'_1 \quad e'_2 \quad e'_3)N(t), \tag{16.18}$$

左、右两边分别为真赤道系和平赤道系的基矢.

因此，有基矢变换

$$(e''_1 \quad e''_2 \quad e''_3) = (\hat{e}_1 \quad \hat{e}_2 \quad \hat{e}_3)BP(t)N(t) \tag{16.19}$$

和坐标变换

$$\begin{pmatrix} x \\ y \\ z \end{pmatrix} = BP(t)N(t) \begin{pmatrix} x'' \\ y'' \\ z'' \end{pmatrix}. \tag{16.20}$$

其中，左、右两边列矢量分别为天球系和真赤道系的坐标.

16.6　第三类坐标系及其选择的原因

1. 国际地球参考系(International Terrestrial Reference System 或 ITRS)

(1)建立国际地球参考系的原因

为了处理观测数据，还需要地面测站在国际天球参考系的坐标，又由于国际天球系是一个惯性系，故容易求出基本物理量. 为此，有三步：第一，建立与地球固体表面固接，并在空间中建立随地球周日运动的旋转系(地球参考系)，在此坐标系中测站位置几乎不随时间改变，仅仅由于构造和潮汐等地球效应导致很小变化；第二，建立地球参考系和真

① 李广宇. 天球参考系变换及其应用[M]. 北京：科学出版社，2010：82-83.

赤道系变换；第三，建立真赤道系与天球参考系的变换，求出测站在国际天球系的坐标.

(2)引入形状轴和形状极

引入固定在地球上的坐标系 $O\text{-}xyz$，惯性矩为

$$I_{ij} = \int \rho x_i x_j \mathrm{d}v, \tag{16.21}$$

其中，ρ 为密度分布，$x_i(x, y, z)(i = 1, 2, 3)$ 为微元坐标. 如果地球是一个旋转椭球状的刚体，则可选取中心为坐标原点，三个椭球轴为 x，y 和 z. 此时，则有

$$I = \begin{pmatrix} A & 0 & 0 \\ 0 & B & 0 \\ 0 & 0 & C \end{pmatrix}, \tag{16.22}$$

其中 $A = B < C$. 三轴叫作地球惯量主轴. A，B 和 C 分别叫作关于第一、第二和第三的主转动惯量，C 最大，这根轴称为形状轴，它与地球表面的交点叫形状极，注意：A，B 和 C 与时间 t 无关.

(3)引入蒂塞朗(Tisserand)平均轴

其实，地球并不是刚体，有潮汐现象，地球形变实际上是有滞弹性的，即三个主转动惯量和三根主轴方向随时间变化，除此形变外，地球上还存在物质流动，这些相对运动对惯量主轴方向影响很小，却不可忽略. 如果将主轴方向稍加调整，就可使这些物质流动总效应为零. 此轴称为蒂塞朗平均轴.

(4)国际地球参考系

理想的国际地球参考系是地球蒂塞朗平均轴. 具体说来，原点为包括海洋和大气在内的地球质量中心，长度单位为米，时间单位为地心坐标时 TCG，初始方向为国际时间局 1984.0 指向，十分接近格林尼治本初子午线，指向随时间演化，满足考虑全地球水平构造的无整体旋转条件，即蒂塞朗平均轴. 地球参考系要由地球参考框架来实现.

2. 观测站坐标

如前，将地球看成椭球体，按上述方法建立国际地球坐标系，坐标为 (x, y, z)，也可采用观测点坐标系 (h, λ, ϕ)，其中，h 为海拔高度(altitude)，λ 为大地经度(geodetic longitude)，ϕ 为大地纬度(geodetic latitude). 为了推导以下坐标系的变换关系，下面先介绍轴和极的概念.

国际地球参考系建立在形状轴上，要考虑参考系的性质，必须讨论形状轴在国际天球系(惯性系)中的运动情况，其由 Newton 定律决定.

(1)三个轴：自转轴、形状轴和角动量轴.

(2)三轴的性质：(来自 Newton 定律，见前面的天体力学部分.)三轴共面，THR 共线.

$$\frac{TH}{HR} = \frac{A}{C - A} = 304.4. \tag{16.23}$$

(3)在地心国际天球参考系中，如果不考虑地球受到的外力作用，那么角动量的大小和方向保持不变. 如果考虑地球受到的外力矩，则角动量做进动，可以由 Newton 定律

预报.

(4)在国际地球坐标系观测中，形状轴保持不动，自转轴围绕形状轴转动，轨迹为一锥面. 如果不考虑地球受到的外力，角动量轴相对形状轴的运动取决于地球的力学状态，但是由于地球非刚体因素复杂，理论上无法预报.

(5)地球参考系取在形状轴上，对于椭球地球，角动量轴(H)几乎与自转轴(R)指向同一方向，可看成真赤道系的第三轴. 极 H 在地球参考系的位置由极移矢量 $\boldsymbol{\rho}$ 确定. 如果知道了极移矢量，便知道地球-天球参考系的变换. 这样起中介作用的极 H 把地极 T(地球参考系)的运动(相对天球系)分成两部分(天文和地球)，天文部分为章动和岁差，地球部分为极移，即

$$\boldsymbol{\rho} = \boldsymbol{\rho}_E + \boldsymbol{\rho}_F, \tag{16.24}$$

其中，右边第一项为自由的，不可预报，而第二项为受迫的，可预报. 与 H 相应的极和轴分别称为中介极和中介轴.

(6)H 作为中介极的缺点：其一，把可预报的 $\boldsymbol{\rho}_F$ 和不可预报的 $\boldsymbol{\rho}_E$ 混在一起；其二，$\boldsymbol{\rho}_F$ 是由日月引力引起的慢变量，归结极移后，由于地球快速自转而产生许多周日受迫极移的周期，其接近一日的分量.

(7)天球历书极(Celestial Ephemeris Pole 或 CEP).

天球历书极是完全分离地球参考系极 T 相对于天球参考系(Celestial Reference System 或 CRS)的不可预报 $\boldsymbol{\rho}_E$ 和可预报 $\boldsymbol{\rho}_F$ 的运动，周日受迫极移归入天文章动，无论从天球系还是地球系观察都没有周期接近一日的运动.

(8)天球中介极(Celestial Intermediate Pole 或 CIP).

考虑地球为非刚体模型，改进天球历书极的定义，称为天球中介极(CIP). CIP 表明天球中介极在天球参考系中的运动主要由作用于地球的外力矩引起，它只包含周期大于 2 日的长周期运动. 在地球参考系中观察，这部分频率介于-1.5 与-0.5 次之间，在此频率之外的所有高频运动全部归于极移.

16.7　几种坐标系下的坐标变换 3

1. 观测站坐标系与国际地球参考系的变换

设测站或天体为 P，建立国际地球参考系. 如图 16.1 所示，原点为 O，OB 为 z 轴，建立平面坐标系 $\{O; u, z\}$，$u = \sqrt{x^2 + y^2}$，P 点坐标为 (x, y, z)，则椭球表面方程为

$$\frac{x^2}{a^2} + \frac{y^2}{a^2} + \frac{z^2}{b^2} = 1, \tag{16.25}$$

即有

$$\frac{u^2}{a^2} + \frac{z^2}{b^2} = 1. \tag{16.26}$$

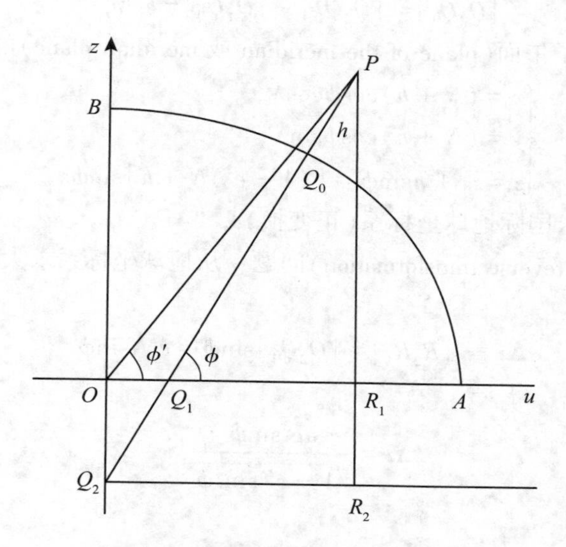

图 16.1　观测站子午面上的几何关系

下面来推导坐标（x，y，z）与（h，λ，ϕ）的关系，对式(14.26)求微分

$$\frac{2u\mathrm{d}u}{a^2}+\frac{2z\mathrm{d}z}{b^2}=0$$
$$\Rightarrow\frac{\mathrm{d}z}{\mathrm{d}u}=-\frac{b^2}{a^2}\frac{u}{z},\tag{16.27}$$

故在 Q_0 点，有

$$\left(\frac{\mathrm{d}z}{\mathrm{d}u}\right)_0=-\frac{b^2u_0}{a^2z_0}\Rightarrow\tan\phi=\frac{a^2z_0}{b^2u_0},\tag{16.28}$$

则

$$z_0=(1-e^2)u_0\tan\phi,\tag{16.29}$$

将式(14.26)和式(14.29)联立求解，得

$$u_0=N\cos\phi,\tag{16.30}$$

$$z_0=(1-e^2)N\sin\phi,\tag{16.31}$$

式中

$$N=\frac{a}{\sqrt{1-e^2\sin^2\phi}}.\tag{16.32}$$

从图 16.1 可看出

$$|Q_2Q_0|=\frac{u_0}{\cos\phi}=N,\tag{16.33}$$

$$|Q_1Q_0|=\frac{z_0}{\sin\phi}=(1-e^2)N,\tag{16.34}$$

$$|Q_2Q_1| = |Q_2Q_0| - |Q_1Q_0| = e^2N, \tag{16.35}$$

观测站(天体)在子午面(plane of the meridian 或 meridian plane)的坐标为

$$\begin{cases} x = (N+h)\cos\phi\cos\lambda, \\ y = (N+h)\cos\phi\sin\lambda, \\ z = z_0 + h\sin\phi = [(1-e^2)N + h]\sin\phi. \end{cases} \tag{16.36}$$

即，可由大地坐标来求国际地球坐标系(正变换).

下面来求逆变换(reverse transformation)问题：从地球坐标系求大地坐标系.

记

$$\Delta z \equiv |R_2R_1| = |Q_2Q_1|\sin\phi = e^2N\sin\phi. \tag{16.37}$$

再由式(14.32)和上式，得

$$\Delta z = \frac{ae^2\sin\phi}{\sqrt{1-e^2\sin^2\phi}}, \tag{16.38}$$

又由 ΔQ_1R_1P 有

$$\sin\phi = \frac{|R_2P|}{|Q_2P|} = \frac{z+\Delta z}{\sqrt{x^2+y^2+(z+\Delta z)^2}}. \tag{16.39}$$

由式(16.38)和式(16.39)可以迭代求解，可得 $\sin\phi$ 和 Δz 的近似值，因此，可求 ϕ. 然后由下式求出大地经度(地心经度)和海拔高度：

$$\lambda = \arctan\frac{y}{x}, \tag{16.40}$$

$$h = \sqrt{x^2+y^2+(z+\Delta z)^2} - N. \tag{16.41}$$

2. 国际地球参考系 $\{O;\ e'''_1,\ e'''_2,\ e'''_3\}$ 和真赤道系的变换 $\{O;\ e''_1,\ e''_2,\ e''_3\}$

(1)概述

由真赤道系到国际地球参考系的变换为

$$(e'''_1\quad e'''_2\quad e'''_3) = (e''_1\quad e'''_2\quad e''_3)R_3(-\mathrm{GST})R_3(-s')R_2(x_p)R_1(y_p). \tag{16.42}$$

与前面比较，这里增加了一个旋转，这是为了调整经度原点为无转动原点(地球历书原点)，$s' =- 47t$. 注意：上面的变换矩阵可由式(16.48)中 $\alpha \to - \mathrm{GST} - s'$, $\xi \to x_p$, $\eta \to - y_p$ 得到. 具体各部分变换表达式，由《天球参考系变换及其应用》①导出. 为了使读者学习方便，我们将原书上的图摘录下来，如图 16.2 所示.

(2)GST 的讨论

国际地球参考系 $\{O;\ e'''_1,\ e'''_2,\ e'''_3\}$ 的基本方向在赤道面上指向零经度线或本初子午线方向. 真赤道系变换 $\{O;\ e''_1,\ e''_2,\ e''_3\}$ 的基本方向 e''_1 指向真赤道平面的真春分点方向. 在地球系中，春分点随天球顺时针转动，e'''_1 与本初子午线(first meridian 或 prime meridian)的夹角随时间变化，称为格林尼治恒星时(Greenwich sidereal time)，记为 GST，定义

① 李广宇. 天球参考系变换及其应用[M]. 北京：科学出版社，2010：108.

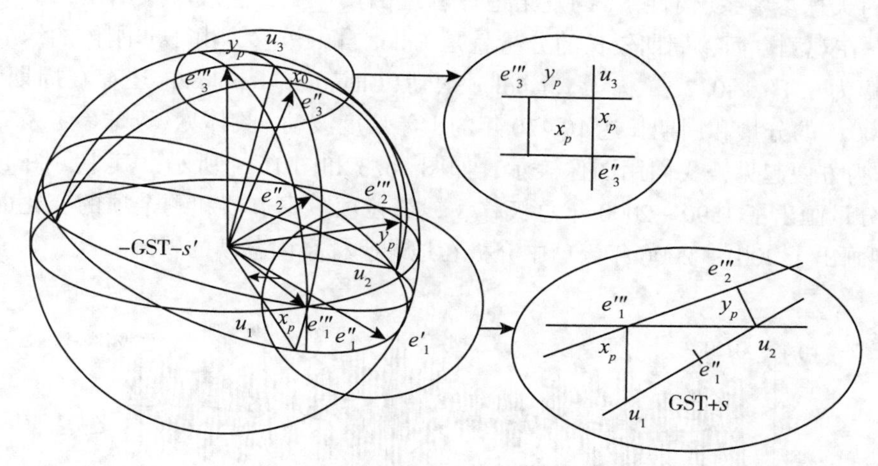

图 16.2 地球参考系与真赤道系的变换

$$t = \frac{\mathrm{TT} - \mathrm{J2000.0}}{36525}, \tag{16.43}$$

$$\mathrm{GST} = \mathrm{GSMT} + \mathrm{EECT}, \tag{16.44}$$

其中

$$\begin{aligned}\mathrm{GSMT} = \theta &+ 0.014506'' + 4612.15739966''t + 1.39667721''t^2 \\ &- 0.00009344''t^3 + 0.00001882''t^4,\end{aligned} \tag{16.45}$$

$$\mathrm{EECT} = \Delta\psi\cos\varepsilon_A - \sum_{i=1}^{33}(C_{i1}\sin\alpha_i + C_{i2}\cos\alpha_i) - 0.00000087''t\sin\Omega. \tag{16.46}$$

它们分别被称为格林尼治平恒星时(mean sidereal time)和二分差，这里幅角

$$\alpha_i = n_{i1}l + n_{i2}l' + n_{i3}F + n_{i4}D + n_{i5}\Omega + n_{i6}L_{VE} + n_{i7}L_E + n_{i8}p_A, \tag{16.47}$$

注意：θ，L_{VE}，L_E 和 p_A 见《天球参考系变换及其应用》①. 为了读者阅读方便，下面给出它们的表达式：

$$\theta(T_u) = 2\pi(0.7790572732640 + 1.00273781191135448T_u),$$
$$L_{VE} = 3.176146697 + 1021.3285546211t,$$
$$L_E = 1.753470314 + 628.3075849991t,$$
$$p_A = 0.024381750t + 0.00000538691t^2,$$

其中，单位为弧度，分别为地球自转角、金星、地球的平黄经和黄经总岁差，式中 $T_u = \mathrm{UT1} - \mathrm{J2000.0}$，为从历元 J2000.0 开始量度的世界时.

(3)极移(polar motion)矩阵的讨论

由式(16.42)，极移矩阵为

$$W(t) = R_3(-s')R_2(x_p)R_1(y_p), \tag{16.48}$$

① 李广宇. 天球参考系变换及其应用[M]. 北京：科学出版社，2010：109-110.

它们由相对天球参考系(惯性系)的复杂地球物理因素产生，一般唯象给出，即由理论和观测得到. 在观测方面，周期较长的分量就是 Euler 自由极移，由于非刚体的缘故，这个分量的振幅为 0. 1″ ~ 0. 2″， 称为 Chandler 摆动(Chandler wobble)，还存在周期为半年，振幅为 0. 001″的分量和周期长达 10~20 年的十年尺度波动. 具体见《天球参考系变换及其应用》①，为方便起见，我们用图像表示，如图 16. 3 和图 16. 4 所示，其中，图 16. 3 按 x 分量和 y 分量画出了 1890—2000 年总极移、钱德拉项、季节项和剩余项的变化曲线，而图 16. 4 则画出了 2001—2006 年天球中介极在地球坐标系内移动的轨迹.

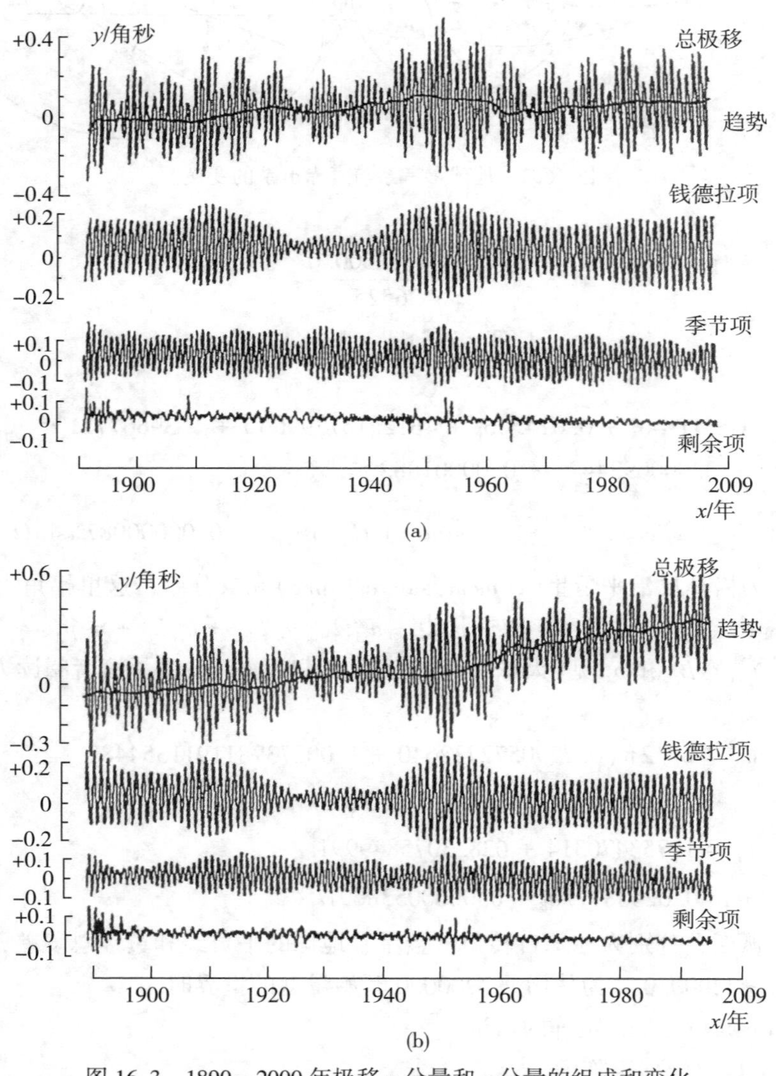

图 16. 3　1890—2000 年极移 x 分量和 y 分量的组成和变化

---

①　李广宇. 天球参考系变换及其应用[M]. 北京：科学出版社，2010：114-115.

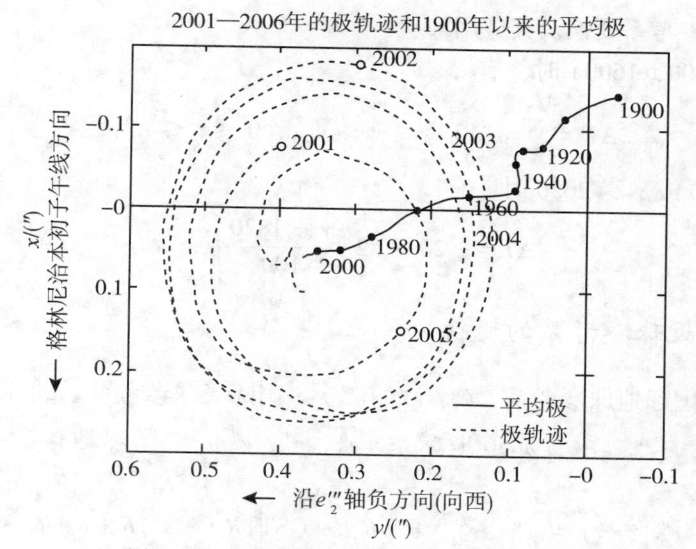

图 16.4 2001—2006 年天球中介极的轨迹

(4)上面地球自转参数 ΔUT1，ΔAT，x_p 和 y_p 等可从网站下载

$$\Delta AT = TAI - UTC = d_{0i} + \nu_i(UTC - J_{0i}),\ (T_{0,\ i-1} \leqslant UTC < T_{0i},\ 0 \leqslant i < 13), \tag{16.49}$$

$$\Delta AT = TAI - UTC = -3.0 + i(T_{0,\ i-1} \leqslant UTC < T_{0i},\ 13 \leqslant i < 37), \tag{16.50}$$

$$TT = TAI + 32.184 = UTC + \Delta AT + 32.184. \tag{16.51}$$

(5)ΔUT1 也可从网站下载

$$\Delta UT1 = UT1 - UTC. \tag{16.52}$$

(6)地球力学时(Terrestrial Dynamical Time，TDT)与世界时(Universal Time，UT)之差的多项式表达式为

$$\Delta T = TT - UT1, \tag{16.53}$$

其中，右边第一项和第二项分别为地球力学时和世界时.

定义

$$y = \text{year} + \frac{\text{month} - 0.5}{12}, \tag{16.54}$$

当年数位于区间 [1600，2050] 时，有

$$\Delta T = \sum_{j=0}^{7} a_{ij}\,(y - y_{i0})^j (y_i \leqslant y \leqslant y_{i+1},\ 0 \leqslant i \leqslant 9), \tag{16.55}$$

其中

$$y_{i0} = \begin{cases} y_i(i = 0,\ 1,\ 2,\ 3), \\ 1920(i = 4,\ 5), \\ 1950(i = 6), \\ 1975(i = 7), \\ 2000(i = 8,\ 9). \end{cases} \tag{16.56}$$

此处 a_{ij} 见《天球参考系变换及其应用》.[①]

当 $y\in[-500, 1600)$ 时，有

$$\Delta T=\sum_{j=0}^{6} a_{ij}w_i^j (y_i\leqslant y\leqslant y_{i+1},\ 0\leqslant i\leqslant 1); \tag{16.57}$$

当 $y<-500$ 或 $y>2050$ 时，有

$$\Delta T=-20+32\left(\frac{y-1820}{100}\right)^2. \tag{16.58}$$

3. 经典地球和天球参考系的变换

本小节涉及国际地球参考系 (e'''_1, e'''_2, e'''_3)、国际天球参考系 $(\hat{e}_1, \hat{e}_2, \hat{e}_3)$ 和真赤道坐标系 (e''_1, e''_2, e''_3). 由真赤道坐标系 $(e''_1, e''_2, e''_3)\to$ 国际地球参考系 (e'''_1, e'''_2, e'''_3)，具体如下：

$$(e'''_1\quad e'''_2\quad e'''_3)=(e''_1\quad e''_2\quad e''_3)R_3(-\mathrm{GST})R_3(-s')R_2(x_p)R_1(y_p). \tag{16.59}$$

又由国际天球参考系 $(\hat{e}_1, \hat{e}_2, \hat{e}_3)$ 变到真赤道坐标系 (e''_1, e''_2, e''_3)，有

$$(e''_1\quad e''_2\quad e''_3)=(\hat{e}_1\quad \hat{e}_2\quad \hat{e}_3)BP(t)N(t)\equiv(\hat{e}_1\quad \hat{e}_2\quad \hat{e}_3)Q(t), \tag{16.60}$$

综上所述，得

$$\begin{aligned}(e'''_1\quad e'''_2\quad e'''_3)&=(\hat{e}_1, \hat{e}_2, \hat{e}_3)Q(t)R_3(-\mathrm{GST})R_3(-s')R_2(x_p)R_1(y_p)\\&\equiv(\hat{e}_1, \hat{e}_2, \hat{e}_3)Q(t)R(t)W(t),\end{aligned} \tag{16.61}$$

其中 $R(t)=R_3(-\mathrm{GST})$，不难得到坐标变换为

$$\begin{pmatrix}x\\y\\z\end{pmatrix}=Q(t)R(t)W(t)\begin{pmatrix}x'''\\y'''\\z'''\end{pmatrix}. \tag{16.62}$$

---

① 李广宇. 天球参考系变换及其应用[M]. 北京：科学出版社，2010.

第 17 章　中介参考系和 CEO 变换

本章引入中介极和中介轨道的概念来取代真天极和真赤道系，研究新的中介参考系，从而讨论中介赤道系-天球参考系的变换(CEO 变换)，继而得到新的基于 CEO 变换方法的地球参考系和天球参考系的变换. 由于天球参考系为惯性系，很容易从 Newton 定律得到基本物理量位矢 $\boldsymbol{r}(t)$，从而得到速度 $\dot{\boldsymbol{r}}(t)$. 若能得到某参考系与天球系(惯性系)的变换关系，便可得此系中的基本物理量，比如求中介赤道系的物理量即视位置.

17.1　真赤道系与国际天球参考系的变换

1. 概述

真赤道系与国际天球参考系的变换分两步完成：首先，真赤道系与平赤道系的变换，然后，平赤道系与历元平赤道系的变换. 注意，历元平赤道系与国际天球系偏离不远. 真赤道系-天球参考系的变换完全可以从天球参考系角度加以简化和改进：第一，以 CEO 变换代替经典变换；第二，以无转动原点取代作为赤经原点的春分点.

2. 传统方法导出天球参考系 $\{O;\ \hat{e}_1,\ \hat{e}_2,\ \hat{e}_3\}$ 到 t 时刻真赤道系 $\{O;\ e''_1,\ e''_2,\ e''_3\}$ 的变换

变换矩阵为 $Q(t)=BP(t)N(t)$，即

$$(e''_1\quad e''_2\quad e''_3)=(\hat{e}_1\quad \hat{e}_2\quad \hat{e}_3)BP(t)N(t). \tag{17.1}$$

3. 中间赤道系与国际天球参考系的变换

(1) 中间赤道(intermediate equator)系的极

中间赤道系的极相对于国际天球参考系(惯性系)的运动，可由理论(Newton 定律)和观测唯象给出(见后). 注意：如果忽略历元偏置和章动，那么有历元 t_0 = J2000.0，中介极矢量和天球参考系极矢量的重合. 中介极相对天球系的位置由 d 和 E 决定(唯象给出).

$$\begin{cases}X=\sin d\cos E,\\ Y=\sin d\sin E,\\ Z=\cos d.\end{cases} \tag{17.2}$$

(2) 中间赤道系与国际天球参考系的变换

$\{O;\ \hat{e}_1,\ \hat{e}_2,\ \hat{e}_3\} \rightarrow \{O;\ e''_1,\ e''_2,\ e''_3\}$ 经四步实现. 如图 17.1 所示.①

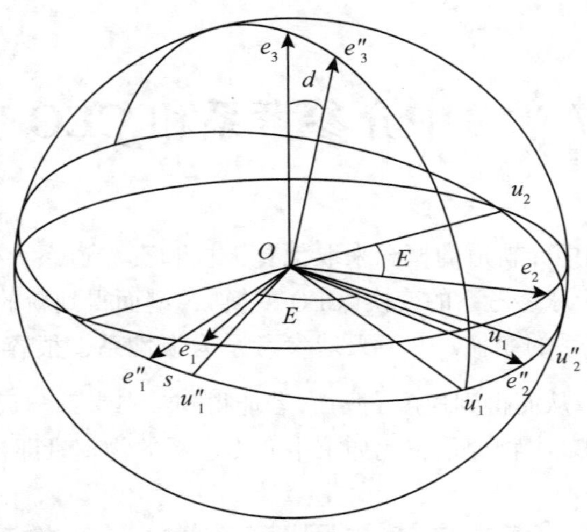

图 17.1　CEO 变换

第一步：$(\hat{e}_1,\ \hat{e}_2)$ 在天球赤道面内绕第三轴 $\hat{e}_3$ 逆时针转 E 角至 $(\hat{u}_1,\ \hat{u}_2)$ 交线 $\hat{u}_2$ 成为第二方向，有

$$(\hat{u}_1 \quad \hat{u}_2 \quad \hat{e}_3) = (\hat{e}_1 \quad \hat{e}_2 \quad \hat{e}_3) R_3(-E); \tag{17.3}$$

第二步：$(\hat{e}_3,\ \hat{u}_1)$ 垂直于交线平面内绕第二轴 $\hat{u}_2$ 逆时针转 d 角到 $(e''_3,\ u'_1)$，　$\hat{e}_3 \rightarrow e''_3$，有

$$(u'_1 \quad \hat{u}_2 \quad e''_3) = (\hat{u}_1 \quad \hat{u}_2 \quad \hat{e}_3) R_2(-d); \tag{17.4}$$

第三步：$(u'_1,\ \hat{u}_2)$ 在中介赤道系内绕中介极矢量 e''_3 顺时针转 E 角到 $(u''_1,\ u''_2)$，有

$$(u''_1 \quad u''_2 \quad e''_3) = (u'_1 \quad \hat{u}_2 \quad e''_3) R_3(E); \tag{17.5}$$

第四步：$(u''_1,\ u''_2)$ 在中介赤道面内绕第三轴 e''_3 顺时针转 s 角到 $(e''_1,\ e''_2)$，有

$$(e''_1 \quad e''_2 \quad e''_3) = (u''_1 \quad u''_2 \quad e''_3) R_3(s),$$

注意 s，下文将解释.

综上所述，得

$$(e''_1 \quad e''_2 \quad e''_3) = (\hat{e}_1 \quad \hat{e}_2 \quad \hat{e}_3) R_3(-E) R_2(-d) R_3(E) R_3(s), \tag{17.6}$$

上式称为 CEO 变换.

4. s 的解释及取值

上面的变换(CEO)由天球参考系 $\{O;\ \hat{e}_1,\ \hat{e}_2,\ \hat{e}_3\}$ 变换为中间赤道系 $\{O;\ e''_1,\ e''_2,$

---

① 李广宇. 天球参考系变换及其应用[M]. 北京：科学出版社，2010：131.

$e''_3\}$. 中间赤道系与真赤道系的区别在于前者的基本方向是天球历书原点(Celestial Ephemeris Origin 或 CEO)(无转动原点)，后者为其春分点.

(1)引入无转动原点的原因

春分点本身相对真赤道系在旋转(相对国际天球参考系)，其值由岁差和章动唯象给出. 如果作为基本的原点在转动，会不必要地增加测量和归算的困难. 而且恒星时不能应用，所以，我们用无转动原点代替春分点，从而将真赤道系转化为中间赤道系.

(2) s 的意义和取值

中介极矢量 e''_3 相对天球系的位置由 E 和 d 确定，与时间 t 有关. 绕原点 $\boldsymbol{O}$ 转动的角速度为

$$\boldsymbol{\omega} = \dot{E}\hat{e}_3 + \dot{d}\hat{u}_2. \tag{17.7}$$

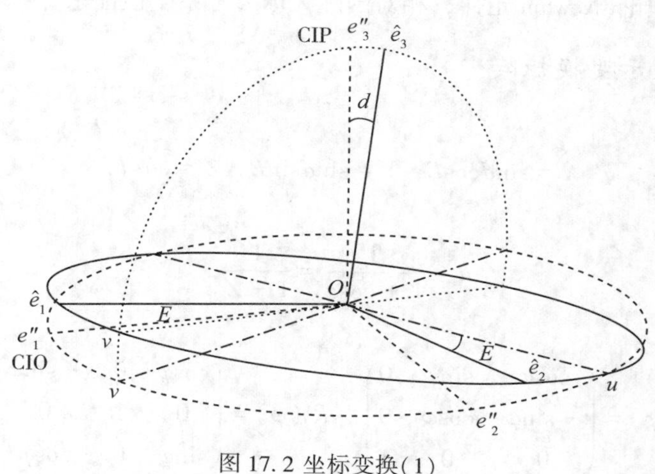

图 17.2 坐标变换(1)

当 e''_3 转动时，标架 $(u'_1, \hat{u}_2, e''_3)$ 和 (u''_1, u''_2, e''_3) 以及中介赤道系上的所有点都以角速度 $\boldsymbol{\omega}$ 转动，又由图 17.2 可知

$$\hat{e}_3 = \cos d e''_3 - \sin d u'_1, \tag{17.8}$$

将上式代入式(17.7)有

$$\boldsymbol{\omega} = \dot{E}\cos d e''_3 + (-\dot{E}\sin d u'_1 + \dot{d}\hat{u}_2), \tag{17.9}$$

因此，$\boldsymbol{\omega}$ 有两个分量，一个为 $\boldsymbol{\omega}_1 = -\dot{E}\cos d e''_3$，另一个为 $\boldsymbol{\omega}_2 = -\dot{E}\sin d u'_1 + \dot{d}\hat{u}_2$，前者绕 e''_3 沿中介赤道经度方向转动，后者沿中介赤道纬度方向转动(相对于天球参考系(惯性系)运动)，注意 $\boldsymbol{\omega}_2 \perp \boldsymbol{\omega}_1$，还有图上的符号与正文不一致，图中 u，v，e'_3 分别相当于 $\hat{u}_2$，u'_1，e''_3. 虚线为标架 (e''_1, e''_2, e''_3)，黑实线为标架 $(\hat{e}_1, \hat{e}_2, \hat{e}_3)$.

设在中介赤道系上取一点，它在天球系中的角速度 $\boldsymbol{\omega} = \boldsymbol{\omega}_2$，则它随中介赤道系纬度方向一起转动，故不离开中介赤道，同时它又不随中介赤道绕 e''_3 经向转动，所以，在 $(u'_1, \hat{u}_2, e''_3)$ 或 (u''_1, u''_2, e''_3) 中观测，此点以角速度 $-\dot{E}\cos d$ 运动；在天球参考系观

测，此点只随中介赤道在纬向摆动，而没有经向运动. 又设中间赤道系 e''_1 指向无转动原点. 在 t_0 时，u'_1 与 e''_1 和 $\hat{e}_1$ 重合，u'_1 在中介赤道面转过角度 (e'', u'_1)（角速度为 $\dot{E}\cos d$），此角为

$$\int_{t_0}^{t}\cos d\dot{E}\mathrm{d}t = E + \int_{t_0}^{t}(\cos d - 1)\dot{E}\mathrm{d}t. \tag{17.10}$$

令

$$s = \int_{t_0}^{t}(\cos d - 1)\dot{E}\mathrm{d}t + s_0, \tag{17.11}$$

其中，s_0 取决于初值，如果忽略历元偏置和章动，那么 $s_0 = 0$.

则有角 $(u''_1, u'_1) = E$，角

$$(e''_1, u''_1) = (e''_1, u'_1) - (u''_1, u'_1) = E + s - E = s, \tag{17.12}$$

其中，s 的数值由理论（Newton 定律，相对国际天球参考系，惯性系）和观测唯象给出.

5. 用直角坐标表示变换矩阵

由前知

$$X = \sin d\cos E, \quad Y = \sin d\sin E, \quad Z = \cos d, \tag{17.13}$$

又令

$$a = \frac{1}{1+\cos d} = \frac{1}{1+Z},$$

而变换矩阵

$$R_3(\varphi) = \begin{pmatrix} \cos\varphi & \sin\varphi & 0 \\ -\sin\varphi & \cos\varphi & 0 \\ 0 & 0 & 1 \end{pmatrix}, \quad R_2(\varphi) = \begin{pmatrix} \cos\varphi & 0 & -\sin\varphi \\ 0 & 1 & 0 \\ \sin\varphi & 0 & \cos\varphi \end{pmatrix}. \tag{17.14}$$

直接可计算得

$$\begin{aligned} Q(t) &\equiv R_3(-E)R_2(-d)R_3(E)R_3(s) \\ &= \begin{pmatrix} 1-aX^2 & -aXY & X \\ -aXY & 1-aY^2 & Y \\ -X & -Y & 1-a(X^2+Y^2) \end{pmatrix} R_3(s), \end{aligned} \tag{17.15}$$

注意：X，Y 和 Z 为理论与观测相结合的唯象值. 又

$$\dot{X} = -\sin d\sin E\dot{E} + \cos d\cos E\dot{d}, \tag{17.16}$$

$$\dot{Y} = \cos d\sin E\dot{d} + \sin d\cos E\dot{E}, \tag{17.17}$$

$$X\dot{Y} = \sin d\cos d\sin E\cos E\dot{d} + \sin^2 d\cos^2 E\dot{E}, \tag{17.18}$$

$$Y\dot{X} = -\sin^2 d\sin^2 E\dot{E} + \sin d\cos d\sin E\cos E\dot{d}, \tag{17.19}$$

$$X\dot{Y} - Y\dot{X} = \sin^2 \mathrm{d}\dot{E}. \tag{17.20}$$

因此

$$\dot{E}=\frac{X\dot{Y}-Y\dot{X}}{\sin^2 d}=\frac{X\dot{Y}-Y\dot{X}}{1-Z^2},\tag{17.21}$$

由前

$$\begin{aligned}s&=\int_{t_0}^{t}(\cos d-1)\dot{E}\mathrm{d}t+s_0=-\int_{t_0}^{t}\frac{X\dot{Y}-Y\dot{X}}{1+Z}\mathrm{d}t+s_0\\&\approx-\frac{1}{2}\int_{t_0}^{t}(X\dot{Y}-Y\dot{X})\mathrm{d}t+s_0=-\frac{1}{2}\int_{t_0}^{t}XdY+\frac{1}{2}\int_{t_0}^{t}Y\mathrm{d}X+s_0\\&=-\frac{1}{2}XY\Big|_{t_0}^{t}+\int_{t_0}^{t}Y\mathrm{d}X+s_0=\int_{t_0}^{t}Y\dot{X}\mathrm{d}t-\frac{1}{2}[X(t)Y(t)-X(t_0)Y(t_0)]+s_0.\end{aligned}\tag{17.22}$$

注意：X，Y 和 $s+XY/2$ 为理论与观测相结合的唯象值.

6. 基于 CEO 地球和天球参考系的变换

真赤道系 $\{O;\ e''_1,\ e''_2,\ e''_3\}$ 与地球参考系 $\{O;\ e'''_1,\ e'''_2,\ e'''_3\}$ 的基矢变换关系为

$$(e'''_1\quad e'''_2\quad e'''_3)=(e''_1\quad e''_2\quad e''_3)R_3(-\mathrm{GST})R_3(-s')R_2(x_p)R_1(y_p).\tag{17.23}$$

真赤道系与中介系的不同之处在于，真赤道系的基本方向指向真春分点，而中介系指向天球历书原点 CEO，地球参考系指向地球历书原点 TEO. 故中介系与地球参考系的变换关系为

$$(e'''_1\quad e'''_2\quad e'''_3)=(e''_1\quad e''_2\quad e''_3)R_3(-\theta)R_3(-s')R_2(x_p)R_1(y_p).\tag{17.24}$$

其中，θ 为中介赤道，是地球历书原点 TEO 到天球历书原点 CEO 的角度，两点都是无转动原点.

又真赤道系 $\{O;\ e''_1,\ e''_2,\ e''_3\}$ 与国际天球坐标系 $\{O;\ \hat{e}_1,\ \hat{e}_2,\ \hat{e}_3\}$ 的变换为

$$(e''_1\quad e''_2\quad e''_3)=(\hat{e}_1\quad \hat{e}_2\quad \hat{e}_3)BP(t)N(t),\tag{17.25}$$

则中介系 $\{O;\ e''_1,\ e''_2,\ e''_3\}$ 与天球参考系 $\{O;\ \hat{e}_1,\ \hat{e}_2,\ \hat{e}_3\}$ 的 CEO 变换为

$$(e''_1\quad e''_2\quad e''_3)=(\hat{e}_1\quad \hat{e}_2\quad \hat{e}_3)R_3(-E)R_2(-d)R_3(E)R_3(s)\equiv(\hat{e}_1\quad \hat{e}_2\quad \hat{e}_3)Q(t),\tag{17.26}$$

图 17.3 中虚线为基矢 $(e''_1,\ e''_2,\ e''_3)$，而黑实线为基矢 $(\hat{e}_1,\ \hat{e}_2,\ \hat{e}_3)$.

于是，基于 CEO 变换的地球-天球参考系的变换关系为

$$\begin{aligned}(e'''_1\quad e'''_2\quad e'''_3)=&(\hat{e}_1\quad \hat{e}_2\quad \hat{e}_3)R_3(-E)R_2(-d)R_3(E)R_3(s)\\&\times R_3(-\theta)R_3(-s')R_2(x_p)R_1(y_p),\end{aligned}\tag{17.27}$$

基于真赤道系的地球-天球参考系的变换，由前面知

$$(e'''_1\quad e'''_2\quad e'''_3)=(\hat{e}_1\quad \hat{e}_2\quad \hat{e}_3)BP(t)N(t)R_3(-\mathrm{GST})R_3(-s')R_2(x_p)R_1(y_p),\tag{17.28}$$

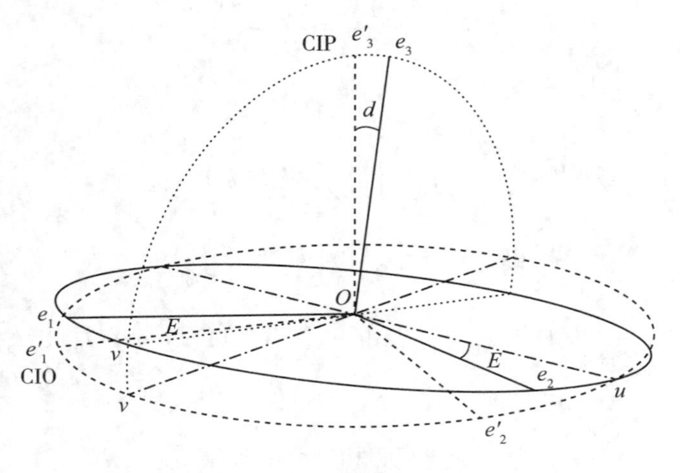

图 17.3　坐标变换(2)

比较式(17.26)和式(17.27)可得

$$BP(t)N(t) = R_3(-E)R_2(-d)R_3(E)R_3(s)R_3(-\theta + \mathrm{GST}). \tag{17.29}$$

17.2　星体在地心中介参考系(真赤道系)的基本物理量位矢 $\boldsymbol{r}(t)$ 和速度 $\dot{\boldsymbol{r}}(t)$ 的推求

1. 视位置

视位置指的是修正了光线时延和偏折天体关于地心中介参考系(真赤道系)的位置.

2. 光行差(aberration)

光行差要求，必须考虑光速有限和天体关于测站相对运动，从而引起视位置的变化. 如图 17.4 所示，在国际天球参考系(惯性系)中观测天体的基本物理量. 首先，在地心中介系(真赤道系)的天体位矢 $\boldsymbol{r}(t)$ 为

$$\boldsymbol{r}(t) = \boldsymbol{r}_p(t) - \boldsymbol{r}_e(t), \tag{17.30}$$

$$\dot{\boldsymbol{r}}(t) = \dot{\boldsymbol{r}}_p(t) - \dot{\boldsymbol{r}}_e(t), \tag{17.31}$$

光线从天体传到地球要经历有限时间 τ，即光行时

$$\tau = \frac{|\boldsymbol{r}_p(t-\tau) - \boldsymbol{r}_e(t)|}{c}, \tag{17.32}$$

设

$$\boldsymbol{r}_1(t) = \boldsymbol{r} - (\dot{\boldsymbol{r}}_p - \dot{\boldsymbol{r}}_e)\tau. \tag{17.33}$$

下面证明 $\boldsymbol{r}_1(t)$ 为 $(t-\tau)$ 的真矢径.

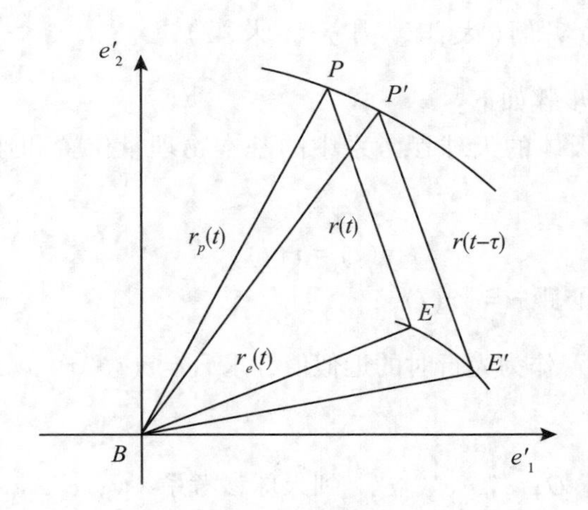

图 17.4　光行差

$$\begin{aligned}\boldsymbol{r}_1(t)&=\boldsymbol{r}_p(t)-\boldsymbol{r}_e(t)-(\dot{\boldsymbol{r}}_p(t)-\dot{\boldsymbol{r}}_e(t))\tau=(\boldsymbol{r}_p-\dot{\boldsymbol{r}}_p\tau)-(\boldsymbol{r}_e-\dot{\boldsymbol{r}}_e\tau)\\&=\boldsymbol{r}_p(t-\tau)-\boldsymbol{r}_e(t-\tau)=\boldsymbol{r}(t-\tau).\end{aligned}\tag{17.34}$$

令 $r=|\boldsymbol{r}(t)|$，$p=\langle \boldsymbol{r}_1(t)\rangle$，视方向 $\boldsymbol{p}$ 与真方向 $p=\langle \boldsymbol{r}(t)\rangle$ 的差叫作光行差. 当观测对象为恒星时，由于距离遥远，我们只关注它的方向，因此，认为天体速度 $\dot{\boldsymbol{r}}_p(t)=0$.

于是

$$\tau=\frac{|\boldsymbol{r}_p(t-\tau)-\boldsymbol{r}_e(t)|}{c}=\frac{1}{c}|\boldsymbol{r}_p(t)-\dot{\boldsymbol{r}}_p(t)\tau-\boldsymbol{r}_e(t)|=\frac{1}{c}|\boldsymbol{r}(t)|,\tag{17.35}$$

$$\boldsymbol{r}_1(t)=\boldsymbol{r}(t-\tau)=\boldsymbol{r}(t)-\dot{\boldsymbol{r}}(t)\tau=\boldsymbol{r}+\dot{\boldsymbol{r}}\tau,\tag{17.36}$$

故

$$\boldsymbol{r}_1=|\boldsymbol{r}|\left(\langle\boldsymbol{r}\rangle+\frac{\dot{\boldsymbol{r}}_e}{c}\right),\tag{17.37}$$

$$\boldsymbol{p}=\langle r_1\rangle=\left\langle\langle\boldsymbol{r}\rangle+\frac{\dot{\boldsymbol{r}}_e(t)}{c}\right\rangle.\tag{17.38}$$

由于恒星视位置和光行差只随地球周年运动速度 $\dot{\boldsymbol{r}}_e(t)$ 而变化，故称之为周年光行差(annual aberration). 同样地，由于地球自转而引起的周期运动，此时天体视位置相对真位置的变化称为周日光行差(diurnal aberration).

3. 星历表(ephemeris)的任务

星历表的任务是指对于给定地球时 t，求天体视位置(相对中介赤道系)，即真地心距、地心视赤经(apparent right ascension) α 和视赤纬(apparent declination) δ.

4. 一个计算星历表的实例(太阳、月亮和火星)

计算星历表的具体步骤如下:

第一步:选 t 时刻天体的天球参考系中的基本物理量位置和速度,转化为地心位置 $\boldsymbol{r}(t)$ 和速度

$$\boldsymbol{v}(t)=\dot{\boldsymbol{r}}(t);$$

第二步:计算真地心距 $r=|\boldsymbol{r}(t)|$;

第三步:先用 $\tau=\frac{r}{c}$ 作为光行时的近似值,求 $\boldsymbol{r}_1=\boldsymbol{r}(t-\tau)$,并计算视方向的单位矢量 $\boldsymbol{p}=\langle\boldsymbol{r}_1\rangle$;

第四步:真赤道系 $\{O;\ e''_1,\ e''_2,\ e''_3\}$ 到天球参考系 $\{O;\ \hat{e}_1,\ \hat{e}_2,\ \hat{e}_3\}$ 的变换

$$(e''_1\quad e''_2\quad e''_3)=(\hat{e}_1\quad \hat{e}_2\quad \hat{e}_3)BP(t)N(t)\equiv(\hat{e}_1\quad \hat{e}_2\quad \hat{e}_3)Q(t),\tag{17.39}$$

又由前可知

$$Q(t)=R_3(-E)R_2(-d)R_3(E)R_3(s),\tag{17.40}$$

注意:E,d 和 S 由观测和理论(相对于天球参考系,惯性系,Newton 定律)唯象给出.不难得到

$$Q^{-1}=Q^{\mathrm{T}}=R_3(-s)R_3(-E)R_2(d)R_3(E);\tag{17.41}$$

第五步:由式(17.39),国际天球参考系到真赤道系的变换为

$$(e''_1\quad e''_2\quad e''_3)Q^{-1}=(\hat{e}_1\quad \hat{e}_2\quad \hat{e}_3),\tag{17.42}$$

于是

$$p_1=Q^{-1}p,\tag{17.43}$$

其中,p_1 和 p 分别为同一矢量在真赤道系和国际天球参考系的坐标;

第六步:化矢量 p_1 为球坐标,经角和纬角分别是天体的赤经 α 和赤纬 δ;

第七步:如果求天体的黄道坐标,那么用真赤道系到黄道坐标系的变换关系

$$p_2=R_1(\varepsilon_A+\Delta\varepsilon)p_1,\tag{17.44}$$

其中,ε_A 和 $\Delta\varepsilon$ 分别为平黄赤交角和倾角章动,它们为唯象值;

第八步:化矢量 p_2 为球坐标,经角和纬角分别是天体的黄经 λ 和黄纬 β.

5. 求出天体关于地平坐标系的基本物理量 $\boldsymbol{r}(t)$ 和速度 $\boldsymbol{v}(t)=\dot{\boldsymbol{r}}(t)$

第一步:由测站大地坐标 λ(从本初子午线测起)和 ϕ 计算地心坐标

$$\boldsymbol{r}_{s0}=(x_{s0}\quad y_{s0}\quad z_{s0})^{\mathrm{T}}.\tag{17.45}$$

第二步:由真赤道系(中间系)$\{O;\ e''_1,\ e''_2,\ e''_3\}$ 到地球系 $\{O;\ e'''_1,\ e'''_2,\ e'''_3\}$ 的变换,变换规则为

$$(e'''_1\quad e'''_2\quad e'''_3)=(e''_1\quad e''_2\quad e''_3)W(t),\tag{17.46}$$

注意:真赤道系基本方向为真春分点,而中间系指向无转动原点.测站中介系坐标与地心坐标的关系为

$$\boldsymbol{r}_s = W(t)\boldsymbol{r}_{s0}, \tag{17.47}$$

其中，$\boldsymbol{r}_s$ 和 $\boldsymbol{r}_{s0}$ 分别为中介系和地球系的坐标.

第三步：计算天球中介参考系(Celestial Intermediate Reference System 或 CIRS)与天球参考系的变换矩阵

$$Q(t) = R_3(-E)R_2(-d)R_3(E)R_3(s), \tag{17.48}$$

其中，E，d 和 s 可由观测和理论唯象给出. 天球中介系的基本方向为天球历书原点，而地球中介系的基本方向为地球历书原点，二者角距离为自转角 θ，其值见《天球参考系变换及其应用》.① 地球中介系与天球参考系的变换矩阵为

$$Q_T = QR_3(-\theta),\ Q_T^{-1} = R_3(\theta)Q^{-1}. \tag{17.49}$$

第四步：从月亮、太阳和火星历表文件读得时刻 t 天体地心天球参考系中位矢 $\boldsymbol{r}_{p0}$ 和速度 $\dot{\boldsymbol{r}}_{p0}(t)$.

第五步：由第三步可计算天体地球中介系的矢径

$$\boldsymbol{r}_p = Q_T^{-1}\boldsymbol{r}_{p0}. \tag{17.50}$$

第六步：计算天体站心矢径

$$\boldsymbol{r} = \boldsymbol{r}_p - \boldsymbol{r}_s. \tag{17.51}$$

第七步：由

$$\tau = \frac{|\boldsymbol{r}_p(t-\tau) - \boldsymbol{r}_e(t)|}{c} \tag{17.52}$$

迭代计算光行时 τ.

第八步：按步骤五至七重新计算，可得天体在地球中介系中的基本物理量位矢 $\boldsymbol{r}_p(t)$，从而得 $\boldsymbol{r}(t-\tau)$，继而可求出视向单位矢量 $\boldsymbol{p}_0 = \langle \boldsymbol{r}(t-\tau) \rangle$. 由于 λ 为天体子午面与地球参考系的第一方向夹角，而格林尼治恒星时为 GST，子午面从本初子午面算起与地球系第一方向的夹角为

$$\mathrm{LST} = \mathrm{GST} + (\lambda - \mathrm{GST}) = \lambda.$$

第九步：由《天球参考系变换及其应用》②有

变换

$$\boldsymbol{p}_1 = \begin{pmatrix} 1 & 0 & 0 \\ 0 & -1 & 0 \\ 0 & 0 & 1 \end{pmatrix} R_3(-\lambda)\boldsymbol{p}_0, \tag{17.53}$$

它是转至测站的时角坐标系. 注意：此处 λ 与李广宇老师书上的式(5.2)不同.

第十步：由参考书③，得

$$p = R_2(90° - \phi)p_1, \tag{17.54}$$

它将时角坐标系变换到地平坐标系.

---

① 李广宇. 天球参考系变换及其应用[M]. 北京：科学出版社，2010：110.

② 李广宇. 天球参考系变换及其应用[M]. 北京：科学出版社，2010：71.

③ 李广宇. 天球参考系变换及其应用[M]. 北京：科学出版社，2010：70.

第十一步：化 $\boldsymbol{p}$ 为球坐标，经角和纬角分别是天体的地平经度 a 和地平高度 h.

17.3　天体升落和中天时刻

1. 概述

在天球参考系中天体基本物理量为 $\boldsymbol{r}(t)$ 和 $\dot{\boldsymbol{r}}(t)$，这可由相对惯性系的 Newton 定律导出. 如果知道选定参考系与国际天球坐标系的变换，就可求出该系的基本物理量.

2. 时角坐标系与地平坐标系的关系(复习)

由《天球参考系变换及其应用》，可知

$$\begin{pmatrix}\cos\delta\cos H\\ \cos\delta\sin H\\ \sin\delta\end{pmatrix} = R_2(90° - \phi)\begin{pmatrix}\cosh\cos\alpha\\ \cosh\sin\alpha\\ \sinh\end{pmatrix}. \tag{17.55}$$

其中，左、右列矢量分别代表时角和地平坐标. 由上式得

$$\sin h = \sin\phi\cos\delta + \cos\phi\cos\delta\cos H, \tag{17.56}$$

又由时角标架到真赤道系，有

$$\begin{pmatrix}\cos\delta\cos\alpha\\ \cos\delta\sin\alpha\\ \sin\delta\end{pmatrix} = \begin{pmatrix}1 & 0 & 0\\ 0 & -1 & 0\\ 0 & 0 & 1\end{pmatrix} R_3(\mathrm{LST})\begin{pmatrix}\cos\delta\cos H\\ \cos\delta\sin H\\ \sin\delta\end{pmatrix}. \tag{17.57}$$

其中，

$$H = \mathrm{LST} - \alpha = \mathrm{GST} + \lambda - \alpha, \tag{17.58}$$

将赤道坐标和测站大地坐标看成常数，即 λ，ϕ，α 和 δ 为常数，则根据式(17.58)和式(17.56)，得

$$\Delta H = \Delta \mathrm{GST} = -\frac{\Delta h\cosh}{\cos\phi\cos\delta\sin H}. \tag{17.59}$$

3. 中天时刻的计算

中天时角 $H=0$，有

$$\mathrm{GST} = \alpha - \lambda, \tag{17.60}$$

令 $s_0 = \mathrm{GST} - \mathrm{GST}_0$(从零时至中天经过的恒星时)，由 $s_0 = \alpha - \lambda - \mathrm{GST}_0$，则中天时刻为

$$m = 0.997269566(\mathrm{GST} - \mathrm{GST}_0). \tag{17.61}$$

计算中天时刻 m 的具体步骤如下：

第一步：取 $s_0 = 0$.

第二步：求出天体关于地平坐标系的基本物理量(视位置)，即 α.

第三步：由 $H = \mathrm{GST} + \lambda - \alpha$ 计算时角.

第四步：修正恒星时，$s_0 = -H$，即 $-H = \alpha - \lambda - \mathrm{GST}_0$.

第五步：反复进行第二至四步，直至 H 收敛于零，即可得到 $s_0 = \mathrm{GST} - \mathrm{GST}_0$.

第六步：由 $m = 0.997269566(\mathrm{GST} - \mathrm{GST}_0)$，可求出 m（中天时刻）.

4. 升落时刻的计算

天体升落的地平高度 h_0 为已知量，值取零(至少接近零)，由式(17.55)，有

$$H_0 = \pm \arccos\left(\frac{\sin h_0 - \sin\phi\sin\delta}{\cos\phi\cos\delta}\right), \tag{17.62}$$

其中，正、负号分别对应于落下和升起.

计算升落时刻 s 的具体步骤如下：

第一步：取 $s_0 = 0.5$ 求出天体关于地平坐标系的基本物理量(视位置) α（h 近似为零).

第二步：由 h_0 按式(17.62)计算方位角 H_0，升起时取负号，设 S_1 为升起时刻恒星时，近似值 $s_{10} = s_0 + H_0$.

第三步：求出天体关于地平坐标系的基本物理量 α.

第四步：由 $H = \mathrm{GST} + \lambda - \alpha = s_0 + \mathrm{GST}_0 + \lambda - \alpha$.

第五步：由式(17.56)即 $h = \arcsin(\sin\phi\sin\delta + \cos\phi\cos\delta\cos H)$，计算地平高度 h.

第六步：由式(17.59)算出 ΔH(Δh 取一小量，与 S_0 取值有关).

第七步：修正恒星时 $S_{1,\,i+1} = s_{1,\,i} - \Delta H$，第二个下标 i 表示迭代数.

第八步：反复进行第三至第七步，直至 $\Delta H \to 0$，此时 $s_{1,\,i}$ 收敛于 S_1.

参考文献

Braginskii S I. Transport Processes in Plasma[M]. Reviews of Plasma Physics, 1965.

Campbell C G. Magnetohydrodynamics in Binary Stars [M]. Kluwer Academic Publishers, 1997.

Chandrasekhar S. Ellipsoidal Figures of Equilibrium[M]. Yale University Press, 1969.

Chandrasekhar S. The Mathematical Theory of Black Holes [M]. Oxford University Press, 1983.

Poisson E, Will C M. Gravity: Newtonian, Post-Newtonian, Relativistic[M]. Cambridge University Press, 2014.

Fridman A M, Equilibrium and Stability of Collisionless Gravitational Systems[M]. VINITI, Moscow, 1975.

Fridman A M, Gorkavyi N N. Physics of Planetary Rings[M]. Springer, 1999.

Fridman A M, Polyachenko V L. Physics of Gravitating Systems[M]. Springer, 1984.

Landau L, Lifshitz E. The Classical Theory of Fields[M]. Addison Wesley, 1951.

Amendola L, Tsujikawa S. Dark Energy[M]. Cambridge University Press, 2010.

Camenzind M, Compact objects in Astrophysics[M]. Springer, 2007.

Padmanabhan T. Gravitation-Foundations and Frontiers [M]. Cambridge University Press, 2010.

Plavec M, Kratochvil P. Tables for the Roche Model of Close Binaries[M]. Bulletin of the Astronomical. Institutes of Czechoslovakia. Astr. Czech, 1964.

李广宇. 天球参考系变换及其应用[M]. 北京：科学出版社，2010.

李广宇. 天体测量和天体力学基础[M]. 北京：科学出版社，2015.

附录A　N个天体(可有大小)系统的研究——总论

为了让读者掌握更多的天体力学知识，本附录将第3章和第4章的内容进行推广，并已安排了习题(见第3章和第4章后面)，即考虑N个天体(有大小，模型为流体或质点)的情形. 由于有些内容已出现在正文中，在此不再赘述.

物理模型：多个天体，每个天体可看成流体或质点，此处还包括引力场. 设有N个天体，其中某天体用A标记，它们之间的距离要比天体尺度大得多，且每个天体近似为球对称，基本物理量为物质密度$\rho(\boldsymbol{r},t)$、压强$p(\boldsymbol{r},t)$、速度分布$\boldsymbol{v}(\boldsymbol{r},t)$和引力势$U(\boldsymbol{r},t)$. 如果知道这些物理量随时空坐标的关系，那么就可求出所有相关物理量.

基本方程：(1)牛顿近似下：连续性方程为

$$\frac{\partial\rho}{\partial t}+\nabla\cdot(\rho\boldsymbol{v})=0,\tag{A.1}$$

欧拉流体动力学方程为

$$\rho\frac{\mathrm{d}\boldsymbol{v}}{\mathrm{d}t}=\rho\nabla U-\nabla p,\tag{A.2}$$

热力学方程为

$$T\mathrm{d}s=\mathrm{d}\Pi+p\mathrm{d}\frac{1}{\rho}=\left(q-\frac{1}{\rho}\nabla\cdot\boldsymbol{H}\right)\mathrm{d}t,\tag{A.3}$$

其中，s为单位质量的熵，Π为单位质量的内能，$\boldsymbol{H}$为热流矢量.

在绝热近似下$\mathrm{d}s=0$，有

$$\nabla\cdot\boldsymbol{H}=\rho q\tag{A.4}$$

和热力学第一定律

$$\mathrm{d}\Pi=-p\mathrm{d}\frac{1}{\rho}=\frac{p}{\rho^2}\mathrm{d}\rho.\tag{A.5}$$

对于经典理想气体和光子气体，物态方程总压强为

$$p=p_{\text{gas}}+p_{\text{rad}}=\left(\frac{1}{\mu_I}+\frac{1}{\mu_e}\right)\frac{\rho}{m_H}kT+p_{\text{rad}}=\frac{\rho}{\mu m_H}kT+\frac{1}{3}aT^4,\tag{A.6}$$

当然还有泊松方程.

(2)在一般情形下，基本方程为爱因斯坦方程，弯曲时空下为流体动力学方程和物态方程.

(3)后牛顿近似下的基本方程为情形(2)的特例，本附录将进行详细研究.

推论1　几个守恒定律，张量维里定理和标量维里定理.

定义

$$M=\int\rho(t,\ \boldsymbol{x})\mathrm{d}^3x,\qquad \boldsymbol{P}=\int\rho(t,\ \boldsymbol{x})\boldsymbol{v}(t,\ \boldsymbol{x})\mathrm{d}^3x,\tag{A.7a, b}$$

$$\boldsymbol{R}(t)=\frac{1}{M}\int\rho(t,\ \boldsymbol{x})\boldsymbol{x}\mathrm{d}^3x,\qquad \boldsymbol{V}=\frac{1}{M}\int\rho(t,\ \boldsymbol{x})\boldsymbol{v}(t,\ \boldsymbol{x})\mathrm{d}^3x.\tag{A.8a, b}$$

下面来证明

$$\int\rho\nabla U\mathrm{d}^3x=0.\tag{A.9}$$

由基本方程中的泊松方程，有

$$U=G\int\rho'\frac{1}{|\boldsymbol{x}-\boldsymbol{x}'|}\mathrm{d}^3x'.\tag{A.10}$$

经过一系列微积分运算，可有(A.9).

再来证明 $\frac{\mathrm{d}E}{\mathrm{d}t}=0.$

定义动能为

$$T(t)=\frac{1}{2}\int\rho v^2\mathrm{d}^3x,\tag{A.11}$$

引力势能为

$$\Omega(t)=-\frac{1}{2}\int\rho U\mathrm{d}^3x=-\frac{1}{2}G\int\frac{\rho\rho'}{|\boldsymbol{x}-\boldsymbol{x}'|}\mathrm{d}^3x'\mathrm{d}^3x,\tag{A.12}$$

内能为

$$E_{\mathrm{int}}(t)=\int\varepsilon\mathrm{d}^3x=\int\rho\Pi\mathrm{d}^3x,\qquad E=T(t)+\Omega(t)+E_{\mathrm{int}}(t).\tag{A.13a, b}$$

又定义推广的拉格朗日导数(generalized Lagrangian derivative)为

$$\frac{\mathrm{d}f}{\mathrm{d}t}=\frac{\partial f}{\partial t}+\boldsymbol{v}\cdot\nabla f+\boldsymbol{v}'\cdot\nabla' f.\tag{A.14}$$

由式(A.10)和式(A.14)(取 $f=|\boldsymbol{x}-\boldsymbol{x}'|^{-1}$)，不难有

$$\int\rho\boldsymbol{v}\cdot\nabla U\mathrm{d}^3x=\frac{1}{2}G\int\rho\rho'\frac{\mathrm{d}}{\mathrm{d}t}\frac{1}{|\boldsymbol{x}-\boldsymbol{x}'|}\mathrm{d}^3x'\mathrm{d}^3x,\tag{A.15}$$

再由式(A.12)、式(A.15)和

$$\frac{\mathrm{d}}{\mathrm{d}t}\int\rho(t,\ \boldsymbol{x})\rho(t,\ \boldsymbol{x}')f(t,\ \boldsymbol{x},\ \boldsymbol{x}')\mathrm{d}^3x'\mathrm{d}^3x=\int\rho\rho'\frac{\mathrm{d}f}{\mathrm{d}t}\mathrm{d}^3x'\mathrm{d}^3x$$

得

$$\int\rho\boldsymbol{v}\cdot\nabla U\mathrm{d}^3x=-\frac{\mathrm{d}\Omega}{\mathrm{d}t}.\tag{A.16}$$

由连续性方程 $\nabla\cdot\boldsymbol{v}=-\rho^{-1}\frac{\mathrm{d}\rho}{\mathrm{d}t}$ 和 $\boldsymbol{v}\cdot\nabla p=\nabla\cdot(p\boldsymbol{v})-p\nabla\cdot\boldsymbol{v}$ 有

$$\int\boldsymbol{v}\cdot\nabla p\mathrm{d}^3x=\int\frac{p}{\rho}\frac{\mathrm{d}\rho}{\mathrm{d}t}\mathrm{d}^3x.\tag{A.17}$$

因此

$$\frac{\mathrm{d}T}{\mathrm{d}t}=\int\rho\boldsymbol{v}\cdot\frac{\mathrm{d}\boldsymbol{v}}{\mathrm{d}t}\mathrm{d}^3x=\int\rho\boldsymbol{v}\cdot\nabla U\mathrm{d}^3x-\int\boldsymbol{v}\cdot\nabla p\mathrm{d}^3x,\tag{A.18}$$

此处用到欧拉流体动力学方程式(A.2). 又由式(A.16)、式(A.17)和上式，得总动能的变化率为

$$\frac{\mathrm{d}T}{\mathrm{d}t}=-\frac{\mathrm{d}\Omega}{\mathrm{d}t}-\int\frac{p}{\rho}\frac{\mathrm{d}\rho}{\mathrm{d}t}\mathrm{d}^3x.\tag{A.19}$$

由内能的定义式(A.13a)，有

$$\frac{\mathrm{d}E_{\mathrm{int}}}{\mathrm{d}t}=\int\rho\frac{\mathrm{d}\Pi}{\mathrm{d}t}\mathrm{d}^3x,\tag{A.20}$$

根据热力学第一定律式(A.5)和上式，有

$$\frac{\mathrm{d}E_{\mathrm{int}}}{\mathrm{d}t}=\int\frac{p}{\rho}\frac{\mathrm{d}\rho}{\mathrm{d}t}\mathrm{d}^3x.\tag{A.21}$$

最后，由式(A.13b)、式(A.19)和式(A.21)，可得

$$\frac{\mathrm{d}E}{\mathrm{d}t}=0.\tag{A.22}$$

我们还可证明$\frac{\mathrm{d}J}{\mathrm{d}t}=0$. 如下：

定义

$$\boldsymbol{J}=\int\rho\boldsymbol{x}\times\boldsymbol{v}\mathrm{d}^3x,\tag{A.23}$$

有

$$\frac{\mathrm{d}\boldsymbol{J}}{\mathrm{d}t}=\int\rho\boldsymbol{x}\times\frac{\mathrm{d}\boldsymbol{v}}{\mathrm{d}t}\mathrm{d}^3x=\int\rho\boldsymbol{x}\times\nabla U\mathrm{d}^3x-\int\boldsymbol{x}\times\nabla p\mathrm{d}^3x,\tag{A.24}$$

将泊松方程的积分形式(A.10)代入上式最右边第一项，得

$$\int\rho\boldsymbol{x}\times\nabla U\mathrm{d}^3x=0,$$

又由

$$\boldsymbol{x}\times\nabla p=-\nabla\times(p\boldsymbol{x})+p\nabla\times\boldsymbol{x},\tag{A.25}$$

由上显然$\frac{\mathrm{d}J}{\mathrm{d}t}=0$.

张量维里定理由基本方程可得

$$\frac{1}{2}\frac{\mathrm{d}^2I^{jk}}{\mathrm{d}t^2}=2T^{jk}+\Omega^{jk}+P\delta^{jk},\tag{A.26}$$

其中，质量分布的四极矩张量(quadrupole moment tensor)为

$$I^{jk}=\int\rho(t,\ \boldsymbol{x})x^jx^k\mathrm{d}^3x,\tag{A.27a}$$

流体系统的动能张量(kinetic energy tensor)为

$$T^{jk}(t)=\frac{1}{2}\int\rho v^j v^k \mathrm{d}^3x, \tag{A.27b}$$

流体系统的引力能张量(gravitational energy tensor)为

$$\Omega^{jk}(t)=-\frac{1}{2}G\int\rho\rho'\frac{(x-x')^j(x-x')^k}{|\boldsymbol{x}-\boldsymbol{x}'|^3}\mathrm{d}^3x'\mathrm{d}^3x \tag{A.27c}$$

和流体系统积分压强(integrated pressure)为

$$P(t)=\int p\mathrm{d}^3x. \tag{A.27d}$$

标量对式(A.26)取迹，得维里定理

$$\frac{1}{2}\frac{\mathrm{d}^2I}{\mathrm{d}t^2}=2T+\Omega+3P, \tag{A.28}$$

其中，四极矩张量的迹 $I(t)=\int\rho r^2\mathrm{d}^3x$.

推论 2　第 A 个天体的质心加速度 $\boldsymbol{a}_A$ 和总能量公式.

定义

$$U=U_A+U_{\neg A}, \tag{A.29}$$

其中，A 产生的势为

$$U_A(t,\ \boldsymbol{x})=G\int_A\frac{\rho(t,\ \boldsymbol{x}')}{|\boldsymbol{x}-\boldsymbol{x}'|}\mathrm{d}^3x', \tag{A.30}$$

除 A 外，其他天体产生的总势为

$$U_{\neg A}(t,\ \boldsymbol{x})=\sum_{B\neq A}G\int_B\frac{\rho(t,\ \boldsymbol{x}')}{|\boldsymbol{x}-\boldsymbol{x}'|}\mathrm{d}^3x', \tag{A.31}$$

以上为泊松方程的积分形式.

由式(A.9)有

$$\int_A\rho\,\nabla U_A\mathrm{d}^3x=0. \tag{A.32}$$

又有质心加速度

$$\boldsymbol{a}_A(t)=\frac{1}{m_A}\int_A\rho(t,\ x)\frac{\mathrm{d}\boldsymbol{v}}{\mathrm{d}t}\mathrm{d}^3x, \tag{A.33a}$$

质心速度

$$\boldsymbol{v}_A(t)=\frac{1}{m_A}\int_A\rho(t,\ x)\boldsymbol{v}\mathrm{d}^3x, \tag{A.33b}$$

由欧拉动力学方程式(A.2)、式(A.29)和式(A.32)，不难有

$$m_A\boldsymbol{a}_A=\int_A\rho\,\nabla U_{\neg A}\mathrm{d}^3x. \tag{A.34}$$

设 x^L 代表 $x^{j_1j_2\cdots j_l}$，又 ∂_L 代表 $\partial_{j_1j_2\cdots j_l}$，而 $A^{\langle L\rangle}$ 为 A^L 的完全对称值，可以证明①

① Poisson E, Will C M. Gravity: Newtonian, Post-Newtonian, Relativistic[M]. Cambridge University Press, 2014: 50.

$$(x-r_A)^L\partial_L U_{\neg A}=(x-r_A)^L\partial_{\langle L\rangle}U_{\neg A}=(x-r_A)^{\langle L\rangle}\partial_{\langle L\rangle}U_{\neg A},\tag{A.35}$$

从而可得

$$U_{\neg A}(t,\ \boldsymbol{x})=\sum_{l=0}^{\infty}\frac{1}{l!}(x-r_A)^{\langle L\rangle}\partial_{jL}U_{\neg A}(t,\ \boldsymbol{r}_A),\tag{A.36}$$

将上式代入式(A.34)，有

$$m_A a_A^j=\sum_{l=0}^{\infty}\frac{1}{l!}I_A^{\langle L\rangle}(t)\partial_{jL}U_{\neg A}(t,\ \boldsymbol{r}_A),\tag{A.37}$$

其中

$$I_A^{\langle L\rangle}(t)=\int_A\rho(t,\ \boldsymbol{x})(x-r_A)^{\langle L\rangle}\mathrm{d}^3x.\tag{A.38}$$

设$\boldsymbol{x}'=\boldsymbol{r}_B(t)+\bar{\boldsymbol{x}}'$，由展开式

$$\begin{aligned}|\boldsymbol{x}-\boldsymbol{r}_B-\bar{\boldsymbol{x}}'|^{-1}&=|\boldsymbol{x}-\boldsymbol{r}_B|^{-1}-\bar{x}'^p\partial_p|\boldsymbol{x}-\boldsymbol{r}_B|^{-1}+\frac{1}{2}\bar{x}'^{pq}\partial_{pq}|\boldsymbol{x}-\boldsymbol{r}_B|^{-1}+\cdots\\&=\sum_{l'}^{\infty}\frac{(-1)^{l'}}{l'!}\bar{x}'^{L'}\partial_{L'}|\boldsymbol{x}-\boldsymbol{r}_B|^{-1}\\&=\sum_{l'}^{\infty}\frac{(-1)^{l'}}{l'!}\bar{x}'^{\langle L'\rangle}\partial_{L'}|\boldsymbol{x}-\boldsymbol{r}_B|^{-1},\end{aligned}\tag{A.39}$$

这样可得

$$U_{\neg A}(t,\ \boldsymbol{x})=G\sum_{B\neq A}\sum_{l'=0}^{\infty}\frac{(-1)^{l'}}{l'!}I_B^{\langle L'\rangle}\partial_{L'}|\boldsymbol{x}-\boldsymbol{r}_B|^{-1},\tag{A.40}$$

将它代入式(A.37)中，有

$$m_A a_A^j=G\sum_{B\neq A}\sum_{l=0}^{\infty}\sum_{l'=0}^{\infty}\frac{(-1)^{l'}}{l!\ l'!}I_A^{\langle L\rangle}I_B^{\langle L'\rangle}\partial_{jLL'}^A\frac{1}{r_{AB}},\tag{A.41}$$

其中$r_{AB}=|\boldsymbol{r}_A-\boldsymbol{r}_B|$，上式也可写成

$$\begin{aligned}a_A^j=G\sum_{B\neq A}\Bigg\{&-\frac{m_B}{r_{AB}^2}n_{AB}^j+\sum_{l=2}^{\infty}\frac{1}{l!}\left[(-1)^l I_B^{\langle L\rangle}+\frac{m_B}{m_A}I_A^{\langle L\rangle}\right]\partial_{jL}^A\frac{1}{r_{AB}}\\&+\frac{1}{m_A}\sum_{l=2}^{\infty}\sum_{l'=2}^{\infty}\frac{(-1)^{l'}}{l!\ l'!}I_A^{\langle L\rangle}I_B^{\langle L'\rangle}\partial_{jLL'}^A\frac{1}{r_{AB}}\Bigg\},\end{aligned}\tag{A.42}$$

其中，$\boldsymbol{n}_{AB}=\dfrac{\boldsymbol{r}_{AB}}{r_{AB}}$.

又

$$E=T(t)+\Omega(t)+E_{\text{int}}(t),\tag{A.43}$$

$$T=\sum_A\left(T_A+\frac{1}{2}m_A v_A^2\right),\tag{A.44}$$

$$\Omega=-\frac{1}{2}\int\rho U\mathrm{d}^3x=\sum_A\left(\Omega_A-\frac{1}{2}\int_A\rho U_{\neg A}\mathrm{d}^3x\right),\tag{A.45}$$

其中

$$T_A = \frac{1}{2}\int_A \rho \left| \boldsymbol{v} - \boldsymbol{v}_A \right|^2 \mathrm{d}^3 x,$$
$$\Omega_A = -\frac{1}{2}\int_A \rho U_A \mathrm{d}^3 x. \tag{A. 46a, b}$$

而

$$E_{\text{int}} = \sum_A E_A^{\text{int}}. \tag{A. 47}$$

由上可得

$$U_{\neg A}(t, \boldsymbol{x}) = G\sum_{B\neq A}\sum_{l'=0}^{\infty}\frac{(-1)^{l'}}{l'!}I_B^{\langle L'\rangle}\partial_{L'}\left|\boldsymbol{x} - \boldsymbol{r}_B\right|^{-1}, \tag{A. 48}$$

同理

$$U_A = G\sum_{l=0}^{\infty}\frac{(-1)^l}{l!}I_A^{\langle L\rangle}\partial_L\left|\boldsymbol{x} - \boldsymbol{r}_A\right|^{-1}. \tag{A. 49}$$

综上所述，有

$$\begin{aligned} E = &\sum_A E_A + \sum_A \frac{1}{2}m_A v_A^2 - \frac{1}{2}\sum_A\sum_{B\neq A}\frac{Gm_A m_B}{r_{AB}} \\ &- \frac{1}{2}\sum_A\sum_{B\neq A}\sum_{l=2}^{\infty}\frac{1}{l!}\left[(-1)^l G m_A I_B^{\langle L\rangle} + G m_B I_A^{\langle L\rangle}\right]\partial_L^A\left(\frac{1}{r_{AB}}\right) \\ &- \frac{1}{2}\sum_A\sum_{B\neq A}\sum_{l=2}^{\infty}\sum_{l'=2}^{\infty}\frac{(-1)^{l'}}{l!\,l'!}G I_A^{\langle L\rangle}I_B^{\langle L'\rangle}\partial_{LL'}^A\left(\frac{1}{r_{AB}}\right), \end{aligned} \tag{A. 50}$$

此处 $E_A = T_A + \Omega_A + E_A^{\text{int}}$ 为天体 A 的自能(self-energy).

特例：

情形 1：两天体体系，每个天体有大小

由式(A. 42)和式(A. 50)，得相对加速度

$$\begin{aligned} a^j = &-\frac{Gm}{r^2}n^j + Gm\sum_{l=2}^{\infty}\frac{1}{l!}\left[\frac{I_1^{\langle L\rangle}}{m_1} + (-1)^l\frac{I_2^{\langle L\rangle}}{m_2}\right]\partial_{jL}\left(\frac{1}{r}\right) \\ &+ Gm\sum_{l=2}^{\infty}\sum_{l'=2}^{\infty}\frac{(-1)^{l'}}{l!\,l'!}\frac{I_1^{\langle L\rangle}}{m_1}\frac{I_2^{\langle L'\rangle}}{m_2}\partial_{jLL'}\left(\frac{1}{r}\right), \end{aligned} \tag{A. 51}$$

总能量

$$\begin{aligned} E = &\frac{1}{2}mV^2 + \frac{1}{2}\mu v^2 - \frac{G\mu m}{r} - G\mu m\sum_{l=2}^{\infty}\frac{1}{l!}\left[\frac{I_1^{\langle L\rangle}}{m_1} + (-1)^l\frac{I_2^{\langle L\rangle}}{m_2}\right]\partial_L\left(\frac{1}{r}\right) \\ &- G\mu m\sum_{l=2}^{\infty}\sum_{l'=2}^{\infty}\frac{(-1)^{l'}}{l!\,l'!}\frac{I_1^{\langle L\rangle}}{m_1}\frac{I_2^{\langle L'\rangle}}{m_2}\partial_{LL'}\left(\frac{1}{r}\right), \end{aligned} \tag{A. 52}$$

其中，$\mu = \frac{m_1 m_2}{m} = \frac{m_1 m_2}{m_1 + m_2}$ 为约化质量.

情形 2：多个天体，每个天体具有球对称

加速度为

$$a_A^j = -\sum_{B\neq A}\frac{Gm_B}{r_{AB}^2}n_{AB}^j, \tag{A. 53}$$

总能量为

$$E=\sum_A\frac{1}{2}m_Av_A^2-\frac{1}{2}\sum_A\sum_{B\neq A}\frac{Gm_Am_B}{r_{AB}}. \tag{A.54}$$

情形3：两天体体系，球对称

加速度为 $\boldsymbol{a}=-\frac{Gm}{r^2}\boldsymbol{n}$，能量为 $E=\frac{1}{2}\mu v^2-\frac{G\mu m}{r}$，由上面的加速度公式得

$$r^2\dot{\phi}=h,\ \ddot{r}-\frac{h^2}{r^3}=-\frac{Gm}{r^2},$$

其中，r，ϕ 为极坐标，两天体质心在同一轨道平面运动，于是有

$$\frac{1}{2}\dot{r}^2=\varepsilon-V_{eff}(r),$$

其中，$V_{eff}(r)=\frac{h^2}{2r^2}-\frac{Gm}{r}$. 具体两体运动的研究见本书的正文部分.

注意：假定两体的尺度远小于它们的距离，最理想的情形是将它们看成质点.

推论3　天体 A 的自旋变化率公式

定义天体 A 的自旋角动量(spin angular momentum)为

$$\boldsymbol{S}_A(t)=\int_A\rho(t,\ \boldsymbol{x})(\boldsymbol{x}-\boldsymbol{r}_A)\times(\boldsymbol{v}-\boldsymbol{v}_A)\mathrm{d}^3x, \tag{A.55}$$

写成分量的形式为

$$S_A^j(t)=\varepsilon^{jpq}\int_A\rho\ (x-r_A)^p\ (v-v_A)^q\mathrm{d}^3x. \tag{A.56}$$

将上式关于时间 t 求导数，有

$$\begin{aligned}\frac{\mathrm{d}S_A^j}{\mathrm{d}t}&=\varepsilon^{jpq}\int_A\rho\ (v-v_A)^p\ (v-v_A)^q\mathrm{d}^3x+\varepsilon^{jpq}\int_A\rho\ (x-r_A)^p\ \frac{\mathrm{d}v}{\mathrm{d}t}-a_A)^q\mathrm{d}^3x\\&=\varepsilon^{jpq}\int_A\rho\ (x-r_A)^p\ \frac{\mathrm{d}v^q}{\mathrm{d}t}\mathrm{d}^3x,\end{aligned} \tag{A.57}$$

上式推导用到的体系质心坐标为零. 将欧拉流体动力学方程式(A.2)插入上式，得

$$\frac{\mathrm{d}S_A^j}{\mathrm{d}t}=\varepsilon^{jpq}\int_A\rho\ (x-r_A)^p\partial_qU\mathrm{d}^3x-\varepsilon^{jpq}\int_A\ (x-r_A)^p\partial_qp\mathrm{d}^3x, \tag{A.58}$$

此式右边第二项由分部积分不难证明为零，因此

$$\frac{\mathrm{d}S_A^j}{\mathrm{d}t}=\varepsilon^{jpq}\int_A\rho\ (x-r_A)^p\partial_qU\mathrm{d}^3x. \tag{A.59}$$

再将 $U=U_A+U_{\neg A}$ 代入上式，易知 U_A 的贡献为零，此处用到了

$$\int_A\rho\ \nabla U_A\mathrm{d}^3x=0,\qquad \int_A\rho\boldsymbol{x}\times\nabla U_A\mathrm{d}^3x=0.$$

即有

$$\frac{\mathrm{d}S_A^j}{\mathrm{d}t}=\varepsilon^{jpq}\int_A\rho\ (x-r_A)^p\partial_qU_{\neg A}\mathrm{d}^3x. \tag{A.60}$$

用式(A.36)和

$$\partial_{jL}U_{\neg A}(t,\ \boldsymbol{r}_A)=G\sum_{B\neq A}\sum_{l'=0}^{\infty}\frac{(-1)^{l'}}{l'!}I_B^{\langle L'\rangle}\partial_{jLL'}\left(\frac{1}{r_{AB}}\right), \tag{A.61}$$

我们可得

$$\frac{\mathrm{d}S_A^j}{\mathrm{d}t}=G\varepsilon^{jpq}\sum_{B\neq A}\sum_{l=0}^{\infty}\sum_{l'=0}^{\infty}\frac{(-1)^{l'}}{l!\ l'!}I_A^{\langle pL\rangle}I_B^{\langle L'\rangle}\partial^A_{\langle qLL'\rangle}\left(\frac{1}{r_{AB}}\right).\tag{A.62}$$

推论 4　两质点轨道运动中两坐标系的变换

在基本坐标系中的轨道运动如图 A.1 所示，设基本坐标系 $(X,\ Y,\ Z)$，相应的基矢 $(\boldsymbol{e}_X,\ \boldsymbol{e}_Y,\ \boldsymbol{e}_Z)$，轨道坐标 $(x,\ y,\ z)$，基矢 $(\boldsymbol{e}_x,\ \boldsymbol{e}_y,\ \boldsymbol{e}_z)$，由轨道坐标系变到基本坐标系可由以下三步完成：第一步，将 $(x,\ y,\ z)$ 绕 z 轴转动 $-\omega$ 角，使得转动后的 x 轴与节线 (ascending node) 重合(变换矩阵为 $\boldsymbol{R}_1$)；第二步，将坐标系绕新的 x 轴转动 $-\iota$ 角，转动后的 z 轴与最后的 Z 轴重合(变换矩阵为 $\boldsymbol{R}_2$)；第三步，绕新 z 轴转动 $(-\Omega)$，使得旋转后的 x 轴与新 X 轴重合(变换矩阵为 $\boldsymbol{R}_3$)．于是我们由以上三步完成了变换，下面给出定量结果：

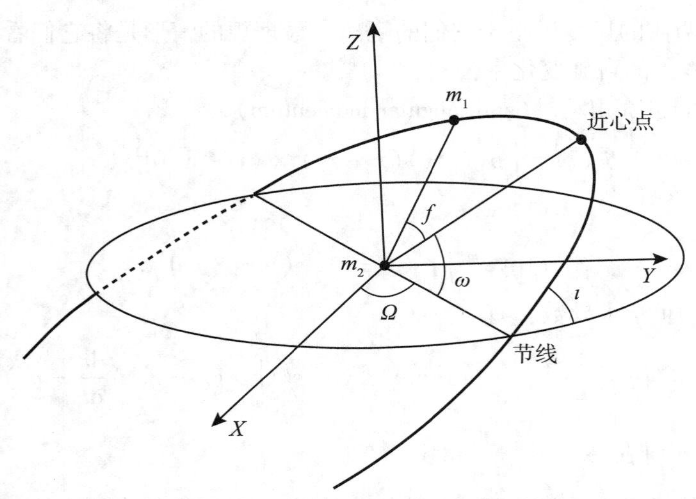

图 A.1　在基本坐标系中的轨道运动

$$\begin{pmatrix}X\\Y\\Z\end{pmatrix}=\boldsymbol{R}_3\boldsymbol{R}_2\boldsymbol{R}_1\begin{pmatrix}x\\y\\z\end{pmatrix},$$

其中，

$$\boldsymbol{R}_1=\begin{pmatrix}\cos\omega & -\sin\omega & 0\\ \sin\omega & \cos\omega & 0\\ 0 & 0 & 1\end{pmatrix},$$

$$\boldsymbol{R}_2=\begin{pmatrix}1 & 0 & 0\\ 0 & \cos\iota & -\sin\iota\\ 0 & \sin\iota & \cos\iota\end{pmatrix},$$

$$\boldsymbol{R}_3=\begin{pmatrix}\cos\Omega & -\sin\Omega & 0\\ \sin\Omega & \cos\Omega & 0\\ 0 & 0 & 1\end{pmatrix}.$$

将 $x=r\cos f$，$y=r\sin f$，$z=0$ 代入上式中，可得

$$r^X=r[\cos\Omega\cos(\omega+f)-\cos\iota\sin\Omega\sin(\omega+f)],$$
$$r^Y=r[\sin\Omega\cos(\omega+f)+\cos\iota\cos\Omega\sin(\omega+f)],$$
$$r^Z=r\sin\iota\sin(\omega+f),$$

注意：为了阅读原书方便，用 (r^X, r^Y, r^Z) 表示 (X, Y, Z).

推论5　用经典方法得到一级后牛顿的度规表达式

$$\begin{aligned}g_{00}&=-1+\frac{2}{c^2}U+\frac{2}{c^4}(\Psi-U^2)+o(c^{-6}),\\ g_{0j}&=-\frac{4}{c^3}U_j+o(c^{-5}),\\ g_{jk}&=\left(1+\frac{2}{c^2}U\right)\delta_{jk}+o(c^{-4}),\end{aligned}\tag{A.63}$$

其中，U，Ψ，U_j 待定(见稍后).

下面给出证明.

请注意，g_{00} 中 c^{-2} 项为牛顿项，g_{00} 中 c^{-4}，g_{0j} 中 c^{-3} 和 g_{jk} 中 c^{-2} 项均为后牛顿项，还有 g_{jk} 中的 $U\delta_{jk}$ 来自广义相对论线性近似①.

根据和谐规范条件(harmonic gauge conditions) $\partial_\beta h^{\alpha\beta}=0$，有

$$\partial_t U+\partial_j U^j=0.\tag{A.64}$$

后牛顿度规式(A.63)可由爱因斯坦方程求出，下面来讨论这个问题.

由广义相对论，联络系数可写成

$$\begin{aligned}\Gamma^0_{00}&=-\frac{1}{c^3}\partial_t U+o(c^{-5}),\\ \Gamma^0_{0j}&=-\frac{1}{c^2}\partial_j U+o(c^{-4}),\\ \Gamma^0_{jk}&=\frac{2}{c^3}(\partial_j U_k+\partial_k U_j)+\frac{1}{c^3}\delta_{jk}\partial_t U+o(c^{-5}),\\ \Gamma^j_{00}&=-\frac{1}{c^2}\partial_j U-\frac{1}{c^4}(4\partial_t U_j+\partial_j\Psi-4U\partial_j U)+o(c^{-6}),\\ \Gamma^j_{0k}&=\frac{1}{c^3}\delta_{jk}\partial_t U-\frac{2}{c^3}(\partial_k U_j-\partial_j U_k)+o(c^{-5}),\\ \Gamma^j_{kn}&=\frac{1}{c^2}(\delta_{jn}\partial_k U+\delta_{jk}\partial_n U-\delta_{kn}\partial_j U)+o(c^{-4}),\end{aligned}\tag{A.65a-f}$$

① Poisson E, Will C M. Gravity: Newtonian, Post-Newtonian, Relativistic[M]. Cambridge University Press, 2014, 5.5节.

这样有

$$R_{00}=-\frac{1}{c^2}\nabla^2U+\frac{1}{c^4}(\partial_{tt}U+4U\nabla^2U-\nabla^2\Psi)+o(c^{-6}),$$

$$R_{0j}=\frac{2}{c^3}\nabla^2U_j+o(c^{-5}),\qquad (A.66a\text{-}c)$$

$$R_{jk}=-\frac{1}{c^2}\nabla^2U\delta_{jk}+o(c^{-4}).$$

此处还用到式(A.64).

又

$$T_{\alpha\beta}=(\rho+\frac{\varepsilon}{c^2}+\frac{p}{c^2})u_\alpha u_\beta+pg_{\alpha\beta},$$

其中

$$\rho=\rho^*(1-\frac{v^2}{2c^2}-\frac{3U}{c^2})+o(c^{-4}),$$

$$u^\alpha=\gamma(c,\ \boldsymbol{v}),$$

$$\gamma=\frac{u^0}{c}=1+\frac{v^2}{2c^2}+\frac{U}{c^2}+o(c^{-4}),$$

因此

$$T_{00}=\rho^*c^2\left[1+\frac{1}{c^2}\left(\frac{1}{2}v^2-5U+\Pi\right)\right]+o(c^{-2}),$$

$$T_{0j}=-\rho^*v^jc+o(c^{-1}),\qquad (A.67a\text{-}c)$$

$$T_{jk}=\rho^*v^jv^k+p\delta^{jk}+o(c^{-2}).$$

而基本方程之一爱因斯坦方程可写为

$$R_{\alpha\beta}=\frac{8\pi G}{c^4}\overline{T}_{\alpha\beta}\equiv\frac{8\pi G}{c^4}\left(T_{\alpha\beta}-\frac{1}{2}Tg_{\alpha\beta}\right).\qquad (A.68)$$

将式(A.66)、式(A.67)、式(A.63)代入上式，可导出

$$\nabla^2U=-4\pi G\rho^*,\qquad (A.69)$$

$$\nabla^2U_j=-4\pi G\rho^*v_j,\qquad (A.70)$$

$$\partial_{tt}U+4U\nabla^2U-\nabla^2\Psi=4\pi G\rho^*\left(\frac{3}{2}v^2-5U+\Pi+\frac{3p}{\rho^*}\right),\qquad (A.71)$$

由式(A.69)~式(A.71)，得

$$\Psi=\psi+\frac{1}{2}\partial_{tt}F,\qquad (A.72)$$

其中

$$\nabla^2\psi=-4\pi G\rho^*\left(\frac{3}{2}v^2-U+\Pi+\frac{3p}{\rho^*}\right),\qquad (A.73)$$

和

$$\nabla^2 F = 2U. \tag{A.74}$$

这样，$F=X$(参考原书第 380 页).

其中

$$\nabla^4 X = \nabla^4 F = 2\nabla^2 U = -8\pi G\rho^*. \tag{A.75}$$

最后由式(A.69)、式(A.73)、式(A.75)和式(A.70)，分别有

$$\begin{aligned}
&U(t,\ \boldsymbol{x}) = G\int \frac{\rho^{*\prime}}{|\boldsymbol{x}-\boldsymbol{x}'|}\mathrm{d}^3x',\\
&\psi(t,\ \boldsymbol{x}) = G\int \frac{\rho^{*\prime}\left(\frac{3}{2}v'^2 - U' + \Pi' + \frac{3p'}{\rho^{*\prime}}\right)}{|\boldsymbol{x}-\boldsymbol{x}'|}\mathrm{d}^3x',\\
&X(t,\ \boldsymbol{x}) = G\int \rho^{*\prime}|\boldsymbol{x}-\boldsymbol{x}'|\mathrm{d}^3x',\\
&U^j(t,\ \boldsymbol{x}) = G\int \frac{\rho^{*\prime}v'^j}{|\boldsymbol{x}-\boldsymbol{x}'|}\mathrm{d}^3x'.
\end{aligned} \tag{A.76a-d}$$

证毕.

推论 6　维里等式

$$\begin{aligned}
&\frac{1}{2}\dot{I}_A^{jk} = \frac{1}{2}S_A^{jk} + \int_A \rho^* \bar{v}^j \boldsymbol{x}^k \mathrm{d}^3\bar{x},\\
&\frac{1}{2}\ddot{I}_A^{jk} = 2T_A^{jk} + \Omega_A^{jk} + \delta^{jk}P_A + \int_A \rho^* \bar{x}^{(j}\partial^{k)}U_{\neg A}\mathrm{d}^3\bar{x} + o(c^{-2}),\\
&\frac{1}{2}\dddot{I}_A^{jk} = 4H_A^{(jk)} - 3K_A^{jk} + \delta^{jk}\dot{P}_A - 2L_A^{(jk)} + \int_A \rho^* \bar{x}^{(j}\frac{\mathrm{d}}{\mathrm{d}t}\partial^{k)}U_{\neg A}\mathrm{d}^3\bar{x}\\
&\quad + 3\int_A \rho^* \bar{v}^{(j}\partial^{k)}U_{\neg A}\mathrm{d}^3\bar{x},
\end{aligned} \tag{A.77a-c}$$

这里，我们定义标量

$$\begin{aligned}
&T_A = \frac{1}{2}\int_A \rho^* \bar{v}^2 \mathrm{d}^3\bar{x},\\
&\Omega_A = -\frac{1}{2}G\int_A \frac{\rho^*\rho^{*\prime}}{|\bar{\boldsymbol{x}}-\bar{\boldsymbol{x}}'|}\mathrm{d}^3\bar{x}'\mathrm{d}^3\bar{x},\\
&P_A = \int_A p\mathrm{d}^3\bar{x},\\
&E_A^{\mathrm{int}} = \int_A \rho^* \Pi \mathrm{d}^3\bar{x},\\
&H_A = G\int_A \rho^*\rho^{*\prime}\frac{\bar{v}'_j(\bar{x}-\bar{x}')^j}{|\bar{\boldsymbol{x}}-\bar{\boldsymbol{x}}'|^3}\mathrm{d}^3\bar{x}'\mathrm{d}^3\bar{x},
\end{aligned} \tag{A.78a-e}$$

和张量

$$I_A^{jk} = \int_A \rho^* \bar{x}^j \boldsymbol{x}^k \mathrm{d}^3\bar{x},$$

$$S_A^{jk}=\int_A\rho^*(\bar{x}^j\bar{v}^k-\bar{x}^k\bar{v}^j)\mathrm{d}^3\bar{x},$$

$$T_A^{jk}=\frac{1}{2}\int_A\rho^*\bar{v}^j\bar{v}^k\mathrm{d}^3\bar{x},$$

$$L_A^{jk}=\int_A\bar{v}^j\partial_k p\mathrm{d}^3\bar{x},$$

$$\Omega_A^{jk}=-\frac{1}{2}G\int_A\rho^*\rho^{*\prime}\frac{(\bar{x}-\bar{x}')^j(\bar{x}-\bar{x}')^k}{|\bar{\boldsymbol{x}}-\bar{\boldsymbol{x}}'|^3}\mathrm{d}^3\bar{x}'\mathrm{d}^3\bar{x},$$

$$H_A^{jk}=G\int_A\rho^*\rho^{*\prime}\frac{\bar{v}'^j(\bar{x}-\bar{x}')^k}{|\bar{\boldsymbol{x}}-\bar{\boldsymbol{x}}'|^3}\mathrm{d}^3\bar{x}'\mathrm{d}^3\bar{x},$$

$$K_A^{jk}=G\int_A\rho^*\rho^{*\prime}\frac{\bar{v}'_n(\bar{x}-\bar{x}')^n(\bar{x}-\bar{x}')^j(\bar{x}-\bar{x}')^k}{|\bar{\boldsymbol{x}}-\bar{\boldsymbol{x}}'|^5}\mathrm{d}^3\bar{x}'\mathrm{d}^3\bar{x}. \tag{A. 79a-g}$$

下面来给出证明.

按定义式(A. 79a)，将它关于时间 t 求二阶导数，有

$$\frac{1}{2}\ddot{I}_A^{jk}=\int_A\rho^*\bar{x}^{(j}\bar{a}^{k)}\mathrm{d}^3\bar{x}+\int_A\rho^*\bar{v}^j\bar{v}^k\mathrm{d}^3\bar{x},$$

其中，

$$\bar{a}^k=\frac{\mathrm{d}v^k}{\mathrm{d}t}-a_A^j$$

为流体元相对于质心加速度 $a_A^j=\dfrac{\mathrm{d}v_A^j}{\mathrm{d}t}$ 的加速度. 注意：上面含 $\ddot{I}_A^{jk}$ 的等式右边第二项为 $2T_A^{jk}$，由欧拉动力学方程

$$\rho^*\frac{\mathrm{d}v^k}{\mathrm{d}t}=-\partial_k p+\rho^*\partial_k U+o(c^{-2})$$

得

$$\frac{1}{2}\ddot{I}_A^{jk}=2T_A^{jk}-\int_A\bar{x}^{(j}\partial^{k)}p\mathrm{d}^3\bar{x}+\int_A\rho^*\bar{x}^{(j}\partial^{k)}U\mathrm{d}^3\bar{x}+o(c^{-2}), \tag{A. 80}$$

此处，我们用到了含 $\boldsymbol{a}_A$ 项为零. 在上式中，对压强项进行分部积分，又 $U=U_A+U_{\neg A}$，于是有

$$\frac{1}{2}\ddot{I}_A^{jk}=2T_A^{jk}+\delta^{jk}P_A+\int_A\rho^*\bar{x}^{(j}\partial^{k)}U_A\mathrm{d}^3\bar{x}+\int_A\rho^*\bar{x}^{(j}\partial^{k)}U_{\neg A}\mathrm{d}^3\bar{x}+o(c^{-2}), \tag{A. 81}$$

而

$$\begin{aligned}\int_A\rho^*\bar{x}^{(j}\partial^{k)}U_A\mathrm{d}^3\bar{x}&=-G\int_A\rho^*\rho^{*\prime}\frac{\bar{x}^{(j}(\bar{x}-\bar{x}')^{k)}}{|\bar{\boldsymbol{x}}-\bar{\boldsymbol{x}}'|^3}\mathrm{d}^3\bar{x}'\mathrm{d}^3\bar{x}\\&=-\frac{1}{2}G\int_A\rho^{*\prime}\rho^*\frac{(\bar{x}-\bar{x}')^{(j}(\bar{x}-\bar{x}')^{k)}}{|\bar{\boldsymbol{x}}-\bar{\boldsymbol{x}}'|^3}\mathrm{d}^3\bar{x}'\mathrm{d}^3\bar{x}\\&=\Omega_A^{jk},\end{aligned} \tag{A. 82}$$

这样，得到式(A. 77b). 对这类问题感兴趣的读者可参看式(A. 77c)的推导过程①.

推论 7　后牛顿近似度规(A. 63)可写成

$$
\begin{aligned}
g_{00} = & -1 + \frac{2}{c^2}\sum_A \frac{GM_A}{s_A} + \frac{1}{c^4}\sum_A \frac{GM_A}{s_A}\left[4v_A^2 - (\boldsymbol{n}.\ \boldsymbol{v}_A)^2 - 2\frac{GM_A}{s_A}\right] \\
& - \frac{1}{c^4}\sum_A\sum_{B\neq A} \frac{G^2M_AM_B}{s_A}\left(\frac{2}{s_B} + \frac{5}{2r_{AB}} + \frac{s_A^2 - s_B^2}{2r_{AB}^3}\right) + o(c^{-6}), \\
g_{0j} = & -\frac{4}{c^3}\sum_A \frac{GM_Av_A^j}{s_A} + o(c^{-5}), \\
g_{jk} = & \left(1 + \frac{2}{c^2}\sum_A \frac{GM_A}{s_A}\right)\delta_{jk} + o(c^{-4}),
\end{aligned}
\tag{A. 83a-c}
$$

其中，定义

$$
\boldsymbol{s}_A = \boldsymbol{x} - \boldsymbol{r}_A(t),\ s_A = |\boldsymbol{x} - \boldsymbol{r}_A(t)|,\ \boldsymbol{n}_A = \frac{\boldsymbol{s}_A}{s_A},\ r_{AB} = |\boldsymbol{r}_A(t) - \boldsymbol{r}_B(t)|,
$$

再定义天体 A 的总质能

$$
M_A = \int_A \rho^*\left[1 + \frac{1}{c^2}\left(\frac{1}{2}v^2 - \frac{1}{2}U_A + \Pi\right)\right]\mathrm{d}^3x + o(c^{-4}).
$$

下面，我们给出本推论的证明.

由式(A. 72)，$F = X$ 和式(A. 76b-c)不难得到

$$
\Psi = 2\Phi_1 - \Phi_2 + \Phi_3 + 4\Phi_4 - \frac{1}{2}\Phi_5 - \frac{1}{2}\Phi_6,
$$

其中，

$$
\begin{aligned}
\Phi_1 &= G\int \frac{\rho^{*\prime}v'^2}{|\boldsymbol{x} - \boldsymbol{x}'|}\mathrm{d}^3x', \\
\Phi_2 &= G\int \frac{\rho^{*\prime}U'}{|\boldsymbol{x} - \boldsymbol{x}'|}\mathrm{d}^3x', \\
\Phi_3 &= G\int \frac{\rho^{*\prime}\Pi'}{|\boldsymbol{x} - \boldsymbol{x}'|}\mathrm{d}^3x', \\
\Phi_4 &= G\int \frac{p'}{|\boldsymbol{x} - \boldsymbol{x}'|}\mathrm{d}^3x', \\
\Phi_5 &= G\int \rho^{*\prime}\partial_{j'}U'\frac{(x - x')^j}{|\boldsymbol{x} - \boldsymbol{x}'|}\mathrm{d}^3x', \\
\Phi_6 &= G\int \rho^{*\prime}v'_jv'_k\frac{(x - x')^j(x - x')^k}{|\boldsymbol{x} - \boldsymbol{x}'|^3}\mathrm{d}^3x'.
\end{aligned}
\tag{A. 84a-f}
$$

下面考虑式(A. 76a)，作变换

$$
\bar{\boldsymbol{x}}' = \boldsymbol{x}' - \boldsymbol{r}_A,
$$

① Poisson E, Will C M. Gravity: Newtonian, Post-Newtonian, Relativistic [M]. Cambridge University Press, 2014: 422.

有

$$U(t,\ \boldsymbol{x}) = \sum_A G\int_A \frac{\rho^*(t,\ \boldsymbol{r}_A + \bar{\boldsymbol{x}}')}{|\boldsymbol{s}_A - \bar{\boldsymbol{x}}'|}\mathrm{d}^3\bar{x}',$$

由条件 $R_A \ll s_A$，将 $|\boldsymbol{s}_A - \bar{\boldsymbol{x}}'|^{-1}$ 按 $\bar{x}'^j$ 的幂进行 Taylor 展开，即

$$\frac{1}{|\boldsymbol{s}_A - \bar{\boldsymbol{x}}'|} = \frac{1}{s_A} - \bar{x}'^j\partial_j\frac{1}{s_A} + \frac{1}{2}\bar{x}'^j\bar{x}'^k\partial_{jk}\frac{1}{s_A} + \cdots \tag{A.85}$$

由此展开式，得

$$\int_A \frac{\rho^{*\prime}}{|\boldsymbol{s}_A - \bar{\boldsymbol{x}}'|}\mathrm{d}^3\bar{x}' = \frac{1}{s_A}\int_A \rho^{*\prime}\mathrm{d}^3\bar{x}' - \left(\partial_j\frac{1}{s_A}\right)\int_A \rho^{*\prime}\bar{x}'^j\mathrm{d}^3\bar{x}' + \frac{1}{2}\left(\partial_{jk}\frac{1}{s_A}\right)\int_A \rho^{*\prime}\bar{x}'^j\bar{x}'^j\mathrm{d}^3\bar{x}' + \cdots, \tag{A.86}$$

即有

$$U = \sum_A\left(\frac{Gm_A}{s_A} + \frac{1}{2}I_A^{jk}\partial_{jk}\frac{1}{s_A} + \cdots\right) = \sum_A\frac{Gm_A}{s_A} + \cdots, \tag{A.87}$$

其中

$$I_A^{jk} = \int_A \rho^*\bar{x}^j\bar{x}^k\mathrm{d}^3\bar{x}.$$

同理，作变换

$$\boldsymbol{x}' = \boldsymbol{r}_A + \bar{\boldsymbol{x}}',\quad \boldsymbol{v}' = \boldsymbol{v}_A + \bar{\boldsymbol{v}}',$$

将相应的量作 Taylor 展开，可得①.

$$\begin{aligned}
U^j &= \sum_A \frac{Gm_A v_A^j}{s_A} + \cdots,\\
\Phi_1 &= 2\sum_A \frac{GT_A}{s_A} + \sum_A \frac{Gm_A v_A^2}{s_A} + \cdots,\\
\Phi_2 &= -2\sum_A \frac{G\Omega_A}{s_A} + \sum_A\sum_{B\neq A}\frac{G^2 m_A m_B}{r_{AB}s_A} + \cdots,\\
\Phi_3 &= \sum_A \frac{GE_A^{\mathrm{int}}}{s_A} + \cdots,\\
\Phi_4 &= \sum_A \frac{GP_A}{s_A} + \cdots,\\
\Phi_5 &= -\sum_A \frac{G\Omega_A}{s_A} + \sum_A G\Omega_A^{jk}\frac{n_{Aj}n_{Ak}}{s_A} - \sum_A\sum_{B\neq A}G^2 m_A m_B\frac{\boldsymbol{n}_{AB}\cdot\boldsymbol{n}_A}{r_{AB}^2} + \cdots,\\
\Phi_6 &= 2\sum_A GT_A^{jk}\frac{n_{Aj}n_{Ak}}{s_A} + \sum_A Gm_A\frac{(\boldsymbol{n}_A\cdot\boldsymbol{v}_A)^2}{s_A} + \cdots.
\end{aligned} \tag{A.88a-g}$$

① Poisson E, Will C M. Gravity: Newtonian, Post-Newtonian, Relativistic[M]. Cambridge University Press, 2014: 423-430.

于是由

$$\Psi = 2\Phi_1 - \Phi_2 + \Phi_3 + 4\Phi_4 - \frac{1}{2}\Phi_5 - \frac{1}{2}\Phi_6,$$

有

$$\Psi = \sum_A \frac{G}{s_A}\left(4T_A + \frac{5}{2}\Omega_A + E_A^{\text{int}} + \frac{9}{2}P_A\right) - \frac{1}{2}\sum_A \frac{G}{s_A}(2T_A^{jk} + \Omega_A^{jk} + \delta^{jk}P_A)n_{Aj}n_{Ak}$$
$$+ \sum_A \frac{Gm_A}{s_A}\left[2v_A^2 - \frac{1}{2}(\boldsymbol{n}_A \cdot \boldsymbol{v}_A)^2\right] - \sum_A \sum_{B\neq A} \frac{G^2 m_A m_B}{r_{AB}s_A}\left(1 - \frac{\boldsymbol{n}_{AB} \cdot \boldsymbol{s}_A}{2r_{AB}}\right),$$

由维里定理

$$2T_A^{jk} + \Omega_A^{jk} + \delta^{jk}P_A = o(c^{-2}),$$
$$2T_A + \Omega_A + 3P_A = o(c^2),$$

和

$$\boldsymbol{n}_{AB} \cdot \boldsymbol{s}_A = \frac{s_B^2 - s_A^2 - r_{AB}^2}{2r_{AB}},$$

得

$$\Psi = \sum_A \frac{G}{s_A}(T_A + \Omega_A + E_A^{\text{int}}) + \sum_A \frac{Gm_A}{s_A}\left[2v_A^2 - \frac{1}{2}(\boldsymbol{n}_A \cdot \boldsymbol{v}_A)^2\right]$$
$$- \sum_A \sum_{B\neq A} \frac{G^2 m_A m_B}{r_{AB}s_A}\frac{5r_{AB}^2 + s_A^2 - s_B^2}{4r_{AB}^2}. \tag{A.89}$$

推论8　等式

$$m_A a_A^j = F_0^j + \sum_{n=1}^{18} F_n^j + o(c^{-4}), \tag{A.90}$$

其中,

$$F_0^j = \int_A (-\partial_j p + \rho^* \partial_j U)\mathrm{d}^3x \tag{A.91}$$

$$F_1^j = \frac{1}{2c^2}\int_A v^2\partial_j p\mathrm{d}^3x,\ F_2^j = \frac{1}{c^2}\int_A U\partial_j p\mathrm{d}^3x,\ F_3^j = \frac{1}{c^2}\int_A \Pi\partial_j p\mathrm{d}^3x,$$

$$F_4^j = \frac{1}{c^2}\int_A \frac{p}{\rho^*}\partial_j p\mathrm{d}^3x,\ F_5^j = -\frac{1}{c^2}\int_A v^j\partial_t p\mathrm{d}^3x,\ F_6^j = \frac{1}{c^2}\int_A \rho^* v^2\partial_j U\mathrm{d}^3x,$$

$$F_7^j = -\frac{4}{c^2}\int_A \rho^* U\partial_j U\mathrm{d}^3x,\ F_8^j = -\frac{3}{c^2}\int_A \rho^* v^j\partial_t U\mathrm{d}^3x,\ F_9^j = -\frac{4}{c^2}\int_A \rho^* v^j v^k\partial_k U\mathrm{d}^3x,$$

$$F_{10}^j = \frac{4}{c^2}\int_A \rho^*\partial_t U^j\mathrm{d}^3x,\ F_{11}^j = \frac{4}{c^2}\int_A \rho^* v^k\partial_k U^j\mathrm{d}^3x,\ F_{12}^j = -\frac{4}{c^2}\int_A \rho^* v^k\partial_j U_k\mathrm{d}^3x,$$

$$F_{13}^j = \frac{2}{c^2}\int_A \rho^*\partial_j\Phi_1\mathrm{d}^3x,\ F_{14}^j = -\frac{1}{c^2}\int_A \rho^*\partial_j\Phi_2\mathrm{d}^3x,\ F_{15}^j = \frac{1}{c^2}\int_A \rho^*\partial_j\Phi_3\mathrm{d}^3x,$$

$$F_{16}^j = \frac{4}{c^2}\int_A \rho^*\partial_j\Phi_4\mathrm{d}^3x,\ F_{17}^j = -\frac{1}{2c^2}\int_A \rho^*\partial_j\Phi_5\mathrm{d}^3x,\ F_{18}^j = -\frac{1}{2c^2}\int_A \rho^*\partial_j\Phi_6\mathrm{d}^3x. \tag{A.92a-r}$$

下面给出证明.

由爱因斯坦方程可得

$$0=\nabla_{\beta}T^{\alpha\beta}=\partial_{\beta}T^{\alpha\beta}+\Gamma^{\alpha}_{\mu\beta}T^{\mu\beta}+\Gamma^{\beta}_{\mu\beta}T^{\alpha\mu},\tag{A.93}$$

其中,

$$\Gamma^{\beta}_{\mu\beta}=(-g)^{-\frac{1}{2}}\partial_{\beta}(-g)^{\frac{1}{2}},$$

故

$$0=\partial_{\beta}(\sqrt{-g}T^{\alpha\beta})+\Gamma^{\alpha}_{\beta\gamma}(\sqrt{-g}T^{\beta\gamma}).\tag{A.94}$$

在后牛顿近似下，有

$$\begin{aligned}
&\sqrt{-g}=1+2c^{-2}U+o(c^{-4}),\\
&c^{-2}T^{00}=\rho^{*}\left[1+\frac{1}{c^{2}}\left(\frac{1}{2}v^{2}-U+\Pi\right)\right]+o(c^{-4}),\\
&c^{-1}T^{0j}=\rho^{*}v^{j}\left[1+\frac{1}{c^{2}}\left(\frac{1}{2}v^{2}-U+\Pi+\frac{p}{\rho^{*}}\right)\right]+o(c^{-4}),\\
&T^{jk}=\rho^{*}v^{j}v^{k}\left[1+\frac{1}{c^{2}}\left(\frac{1}{2}v^{2}-U+\Pi+\frac{p}{\rho^{*}}\right)\right]+p(1-\frac{2}{c^{2}}U)\delta^{jk}+o(c^{-4}),
\end{aligned}\tag{A.95a-c}$$

注意：式(A.95)来源于

$$T^{\alpha\beta}=\left(\rho+\frac{\varepsilon}{c^{2}}+\frac{p}{c^{2}}\right)u^{\alpha}u^{\beta}+pg^{\alpha\beta},$$

其中,

$$\begin{aligned}
&\rho=\rho^{*}\left(1-\frac{v^{2}}{2c^{2}}-\frac{3U}{c^{2}}\right)+o(c^{-4}),\\
&u^{\alpha}=\gamma(c,\ \boldsymbol{v}),\\
&\gamma=\frac{u^{0}}{c}=1+\frac{v^{2}}{2c^{2}}+\frac{U}{c^{2}}+o(c^{-4}).
\end{aligned}$$

将式(A.95)和式(A.65)代入式(A.94)中，得

时间分量(0 分量)：c 级为

$$\partial_{t}\rho^{*}+\partial_{j}(\rho^{*}v^{j})=0,$$

c^{-1} 级为

$$0=\rho^{*}\partial_{t}\left(\frac{1}{2}v^{2}+\Pi\right)+\rho^{*}v^{j}\partial_{j}\left(\frac{1}{2}v^{2}+\Pi\right)+\partial_{j}(pv^{j})-\rho^{*}v^{j}\partial_{j}U;\tag{A.96}$$

空间分量(j 分量)：

$$\begin{aligned}
0=&\partial_{t}(\mu\rho^{*}v^{j})+\partial_{k}(\mu\rho^{*}v^{j}v^{k})+\partial_{j}p-\rho^{*}\partial_{j}U-\frac{\rho^{*}}{c^{2}}\left(\frac{3}{2}v^{2}-3U+\Pi+\frac{p}{\rho^{*}}\right)\partial_{j}U\\
&+\frac{\rho^{*}}{c^{2}}[2v_{j}(\partial_{t}U+v^{k}\partial_{k}U)-4\partial_{t}U_{j}-4v^{k}(\partial_{k}U_{j}-\partial_{j}U_{k})-\partial_{j}\Psi]+o(c^{-4}),
\end{aligned}\tag{A.97}$$

此处，μ 定义为

$$\mu = 1 + \frac{1}{c^2}\left(\frac{1}{2}v^2 + U + \Pi + \frac{p}{\rho^*}\right) + o(c^{-4}). \tag{A.98}$$

由上可得欧拉方程在后牛顿近似下的形式①.

$$\begin{aligned}\rho^* \frac{\mathrm{d}v^j}{\mathrm{d}t} = &- \partial_j p + \rho^* \partial_j U + \frac{1}{c^2}\left[\left(\frac{1}{2}v^2 + U + \Pi + \frac{p}{\rho^*}\right)\partial_j p - v^j \partial_t p\right] \\ &+ \frac{1}{c^2}\rho^* [(v^2 - 4U)\partial_j U - v^j(3\partial_t U + 4v^k \partial_k U) \\ &+ 4\partial_t U_j + 4v^k(\partial_k U_j - \partial_j U_k) + \partial_j \Psi] + o(c^{-4}).\end{aligned} \tag{A.99}$$

将式(A.99)和

$$\Psi = 2\Phi_1 - \Phi_2 + \Phi_3 + 4\Phi_4 - \frac{1}{2}\Phi_5 - \frac{1}{2}\Phi_6,$$

代入

$$m_A \boldsymbol{a}_A = \int_A \rho^* \frac{\mathrm{d}\boldsymbol{v}}{\mathrm{d}t}\mathrm{d}^3 x, \tag{A.100}$$

其中，$m_A = \int_A \rho^* \mathrm{d}^3 x$ 为天体 A 的质量，$\boldsymbol{a}_A = \frac{\mathrm{d}^2 \boldsymbol{r}_A}{\mathrm{d}t^2}$ 为其质心加速度，$\boldsymbol{v}$ 为流体速度场.

证毕.

推论 9　对于多个天体，其间距比其尺度大很多，除天体 A 以外的外部势公式为(取 $\boldsymbol{x} = \boldsymbol{r}_A(t)$)

$$\begin{aligned}\partial_j U_{\neg A} &= - \sum_{B \neq A} \frac{G m_B n_{AB}^j}{r_{AB}^2}, \\ {}_t U_{\neg A} &= \sum_{B \neq A} \frac{G m_B (\boldsymbol{n}_{AB} \cdot \boldsymbol{v}_B)}{r_{AB}^2}, \\ {}_k U^j{}_{\neg A} &= - \sum_{B \neq A} \frac{G m_B v_B^j n_{AB}^k}{r_{AB}^2}, \\ \partial_t U^j_{\neg A} &= \sum_{B \neq A} G(2T_B^{jk} + \Omega_B^{jk} + \delta^{jk} P_A)\frac{n_{AB}^k}{r_{AB}^2} + \sum_{B \neq A} \frac{G m_B (\boldsymbol{n}_{AB} \cdot \boldsymbol{v}_B) v_B^j}{r_{AB}^2} \\ &+ \sum_{B \neq A} \frac{G^2 m_A m_B n_{AB}^j}{r_{AB}^3} - \sum_{B \neq A} \sum_{C \neq A,\ B} \frac{G^2 m_B m_C n_{BC}^j}{r_{AB} r_{BC}^2},\end{aligned} \tag{A.101a-d}$$

① Poisson E, Will C M. Gravity: Newtonian, Post-Newtonian, Relativistic [M]. Cambridge University Press, 2014: 402-403.

$$\partial_j \Phi_{1,\neg A} = -\sum_{B\neq A} \frac{2GT_B n_{AB}^j}{r_{AB}^2} - \sum_{B\neq A} \frac{Gm_B v_B^2 n_{AB}^j}{r_{AB}^2},$$

$$\partial_j \Phi_{2,\neg A} = \sum_{B\neq A} \frac{2G\Omega_B n_{AB}^j}{r_{AB}^2} - \sum_{B\neq A} \frac{G^2 m_A m_B n_{AB}^j}{r_{AB}^3} - \sum_{B\neq A}\sum_{C\neq A,\ B} \frac{G^2 m_B m_C n_{AB}^j}{r_{AB}^2 r_{BC}},$$

$$\partial_j \Phi_{3,\neg A} = -\sum_{B\neq A} \frac{GE_B^{\text{int}} n_{AB}^j}{r_{AB}^2},$$

$$\partial_j \Phi_{4,\neg A} = -\sum_{B\neq A} \frac{GP_B n_{AB}^j}{r_{AB}^2},\tag{A. 101e-h}$$

$$\partial_j \Phi_{5,\neg A} = -\sum_{B\neq A} G\Omega_B^{kn} \partial_{jkn} r_{AB} - \sum_{B\neq A}\sum_{C\neq A,\ B} \frac{G^2 m_B m_C}{r_{AB} r_{BC}^2}[n_{BC}^j - (\boldsymbol{n}_{AB}\cdot\boldsymbol{n}_{BC})n_{AB}^j],$$

$$\partial_j \Phi_{6,\neg A} = -\sum_{B\neq A} 2GT_B^{kn} \partial_{jkn} r_{AB} - \sum_{B\neq A} \frac{2GT_B n_{AB}^j}{r_{AB}^2} + \sum_{B\neq A} \frac{Gm_B(\boldsymbol{n}_{AB}\cdot\boldsymbol{v}_B)}{r_{AB}^2}[2v_B^j - 3(\boldsymbol{n}_{AB}\cdot\boldsymbol{v}_B)n_{AB}^j].\tag{A. 101i-j}$$

其中,

$$\boldsymbol{r}_{AB} = \boldsymbol{r}_A - \boldsymbol{r}_B,\ r_{AB} = |\boldsymbol{r}_A - \boldsymbol{r}_B|,\ \boldsymbol{n}_{AB} = \frac{\boldsymbol{r}_{AB}}{r_{AB}}.$$

下面，证明两个有代表性的等式.

(1)最简单情形式(A. 101a)

由式(A87)得

$$U_A = \frac{Gm_A}{s_A},$$

显然,

$$\partial_j U_{\neg A} = -\sum_{B\neq A} \frac{Gm_B n_{AB}^j}{r_{AB}^2},\tag{A. 102}$$

可参考习题3第11题及答案.

(2)较复杂的另一个例子式(A. 101d)

由矢势

$$U^j(t,\ \boldsymbol{x}) = G\int \rho^{*\prime} v'^j s^{-1} \mathrm{d}^3 x',\tag{A. 103}$$

其中, $s = |\boldsymbol{x} - \boldsymbol{x}'|$, 得

$$\partial_t U^j(t,\ \boldsymbol{x}) = G\int \rho^{*\prime} \left(\frac{\mathrm{d}v'^j}{\mathrm{d}t} + v'^j v'^k \partial_{k'}\right) s^{-1} \mathrm{d}^3 x',\tag{A. 104}$$

将欧拉方程

$$\rho^* \frac{\mathrm{d}v^j}{\mathrm{d}t} = \rho^* \partial_j U - \partial_j p + o(c^{-2})\tag{A. 105}$$

代入式(A. 104)中，有

$$\partial_t U^j(t,\ \boldsymbol{x}) = -G\int(\partial_{j'}p')s^{-1}\mathrm{d}^3x' + G\int\rho^{*'}(\partial_{j'}U')s^{-1}\mathrm{d}^3x' - G\int\rho^{*'}v'^jv'^k\partial_k s^{-1}\mathrm{d}^3x'. \tag{A.106}$$

除天体 A 以外，其他天体产生的总势满足

$$\begin{aligned}\partial_t U^j_{\neg A}(t,\ \boldsymbol{x}) = &-\sum_{B\neq A}G\int_B(\partial_{j'}p')s^{-1}\mathrm{d}^3x' + \sum_{B\neq A}G\int_B\rho^{*'}(\partial_{j'}U')s^{-1}\mathrm{d}^3x' \\ &-\sum_{B\neq A}G\int_B\rho^{*'}v'^jv'^k\partial_k s^{-1}\mathrm{d}^3x'.\end{aligned} \tag{A.107}$$

上式右边第一项

$$-\sum_{B\neq A}G\int_B(\partial_{j'}p')s^{-1}\mathrm{d}^3x' = \sum_{B\neq A}GP_B\partial_j s_B^{-1}, \tag{A.108}$$

此处，我们忽略含小量 $\left(\dfrac{R_B}{s_B}\right)^2$ 的项.

考虑式(A.107)右边第二项. 插入

$$\partial_{j'}U' = \partial_{j'}U'_A + \partial_{j'}U'_B + \sum_{C\neq A,\ B}\partial_{j'}U'_C,$$

含

$$\partial_{j'}U'_A = G\int_A\rho^{*''}\partial_{j'}s'^{-1}\mathrm{d}^3x''$$

的积分为 $G\int_B\int_A\rho^{*'}\rho^{*''}s^{-1}\partial_{j'}s'^{-1}\mathrm{d}^3x''\mathrm{d}^3x'$，其中，$s' = |\boldsymbol{x}' - \boldsymbol{x}''|$.

令 $\boldsymbol{x}' = \boldsymbol{r}_B + \bar{\boldsymbol{x}}'$，$\boldsymbol{x}'' = \boldsymbol{r}_A + \bar{\boldsymbol{x}}''$，将 $s^{-1}\partial_{j'}s'^{-1}$ 按照 $\bar{x}'^k$，$\bar{x}''^n$ 的幂进行 Taylor 展开，保留主要项，有

$$G\int_B\rho^{*'}(\partial_{j'}U'_A)s^{-1}\mathrm{d}^3x' = G^2m_Am_Bs_B^{-1}\partial_{j'}r_{AB}^{-1}.$$

同理

$$G\int_B\rho^{*'}(\partial_{j'}U'_C)s^{-1}\mathrm{d}^3x' = G^2m_Bm_Cs_B^{-1}\partial_{j'}r_{BC}^{-1}.$$

包含 $\partial_{j'}U'_B$ 的积分为

$$-G\int_B\rho^{*'}\rho^{*''}s^{-1}\frac{(x'-x'')^j}{|\boldsymbol{x}'-\boldsymbol{x}''|}\mathrm{d}^3x''\mathrm{d}^3x'.$$

令 $\boldsymbol{x}' = \boldsymbol{r}_B + \bar{\boldsymbol{x}}'$，$\boldsymbol{x}'' = \boldsymbol{r}_B + \bar{\boldsymbol{x}}''$，将 $s = |\boldsymbol{x} - \boldsymbol{r}_B - \bar{\boldsymbol{x}}'|$，按 $\bar{x}'^k$ 的幂展开，保留主要项，得

$$G\partial_k s_B^{-1}\int_B\rho^{*'}\rho^{*''}\frac{\bar{x}'^k(\bar{x}'-x'')^j}{|\bar{\boldsymbol{x}}'-\bar{\boldsymbol{x}}''|^3}\mathrm{d}^3\bar{x}''\mathrm{d}^3\bar{x}'.$$

因此

$$G\int_B\rho^{*'}(\partial_{j'}U'_B)s^{-1}\mathrm{d}^3x' = -G\Omega_B^{jk}\partial_k s_B^{-1}.$$

这样，式(A.107)的右边第二项为

$$\sum_{B\neq A} G\int_B \rho^{*\prime}(\partial_{j'}U')s^{-1}\mathrm{d}^3x' = -\sum_{B\neq A} G\Omega_B^{jk}\partial_k s_B^{-1} + \sum_{B\neq A} G^2 m_A m_B s_B^{-1}\partial_{j'} r_{AB}^{-1} + \sum_{B\neq A}\sum_{C\neq A,\ B} G^2 m_B m_C s_B^{-1}\partial_{j'} r_{BC}^{-1}. \tag{A.109}$$

式(A.107)的右边第三项为

$$-\sum_{B\neq A} G\int_B \rho^{*\prime} v'^j v'^k \partial_k s^{-1}\mathrm{d}^3x' = -\sum_{B\neq A} 2GT_B^{jk}\partial_k s_B^{-1} - \sum_{B\neq A} G m_B v_B^j v_B^k \partial_k s_B^{-1}. \tag{A.110}$$

将式(A.108)~式(A.110)代入式(A.107)，可得式(A.101d).

推论10　运动方程的最后形式

$$\begin{aligned}
\boldsymbol{a}_A = &-\sum_{B\neq A}\frac{GM_B}{r_{AB}^2}\boldsymbol{n}_{AB}\\
&-\sum_{B\neq A}\frac{GM_B}{c^2 r_{AB}^2}\left[v_A^2 - 4(\boldsymbol{v}_A\cdot\boldsymbol{v}_B) + 2v_B^2 - \frac{3}{2}(\boldsymbol{n}_{AB}\cdot\boldsymbol{v}_B)^2 - 5\frac{GM_A}{r_{AB}} - 4\frac{GM_B}{r_{AB}}\right]\boldsymbol{n}_{AB}\\
&+\sum_{B\neq A}\frac{GM_B}{c^2 r_{AB}^2}[\boldsymbol{n}_{AB}\cdot(4\boldsymbol{v}_A - 3\boldsymbol{v}_B)](\boldsymbol{v}_A - \boldsymbol{v}_B)\\
&+\sum_{B\neq A}\sum_{C\neq A,\ B}\frac{G^2 M_B M_C}{c^2 r_{AB}^2}\left[\frac{4}{r_{AC}} + \frac{1}{r_{BC}} - \frac{r_{AB}}{2r_{BC}^2}(\boldsymbol{n}_{AB}\cdot\boldsymbol{n}_{BC})\right]\boldsymbol{n}_{AB}\\
&-\frac{7}{2}\sum_{B\neq A}\sum_{C\neq A,\ B}\frac{G^2 M_B M_C}{c^2 r_{AB} r_{BC}^2}\boldsymbol{n}_{BC} + o(c^{-4}).
\end{aligned} \tag{A.111}$$

以下给出证明.

我们可得以下两式[①]：

$$\begin{aligned}
a_A^j = &\partial_j U_{\neg A} + \frac{1}{c^2}[(v_A^2 - 4U_{\neg A})\partial_j U_{\neg A} - v_A^j(4v_A^k\partial_k U_{\neg A} + 3\partial_t U_{\neg A})]\\
&+\frac{1}{c^2}[-4v_A^k(\partial_j U_{\neg A}^k - \partial_k U_{\neg A}^j) + 4\partial_t U_{\neg A}^j + \partial_j \Psi_{\neg A}] + o(c^{-4})
\end{aligned} \tag{A.112}$$

和

$$\Psi_{\neg A} = 2\Phi_{1,\neg A} - \Phi_{2,\neg A} + \Phi_{3,\neg A} + 4\Phi_{4,\neg A} - \frac{1}{2}\Phi_{5,\neg A} - \frac{1}{2}\Phi_{6,\neg A}. \tag{A.113}$$

将式(A.101)代入以上两式，有

$$\boldsymbol{a}_A = \boldsymbol{a}_A[0PN] + \boldsymbol{a}_A[1PN] + \boldsymbol{a}_A[STR] + o(c^{-4}), \tag{A.114}$$

其中，

$$\boldsymbol{a}_A[0PN] = -\sum_{B\neq A}\frac{Gm_B}{r_{AB}^2}\boldsymbol{n}_{AB}$$

① Poisson E, Will C M. Gravity: Newtonian, Post-Newtonian, Relativistic[M]. Cambridge University Press, 2014: 436.

$$c^2\boldsymbol{a}_A[1PN] = -\sum_{B\neq A}\frac{Gm_B}{r_{AB}^2}\left[\begin{matrix} v_A^2 - 4(\boldsymbol{v}_A\cdot\boldsymbol{v}_B) + 2v_B^2 - \frac{3}{2}(\boldsymbol{n}_{AB}\cdot\boldsymbol{v}_B)^2 - \\ 5\frac{Gm_A}{r_{AB}} - 4\frac{Gm_B}{r_{AB}} \end{matrix}\right]\boldsymbol{n}_{AB}$$
$$+\sum_{B\neq A}\frac{Gm_B}{r_{AB}^2}[\boldsymbol{n}_{AB}\cdot(4\boldsymbol{v}_A - 3\boldsymbol{v}_B)](\boldsymbol{v}_A - \boldsymbol{v}_B)$$
$$+\sum_{B\neq A}\sum_{C\neq A,\ B}\frac{G^2m_Bm_C}{r_{AB}^2}\left[\frac{4}{r_{AC}} + \frac{1}{r_{BC}} - \frac{r_{AB}}{2r_{BC}^2}(\boldsymbol{n}_{AB}\cdot\boldsymbol{n}_{BC})\right]\boldsymbol{n}_{AB}$$
$$-\frac{7}{2}\sum_{B\neq A}\sum_{C\neq A,\ B}\frac{G^2m_Bm_C}{r_{AB}r_{BC}^2}\boldsymbol{n}_{BC},$$

$$c^2a_A^j[STR] = \sum_{B\neq A}\left[4G(2T_B^{jk} + \Omega_B^{jk} + \delta^{jk}P_B)\frac{n_{AB}^k}{r_{AB}^2} + \frac{1}{2}G(2T_B^{kn} + \Omega_B^{kn} + \delta^{kn}P_B)\partial_{jkn}r_{AB}\right.$$
$$\left. - G(2T_B + \Omega_B + 3P_B)\frac{n_{AB}^j}{r_{AB}^2} - \frac{GE_B}{r_{AB}^2}n_{AB}^j\right],$$
$$\text{(A. 115a-c)}$$

再由

$$2T_A^{jk} + \Omega_A^{jk} + \delta^{jk}P_A = o(c^{-2}), \tag{A. 116}$$

和

$$2T_A + \Omega_A + 3P_A = o(c^{-2}), \tag{A. 117}$$

可得

$$\boldsymbol{a}_A[STR] = -\sum_{B\neq A}\frac{G\dfrac{E_B}{c^2}}{r_{AB}^2}\boldsymbol{n}_{AB}, \tag{A. 118}$$

于是

$$\boldsymbol{a}_A[0PN] + \boldsymbol{a}_A[STR] = -\sum_{B\neq A}\frac{GM_B}{r_{AB}^2}\boldsymbol{n}_{AB}, \tag{A. 119}$$

其中, $M_B = m_B + \dfrac{E_B}{c^2} + o(c^{-4})$.

将 $m_B = M_B + o(c^{-2})$ 插入式(A. 115b)中, 不改变 $\boldsymbol{a}_A[1PN]$ 的形式, 故我们可得式(A. 111).

特例: 设有两个天体, 第一个天体质量为 M_1, 其质心位矢为 $\boldsymbol{r}_1$, 速度为 $\boldsymbol{v}_1$, 而对于第二个天体相应的量为 M_2, $\boldsymbol{r}_2$, $\boldsymbol{v}_2$.

定义

$$m = M_1 + M_2,\ \eta = \frac{M_1M_2}{(M_1 + M_2)^2},\ \Delta = \frac{M_1 - \mathrm{M}_2}{M_1 + \mathrm{M}_2}, \tag{A. 120}$$

定义间距 $\boldsymbol{r}=\boldsymbol{r}_1-\boldsymbol{r}_2$，相对速度 $\boldsymbol{v}=\boldsymbol{v}_1-\boldsymbol{v}_2$，和 $r=|\boldsymbol{r}|=r_{12}$，$\boldsymbol{n}=\dfrac{\boldsymbol{r}}{r}=\boldsymbol{n}_{12}$，$v=|\boldsymbol{v}|$.

再定义质心坐标

$$R^j=\frac{1}{M}\int\rho^* x^j\left[1+\frac{1}{c^2}\left(\frac{1}{2}v^2-\frac{1}{2}U+\Pi\right)\right]\mathrm{d}^3x+o(c^{-4}).\tag{A.121}$$

将它应用于两体系统中，有

$$M\boldsymbol{R}=M_1\left[1+\frac{v_1^2}{2c^2}-\frac{GM_2}{2c^2r}\right]\boldsymbol{r}_1+M_2\left[1+\frac{v_2^2}{2c^2}-\frac{GM_1}{2c^2r}\right]\boldsymbol{r}_2.\tag{A.122}$$

取 $\boldsymbol{R}=0$，得

$$\begin{aligned}\boldsymbol{r}_1&=\frac{M_2}{m}\boldsymbol{r}+\frac{\eta\Delta}{2c^2}\left(v^2-\frac{Gm}{r}\right)\boldsymbol{r},\\ \boldsymbol{r}_2&=-\frac{M_1}{m}\boldsymbol{r}+\frac{\eta\Delta}{2c^2}\left(v^2-\frac{Gm}{r}\right)\boldsymbol{r}.\end{aligned}\tag{A.123}$$

定义相对加速度 $\boldsymbol{a}=\boldsymbol{a}_1-\boldsymbol{a}_2$，将上面的式子代入式(A.111)中，得

$$\begin{aligned}\boldsymbol{a}=&-\frac{Gm}{r^2}\boldsymbol{n}-\frac{Gm}{c^2r^2}\left\{\left[(1+3\eta)v^2-\frac{3}{2}\eta\,(\boldsymbol{n}\cdot\boldsymbol{v})^2-2(2+\eta)\frac{Gm}{r}\right]\boldsymbol{n}\right.\\&\left.-2(2-\eta)(\boldsymbol{n}\cdot\boldsymbol{v})\boldsymbol{v}\right\}+o(c^{-4}).\end{aligned}\tag{A.124}$$

推论 11

设每一天体可有自旋，在力学平衡下有

$$4H_A^{(jk)}-3K_A^{jk}+\delta^{jk}\dot{P}_A-2L_A^{(jk)}+S_A^{p(j}\partial_p^{k)}U_{\neg A}(\boldsymbol{r}_A)=o(c^{-2}),\tag{A.125}$$

其中各量的定义见式(A78)和式(A79). 下面给出证明过程.

考虑维里等式(推论6)式(A.77a)和式(A.77c)，在力学平衡条件下，它们的左边为零，于是有

$$S_A^{jk}=2\int_A\rho^*\bar{x}^j\bar{v}^k\mathrm{d}^3\bar{x},\tag{A.126}$$

$$\begin{aligned}0=&4H_A^{(jk)}-3K_A^{jk}+\delta^{jk}\dot{P}_A-2L_A^{(jk)}+\int_A\rho^*\bar{x}^{(j}\frac{\mathrm{d}}{\mathrm{d}t}\partial^{k)}U_{\neg A}\mathrm{d}^3\bar{x}\\&+3\int_A\rho^*\bar{v}^{(j}\partial^{k)}U_{\neg A}\mathrm{d}^3\bar{x}+o(c^{-2}),\end{aligned}\tag{A.127}$$

定义上式右边第五、六项分别为 A^{jk} 和 B^{jk}，即

$$A^{jk}=\int_A\rho^*\bar{x}^{(j}\frac{\mathrm{d}}{\mathrm{d}t}\partial^{k)}U_{\neg A}\mathrm{d}^3\bar{x},\tag{A.128}$$

$$B^{jk}=3\int_A\rho^*\bar{v}^{(j}\partial^{k)}U_{\neg A}\mathrm{d}^3\bar{x}.\tag{A.129}$$

运用展开式

$$\frac{\mathrm{d}}{\mathrm{d}t}\partial_kU_{\neg A}(\boldsymbol{x})=\frac{\mathrm{d}}{\mathrm{d}t}\partial_kU_{\neg A}(\boldsymbol{r}_A)+\bar{v}^p\partial_{pk}U_{\neg A}(\boldsymbol{r}_A)+\bar{x}^p\frac{\mathrm{d}}{\mathrm{d}t}\partial_{pk}U_{\neg A}(\boldsymbol{r}_A)+\cdots,\tag{A.130}$$

其中，右边 $\frac{\mathrm{d}}{\mathrm{d}t}=\partial_t+v_A^q\partial_q$，空间导数作用在 $\boldsymbol{r}_A$ 上. 不难有

$$A^{jk}=-\frac{1}{2}S_A^{pj}\partial_{pk}U_{\neg A}(\boldsymbol{r}_A), \tag{A.131}$$

类似地，得

$$B^{jk}=\frac{3}{2}S_A^{pj}\partial_{pk}U_{\neg A}(\boldsymbol{r}_A), \tag{A.132}$$

将 A^{jk} 和 B^{jk} 代入式(A.127)易得式(A.125).

证毕.

附录B　N个天体(可有大小)系统的研究——自旋和引力波情形

推论 12　有自旋的度规修正项为

$$\begin{aligned}
\Delta g_{00} &= \frac{3}{c^4}\sum_A \frac{G(\boldsymbol{n}_A \times \boldsymbol{v}_A)\cdot \boldsymbol{S}_A}{s_A^2} + o(c^{-6}),\\
\Delta g_{0j} &= \frac{2}{c^3}\sum_A \frac{G\,(\boldsymbol{n}_A \times \boldsymbol{S}_A)^j}{s_A^2} + o(c^{-5}),\\
\Delta g_{jk} &= o(c^{-4}).
\end{aligned} \tag{B. 1a-c}$$

特别地，对于单个天体，有总度规

$$\begin{aligned}
g_{00} &= -1 + \frac{2}{c^2}\frac{GM}{r} - \frac{2}{c^4}\left(\frac{GM}{r}\right)^2 + o(c^{-6}),\\
g_{0j} &= \frac{2}{c^3}\frac{G\,(\boldsymbol{x}\times \boldsymbol{S})^j}{r^3} + o(c^{-5}),\\
g_{jk} &= \left(1 + \frac{2}{c^2}\frac{GM}{r}\right)\delta_{jk} + o(c^{-4}).
\end{aligned} \tag{B. 2a-c}$$

推导过程见习题4中第1题的答案.

推论 13　在有自旋的多体问题中，运动方程为

$$\boldsymbol{a}_A = \boldsymbol{a}_A[0PN] + \boldsymbol{a}_A[1PN] + \boldsymbol{a}_A[so] + \boldsymbol{a}_A[ss] + o(c^{-4}), \tag{B. 3}$$

其中，

$$\begin{aligned}
a_A^j[so] = \frac{3}{2c^2}\sum_{B\neq A}\frac{GM_B}{r_{AB}^3}\{ & n_{AB}^{\langle jk\rangle}[v_A^p(3\hat{S}_A^{kp} + 4\hat{S}_B^{kp}) - v_B^p(3\hat{S}_B^{kp} + 4\hat{S}_A^{kp})]\\
& + n_{AB}^{\langle kp\rangle}\,(v_A - v_B)^p(3\hat{S}_A^{jk} + 4\hat{S}_B^{jk})\},
\end{aligned} \tag{B. 4}$$

$$a_A^j[ss] = -\frac{15}{c^2}\sum_{B\neq A}\frac{GM_B}{r_{AB}^4}\hat{S}_A^{kp}\hat{S}_B^{kq}n_{AB}^{\langle jpq\rangle}, \tag{B. 5}$$

这里，定义 $\hat{S}_A^{jk} = \frac{1}{M_A}S_A^{jk}$，其中，$M_A$ 为天体 A 的总质能.

下面我们作简单说明，根据式(A. 90)、式(A. 91)、式(A. 92)，注意到牛顿和后牛顿项由式(A. 111)给出，于是可得此推论13.

推论 14

MR^j 和 P^j 中含自旋的项分别为

$$\Delta(MR^j)=\frac{1}{2c^2}\sum_A S_A^{jk}v_A^k=\frac{1}{2c^2}\sum_A(\boldsymbol{v}_A\times\boldsymbol{S}_A)^j, \tag{B.6}$$

$$\Delta P^j=-\frac{1}{2c^2}\sum_A\sum_{B\neq A}\frac{GM_B}{r_{AB}^2}S_A^{jk}n_{AB}^k-\frac{1}{2c^2}\sum_A\sum_{B\neq A}\frac{GM_B}{r_{AB}^2}(\boldsymbol{n}_{AB}\times\boldsymbol{S}_A)^j. \tag{B.7}$$

下面来证明. 我们注意到

$$M=\int\rho^*\left[1+\frac{1}{c^2}\left(\frac{1}{2}v^2-\frac{1}{2}U+\Pi\right)\right]\mathrm{d}^3x+o(c^{-4}), \tag{B.8}$$

$$P^j=\int\rho^*v^j\left[1+\frac{1}{c^2}\left(\frac{1}{2}v^2-\frac{1}{2}U+\Pi+\frac{p}{\rho^*}\right)\right]\mathrm{d}^3x-\frac{1}{2c^2}\int\rho^*\Phi^j\mathrm{d}^3x+o(c^{-4}), \tag{B.9}$$

$$R^j=\frac{1}{M}\int\rho^*x^j\left[1+\frac{1}{c^2}\left(\frac{1}{2}v^2-\frac{1}{2}U+\Pi\right)\right]\mathrm{d}^3x+o(c^{-4}), \tag{B.10}$$

这里

$$\Phi^j=G\int\rho^{*\prime}v'_k\frac{(x-x')^j(x-x')^k}{|\boldsymbol{x}-\boldsymbol{x}'|^3}\mathrm{d}^3x'.$$

参考习题4中第3题的答案，可证明此推论.

推论15　设有自旋的多体问题，有进动方程的形式为

$$\frac{\mathrm{d}\bar{\boldsymbol{S}}_A}{\mathrm{d}t}=\boldsymbol{\Omega}_A\times\bar{\boldsymbol{S}}_A+o(c^{-4}), \tag{B.11}$$

其中,

$$\begin{aligned}&\boldsymbol{\Omega}_A=\boldsymbol{\Omega}_A[so]+\boldsymbol{\Omega}_A[ss],\\&\boldsymbol{\Omega}_A[so]=\frac{1}{2c^2}\sum_{B\neq A}\frac{GM_B}{r_{AB}^2}\boldsymbol{n}_{AB}\times(3\boldsymbol{v}_A-4\boldsymbol{v}_B),\\&\boldsymbol{\Omega}_A[ss]=\frac{1}{c^2}\sum_{B\neq A}\frac{G}{r_{AB}^3}[3(\bar{\boldsymbol{S}}_B\cdot\boldsymbol{n}_{AB})\boldsymbol{n}_{\mathrm{AB}}-\bar{\boldsymbol{S}}_B].\end{aligned} \tag{B.12a-c}$$

以下给出证明.

其证明过程可参考习题4中第4题后的答案，注意以下公式:

(1)式(A.99)的另一种形式

$$\begin{aligned}\rho^*\frac{\mathrm{d}v^j}{\mathrm{d}t}=&-\partial_jp+\rho^*\partial_jU+\frac{1}{c^2}\left[\left(\frac{1}{2}v^2+U+\Pi+\frac{p}{\rho^*}\right)\partial_jp-v^j\partial_tp\right]\\&+\frac{\rho^*}{c^2}\left[(v^2-4U)\partial_jU-\frac{3v^j\mathrm{d}U}{\mathrm{d}t}-v^jv^k\partial_kU+\frac{4\mathrm{d}U^j}{\mathrm{d}t}-4v^k\partial_jU^k+\partial_j\Psi\right]+o(c^{-4}),\end{aligned} \tag{B.13}$$

$$\frac{\mathrm{d}S_A^j}{\mathrm{d}t}=\varepsilon^{jpq}\int_A\rho^*\bar{x}^p\frac{\mathrm{d}v^q}{\mathrm{d}t}\mathrm{d}^3\bar{x}, \tag{B.14}$$

(2)我们可得

$$\frac{\mathrm{d}S_A^j}{\mathrm{d}t}=\frac{1}{c^2}\varepsilon^{jpq}\sum_{n=1}^{9}G_n^{pq}+o(c^{-4}), \tag{B.15}$$

其中，G_n^{pq} 为

$$
\begin{aligned}
G_1^{jk} &= \int_A \bar{x}^j \left(\frac{1}{2}v^2 + U + \Pi + \frac{p}{\rho^*}\right) \partial_k p \mathrm{d}^3 \bar{x}, \\
G_2^{jk} &= -\int_A \bar{x}^j v^k \partial_t p \mathrm{d}^3 \bar{x}, \\
G_3^{jk} &= \int_A \rho^* \bar{x}^j (v^2 - 4U) \partial_k U \mathrm{d}^3 \bar{x}, \\
G_4^{jk} &= -3\int_A \rho^* \bar{x}^j v^k \frac{\mathrm{d}U}{\mathrm{d}t} \mathrm{d}^3 \bar{x}, \\
G_5^{jk} &= -\int_A \rho^* \bar{x}^j v^k v^p \partial_p U \mathrm{d}^3 \bar{x}, \\
G_6^{jk} &= 4\int_A \rho^* \bar{x}^j \frac{\mathrm{d}U^k}{\mathrm{d}t} \mathrm{d}^3 \bar{x}, \\
G_7^{jk} &= -4\int_A \rho^* \bar{x}^j v^p \partial_k U^p \mathrm{d}^3 \bar{x}, \\
G_8^{jk} &= \int_A \rho^* \bar{x}^j \partial_k \psi \mathrm{d}^3 \bar{x}, \\
G_9^{jk} &= \frac{1}{2}\int_A \rho^* \bar{x}^j \partial_{ttk} X \mathrm{d}^3 \bar{x}.
\end{aligned}
\tag{B.16a-i}
$$

(3)又有

$$
\begin{aligned}
G_1^{jk} &= \int_A \bar{x}^j \left(\frac{1}{2}\bar{v}^2 + U_A + \Pi + \frac{p}{\rho^*}\right) \partial_k p \mathrm{d}^3 \bar{x}, \\
G_2^{jk} &= -\int_A \bar{x}^j \bar{v}^k \partial_t p \mathrm{d}^3 \bar{x}, \\
G_3^{jk} &= \int_A \rho^* \bar{x}^j (\bar{v}^2 - 4U_A) \partial_k U_A \mathrm{d}^3 \bar{x} + S_A^{jp} v_A^p \partial_k U_{\neg A}, \\
G_4^{jk} &= -3\int_A \rho^* \bar{x}^j \bar{v}^k \frac{\mathrm{d}U_A}{\mathrm{d}t} \mathrm{d}^3 \bar{x} - \frac{3}{2} v_A^k S_A^{jp} \partial_p U_{\neg A} - \frac{3}{2} S_A^{jk} \frac{\mathrm{d}U_{\neg A}}{\mathrm{d}t}, \\
G_5^{jk} &= -v_A^k \Omega_A^{jp} v_A^p - \int_A \rho^* \bar{x}^j \bar{v}^k \bar{v}^p \partial_p U_A \mathrm{d}^3 \bar{x} - \frac{1}{2}(v_A^k S_A^{jp} + v_A^p S_A^{jk}) \partial_p U_{\neg A}, \\
G_6^{jk} &= 4\frac{\mathrm{d}}{\mathrm{d}t}\int_A \rho^* \bar{x}^j U_A^k \mathrm{d}^3 \bar{x} + 2S_A^{jp} \partial_p U_{\neg A}^k, \\
G_7^{jk} &= -2S_A^{jp} \partial_k U_{\neg A}^p, \\
G_8^{jk} &= G\int_A \rho^* \rho^{*\prime} \bar{x}^j \left(-\frac{3}{2}\bar{v}'^2 + U'_A - \Pi' - \frac{3p'}{\rho^{*\prime}}\right) \frac{(\bar{x} - \bar{x}')^k}{|\bar{\boldsymbol{x}} - \bar{\boldsymbol{x}}'|^3} \mathrm{d}^3 \bar{x}' \mathrm{d}^3 \bar{x}, \\
G_9^{jk} &= \frac{1}{2}\frac{\mathrm{d}}{\mathrm{d}t}\int_A \rho^* \bar{x}^j \partial_{tk} X_A \mathrm{d}^3 \bar{x} + v_A^k \Omega_A^{jp} v_A^p.
\end{aligned}
\tag{B.17a-i}
$$

(4)我们还有

$$G_1^{jk} = -\frac{\mathrm{d}}{\mathrm{d}t}\int_A \rho^* \bar{x}^j \bar{v}^k \left(\frac{1}{2}\bar{v}^2 + 3U_A + \Pi + \frac{p}{\rho^*}\right)\mathrm{d}^3\bar{x} + \int_A \bar{x}^j \bar{v}^k \partial_t p \mathrm{d}^3\bar{x}$$

$$+ \int_A \rho^* \bar{x}^j \bar{v}^k \bar{v}^p \partial_p U_A \mathrm{d}^3\bar{x} + 3\int_A \rho^* \bar{x}^j \bar{v}^k \frac{\mathrm{d}U_A}{\mathrm{d}t}\mathrm{d}^3\bar{x} \tag{B.18}$$

$$+ \int_A \rho^* \bar{x}^j \left(\frac{1}{2}\bar{v}^2 + 3U_A + \Pi + \frac{p}{\rho^*}\right)\partial_k U_A \mathrm{d}^3\bar{x}.$$

(5)可有

$$G_{\mathrm{int}}^{jk} =$$

$$-\frac{\mathrm{d}}{\mathrm{d}t}\left[\int_A \rho^* \bar{x}^j \bar{v}^k \left(\frac{1}{2}\bar{v}^2 + 3U_A + \Pi + \frac{p}{\rho^*}\right)\mathrm{d}^3\bar{x} - \int_A \rho^* \bar{x}^j \left(4U_A^k + \frac{1}{2}\partial_{tk}X_A\right)\mathrm{d}^3\bar{x}\right]$$

$$-G\int_A \rho^* \rho^{*\prime} \bar{x}^j \left(\frac{3}{2}\bar{v}^2 - U_A + \Pi + 3\frac{p}{\rho^*}\right)\frac{(\bar{x}-\bar{x}')^k}{|\bar{\boldsymbol{x}}-\bar{\boldsymbol{x}}'|^3}\mathrm{d}^3\bar{x}'\mathrm{d}^3\bar{x} \tag{B.19}$$

$$-G\int_A \rho^* \rho^{*\prime} \bar{x}^j \left(\frac{3}{2}\bar{v}'^2 - U_A' + \Pi' + 3\frac{p'}{\rho^{*\prime}}\right)\frac{(\bar{x}-\bar{x}')^k}{|\bar{\boldsymbol{x}}-\bar{\boldsymbol{x}}'|^3}\mathrm{d}^3\bar{x}'\mathrm{d}^3\bar{x}.$$

(6)定义

$$\Delta_{\mathrm{int}} S_A^j = \frac{1}{c^2}\varepsilon^{jpq}\left[\int_A \rho^* \bar{x}^p \bar{v}^q \left(\frac{1}{2}\bar{v}^2 + 3U_A + \Pi + \frac{p}{\rho^*}\right)\mathrm{d}^3\bar{x} - \int_A \rho^* \bar{x}^p \left(4U_A^q + \frac{1}{2}\partial_{tq}X_A\right)\mathrm{d}^3\bar{x}\right] \tag{B.20}$$

(7)有公式

$$G_{\mathrm{ext}}^{jk} = \bar{S}_A^{jp} v_A^p \partial_k U_{\neg A} - 2\bar{S}_A^{jp} v_A^k \partial_p U_{\neg A} - \frac{1}{2}\bar{S}_A^{jk} v_A^p \partial_p U_{\neg A} - \frac{3}{2}\bar{S}_A^{jk}\frac{\mathrm{d}U_{\neg A}}{\mathrm{d}t} \tag{B.21}$$

$$+ 2\bar{S}_A^{jp}(\partial_p U_{\neg A}^k - \partial_k U_{\neg A}^p).$$

(8)可得

$$G_{\mathrm{ext}}^{jk} = -\frac{\mathrm{d}}{\mathrm{d}t}\left(\frac{1}{2}\bar{S}_A^{jp} v_A^k v_A^p + \frac{1}{4}\bar{S}_A^{jk} v_A^2 + \frac{3}{2}\bar{S}_A^{jk} U_{\neg A}\right)$$

$$+ \frac{3}{2}\bar{S}_A^{jp}(v_A^p \partial_k U_{\neg A} - v_A^k \partial_p U_{\neg A}) + 2\bar{S}_A^{jp}(\partial_p U_{\neg A}^k - {}_k U_{\neg A}^p). \tag{B.22}$$

(9)最后有公式

$$G_{\mathrm{ext}}^{jk} = G^{jk}[so] + G^{jk}[ss], \tag{B.23}$$

这里

$$G^{jk}[so] = -\frac{1}{2}\bar{S}_A^{jp}\sum_{B\neq A}\frac{Gm_B}{r_{AB}^2}[(3v_A - 4v_B)^p n_{AB}^k - (3v_A - 4v_B)^k n_{AB}^p], \tag{B.24}$$

和

$$G^{jk}[ss] = \bar{S}_A^{jp}\sum_{B\neq A}\frac{G}{r_{AB}^3}[3n_{AB}^p \bar{S}_B^{kq} n_{AB}^q - 3n_{AB}^k \bar{S}_B^{pq} n_{AB}^q + 2\bar{S}_B^{pk}]. \tag{B.25}$$

注意：由参考习题4中第4题及答案，根据上面的公式可导出式(B.11)和式(B.12).

推论 16　见习题 4 中第 5 题及后面的答案.

为了便于读者阅读，在此写出第 5 题，考虑两体问题，第一个天体的质能为 M_1，位矢为 $\boldsymbol{r}_1$，速度为 $\boldsymbol{v}_1$，自旋为 $\boldsymbol{S}_1$，第二个天体相应的量为 M_2，$\boldsymbol{r}_2$，$\boldsymbol{v}_2$，$\boldsymbol{S}_2$.

定义

$$m = M_1 + M_2,$$

$$\eta = \frac{M_1 M_2}{(M_1 + M_2)^2},$$

$$\Delta = \frac{M_1 - \mathrm{M}_2}{M_1 + M_2},$$

$$\boldsymbol{r} = \boldsymbol{r}_1 - \boldsymbol{r}_2,\ \boldsymbol{v} = \boldsymbol{v}_1 - \boldsymbol{v}_2,$$

有

$$\begin{aligned} M\boldsymbol{R} = & M_1\left[1 + \frac{1}{2c^2}\left(v_1^2 - \frac{GM_2}{r}\right)\right]\boldsymbol{r}_1 + M_2\left[1 + \frac{1}{2c^2}\left(v_2^2 - \frac{GM_1}{r}\right)\right]\boldsymbol{r}_2 \\ & + \frac{1}{2c^2}(\boldsymbol{v}_1 \times \boldsymbol{S}_1 + \boldsymbol{v}_2 \times \boldsymbol{S}_2) + o(c^{-4}). \end{aligned} \tag{B.26}$$

还有

$$\boldsymbol{r}_1 = \frac{M_2}{m}\boldsymbol{r} + \Delta\boldsymbol{r},\ \boldsymbol{r}_2 = -\frac{M_1}{m}\boldsymbol{r} + \Delta\boldsymbol{r}, \tag{B.27}$$

$$\Delta\boldsymbol{r} = \frac{\eta\Delta}{2c^2}\left(v^2 - \frac{Gm}{r}\right)\boldsymbol{r} - \frac{1}{2mc^2}\boldsymbol{v} \times (M_2\boldsymbol{S}_1 - M_1\boldsymbol{S}_2) + o(c^{-2}). \tag{B.28}$$

推论 17　见习题 4 中第 7 题及后面的答案.

注意用到以下公式:

(1)

$$\boldsymbol{a} = -\frac{Gm}{r^2}\boldsymbol{n} - \frac{Gm}{c^2r^2}\left\{\left[(1 + 3\eta)v^2 - \frac{3}{2}\eta\dot{r}^2 - 2(2 + \eta)\frac{Gm}{r}\right]\boldsymbol{n} - 2(2 - \eta)\dot{r}\boldsymbol{v}\right\} + o(c^{-4}), \tag{B.29}$$

$$\begin{aligned} \boldsymbol{r}_1 &= \frac{M_2}{m}\boldsymbol{r} + \frac{\eta\Delta}{2c^2}\left(v^2 - \frac{Gm}{r}\right)\boldsymbol{r} + o(c^{-4}), \\ \boldsymbol{r}_2 &= -\frac{M_1}{m}\boldsymbol{r} + \frac{\eta\Delta}{2c^2}\left(v^2 - \frac{Gm}{r}\right)\boldsymbol{r} + o(c^{-4}), \end{aligned} \tag{B.30a-b}$$

(2)

$$\begin{aligned} \ddot{r} &= r\dot{\phi}^2 - \frac{Gm}{r^2} + \frac{Gm}{c^2r^2}\left[\frac{1}{2}(6 - 7\eta)\dot{r}^2 - (1 + 3\eta)(r\dot{\phi})^2 + 2(2 + \eta)\frac{Gm}{r}\right] + o(c^{-4}), \\ \frac{\mathrm{d}}{\mathrm{d}t}(r^2\dot{\phi}) &= 2(2 - \eta)\frac{Gm}{c^2}\dot{r}\dot{\phi} + o(c^{-4}). \end{aligned} \tag{B.31a-b}$$

(3)

$$M = \sum_A M_A + \frac{1}{c^2}\sum_A \frac{1}{2}M_A v_A^2 - \frac{1}{c^2}\sum_A \sum_{B\neq A} \frac{GM_A M_B}{2r_{AB}} + o(c^{-4}),$$

$$P = \sum_A M_A \boldsymbol{v}_A + \frac{1}{c^2}\sum_A \frac{1}{2}M_A v_A^2 \boldsymbol{v}_A - \frac{1}{c^2}\sum_A \sum_{B\neq A} \frac{GM_A M_B}{2r_{AB}}[\boldsymbol{v}_A + (\boldsymbol{n}_{AB}. \ \boldsymbol{v}_A)\boldsymbol{n}_{AB}] + o(c^{-4}),$$

$$M\boldsymbol{R} = \sum_A M_A \boldsymbol{r}_A + \frac{1}{c^2}\sum_A \frac{1}{2}M_A v_A^2 \boldsymbol{r}_A - \frac{1}{c^2}\sum_A \sum_{B\neq A} \frac{GM_A M_B}{2r_{AB}}\boldsymbol{r}_A + o(c^{-4}).$$

(B. 32a-c)

(4)

$$\boldsymbol{a} = (\ddot{r} - r\dot{\phi}^2)\boldsymbol{n} + \frac{1}{r}\frac{\mathrm{d}}{\mathrm{d}t}(r^2\dot{\phi})\boldsymbol{\lambda},$$

$$\boldsymbol{r}\times\boldsymbol{v} = (r^2\dot{\phi})\boldsymbol{e}_z, \tag{B. 33a-b}$$

其中，$\boldsymbol{n} = [\cos\phi,\ \sin\phi,\ 0]$，$\boldsymbol{\lambda} = [-\sin\phi,\ \cos\phi,\ 0]$，$\boldsymbol{e}_z = [0,\ 0,\ 1]$.

推论 18　见习题 4 中第 8 题及后面的答案.

在推导过程中，用到了以下公式，为了方便，我们一一列出：

(1)见式(B. 31a-b)，有

$$\frac{1}{2}\dot{r}^2 = \varepsilon - V_{eff}(r). \tag{B. 34}$$

(2)

$$\varepsilon_K = \varepsilon\left[1 - \frac{3}{2}(1-3\eta)\frac{\varepsilon}{c^2} + o(c^{-4})\right],$$

$$m_K = m\left[1 - (6-7\eta)\frac{\varepsilon}{c^2} + o(c^{-4})\right], \tag{B. 35a-c}$$

$$h_K^2 = h^2\left[1 - 2(1-3\eta)\frac{\varepsilon}{c^2} + 2(1-\eta)\frac{(Gm)^2}{c^2h^2} + o(c^{-4})\right].$$

(3)

$$\dot{r}^2 = 2\varepsilon\left[1 - \frac{3}{2}(1-3\eta)\frac{\varepsilon}{c^2}\right] + 2\frac{Gm}{r}\left[1-(6-7\eta)\frac{\varepsilon}{c^2}\right] - \frac{h^2}{r^2}\left[1-2(1-3\eta)\frac{\varepsilon}{c^2}\right]$$
$$- 5(2-\eta)\frac{(Gm)^2}{c^2r^2} + (8-3\eta)\frac{Gmh^2}{c^2r^3} + o(c^{-4}).$$

(B. 36)

注意：这些式子中各量的物理意义可参考本题后面的答案.

推论 19　见习题 4 中第 9 题及后面的答案.

推论 20　见习题 4 中第 10 题及后面的答案.

本推论涉及以下公式，一一列出：

(1)

$$\frac{1}{2}\ddot{I}^{jk}=-\frac{1}{2}\sum_{A}\sum_{B\neq A}\frac{GM_AM_B}{r_{AB}}n_{AB}^{j}n_{AB}^{k}+\sum_{A}M_Av_A^jv_A^k. \tag{B.37}$$

(2)

$$h^{jk}=\frac{4G\eta m}{c^4R}\left(v^jv^k-\frac{Gm}{r}n^jn^k\right). \tag{B.38}$$

其中各物理量的意义可参考本问题后的答案.

推论 21　见习题 4 中第 11 题及后面的答案.

本问题的研究涉及以下公式，为了方便，我们将一一列出①：

(1)

$$\begin{aligned}&c^2\Gamma^j_{00}=-\partial_jU+o(c^{-2})+o(c^{-4})-c^{-5}(\partial^jV[5]+\partial^jW[3]+4\partial_tV^j[3]-4W^{jk}[1]\partial_kU-\\&8V[3]\partial^jU)+o(c^{-6}),\\&c\Gamma^j_{0k}=o(c^{-2})+o(c^{-4})+2c^{-5}(\partial_jV_k[3]-\partial_kV_j[3]+\partial_tW_{jk}[1]-\delta_{jk}\partial_tV[3])+o(c^{-6}),\\&\Gamma^j_{kn}=o(c^{-2})+o(c^{-4})+o(c^{-6}).\end{aligned} \tag{B.39a-c}$$

(2)

$$\begin{aligned}&c^{-2}\sqrt{-g}\,T^{00}=\gamma\rho^*+o(c^{-2})+o(c^{-4})+o(c^{-6}),\\&c^{-1}\sqrt{-g}\,T^{0j}=\gamma\rho^*v^j+o(c^{-2})+o(c^{-4})+o(c^{-6}),\\&\sqrt{-g}\,T^{jk}=\gamma\rho^*v^jv^k+p\delta^{jk}+o(c^{-2})+o(c^{-4})\\&\quad-4c^{-5}W^{jk}[1]p+o(c^{-6}),\end{aligned} \tag{B.40a-c}$$

(3)

$$\begin{aligned}f^j[5]=&\rho^*\partial_j(V[5]+W[3])+4\rho^*\partial_tV^j[3]-4\rho^*v^k(\partial_jV_k[3]-\partial_kV_j[3]+\partial_tW_{jk}[1])\\&-4\rho^*W^{jk}[1]\partial_kU-8\rho^*V[3]\partial_jU+4W^{jk}[1]\partial_kp+4V[3]\partial_jp.\end{aligned} \tag{B.41}$$

(4)辐射反冲力密度

$$\begin{aligned}f^j[rr]=&\frac{G}{c^5}\left(\begin{aligned}&-\rho^*\dddot{I}^{pq}\partial_{jpq}X+2\rho^*\dddot{I}^{jk}\partial_kU+\frac{4}{3}\rho^*\dddot{I}_{pp}\partial_jU-2\dddot{I}^{jk}\partial_kp-\frac{2}{3}\dddot{I}^{pp}\partial_jp\\&+2\rho^*\overset{(4)}{I^{jk}}v_k+\frac{3}{5}\rho^*\overset{(5)}{I^{jk}}x^k-\frac{1}{5}\rho^*\overset{(5)}{I^{pp}}x^j-\frac{2}{15}\rho^*\overset{(5)}{I^{jpp}}-\frac{2}{3}\rho^*\overset{(4)}{J^{jpp}}\end{aligned}\right)\\&+o(c^{-7}).\end{aligned} \tag{B.42}$$

(5)

$$a_A^j[rr]=\frac{G}{c^5}\left(\begin{aligned}&-\dddot{I}^{pq}\partial_{jpq}X_{\neg A}+2\dddot{I}^{jk}\partial_kU_{\neg A}+\frac{4}{3}\dddot{I}^{pp}\partial_jU_{\neg A}+2\overset{(4)}{I^{jk}}v_A^k\\&+\frac{3}{5}\overset{(5)}{I^{jk}}r_A^k-\frac{1}{5}\overset{(5)}{I^{pp}}r_A^j-\frac{2}{15}\overset{(5)}{I^{jpp}}-\frac{2}{3}\overset{(4)}{J^{jpp}}\end{aligned}\right)+o(c^{-7}). \tag{B.43}$$

---

① Poisson E, Will C M. Gravity: Newtonian, Post-Newtonian, Relativistic [M]. Cambridge University Press, 2014: 666.

（6）

$$a_A^j[rr]=\frac{G}{c^5}\begin{pmatrix}-3\dddot{I}^{pq}\sum_{B\neq A}\frac{GM_B}{r_{AB}^2}n_{AB}^j n_{AB}^p n_{AB}^q-\frac{1}{3}\dddot{I}^{pp}\sum_{B\neq A}\frac{GM_B}{r_{AB}^2}n_{AB}^j\\ +2\overset{(4)}{I^{jk}}v_A^k+\frac{3}{5}\overset{(5)}{I^{jk}}r_A^k-\frac{2}{15}\overset{(5)}{I^{jpp}}-\frac{2}{3}\overset{(4)}{J^{jpp}}\end{pmatrix}+o(c^{-7}).\tag{B.44}$$

（7）

$$a^j[rr]=\frac{G}{c^5}\left[-\frac{Gm}{r^2}\left(3\dddot{I}^{pq}n^p n^q+\frac{1}{3}\dddot{I}^{pp}\right)n^j+2\overset{(4)}{I^{jk}}v^k+\frac{3}{5}\overset{(5)}{I^{\langle jk\rangle}}r^k\right]+o(c^{-7}).\tag{B.45}$$

具体推导过程见本题答案.

(注意：$\boldsymbol{\nu}$ 和 $\boldsymbol{v}$ 有时代表同一物理量即速度矢量.)